视频讲解版

# Excel函数跟卢子一起学

## 早做完，不加班

陈锡卢　吕洪飞 ◎著

中国水利水电出版社
www.waterpub.com.cn
·北　京·

## 内 容 简 介

《Excel函数跟卢子一起学　早做完，不加班》在内容安排上，分为三部分：第一部分是函数入门，讲解学习函数所必备的Excel基础知识；第二部分是最实用、最常用函数的介绍，掌握这些函数，可以应付工作中遇到的绝大部分问题；第三部分是综合案例，结合人力资源、财务以及金融工作者遇到的实际案例进行讲解。本书注重对读者函数思维的训练，函数思维贯穿全书。

《Excel函数跟卢子一起学　早做完，不加班》采取情景式的讲解方式，读者犹如与作者直接对话，可以轻松、愉悦地提升自己的Excel函数应用水平，最终让Excel成为自己享受生活的工具。

《Excel函数跟卢子一起学　早做完，不加班》以Excel 2016版本为基础进行讲解，能够有效地帮助新人提升职场竞争力，也能帮助财务、品质分析、人力资源管理等人员解决实际工作中的问题。加薪，全靠它！

图书在版编目(CIP)数据

Excel函数跟卢子一起学：早做完，不加班 / 陈锡卢，吕洪飞著. —北京：中国水利水电出版社，2018.5（2020.2重印）

ISBN 978-7-5170-6375-9

I. ①E… II. ①陈… ②吕… III. ①表处理软件 IV. ①TP391.13

中国版本图书馆CIP数据核字（2018）第058404号

| | |
|---|---|
| 书　　名 | Excel函数跟卢子一起学　早做完，不加班<br>Excel HANSHU GEN LUZI YIQI XUE　ZAO ZUOWAN,BU JIABAN |
| 作　　者 | 陈锡卢 吕洪飞 著 |
| 出版发行 | 中国水利水电出版社<br>（北京市海淀区玉渊潭南路1号D座 100038）<br>网址：www.waterpub.com.cn<br>E-mail：zhiboshangshu@163.com<br>电话：（010）62572966-2205/2266/2201（营销中心） |
| 经　　售 | 北京科水图书销售中心（零售）<br>电话：（010）88383994、63202643、68545874<br>全国各地新华书店和相关出版物销售网点 |
| 排　　版 | 北京智博尚书文化传媒有限公司 |
| 印　　刷 | 河北华商印刷有限公司 |
| 规　　格 | 180mm×210mm　24开本　14.5印张　362千字 |
| 版　　次 | 2018年5月第1版　2020年2月第4次印刷 |
| 印　　数 | 18001—20000册 |
| 定　　价 | 69.80元 |

# 前言

坐在计算机前，终于写完了最后一个综合案例。敲完句号的那一刻，已临近2018年春节，听着外面噼里啪啦的鞭炮声，自己有种沉甸甸的踏实感。回想写作《Excel函数跟卢子一起学 早做完，不加班》这本书的初衷及过程，心中有过忐忑，有过期待，也有过欣喜。

2017年上半年，卢子多次邀请我写一本Excel函数方面的书籍。起初，我并没有足够的把握。尽管我和他一起，解答过无数读者及Excel培训班学员提出的问题，也在公众号上发表过一些Excel方面的文章，但是要在半年内写一本书，对我来说，无疑是一种极大的挑战，这也是我忐忑不安的原因。

几经考虑，最终决定把自己在实际教学中，学员遇到最多、最难搞懂、最实用的函数问题梳理成章，为更多的Excel爱好者排忧解难。在本书写作过程中，我以Excel零基础的读者为出发点，从本书第一个知识点讲起，带领读者在Excel函数浩瀚的海洋中扬帆起航，将读者所有关于Excel函数的困惑、不解和无助，逐一化解。我会告诉读者，哪里是风平浪静，哪里有惊涛骇浪，哪里可以绕道航行，哪里必须激流勇进！

我期待着，读者能像那些我辅导过的学员一样，通过本书的学习，认识到Excel函数的广阔、磅礴与美妙。处理实际问题时，能在最短的时间内，运用正确的思维、合适的函数解决问题，并做到游刃有余，灵活运用。由于思维与问题是联系在一起的，因此写作过程中，我十分重视对读者思维的训练。遇到问题，引导读者多方思考，该从哪些方面考虑？怎样变通？怎样避免踩“坑”？用什么函数？为什么要用这个函数？这个函数与其他函数都可以解决同一个问题，它们有什么区别？这个函数还可以用在哪些方面？

Excel函数共有400~500个，我们没有必要全部掌握，一般而言，短期内也无法全部学完。只要把其中最常用、最适用的Excel函数学精通，再加上函数思维的运用，就能化解万千疑难杂症。这比花几年时间去学习Excel 400多个函数，但每个函数只是泛泛而学，学完既不能融会贯通，也不会灵活运用的要强千百倍。

这正是本书试图实现的目标。函数思维贯穿全书。

本书的完成，要感谢畅销书作者卢子，是他十年钻研Excel与培训学员的丰富实践智慧，激发了我写作的热情，并协助我完成了本书的写作。此外，我的家人长期以来给予了我极大的支持，使我能利用几乎所有的周末和假期时间全身心地投入到本书的写作中。参与本书编写工作的有李应钦、赖建明、刘苇、刘明明、邓丹、邓海南、刘宋连、陆超男、邱显标、吴丽娜、郑佩娴、郑晓芬、周斌、黄海剑、刘榕根。此外，中国水利水电出版社的秦甲编辑为本书的出版做了大量辛勤的工作。在此一并向他们表示由衷的感谢。

因能力有限，书中难免存在疏漏与不足之处，敬请读者朋友批评指正。本书微信公众号：Excel不加班。欢迎加入，一起成长。

作 者

高手不是只知道炫技，而是能把一个复杂的概念，通过简单的语言讲给别人听，并且能让倾听者立马吸收，理解的人。飞鱼哥就是高手之一，他会站在初学者的角度，用通俗易懂的语言，通过小故事、小场景，教我们如何学、练各种函数，一步一步让我们走得更稳。他编写了《Excel函数跟卢子一起学　早做完，不加班》一书，为函数初学者带来了福音，书中每个小节都会有学习心得，如何避免走入学习误区，如何提问题更容易得到别人的帮助等。看似小技巧，但会帮助我们少走很多弯路。

——希

书中图文并茂，通过对话的形式进行讲解，浅显易懂。其中不仅有对入门知识的解析，更多的是让学友悟出，学习是需要自己的思路和方法，而不是照猫画虎，并且要想学好Excel，最关键的是勤学多练。

——米饭配酱油

看完老师的教程，感觉很多时候我就是那个提问的小鱼，遇到问题理不清思路，也表达不了自己的需求。参加了函数的学习，虽然有些函数学得不是很明白，但已经享受到了学会使用一些函数的便捷，体会了学习函数的乐趣。大多时间学习是枯燥无味的，贵在坚持，希望自己可以继续一路前行，珍惜跟老师学到的点点滴滴。

——不囿于心

看完本书之后，你就会知道Excel基础知识的重要性。本书以对话的方式层层展开，能迅速激发读者的兴趣，同时采用比喻、拟人化等修辞手法进行讲解，如以汽车来比喻Excel函数、对单元格拟人化等，讲解形象生动，内容详细全面，简单易懂。

——Yanan

飞鱼老师的书里，针对每一个函数的讲解都通俗易懂，思路清晰。首先用通俗易懂的语言罗列了函数的基本语法，让读者对函数先有一个大概的了解。然后运用诙谐有趣的语言，结合工作中常用的案例，进行函数思路和运用的讲解。读完这本书，读者可以游刃有余地应对工作中绝大多数需要Excel解决的问题。值得人手一本！

——荷塘

有幸和飞鱼老师在一起学习。平时就觉得飞鱼老师是一个很热心的人，积极帮同学解决疑问，并且会用多种方式把问题讲透。他写的书也是如此：以问答形式引入问题，使读者有代入感，读起来更有一种亲近感；每一部分都有一个小标题，让读者更方便、直观地了解内容；语言质朴，并结合案例讲解，使人更容易理解问题；解决问题的方法由浅入深，并多角度分析，开拓了大家的思路。

——郭大侠

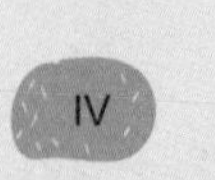

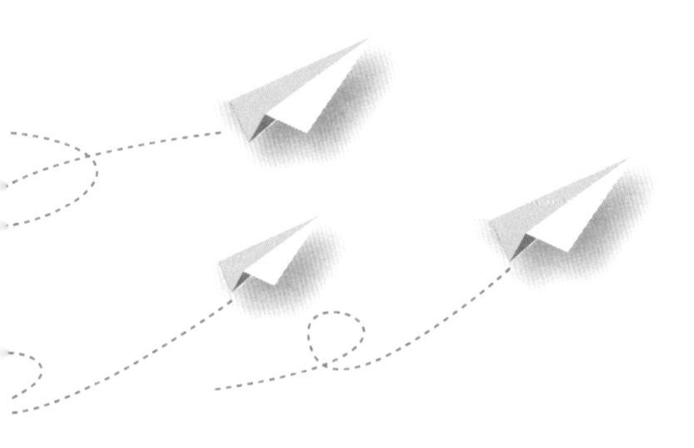

# 目录

CONTENTS

## 第4章 查找引用函数……167



## 第5章 文本处理函数……235

# 第1章

## 公式入门

函数与公式是 Excel 的精髓，每天都有无数人在讨论它们的用法：函数难学吗？不会英语能学好函数吗？

别怕！Excel 函数其实很简单，不会英语同样可以学好函数。

## 1.1 如何正确地学习函数公式

在正式学习之前，先来了解如何正确、有效地快速学习函数。首先来看一段对话。

小鱼：飞鱼，你看下面的公式是什么意思？这样的公式是怎么写出来的？

```
=IF(SUM(1/COUNTIF($A$2:$A$32,$A$2:$A$32))>=ROW(B1),INDEX
($A$2:$A$32,SMALL(IF(ROW($A$2:$A$32)-1=MATCH($A$2:$A$32,
$A$2:$A$32,0),ROW($A$2:$A$32)-1,"0"),ROW(B1)))," 结束 ")
```

飞鱼：你知道公式中的 COUNTIF 是什么意思吗？

小鱼：不知道。

飞鱼：你知道 INDEX 是什么意思吗？

小鱼：不知道。

飞鱼：你知道 MATCH 是什么意思吗？

小鱼：也不知道。

飞鱼：是这样的，首先这是个数组公式，需要按 Ctrl+Shift+Enter 组合键结束编写公式。我们先不去讨论你会不会使用数组公式，把公式里用到的函数随便拿一个出来，你都不知道是什么意思，更别说如何使用了。还记得我们上小学的时候，数学老师都是先教识数，然后才是四则运算的情形吗？还没学会走就想跑，是不对的。学习函数也是这样，要由易到难，循序渐进。

本节内容主要是想告诉大家，请勿眼高手低，想学好 Excel 公式一定要打好基础。

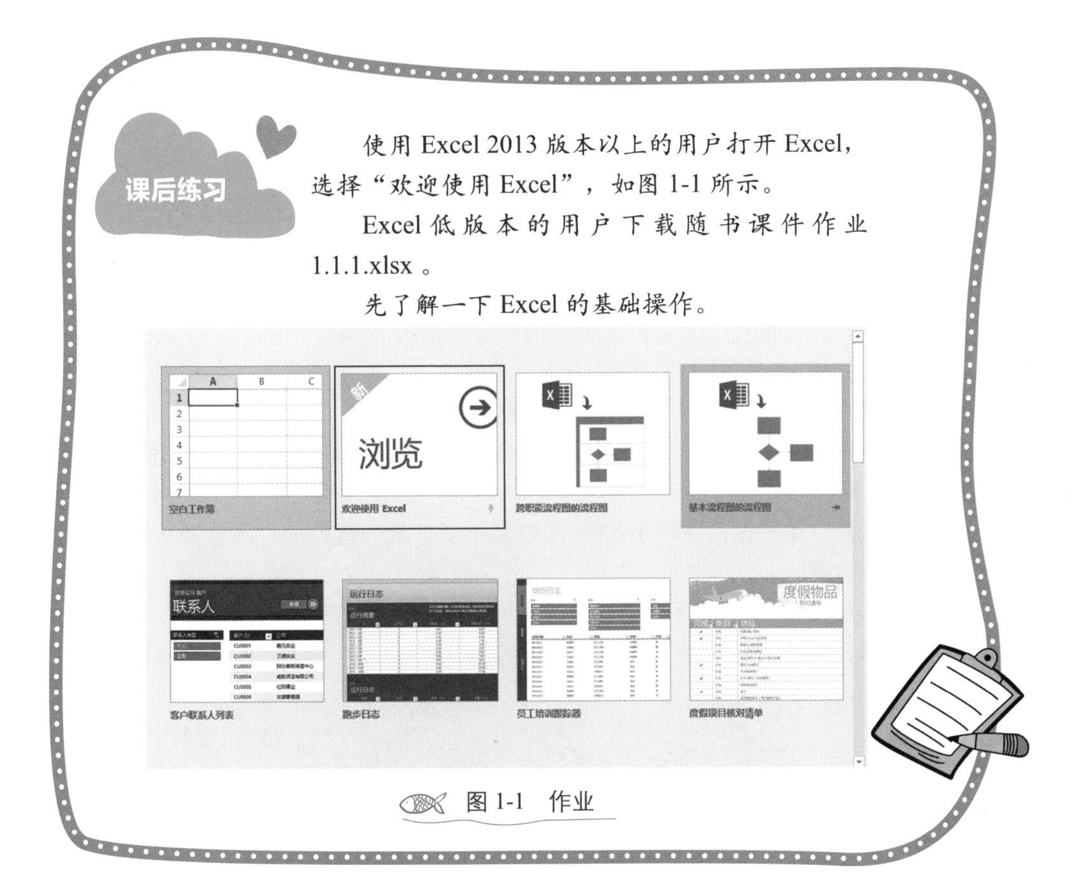

**课后练习**

使用 Excel 2013 版本以上的用户打开 Excel，选择“欢迎使用 Excel”，如图 1-1 所示。

Excel 低版本的用户下载随书课件作业 1.1.1.xlsx 。

先了解一下 Excel 的基础操作。



图 1-1　作业

## 1.2　学习函数时的几个要点

扫一扫　看视频

小鱼：我想学习一个函数的时候，要从哪里开始学起呢？先要了解哪些知识点呢？

飞鱼：首先要了解这个函数的语法，知道这个函数是干嘛的，即这个函数能解决什么问题。现拿 VLOOKUP 函数来举例。

**Step 01** 首先你要知道 VLOOKUP 函数是一个查找引用函数，这个函数的查找方向是从左向右（即正向查找。使用数组公式也可以实现反向查找。关于反向查找，初学者暂

时可以忽略，以后我们会详细讲解），查找到以后可以返回查找区域对应列的值。

Step 02 一定要知道这个函数一共有几个参数及每个参数的作用。VLOOKUP 函数有四个参数。

第一个参数：查找值（告诉函数你要查找谁）。

第二个参数：查找区域（告诉函数你要在哪里查找）。

第三个参数：返回哪列（告诉函数你要返回查找区域中的哪列数据）。

第四个参数：查找模式（告诉函数是仔细查找还是大概查找）。

Step 03 在了解了前面的知识后，还要知道什么地方应该用这个函数，什么地方不能用它。我们已经知道 VLOOKUP 函数是查找引用函数，只要是查找有关的场景都可以用到该函数，如两个表的信息核对、员工工资查询等。

知道了 VLOOKUP 函数可以做什么，我们还要了解哪些场景使用 VLOOKUP 函数不方便呢？

比如反向查找，单独使用 VLOOKUP 函数是不支持反向查找的，需要嵌套其他函数才可以实现反向查找。

重点是，学会使用 VLOOKUP 函数进行反向查找要比学习其他方法难很多。

所以说，真正地学会一个函数，在了解函数的使用方法的同时还要了解函数的优缺点，用最适合的，才是最好的。

课后小结

真正学会一个函数是要完全了解该函数的每一个参数，并且可以熟练运用，而不是照猫画虎。

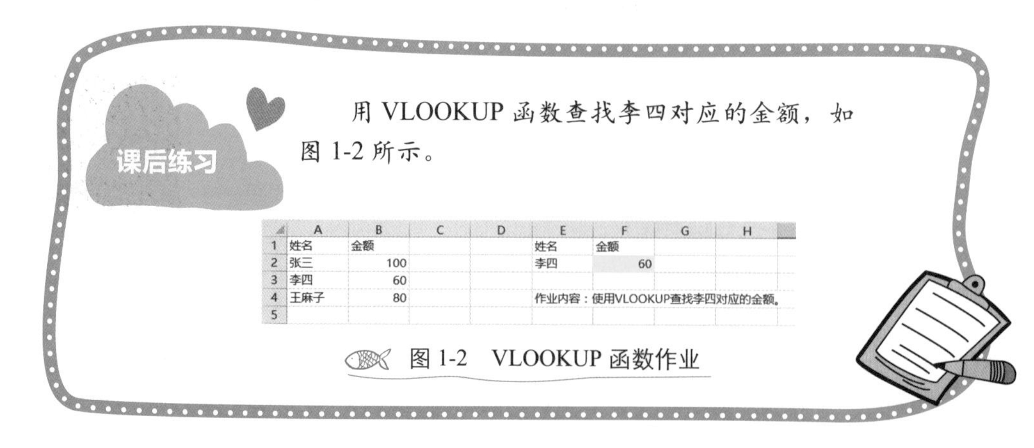

课后练习

用 VLOOKUP 函数查找李四对应的金额，如图 1-2 所示。

| | A | B | C | D | E | F | G | H |
|---|---|---|---|---|---|---|---|---|
| 1 | 姓名 | 金额 | | | 姓名 | 金额 | | |
| 2 | 张三 | 100 | | | 李四 | 60 | | |
| 3 | 李四 | 60 | | | | | | |
| 4 | 王麻子 | 80 | | | 作业内容：使用VLOOKUP查找李四对应的金额。 | | | |
| 5 | | | | | | | | |

图 1-2 VLOOKUP 函数作业

## 1.3 遇到问题时我们该怎么办

扫一扫 看视频

有时候我觉得学习函数很简单，Excel 中的常用函数有几十个，数一数能用到的也就二三十个，一天学会一个，一个月不到就学得差不多了。

而有时候我却觉得学习函数很难，实际工作中的大部分问题仅靠单一函数是解决不了的，需要多个函数配合嵌套才可以解决。

下棋，古今无同局。制表也是一样，各种需求千变万化。学习函数是为了用最简单的方法有效地解决工作中的问题，然而当我们遇到问题的时候，飞鱼看到的情况是，大部分小伙伴都是直接想得到结果，而不去思考处理问题的过程，这点是非常可怕的。

下面来看一个关于报销金额提取的例子，如图 1-3 所示。

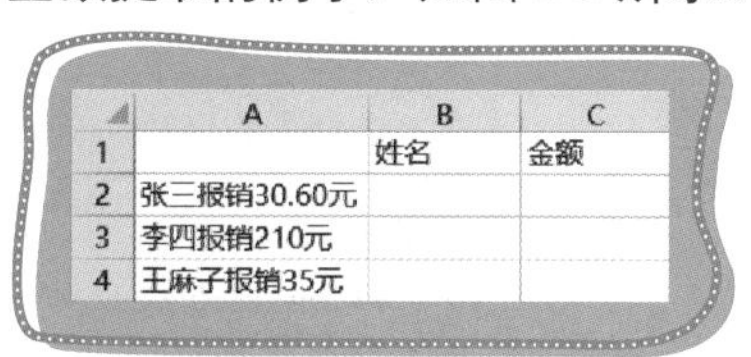

| | A | B | C |
|---|---|---|---|
| 1 | | 姓名 | 金额 |
| 2 | 张三报销30.60元 | | |
| 3 | 李四报销210元 | | |
| 4 | 王麻子报销35元 | | |

图 1-3 报销金额提取

这是一个很常见的案例，由于数据不规范，一个单元格内存放多种数据，导致后续无法正常汇总，所以有不少人求助此问题，经常会看到下面的对话。

小鱼：飞鱼啊，你知道怎么把姓名和报销金额提取出来吗？

飞鱼：可以用 Excel 的“分列”功能。

小鱼：分列是啥？

飞鱼：还可以用 FIND、MID、SUBSTITUTE 函数嵌套。

小鱼：函数我也不会。

飞鱼：SUBSTITUTE(MID(A2,FIND(" 报销 ",A2)+2,99)," 元 ",)。

小鱼：谢谢飞鱼，我在群里问，都没人理我。

飞鱼：知道为什么没有人理你了吗？

小鱼：我也奇怪呢？

飞鱼：其实我想说的是，当遇到问题时你选择直接求助，而不先去思考怎么解决。不会用“分列”功能不可怕，不会函数也不可怕，可怕的是直接把问题抛出来，等待结果。如果你运气好，“大神”刚好有空，心情好，且看你还算顺眼，也许会回复你，甚至还会为你讲解一二。如果运气不好，也许大神在忙，或者大神懒得回答，又或者“大神”心想这么简单的问题你都不会，你还用什么 Excel。

小鱼：可是我感觉问题真的很难啊，我真的不知道该如何下手。

飞鱼：问题真的很难吗？我看不是，不用“分列”功能，不用函数就可以处理好这个问题。下面来看飞鱼是怎么做的。通过观察，可以发现本题的规律，即金额前都有“报销”两个字。

Step 01 把 A 列数据复制到 C 列，选中 C 列，如图 1-4 所示。

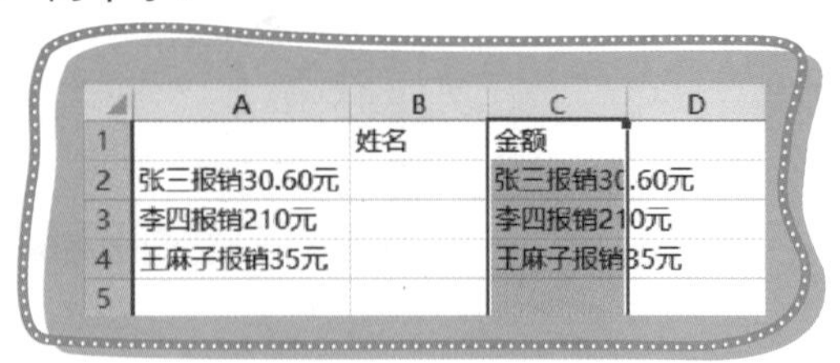


图 1-4 选中 C 列

Step 02 使用 Excel 的“替换”功能，用通配符“*”把“* 报销”替换为空，如图 1-5 所示。

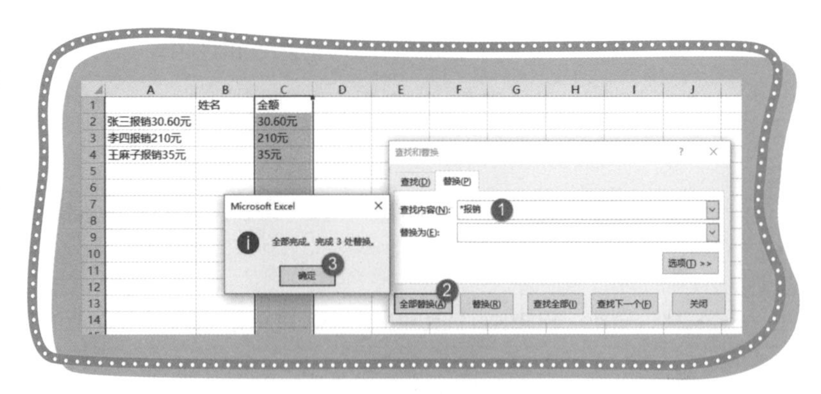


图 1-5 使用通配符替换

Step 03 使用“替换”功能，把“元”替换为空，如图 1-6 所示。

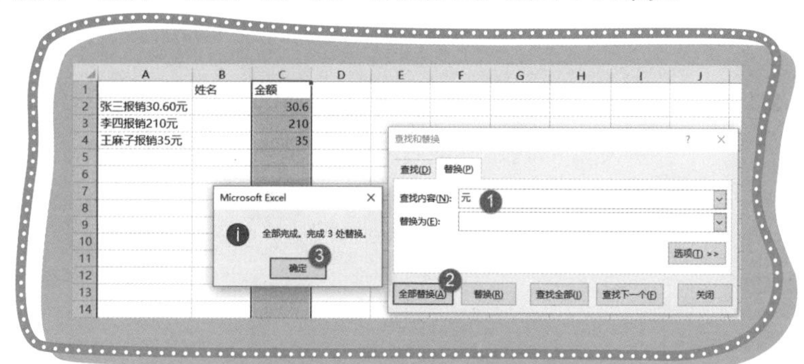


图 1-6　把“元”替换为空

Step 04 提取姓名就更简单了，把数据复制到 B 列并选中，用通配符“*”把“报销 *”替换为空即可，如图 1-7 所示。

图 1-7　替换

小鱼：我能想到把“报销”替换为空，可是我并不知道通配符是什么。

飞鱼：这个时候你可以用百度或其他搜索软件搜索一下，把搜索结果前三页都看了，我相信你会找到想要的知识的。如果还是找不到，可以找“大神”求助。求助的时候要把问题表达清楚，主动上传表格并且手动模拟出想要的结果，“大神”都喜欢帮助认真的求助者。

小鱼：我知道了，谢谢飞鱼。

**课后小结**

本节内容主要是想告诉大家，很多问题通过上网搜索都是可以找到答案的。这种方法也许没有在群里求助“大神”来得方便快捷，但是在搜索的过程中，自己可以了解到许多类似问题，得到的知识要远多于直接求助。

**课后练习**

使用LEFT函数截取项目二级编码，如图1-8所示。

| | A | B |
|---|---|---|
| 1 | 项目编码 | 提取二级编码 |
| 2 | 6024.39.66.12 | 6024.39 |
| 3 | 8517.37.76.37 | 8517.37 |
| 4 | 7467.97.43 | 7467.97 |
| 5 | 6555.20.52.92 | 6555.20 |
| 6 | 5380.52.88 | 5380.52 |
| 7 | 3782.25.40.27 | 3782.25 |
| 8 | 3158.63.46.64 | 3158.63 |

图1-8　LEFT函数作业

## 1.4　函数入门那些事

扫一扫 看视频

小鱼：飞鱼，和我说说函数吧，我想开始学习函数，该了解什么内容呢？

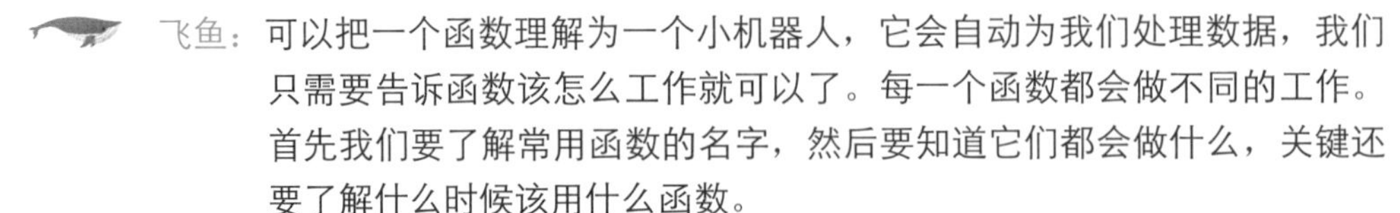

飞鱼：可以把一个函数理解为一个小机器人，它会自动为我们处理数据，我们只需要告诉函数该怎么工作就可以了。每一个函数都会做不同的工作。首先我们要了解常用函数的名字，然后要知道它们都会做什么，关键还要了解什么时候该用什么函数。

小鱼：那到哪里可以找到这些函数呢？

飞鱼：有两种方法可以插入函数。

Step 01 可以用“公式”选项卡，通过函数库插入函数，如图 1-9 所示。

图 1-9　通过函数库插入函数

选择“公式”选项卡后，选择需要插入的函数，再单击函数库左侧的“插入函数”图标即可。Excel 函数分为几大类，可以根据需要选择函数。

这仅仅是为让你了解 Excel 函数的种类，因为通过“公式”选项卡插入函数的步骤比较繁琐，实际使用中不建议通过这种方法来插入函数。

Step 02 也可以在单元格中输入一个“=”后直接输入函数名称， 如图 1-10 所示。

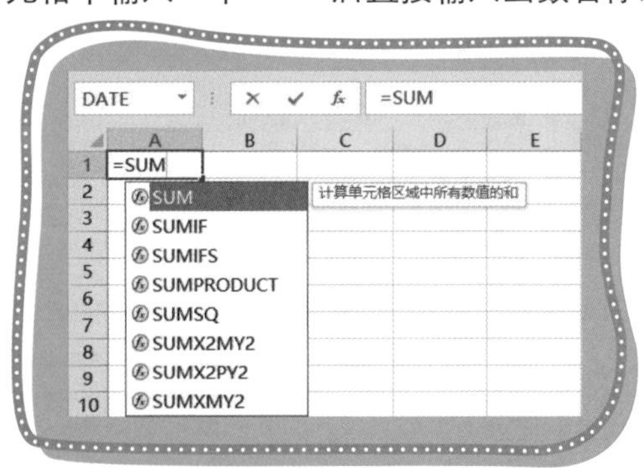


图 1-10　在单元格中直接插入函数

实际使用中都是通过这种方法来插入函数的。

Step 03 了解怎么插入函数后，下面来看函数的具体使用方法。要让一个函数正常工作，我们要向函数交代具体的工作内容。举个例子，你买了辆可以自动驾驶的汽车，把汽车叫了出来。

你说：走吧

汽车问：去哪里？

然后你说了地点。

汽车问：是否走高速？

你说：不走高速。

我们可以把自动驾驶汽车理解为一个函数，把你要去的地方和是否走高速理解为参数。

在单元格中输入一个“=”后，输入函数名称，参数使用括号包起来，多个参数使用逗号（,）分隔。函数语法格式如图 1-11 所示。

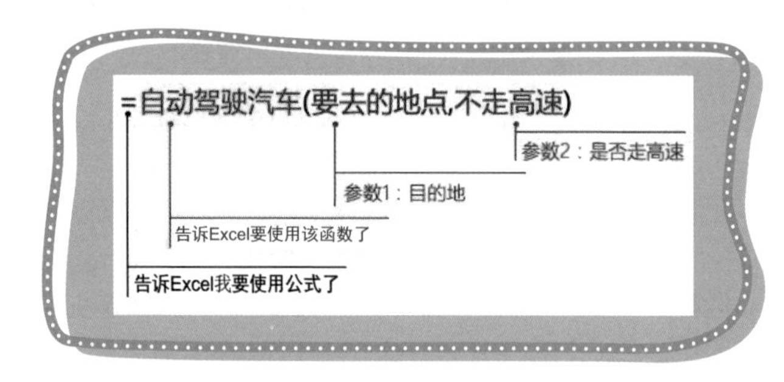


图 1-11　函数语法格式

Step 04 知道了理论还不够，下面来实际操作一下。

以 IF 函数为例。选中 C1 单元格，在“公式”选项卡的“逻辑”分类中找到 IF 函数，然后单击“插入函数”图标，打开如图 1-12 所示的“函数参数”对话框。

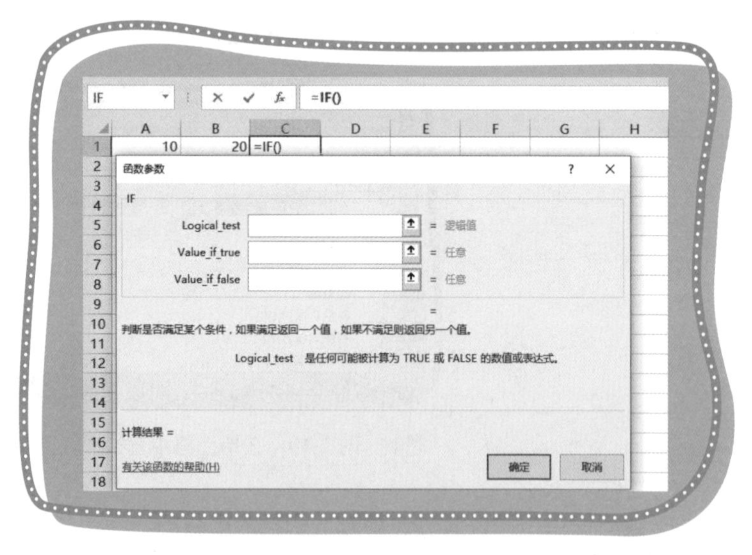


图 1-12　插入 IF 函数

可以看到 Excel 已经自动把“=”函数名和“()”为我们输入好了。IF 函数有三个参数，分别是 Logical_test、Value_if-true 和 Value-IF-false（判断表达式、真值返回值和假值返回值）。我们在参数对应的输入框输入对应的内容即可。

Step 05 下面判断 A1 单元格的内容与 B1 单元格的内容是否一样。

第一个参数为判断表达式，我们输入“A1=B1”。

第二个参数为判断结果满足时返回的值，我们输入“等于”。

第三个参数为判断结果不满足时返回的值，我们输入“不等于”。

很明显，A1 单元格的内容不等于 B1 单元格的内容，所以条件不满足，将返回第三个参数，即我们输入的内容，可以看到 IF 最后的计算结果也是“不等于”。

同时看编辑栏中的公式，我们输入的三个参数已经被 Excel 自动添加到括号中，并且每个参数之前加了“,”作为分隔，如图 1-13 所示。

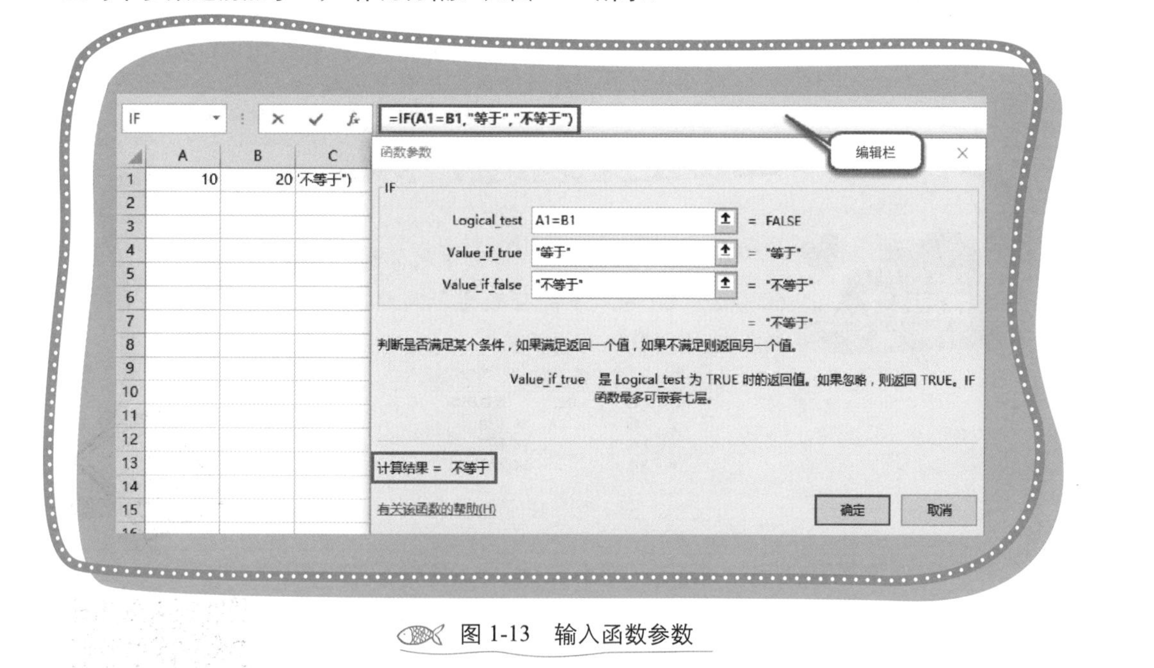


图 1-13 输入函数参数

最后单击“确定”按钮，就完成了公式的编写。可以看到 C1 单元格的结果为“不等于”，如图 1-14 所示。

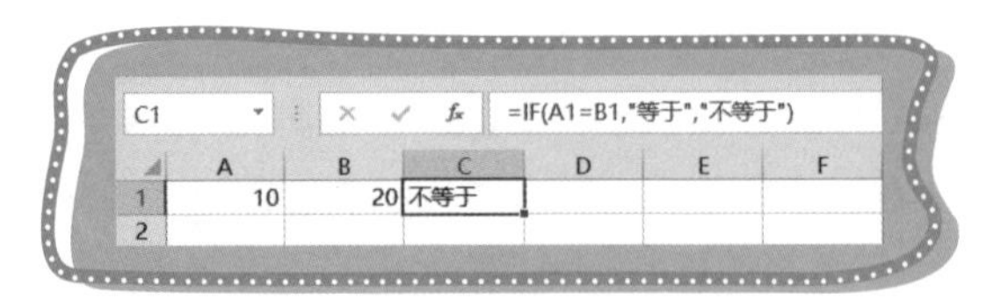


图 1-14　完成公式的编写

小鱼：原来我会用求和，现在才知道还有这么多函数需要了解。

**课后小结**

通过本节的学习，主要让大家明白函数的正确语法格式，及插入函数的两种方法。虽然通过“公式”选项卡插入函数比较繁琐，但是可以看到关于函数及函数参数的中文信息，对初学函数的同学也是有帮助的。

**课后练习**

如图 1-15 所示，60 分以上的分数为及格（含 60 分），60 分以下的分数为不及格，使用 IF 函数判断 B 列分数是否及格。

| | A | B | C |
|---|---|---|---|
| 1 | 姓名 | 分数 | 是否及格 |
| 2 | 小明 | 86 | 及格 |
| 3 | 小红 | 96 | 及格 |
| 4 | 飞鱼 | 54 | 不及格 |

图 1-15　IF 函数作业

## 1.5　公式入门那些事

小鱼：知道了函数，那公式又是怎么一回事呢？

扫一扫 看视频

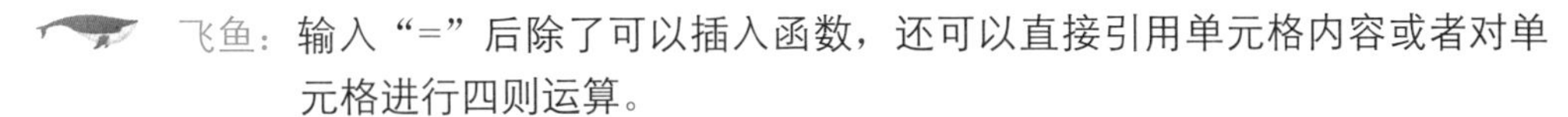

飞鱼：输入“=”后除了可以插入函数，还可以直接引用单元格内容或者对单元格进行四则运算。

● 引用单元格内容

在 B2 单元格中输入“=a1”，如图 1-16 所示。

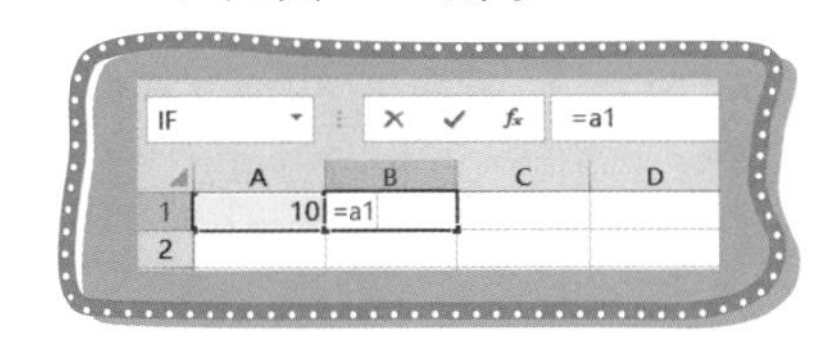


图 1-16　在 B2 单元格中输入公式

按 Enter 键结束编写，这就是一个简单的公式。本例公式的意思是引用 A1 单元格的内容，B1 单元格会随着 A1 单元格的内容而改变。可以看到输入公式后，B2 单元格的内容也是 10，如图 1-17 所示。

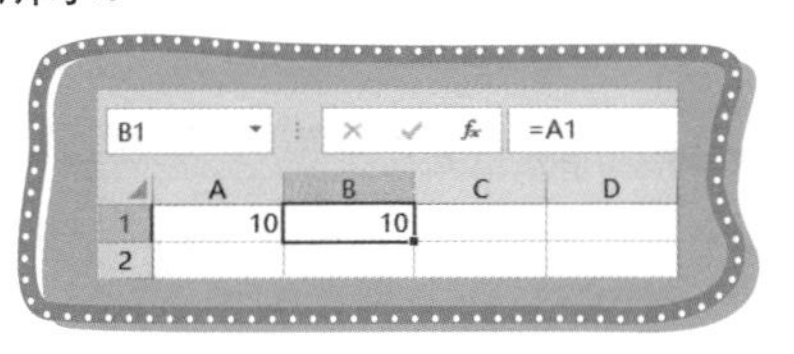


图 1-17　完成公式的编写

小鱼：我们输入的是小写的 a，按 Enter 键后怎么变成大写的了呢？

飞鱼：你可真细心，这都被你发现了！下面就来说说编写公式时，英文字母大小写的问题。

我们在手动输入单元格地址和函数名称时，不用考虑大小写问题，Excel 会自动将其转变为大写。

下面再说一下，在编写公式时，引用单元格或者单元格区域的两种方法。

第一种方法：可以在输入“=”后，直接输入单元格地址，如上例已经学习过的。

第二种方法：可以在输入“=”后，通过鼠标来选择要引用的单元格。当选择单元格后，已选择的单元格会出现“蚂蚁线”，按 Enter 键完成编写，如图 1-18 所示。

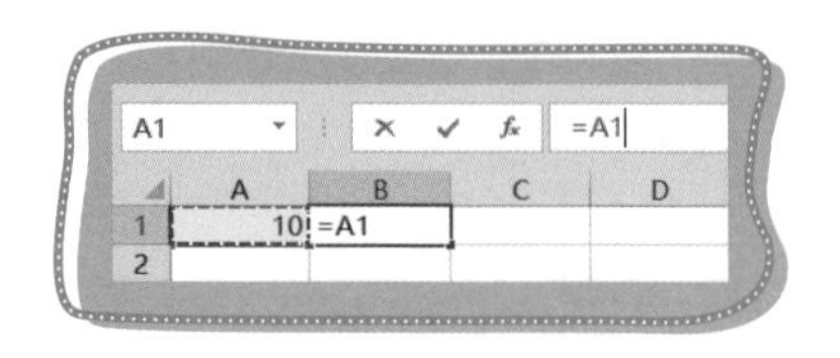


图 1-18　通过鼠标选择单元格

- 对单元格进行四则运算。

小鱼：什么是四则运算？

飞鱼：就是加、减、乘、除运算，和小学数学一样。

如图 1-19 所示是单元格与单元格之间的计算。

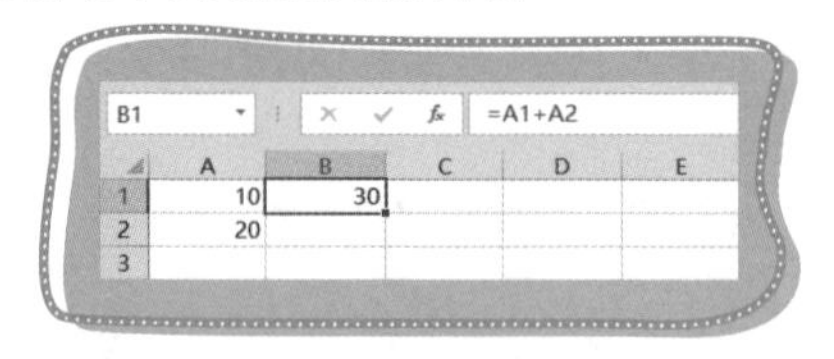


图 1-19　单元格与单元格的计算

如图 1-20 所示是单元格与数字常量的计算。

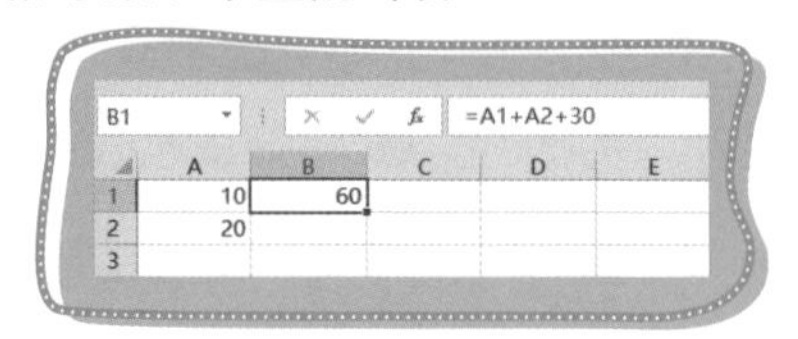


图 1-20　单元格与数字常量的计算

如图 1-21 所示是数字常量之间的计算。有时候飞鱼把 Excel 当计算器用。

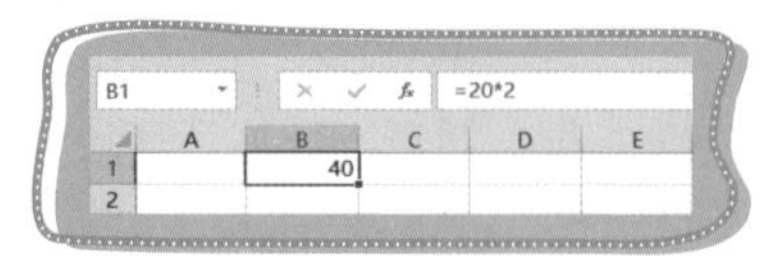


图 1-21　数字常量与数字常量的计算

如图 1-22 所示是带括号公式的计算，Excel 对公式中括号里的内容也是优先计算的。

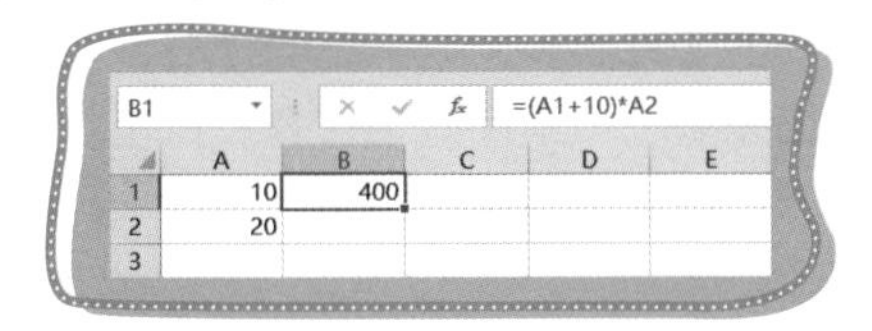
B1 =(A1+10)*A2

|   | A | B | C | D | E |
|---|---|---|---|---|---|
| 1 | 10 | 400 | | | |
| 2 | 20 | | | | |
| 3 | | | | | |

图 1-22　带括号公式的计算

● 比较判断

有些基础知识小伙伴是知道的，IF 函数属于逻辑函数，可以对条件进行判断并返回对应的值。在实际工作中简单的比较直接判断就可以了。首先来了解比较运算符，如图 1-23 所示。

| = | 等于 |
|---|---|
| <> | 不等于 |
| > | 大于 |
| < | 小于 |
| >= | 大于等于 |
| <= | 小于等于 |

图 1-23　比较运算符

常用比较判断案例，如图 1-24 所示。

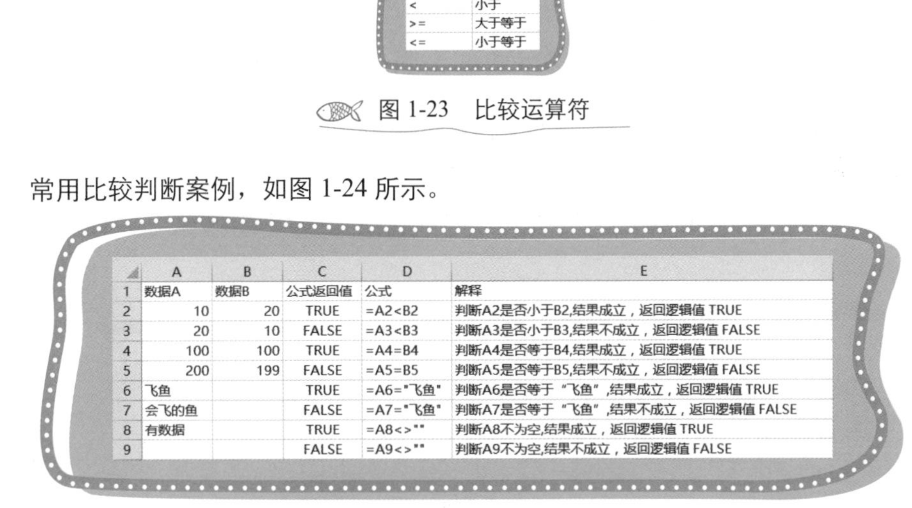

|   | A | B | C | D | E |
|---|---|---|---|---|---|
| 1 | 数据A | 数据B | 公式返回值 | 公式 | 解释 |
| 2 | 10 | 20 | TRUE | =A2<B2 | 判断A2是否小于B2,结果成立，返回逻辑值 TRUE |
| 3 | 20 | 10 | FALSE | =A3<B3 | 判断A3是否小于B3,结果不成立，返回逻辑值 FALSE |
| 4 | 100 | 100 | TRUE | =A4=B4 | 判断A4是否等于B4,结果成立，返回逻辑值 TRUE |
| 5 | 200 | 199 | FALSE | =A5=B5 | 判断A5是否等于B5,结果不成立，返回逻辑值 FALSE |
| 6 | 飞鱼 | | TRUE | =A6="飞鱼" | 判断A6是否等于“飞鱼”,结果成立，返回逻辑值 TRUE |
| 7 | 会飞的鱼 | | FALSE | =A7="飞鱼" | 判断A7是否等于“飞鱼”,结果不成立，返回逻辑值 FALSE |
| 8 | 有数据 | | TRUE | =A8<>"" | 判断A8不为空,结果成立，返回逻辑值 TRUE |
| 9 | | | FALSE | =A9<>"" | 判断A9不为空,结果不成立，返回逻辑值 FALSE |

图 1-24　常用比较判断案例

空文本用一对英文双引号表示。

- 文本连接符 &

有时会遇到需要把两个单元格或者多个单元格的内容合并到一个单元格的情况，此时就该用到文本连接符了。下面来看一个案例。现在有一份地址，省、市、镇都是分开的，要把三列合并为一列，这个时候用 & 连接各单元格的地址就可以了，如图 1-25 所示。

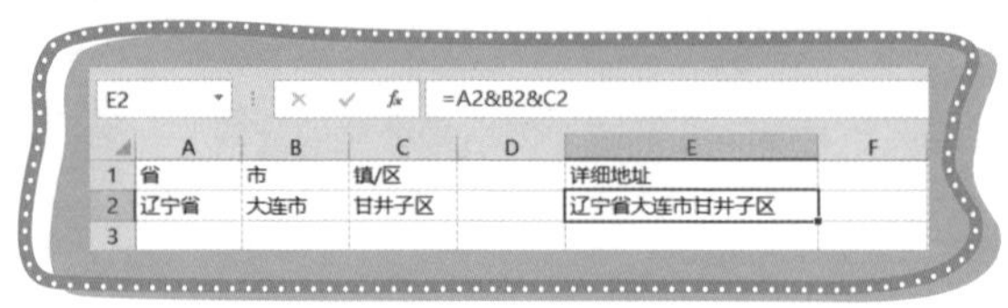

E2 =A2&B2&C2

| | A | B | C | D | E | F |
|---|---|---|---|---|---|---|
| 1 | 省 | 市 | 镇/区 | | 详细地址 | |
| 2 | 辽宁省 | 大连市 | 甘井子区 | | 辽宁省大连市甘井子区 | |
| 3 | | | | | | |

图 1-25　连接单元格内容

小鱼：那 & 符号怎么输入呢？

飞鱼：按 Shift+7 组合键就可以了。

小鱼：哦，我先理解一下。

**课后小结**

不是只有用函数的计算才叫公式计算，在公式中可以直接对单元格的值进行计算、比较、连接等操作。注意，在公式里引用文本要用英文双引号括起来哦。

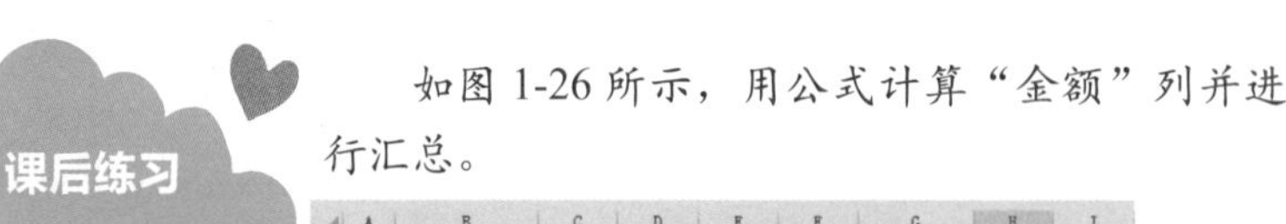

**课后练习**

如图 1-26 所示，用公式计算“金额”列并进行汇总。

| | A | B | C | D | E | F | G | H | I |
|---|---|---|---|---|---|---|---|---|---|
| 1 | 订货明细 | | | | | | | | |
| 2 | 序号 | 名称 | 规格 | | | 单位 | 数量 | 单价 | 金额 |
| 3 | | | 长 | 宽 | 高 | | | | |
| 4 | 1 | 操作台 | 900 | 600 | 780 | 台 | 14 | 290 | 4060 |
| 5 | 2 | 操作台 | 1800 | 600 | 780 | 台 | 70 | 550 | 38500 |
| 6 | 3 | 钢制工作台 | 900 | 600 | 780 | | 10 | 300 | 3000 |
| 7 | 4 | 货架 | | 400 | 1.8 | | 15 | 600 | 9000 |
| 8 | 5 | 工作椅 | | | 400 | | 160 | 85 | 13600 |
| 9 | 6 | DF生产线工作台 | 2.4 | 660 | 720 | | 3 | 900 | 2700 |
| 10 | 7 | DF生产线工作台 | 1.8 | 660 | 720 | | 3 | 680 | 2040 |
| 11 | | | | | | | 总计 | 72900 | |

图 1-26　公式作业

## 1.6 单元格引用及公式填充

扫一扫 看视频

小鱼：飞鱼，今天我们将学习什么内容呢？是不是该学习函数了？

飞鱼：函数还早呢，很多基础知识你都还不知道。

小鱼：看你前几次讲的内容，感觉公式也没那么难了。

飞鱼：就新学的内容来说，难倒是不难，只是有些基础知识你还不知道，如跨工作表引用和跨工作簿引用。

小鱼：啥是工作表？啥是工作簿？

飞鱼：看来你和许多小伙伴一样，虽然是 Excel 的基础知识，但是却忽略了。下面我们来详细讲解。

可以把工作簿看成是一本书，工作簿的名字就是书名，常用工作簿名的后缀为 .xlsx。该工作簿文件存储在计算机硬盘中。

每本书中有很多页，每一页可以理解为一个工作表。每个工作表可以重新命名。默认新建工作簿时包含三个工作表，依次选择“文件”→“选项”→“常规”命令可以设置工作表数，新建工作簿时包含的工作表数最多可以设置为 255 个，这足够我们日常使用了。如果感觉还不够用，新建工作簿后可以后期添加新工作表，理论上一个工作簿可以包含无限多个工作表。

下面来看一个案例，从中了解跨工作表引用和跨工作簿引用。

跨工作表引用：现在有一个工作簿，共有四个工作表，其中包含三个每月明细表和一个季度汇总表。现在需要做的是，把每个月的明细表内容汇总到汇总表里，如图 1-27 所示。

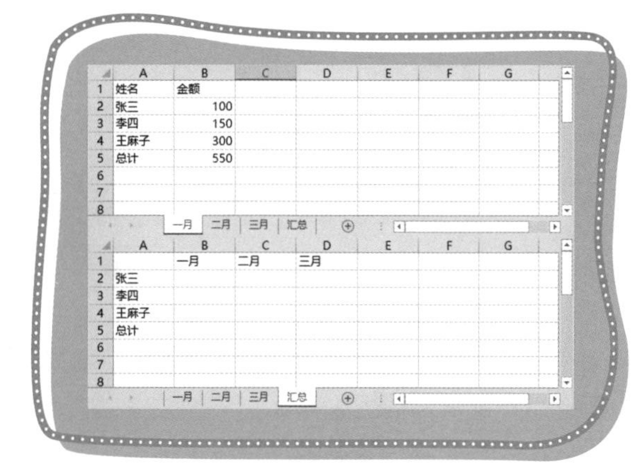

| | A | B | C | D | E | F | G |
|---|---|---|---|---|---|---|---|
| 1 | 姓名 | 金额 | | | | | |
| 2 | 张三 | 100 | | | | | |
| 3 | 李四 | 150 | | | | | |
| 4 | 王麻子 | 300 | | | | | |
| 5 | 总计 | 550 | | | | | |
| 6 | | | | | | | |
| 7 | | | | | | | |
| 8 | | | | | | | |

一月 | 二月 | 三月 | 汇总

| | A | B | C | D | E | F | G |
|---|---|---|---|---|---|---|---|
| 1 | | 一月 | 二月 | 三月 | | | |
| 2 | 张三 | | | | | | |
| 3 | 李四 | | | | | | |
| 4 | 王麻子 | | | | | | |
| 5 | 总计 | | | | | | |
| 6 | | | | | | | |
| 7 | | | | | | | |
| 8 | | | | | | | |

一月 | 二月 | 三月 | 汇总

图 1-27 跨工作表汇总需求

本案例目前只是为了让你简单地了解跨工作表引用，因此进行了简化，把每个工作表的姓名、人数及位置都做了固定。

Step 01 首先从1月开始，在“汇总”工作表的B2单元格中输入“=”，告诉Excel我要写公式了，如图1-28所示

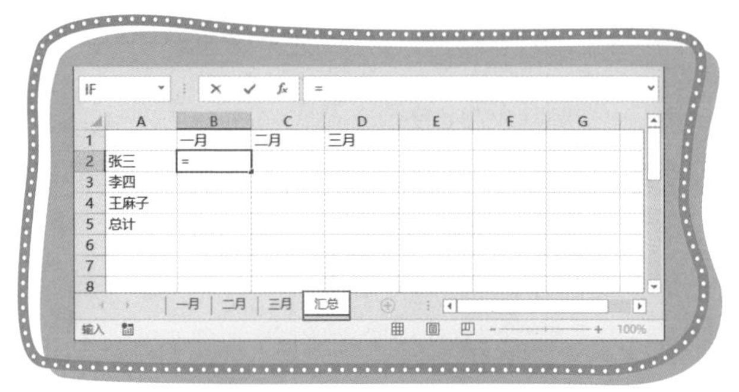


图1-28 汇总表B2单元格

Step 02 输入“=”后，通过鼠标选择“一月”工作表的B2单元格，然后按快捷键Enter结束，如图1-29所示。

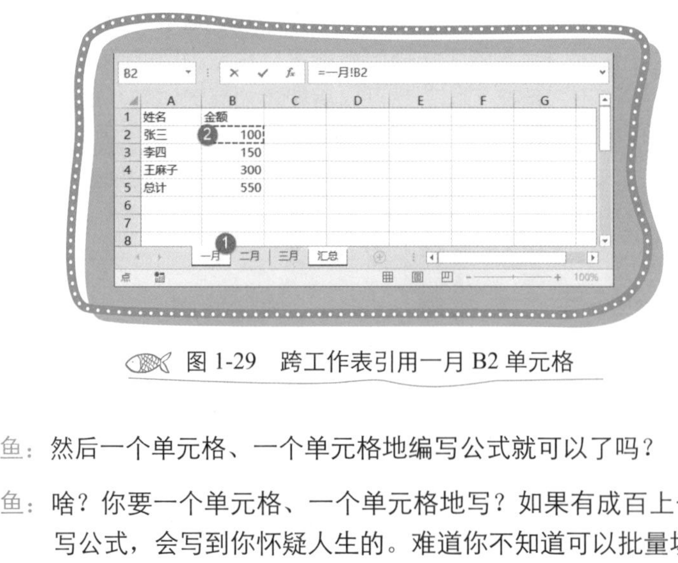


图1-29 跨工作表引用一月B2单元格

小鱼：然后一个单元格、一个单元格地编写公式就可以了吗？

飞鱼：啥？你要一个单元格、一个单元格地写？如果有成百上千个单元格需要写公式，会写到你怀疑人生的。难道你不知道可以批量填充公式吗？

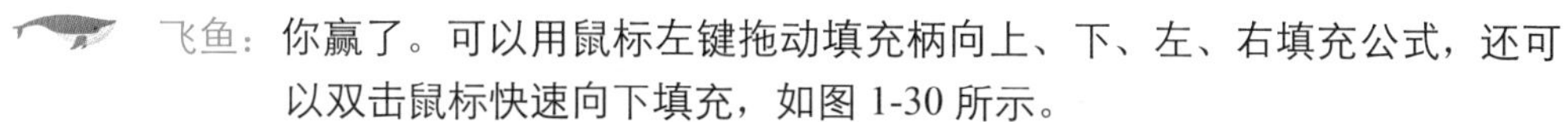

小鱼：我说不知道，可以不？

飞鱼：你赢了。可以用鼠标左键拖动填充柄向上、下、左、右填充公式，还可以双击鼠标快速向下填充，如图 1-30 所示。

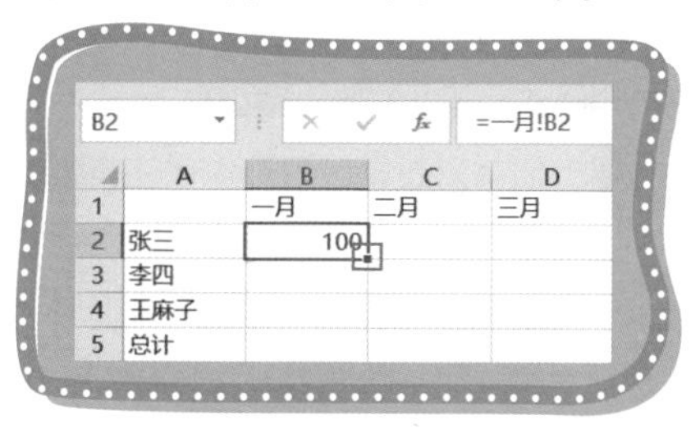


图 1-30　填充柄

选中要填充的区域后，打开“开始”选项卡，选择“填充”→“向下”命令，完成填充。注意，“向下填充”为 Ctrl+D 组合键，如图 1-31 所示。

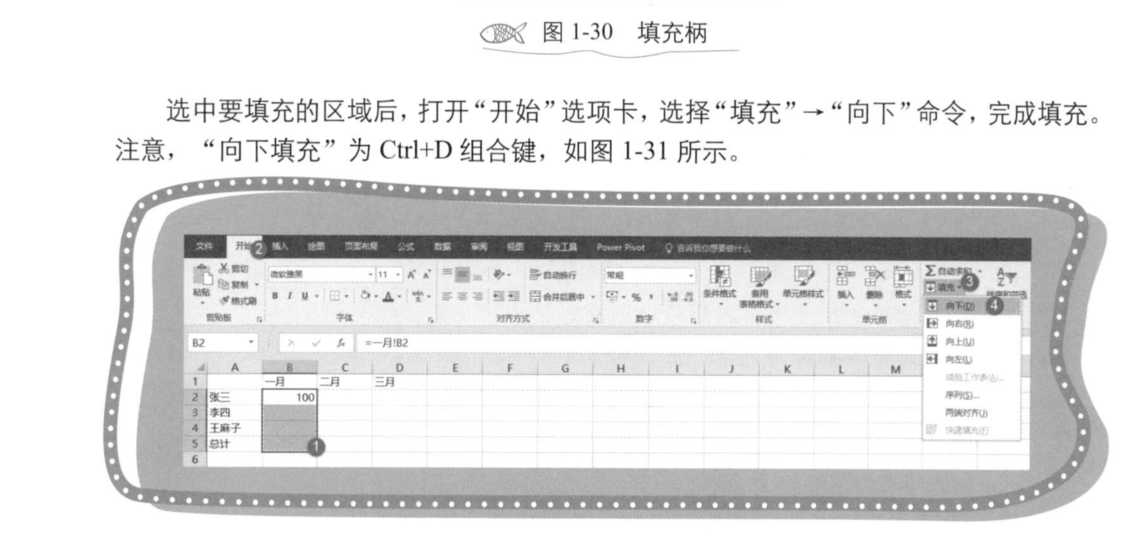


图 1-31　向下填充

以上三种方法可以满足大部分工作的需要，不过当需要填充的区域太多，有成百上千行时，用鼠标拖动填充就显得太没有效率了。快速填充属于智能填充，以填充前一列为参照，当填充前一列中某行出现空白时，快速填充只能填充到空白行的前一行。

下面教你一种可以快速填充多行的方法，通过地址栏输入单元格地址，如 B2:B5，即要填充公式的区域，按快捷键 Enter 选择区域，如图 1-32 所示。

B2:B5
地址栏
A
D
1
一月
二月
三月
2 张三
3 李四
4 王麻子
5 总计

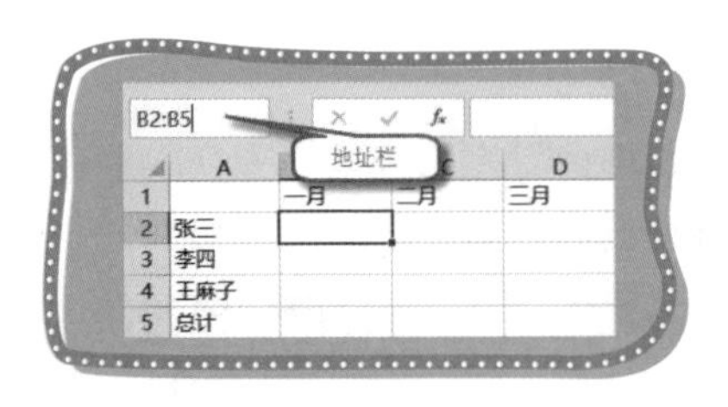

图 1-32　通过地址栏选中单元格区域

选中区域后，输入“=”，然后引用“一月”工作表中 B2 单元格。引用好单元格后，关键的一步来了，按 Ctrl+Enter 组合键结束填充，如图 1-33 所示。

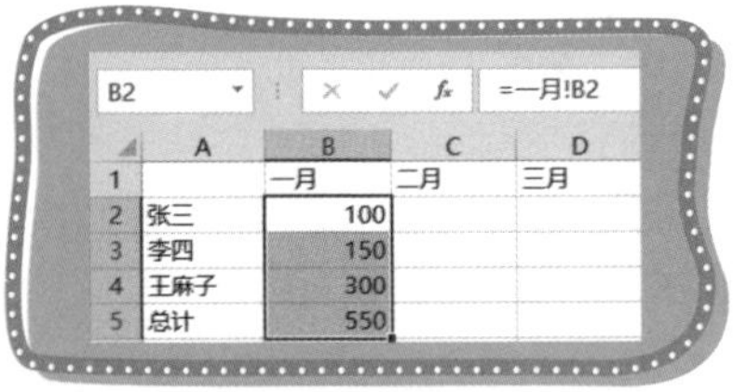

B2
=一月!B2
A
B
C
D
1
一月
二月
三月
2 张三 100
3 李四 150
4 王麻子 300
5 总计 550

图 1-33　结束填充

可以看到，选中的单元格区域都已经填充好公式了。告诉你一个小秘密：这个方法还可以批量填充常量内容哦。

通过引用“一月”工作表的操作，我们在编辑栏中可以看到引用工作表的格式，即工作表名后加个英文状态下的“!”，后面连接单元格地址。知道格式后，我们在以后编写公式时也可以在编辑栏中输入该格式。现在在 C2 单元格输入“=二月!B2”，如图 1-34 所示，可以看到直接输入后的结果和通过鼠标引用是一样的。

IF
=二月!B2
A
B
C
D
E
F
G
1
一月
二月
三月
2 张三 100 =二月!B2
3 李四 150
4 王麻子 300
5 总计 550
一月
二月
三月
汇总
编辑

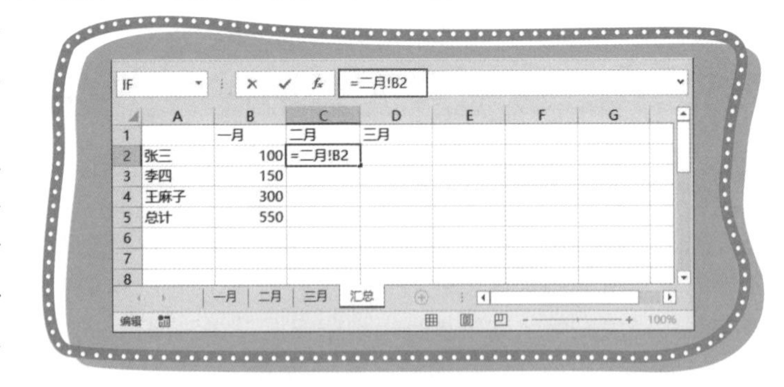

图 1-34　编辑栏输入

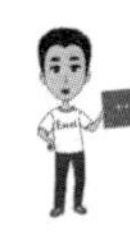

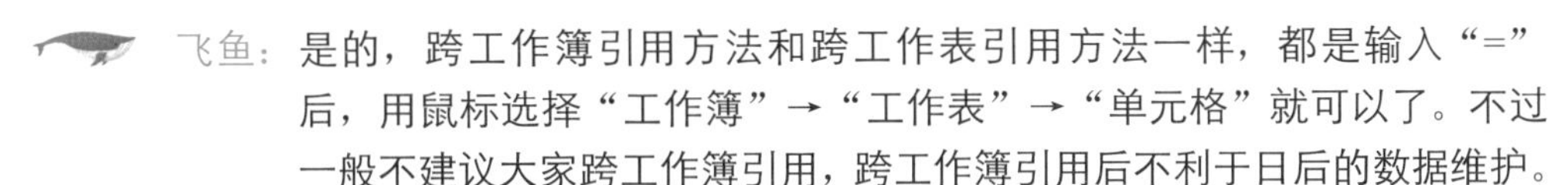

小鱼：那跨工作簿引用就是可以引用其他工作簿文件吗？

飞鱼：是的，跨工作簿引用方法和跨工作表引用方法一样，都是输入“=”后，用鼠标选择“工作簿”→“工作表”→“单元格”就可以了。不过一般不建议大家跨工作簿引用，跨工作簿引用后不利于日后的数据维护。

学完本节后，请大家注意两点。第一，大家要了解工作簿与工作表之间的关系，分清什么是工作簿，什么是工作表，要知道如何引用单元格；第二，要学会几种填充方法，这个功能在日常工作中很实用。

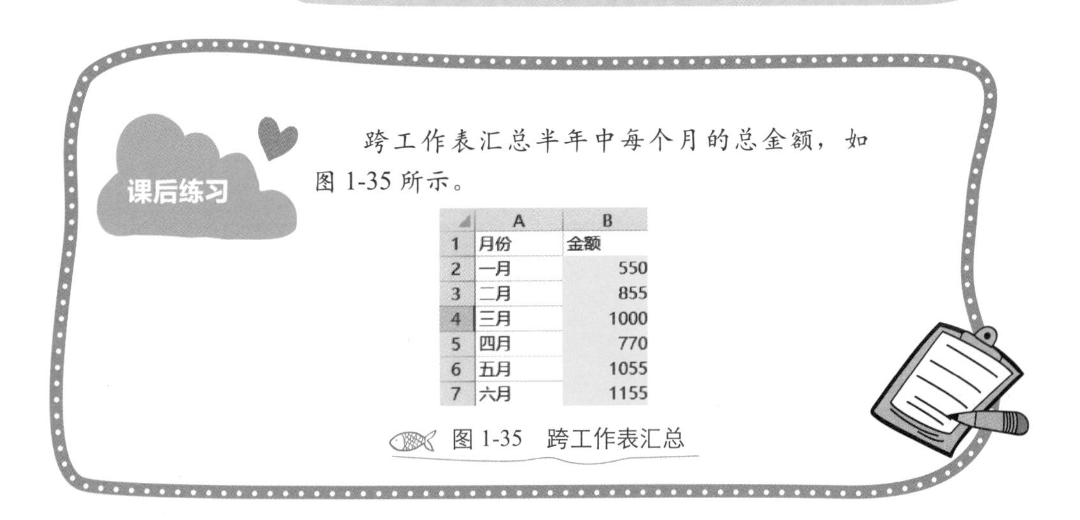


跨工作表汇总半年中每个月的总金额，如图 1-35 所示。

|   | A | B |
|---|---|---|
| 1 | 月份 | 金额 |
| 2 | 一月 | 550 |
| 3 | 二月 | 855 |
| 4 | 三月 | 1000 |
| 5 | 四月 | 770 |
| 6 | 五月 | 1055 |
| 7 | 六月 | 1155 |

图 1-35　跨工作表汇总

## 1.7 单元格的四种引用方式

扫一扫 看视频

在学习单元格的几种引用方式前，先来了解一下单元格地址的组成，打开 Excel 表格，会看到横向是以字母 A 起始递增的列号，纵向是以数字 1 起始递增的行号，每个单元格地址由列号、行号组成，如图 1-36 所示 。

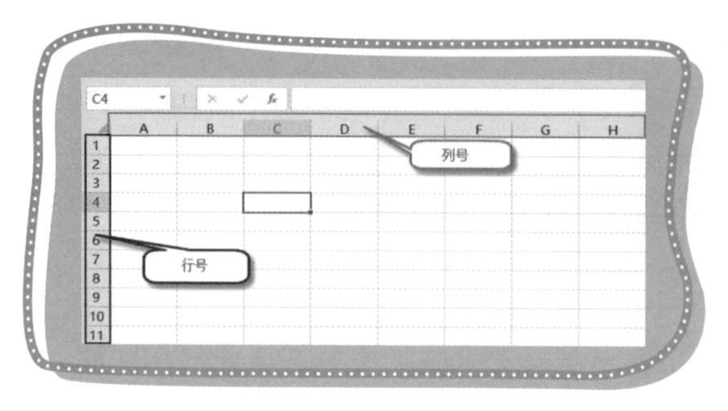


图 1-36　行、列号

图 1-36 中选中的单元格为 C 列第 4 行，可以看到地址栏的单元格地址为 C4。

现在学习引用单元格的几种方式，如图 1-37 所示。

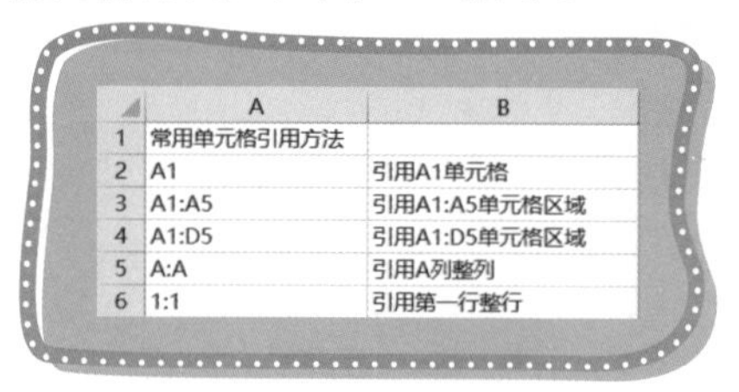

| | A | B |
|---|---|---|
| 1 | 常用单元格引用方法 | |
| 2 | A1 | 引用A1单元格 |
| 3 | A1:A5 | 引用A1:A5单元格区域 |
| 4 | A1:D5 | 引用A1:D5单元格区域 |
| 5 | A:A | 引用A列整列 |
| 6 | 1:1 | 引用第一行整行 |

图 1-37　单元格引用方式

## 相对引用

当通过鼠标选择引用单元格地址时，默认的单元格引用方式就是相对引用。相对引用的特点是，引用单元格会随着复制、粘贴、下拉、右拖公式而改变。在 C2 单元格输入公式引用 B2 单元格，结果如图 1-38 所示。

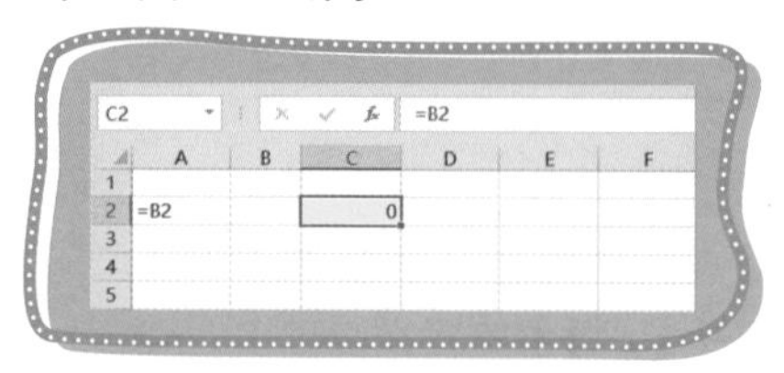


图 1-38　引用 B2 单元格

下面我们向下、向右拖动填充公式，来看看随着公式的拖动，被引用单元格的改变规律。可以发现，当我们向下拖动一行时，被引用的单元格也会随着向下变换一行，而列保持不变；向右拖动一列时， 列会向右变换一列，而行不会改变；向左拖动同理，如图 1-39 所示。

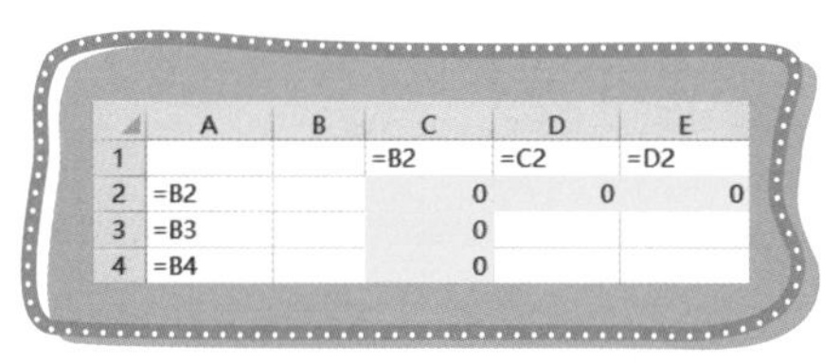

| | A | B | C | D | E |
|---|---|---|---|---|---|
| 1 | | | =B2 | =C2 | =D2 |
| 2 | =B2 | | 0 | 0 | 0 |
| 3 | =B3 | | 0 | | |
| 4 | =B4 | | 0 | | |

图 1-39　相对引用

来看一个实际案例，B 列是数量，C 列是单价，现在需要计算 D 列的小计。在 D2 单元格输入公式“=B2*C2”后，向下填充公式就可以了，结果如图 1-40 所示。

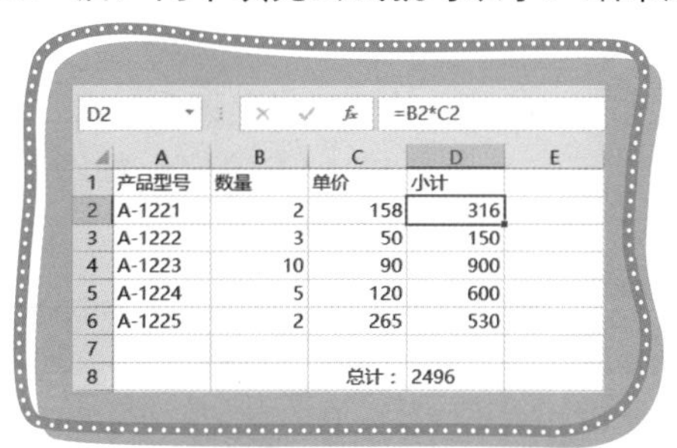

D2　=B2*C2

| | A | B | C | D | E |
|---|---|---|---|---|---|
| 1 | 产品型号 | 数量 | 单价 | 小计 | |
| 2 | A-1221 | 2 | 158 | 316 | |
| 3 | A-1222 | 3 | 50 | 150 | |
| 4 | A-1223 | 10 | 90 | 900 | |
| 5 | A-1224 | 5 | 120 | 600 | |
| 6 | A-1225 | 2 | 265 | 530 | |
| 7 | | | | | |
| 8 | | | 总计： | 2496 | |

图 1-40　计算 D 列小计

小鱼：这就是相对引用啊，这种方法我用过，先算出每个产品型号的小计后，再对小计进行求和，算总计。

飞鱼：是的，小计列相当于间接地为求和增加了辅助列。

## 绝对引用

小鱼：我试着写了个 VLOOKUP 函数的公式，为什么下拉公式后有些单元格就会出错呢（如图 1-41 所示）？

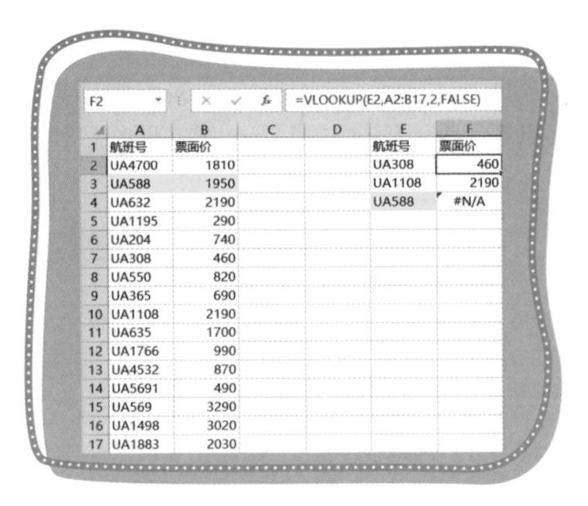

F2 | =VLOOKUP(E2,A2:B17,2,FALSE)

| | A | B | C | D | E | F |
|---|---|---|---|---|---|---|
| 1 | 航班号 | 票面价 | | | 航班号 | 票面价 |
| 2 | UA4700 | 1810 | | | UA308 | 460 |
| 3 | UA588 | 1950 | | | UA1108 | 2190 |
| 4 | UA632 | 2190 | | | UA588 | #N/A |
| 5 | UA1195 | 290 | | | | |
| 6 | UA204 | 740 | | | | |
| 7 | UA308 | 460 | | | | |
| 8 | UA550 | 820 | | | | |
| 9 | UA365 | 690 | | | | |
| 10 | UA1108 | 2190 | | | | |
| 11 | UA635 | 1700 | | | | |
| 12 | UA1766 | 990 | | | | |
| 13 | UA4532 | 870 | | | | |
| 14 | UA5691 | 490 | | | | |
| 15 | UA569 | 3290 | | | | |
| 16 | UA1498 | 3020 | | | | |
| 17 | UA1883 | 2030 | | | | |

图 1-41　VLOOKUP 公式出错

飞鱼：选中 F4 单元格，看看 F4 单元格的公式和 F2 单元格的公式有什么不同。

小鱼：哦，原来是下拉公式的时候查找区域改变了，我写公式的时候明明写的是 A2:B17，下拉后就变成 A4:B19 了，如图 1-42 所示。有办法可以让 A2:B17 在下拉公式的时候保持不变吗？

IF | =VLOOKUP(E4,A4:B19,2,FALSE)

| | A | B | C | D | E | F | G | H | I |
|---|---|---|---|---|---|---|---|---|---|
| 1 | 航班号 | 票面价 | | | 航班号 | 票面价 | | | |
| 2 | UA4700 | 1810 | | | UA308 | 460 | | | |
| 3 | UA588 | 1950 | | | UA1108 | 2190 | | | |
| 4 | UA632 | 2190 | | | UA588 | =VLOOKUP(E4,A4:B19,2,FALSE) | | | |
| 5 | UA1195 | 290 | | | | VLOOKUP(lookup_value, table_array, col_index_num | | | |
| 6 | UA204 | 740 | | | | | | | |
| 7 | UA308 | 460 | | | | | | | |
| 8 | UA550 | 820 | | | | | | | |
| 9 | UA365 | 690 | | | | | | | |
| 10 | UA1108 | 2190 | | | | | | | |
| 11 | UA635 | 1700 | | | | | | | |
| 12 | UA1766 | 990 | | | | | | | |
| 13 | UA4532 | 870 | | | | | | | |
| 14 | UA5691 | 490 | | | | | | | |
| 15 | UA569 | 3290 | | | | | | | |
| 16 | UA1498 | 3020 | | | | | | | |
| 17 | UA1883 | 2030 | | | | | | | |
| 18 | | | | | | | | | |
| 19 | | | | | | | | | |

图 1-42　查找区域问题

飞鱼：进步很大，自己都能发现问题了。最后的问题问得好，有办法可以在公式填充的时候让引用单元格保持不变吗？办法当然有，你先按我说的操作，选中 F2 单元格修改公式，选中 A2:B17，按快捷键 F4，发现选中区域多了四个美元符号，这样就可以锁住查找区域了，在公式向下填充的时候引用区域就被我们锁定了，如图 1-43 所示。

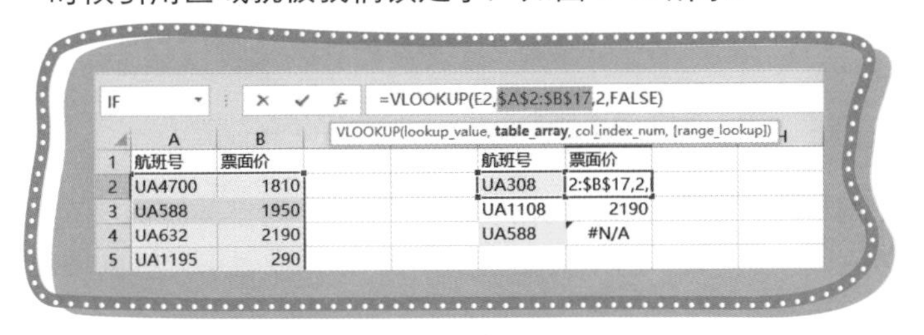


图 1-43　选中单元格区域后按 F4 键

结束公式编写，如图 1-44 所示。

|  | A | B | C | D | E | F |
|---|---|---|---|---|---|---|
| 1 | 航班号 | 票面价 |  |  | 航班号 | 票面价 |
| 2 | UA4700 | 1810 |  |  | UA308 | 460 |
| 3 | UA588 | 1950 |  |  | UA1108 | 2190 |
| 4 | UA632 | 2190 |  |  | UA588 | 1950 |
| 5 | UA1195 | 290 |  |  |  |  |

图 1-44　锁住查找区域后结果正确

上面讲的引用方法叫绝对引用，使用绝对引用后，无论向哪个方向拖动填充公式或者把公式复制到其他的单元格，使用绝对引用的单元格或者单元格区域是不会改变的。

选中单元格或者单元格区域，按快捷键 F4 可以切换引用方式。

在 Excel 里单元格有四种引用方式，分别是相对引用、绝对引用、行绝对引用、列绝对引用。

按快捷键 F4 可以循环切换各引用方式，如图 1-45 所示。

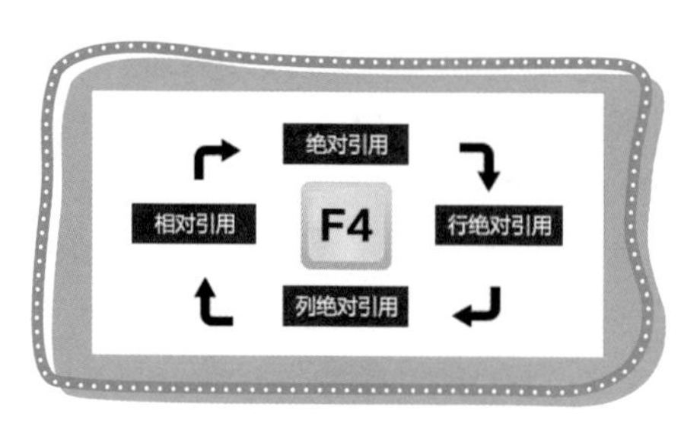


图 1-45　循环切换引用方式

现在知道了前两种，相对引用就是不锁定单元格，向不同方向填充公式引用的单元格会随着填充方向而改变；绝对引用就是把引用单元格或者单元格区域锁定。

## 混合引用

学会相对引用和绝对引用还不够，在实际工作中会遇到很多复杂的问题。下面来看一个案例，如图 1-46 所示。

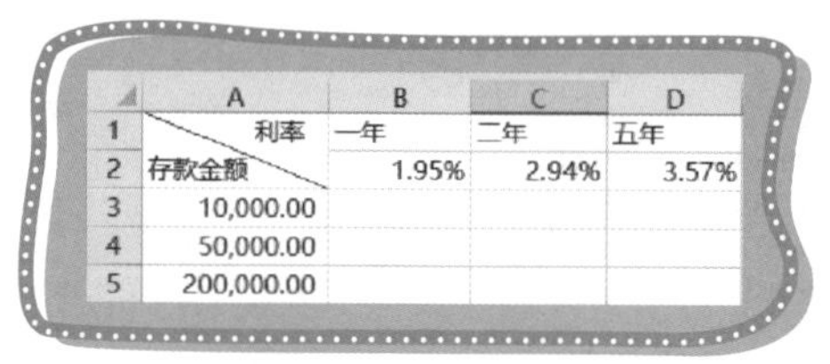

| | A | B | C | D |
|---|---|---|---|---|
| 1 | 利率 | 一年 | 二年 | 五年 |
| 2 | 存款金额 | 1.95% | 2.94% | 3.57% |
| 3 | 10,000.00 | | | |
| 4 | 50,000.00 | | | |
| 5 | 200,000.00 | | | |

图 1-46　案例

现在想算出不同金额的存款，存不同年限的利息是多少。我们已经了解到，在 Excel 中引用方式有四种，除了相对引用和绝对引用之外，还有两种混合引用，本案例就需要使用这两种混合引用来分别算出不同存款金额与对应年限的利息。

我们知道一个单元格地址是由列号和行号组成的，绝对引用是把一个单元格地址的列号和行号全部锁定，混合引用可以选择只锁定行或者只锁定列。

本案例中，我们在 B3 单元格开始编写公式。B3 单元格的公式为：=A3 单元格的存款金额 *B2 单元格的一年利率，如图 1-47 所示。

```
=A3*B2
```

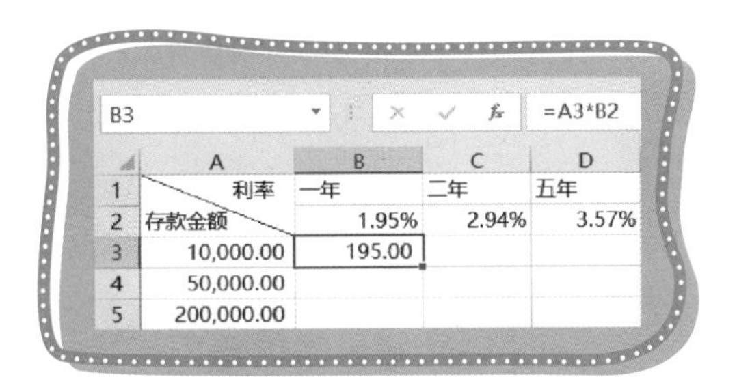


图 1-47　计算利息

现在我们使用的是相对引用，如果直接向下填充公式，B2 单元格的利率会随着公式向下填充而改为 B3,B4…。现在需要把 B2 单元格的行锁定，在行号前输入一个美元符号，就可以把行锁定了（在输入法的英文状态下，按 Shift+4 组合键可以输入美元符号），在 B2 单元格的行号前，也就是 2 前加一个美元符号（$），或者按两次快捷键 F4 也可以转换引用方式（在选中 B2 单元格后，按快捷键 F4 才可以转换引用方式），如图 1-48 所示。

```
=A3*B$2
```

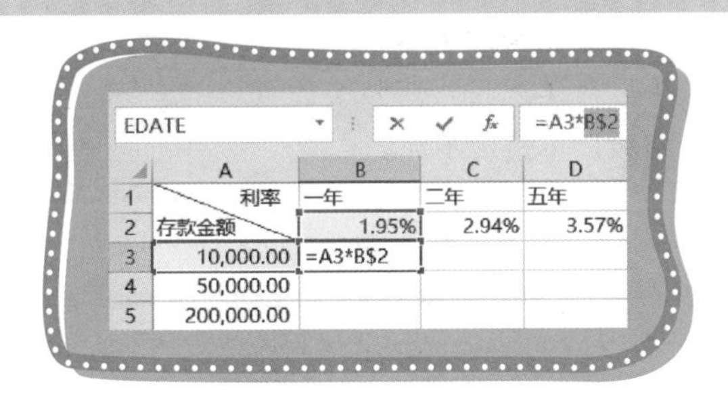


图 1-48　行绝对引用

可能有些小伙伴会有疑惑，B2 直接使用绝对引用不可以吗？因为公式不只是向下填充，同时还要向右填充的，在向右填充时，如果使用绝对引用把列也锁定，就只会引用第一年的利率，而我们需要的是随着公式向右填充，列是可以随着填充改变而引用第二年和第五年的利率，所以我们不能使用绝对引用把列也锁定。

同理，现在存款金额为相对引用，向下填充的时候没问题，在向右填充的时候我们就要把列给锁定了，如果不锁定，在向右填充的时候，A3 就会变为 B3,C3,D3…，很明显这不是我们想要的结果。在 A3 单元格的列号 A 前加一个美元符号就可以把 A 列锁定了，按三次快捷键 F4 也可以转换引用方式，如图 1-49 所示。

```
=$A3*B$2
```

最后我们把公式向下、向右填充，完成利息的计算，如图 1-50 所示。

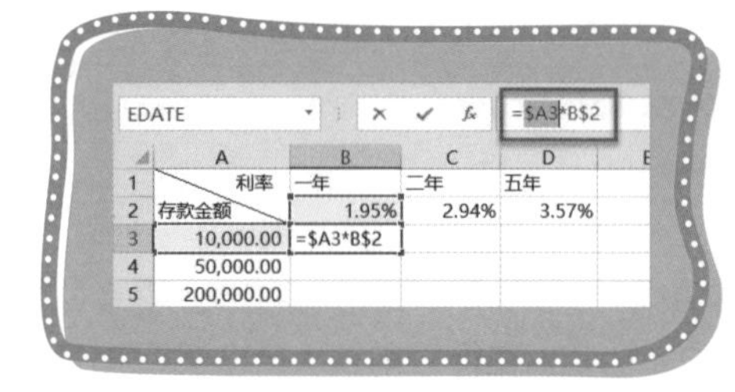

EDATE | =$A3*B$2

| | A | B | C | D |
|---|---|---|---|---|
| 1 | 利率 | 一年 | 二年 | 五年 |
| 2 | 存款金额 | 1.95% | 2.94% | 3.57% |
| 3 | 10,000.00 | =$A3*B$2 | | |
| 4 | 50,000.00 | | | |
| 5 | 200,000.00 | | | |

图 1-49　列绝对引用

| | A | B | C | D |
|---|---|---|---|---|
| 1 | 利率 | 一年 | 二年 | 五年 |
| 2 | 存款金额 | 1.95% | 2.94% | 3.57% |
| 3 | 10,000.00 | 195.00 | 294.00 | 357.00 |
| 4 | 50,000.00 | 975.00 | 1,470.00 | 1,785.00 |
| 5 | 200,000.00 | 3,900.00 | 5,880.00 | 7,140.00 |

图 1-50　完成填充

本节主要讲解单元格及单元格区域的四种引用方法。一定要完全理解本节的知识，这对日后的编写公式非常重要。简单来说，想锁定谁就在谁前面加美元符号，都锁定都加，不锁定不加。

在 C2 单元格使用公式把省、市连接起来，如图 1-51 所示。

| | A | B | C |
|---|---|---|---|
| 1 | 省 | 市 | 地址 |
| 2 | 辽宁 | 大连 | 辽宁省大连市 |
| 3 | 黑龙江 | 哈尔滨 | 黑龙江省哈尔滨市 |
| 4 | 吉林 | 长春 | 吉林省长春市 |

图 1-51　省、市连接作业

## 1.8　让公式正常地计算

扫一扫 看视频

小鱼：如图 1-52 所示，我输入公式后显示公式，而不是显示计算结果，这是怎么回事呢？

飞鱼：单元格格式问题，现在单元格式应该是文本，如图 1-53 所示。

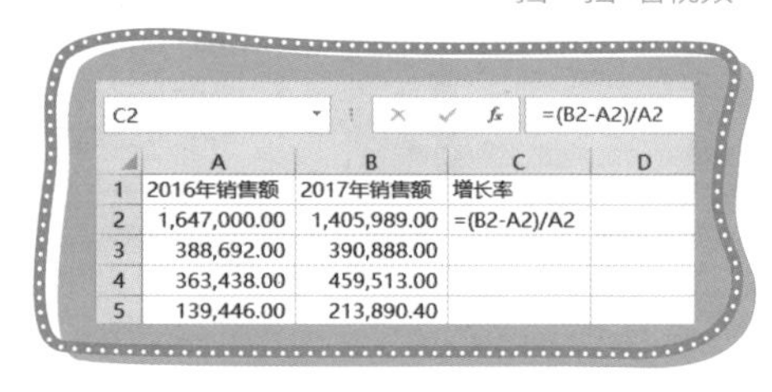


图 1-52　输入公式不计算

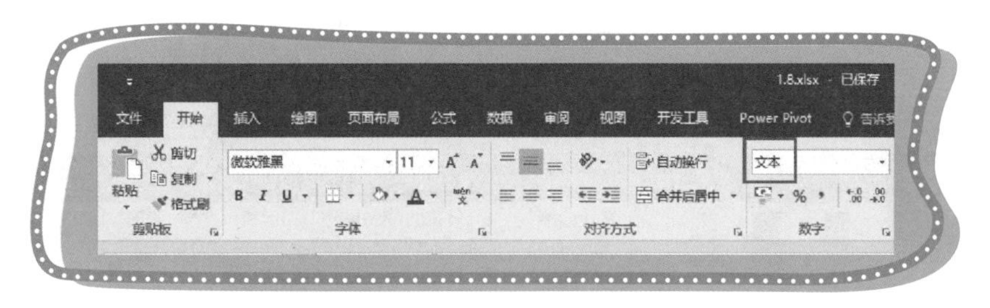


图 1-53　文本格式

把单元格格式改为常规就可以了，如图 1-54 所示。

图 1-54　常规单元格格式

需要注意的是，把单元格格式改为常规后，需要重新编辑公式才可以计算，按快捷键 F2 进入编辑状态，再按快捷键 Enter 就可以了，结果如图 1-55 所示。

| | A | B | C |
|---|---|---|---|
| 1 | 2016年销售额 | 2017年销售额 | 增长率 |
| 2 | 1,647,000.00 | 1,405,989.00 | -0.14633333 |
| 3 | 388,692.00 | 390,888.00 | |
| 4 | 363,438.00 | 459,513.00 | |
| 5 | 139,446.00 | 213,890.40 | |

图 1-55　重新编辑公式

还有一种问题是公式不自动计算，每次修改数据需要按快捷键 F9 才可以计算。选择“公式”选项卡，单击“计算选项”图标，在下拉菜单中把“手动”改为“自动”就可以了，如图 1-56 所示。

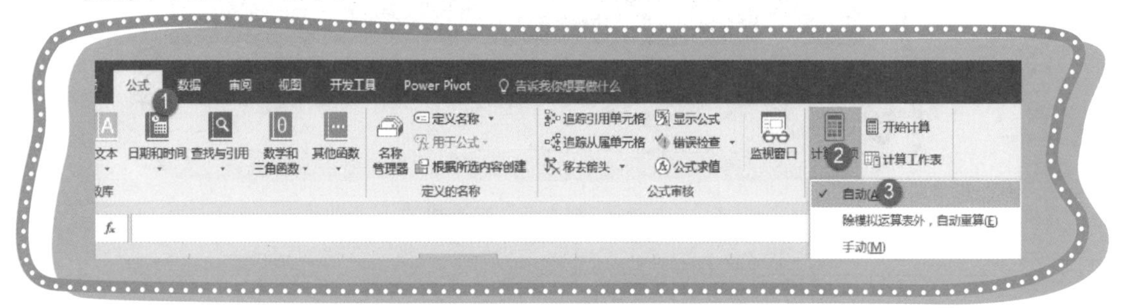


图 1-56　计算选项

单元格内已有的数据，是无法通过设置单元格格式转换数据类型的。可以用一句话来形容——“之前的错误我不管，以后我改”。转换数据类型可以通过 Excel 的“分列”功能来实现。

**课后练习**

从系统导出的数据大部分是文本型数值，是无法直接使用函数进行计算的。将B列的销售额转换为数值后，年度合计就可以使用SUM函数进行求和了，如图1-57所示。

|  | A | B | C | D | E |
|---|---|---|---|---|---|
| 1 | 月份 | 销售额 |  |  |  |
| 2 | 1月 | 27006.59 |  | 年度合计 | 0 |
| 3 | 2月 | 8844.23 |  |  |  |
| 4 | 3月 | 13072.69 |  |  |  |
| 5 | 4月 | 7381.95 |  |  |  |
| 6 | 5月 | 19500.36 |  |  |  |
| 7 | 6月 | 5545.47 |  |  |  |
| 8 | 7月 | 8933.43 |  |  |  |
| 9 | 8月 | 17820.38 |  |  |  |
| 10 | 9月 | 10362.2 |  |  |  |
| 11 | 10月 | 7792.57 |  |  |  |
| 12 | 11月 | 10304.87 |  |  |  |
| 13 | 12月 | 2593.34 |  |  |  |

图1-57　数据类型转换

**小提示**

转换数据类型的方法有三种：（1）可以通过错误提示来转换；（2）可以通过“分列”功能来转换；（3）可以通过选择性粘贴来转换。

## 1.9　数据类型

扫一扫 看视频

从上节作业，我们知道了在Excel中有文本型数值的存在，本节详细讲解Excel中的数据类型。

文本型：汉字、字母、符号这些都是文本型。这个很好理解，也没有什么需要注意的。

数值：整数、小数都是数值，是可以参与四则运算和函数计算的。整数最多支持15位，超过15位后，从第16位开始Excel将无法识别，通通默认为0。下面输入一个17

位的数字来试一下，如图 1-58 所示。

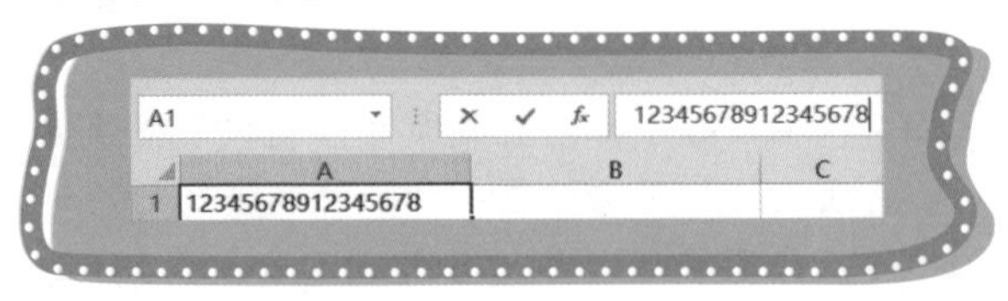


图 1-58　输入 17 位数字

按快捷键 Enter 后，我们看到输入的数字中 15 位后都变成 0 了，如图 1-59 所示。

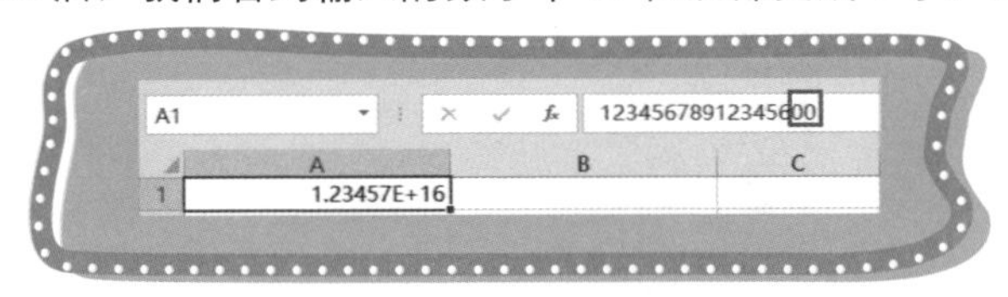


图 1-59　15 位后变为 0

在“常规”单元格格式下，超过 11 位的数值就会以科学计数显示。

我们可以理解为 Excel 是可以直接输入大于 15 位的数值的，但超过 15 位后，将自动变成 0。而我们在工作中却经常需要录入一些银行账号、发票号、身份证号等长数字编码，这时该怎么办呢？

其实方法很简单，先设置单元格格式为“文本”，如图 1-60 所示。

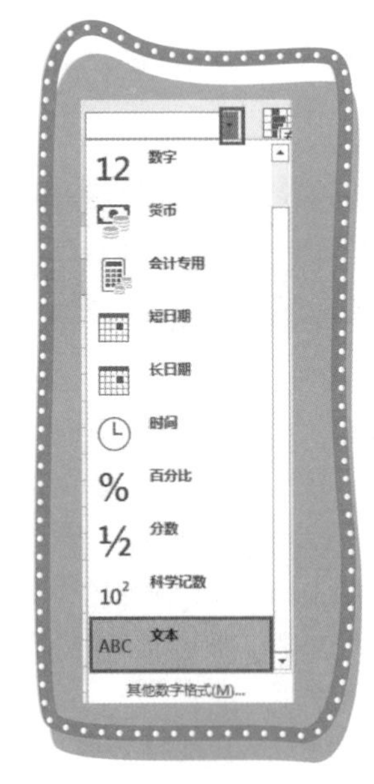


图 1-60　设置单元格格式

然后再输入数字编码就可以了，如图 1-61 所示。

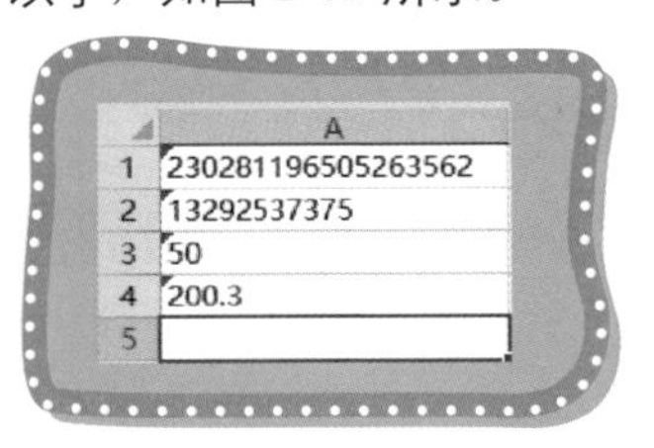


图 1-61　输入数字编码

把单元格格式设置为“文本”并输入一些长数字编码后，可以看到单元格左上角会出现绿色三角提示。选中任意一个出现绿色三角提示的单元格，然后单击单元格右边的提示图标，可以看到一些提示信息，如图 1-62 所示。

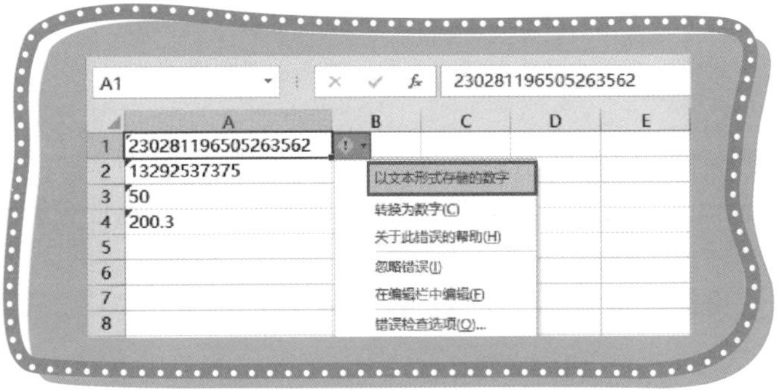

图 1-62　以文本形式存储的数字

如果输入的是数字编码，忽略此错误提示即可，或者选择“忽略错误 (I)”以后就不会再出现这个错误提示了。

文本型数值：什么是文本型数值？如何区分数值与文本型数值？文本型数值对我们有什么影响呢？如何把文本型数值转换为数值？我们看下面的内容。

首先要知道文本型数值是怎么来的，知道怎么来的就知道什么是文本型数值了。文本型数值有如下三种来源。

第一种：在设置单元格格式为“文本”后，输入的数值就是文本型数值，或者在单元格中输入单引号（’）后再输入数字，这些数字也是文本型数值，如图 1-63 所示。

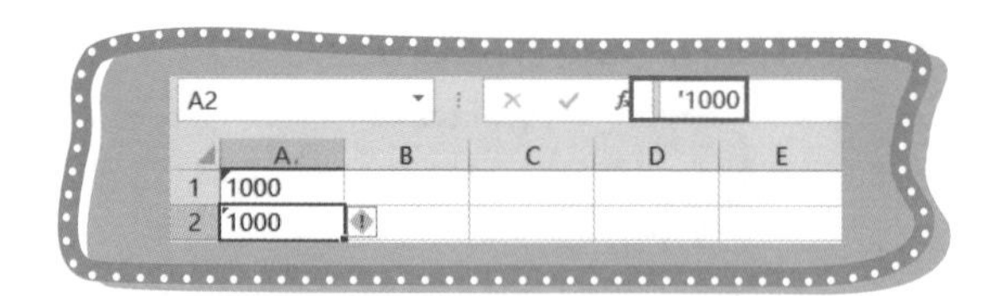


图 1-63　输入单引号后的文本型数值

第二种：使用文本函数或者连接符（&）处理过的数字，如图 1-64 所示。

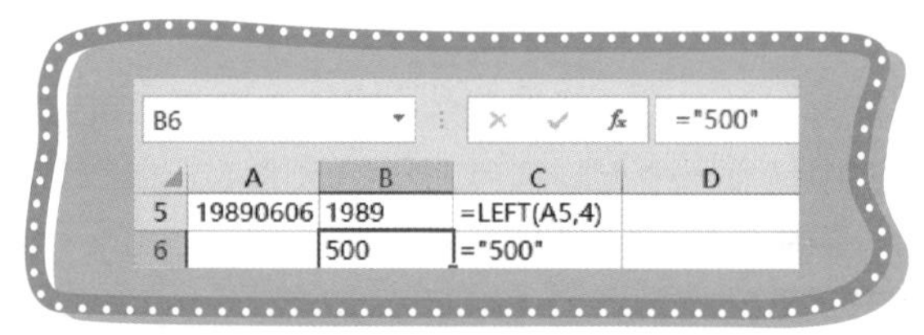


图 1-64　处理后的文本型数值

第三种：通过系统导出的数字。

知道文本型数值是怎么来的，再来看看文本型数值对我们有什么影响，主要体现在以下几个方面。

（1）无法使用数学与统计类函数进行计算（如 SUM、AMX、AVERAGE），如图 1-65 所示。

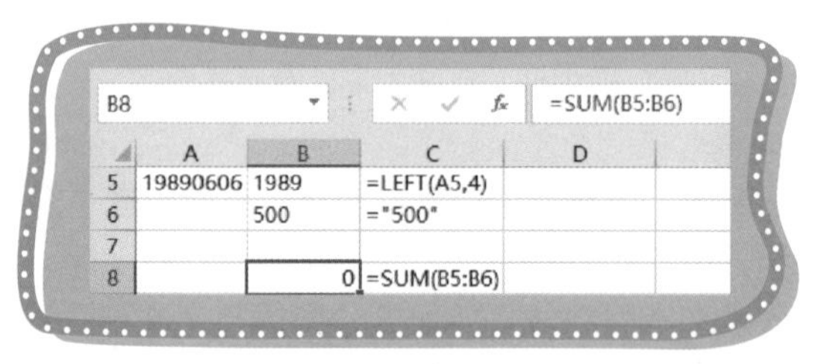


图 1-65　文本型数值无法使用 SUM 函数进行求和

（2）相同的数字，文本型数值不等于数值。相同的数字由于数据类型不同，使用判断类函数时无法准确进行比较。在 Excel 中，由于数据类型不同，会出现 1≠1 的情况，如图 1-66 所示。

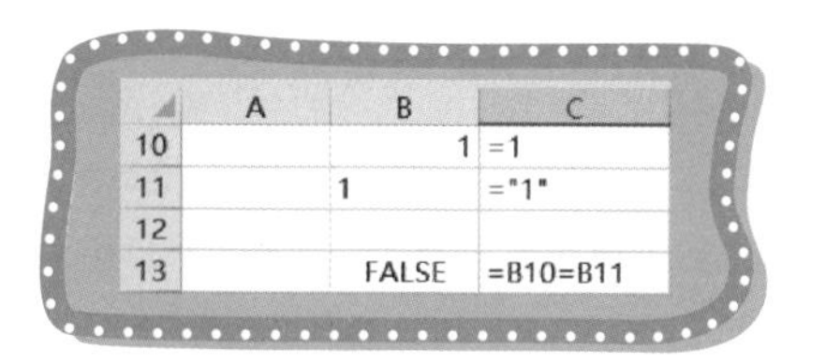

| | A | B | C |
|---|---|---|---|
| 10 | | 1 | =1 |
| 11 | | 1 | ="1" |
| 12 | | | |
| 13 | | FALSE | =B10=B11 |

图 1-66　1≠1 的情况

同样的问题，由于数据类型不同，使用查找类函数进行查找时会出现查找不到值的错误情况，如图 1-67 所示。

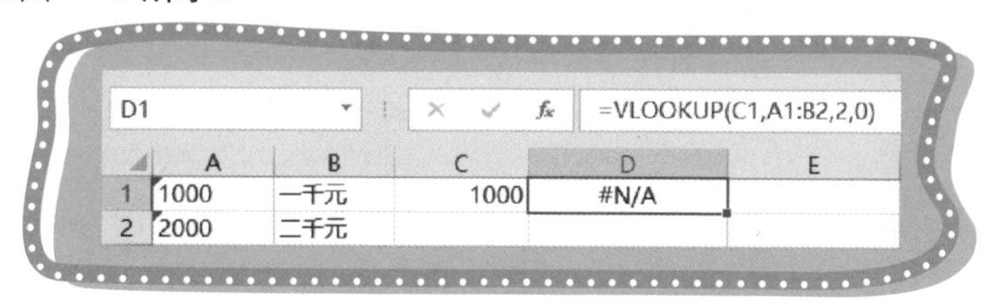

D1　=VLOOKUP(C1,A1:B2,2,0)

| | A | B | C | D | E |
|---|---|---|---|---|---|
| 1 | 1000 | 一千元 | 1000 | #N/A | |
| 2 | 2000 | 二千元 | | | |

图 1-67　使用 VLOOKUP 函数查找出错

（3）无法使用数据透视表进行汇总分析，如图 1-68 所示。

| | A | B | C | D | E |
|---|---|---|---|---|---|
| 1 | 产品 | 数量 | | 行标签 | 求和项:数量 |
| 2 | 苹果 | 10 | | 梨 | 0 |
| 3 | 香蕉 | 20 | | 苹果 | 0 |
| 4 | 梨 | 30 | | 香蕉 | 0 |
| 5 | 苹果 | 10 | | **总计** | **0** |
| 6 | 香蕉 | 20 | | | |
| 7 | 梨 | 30 | | | |

图 1-68　无法使用数据透视表汇总

了解了文本型数值对我们的影响，下面来看如何区分文本型数值。

文本型数值在单元格左上角会出现绿色的角标，并且可以看到错误提示，单击错误提示后会出现“以文本形式存储的数字”的提示，如图 1-69 所示。

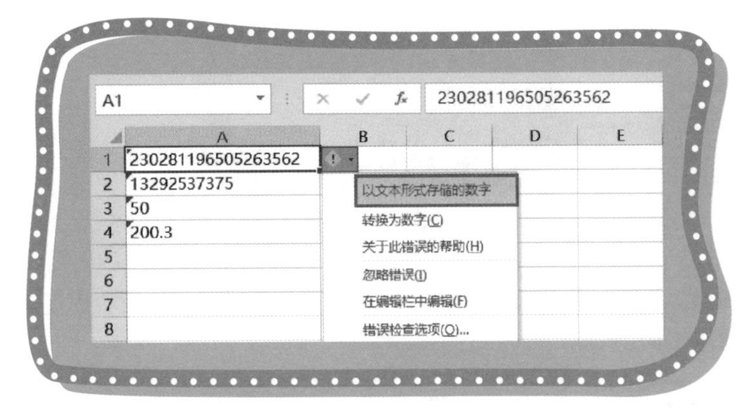


图 1-69　以文本形式存储的数字

通过函数或者系统导入的文本型数值是没有错误提示的。这个时候可以看对齐方式，在默认情况下，文本型数值和文本一样，都是左对齐的，而数值是右对齐，如图 1-70所示。

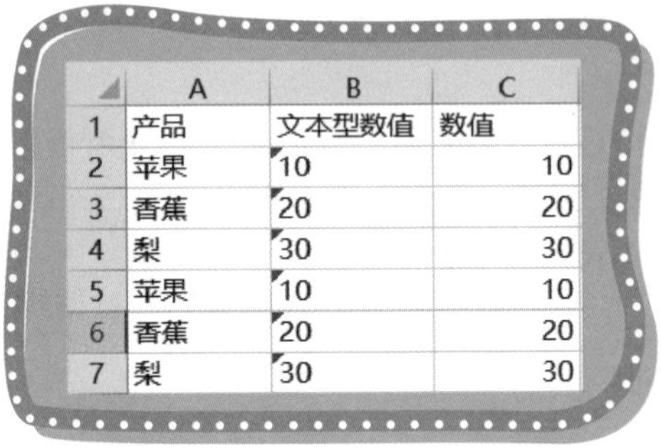

| | A | B | C |
|---|---|---|---|
| 1 | 产品 | 文本型数值 | 数值 |
| 2 | 苹果 | 10 | 10 |
| 3 | 香蕉 | 20 | 20 |
| 4 | 梨 | 30 | 30 |
| 5 | 苹果 | 10 | 10 |
| 6 | 香蕉 | 20 | 20 |
| 7 | 梨 | 30 | 30 |

图 1-70　数据类型与对齐方式

如果设置了对齐方式，就只能使用最后一种终极办法了——函数。Excel 分别提供两个函数来判断数据类型。

函数 T 是文本判断，如果是文本，返回文本本身内容；如果不是文本，则返回空。函数 T 使用的语法也很简单，如图 1-71 所示。

函数 N 是数值判断，如果是数值，返回数值本身；如果不是数值，则返回 0，如图 1-72 所示。

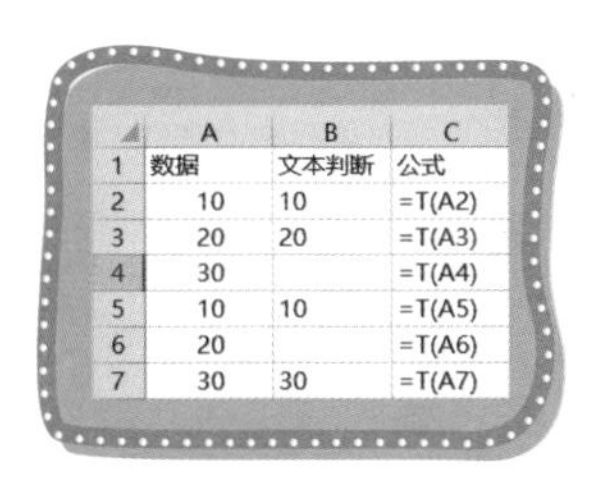

| | A | B | C |
|---|---|---|---|
| 1 | 数据 | 文本判断 | 公式 |
| 2 | 10 | 10 | =T(A2) |
| 3 | 20 | 20 | =T(A3) |
| 4 | 30 | | =T(A4) |
| 5 | 10 | 10 | =T(A5) |
| 6 | 20 | | =T(A6) |
| 7 | 30 | 30 | =T(A7) |

图 1-71 T 函数

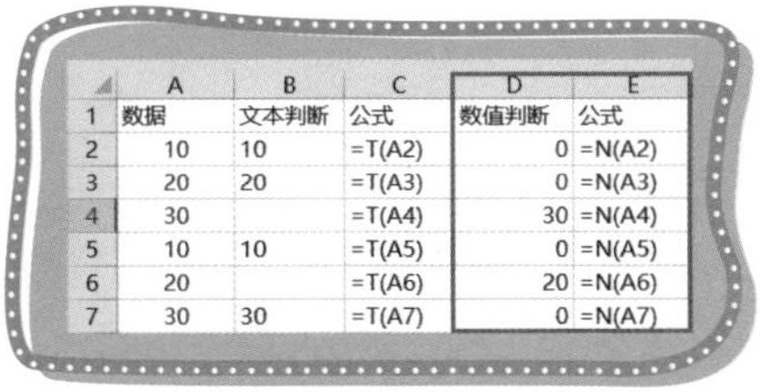

| | A | B | C | D | E |
|---|---|---|---|---|---|
| 1 | 数据 | 文本判断 | 公式 | 数值判断 | 公式 |
| 2 | 10 | 10 | =T(A2) | 0 | =N(A2) |
| 3 | 20 | 20 | =T(A3) | 0 | =N(A3) |
| 4 | 30 | | =T(A4) | 30 | =N(A4) |
| 5 | 10 | 10 | =T(A5) | 0 | =N(A5) |
| 6 | 20 | | =T(A6) | 20 | =N(A6) |
| 7 | 30 | 30 | =T(A7) | 0 | =N(A7) |

图 1-72 N 函数

最后再来看看文本型数值与数值之间的转换。

对于转换自身数据类型，上节作业提到过以下三种方法。

（1）错误提示转换：有错误提示的情况下，选中要转换的文本型数值区域，单击错误提示，选择“转换为数字”命令，就可以把文本型数值转换为数值，如图 1-73 所示。

图 1-73 转换为数字

（2）选择性粘贴转换：随便选择一个空单元格，右击鼠标选择“复制”命令，然后选择要替换的区域，右击鼠标选择“选择性粘贴”命令，在打开的“选择性粘贴”对话框中选中“加”单选按钮，然后单击“确定”按钮，如图 1-74 所示。

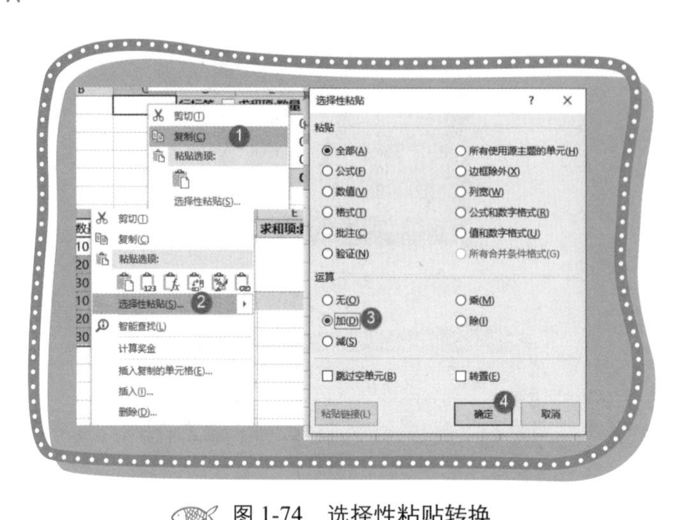


图 1-74 选择性粘贴转换

（3）分列转换：选择需要转换的区域，在“数据”选项卡中单击“分列”图标，打开“文本分列向导”对话框，按默认执行“下一步”，最后单击“完成”按钮，如图 1-75 所示。

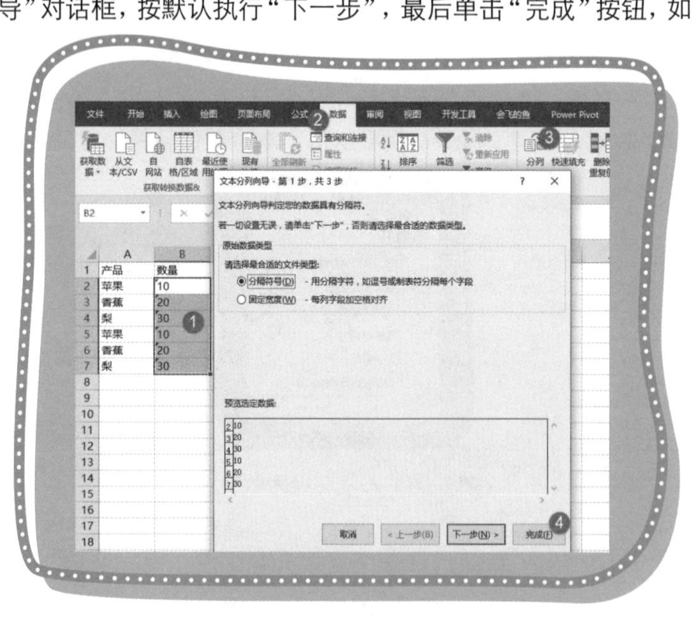


图 1-75 分列转换

> 注
>
> 分列转换默认有三步，并且第三步的默认格式为“常规”，所以直接单击“完成”按钮就可以了。如果想把数值转换为文本，在“文本分列向导-第3步，共3步”对话框中选择“下一步”按钮的时候把格式设置为“文本”就可以了。

上面是通过几种基础功能操作来转换数据类型的，还有一种是通过公式的计算转换数据类型。虽然文本型数值无法使用函数计算，但是支持四则运算，可以在不改变原数值的情况下把文本型数值转换为数值。不改变原数值的计算方式有五种，分别是“+0”“-0”“*1”“/1”和“--”。最后一种是两个减号，负负为正，也是公式里最常使用的一种方法，如图 1-76 所示。

| | A | B | C |
|---|---|---|---|
| 1 | 数据 | 处理结果 | 公式 |
| 2 | 10 | 10 | =A2+0 |
| 3 | 20 | 20 | =A3-0 |
| 4 | 30 | 30 | =A4*1 |
| 5 | 10 | 10 | =A5/1 |
| 6 | 20 | 20 | =--A6 |

图 1-76　四则运算转换数据类型

只要在数字后连接一个空文本就可以将数值转换为文本型数值，如图 1-77 所示。

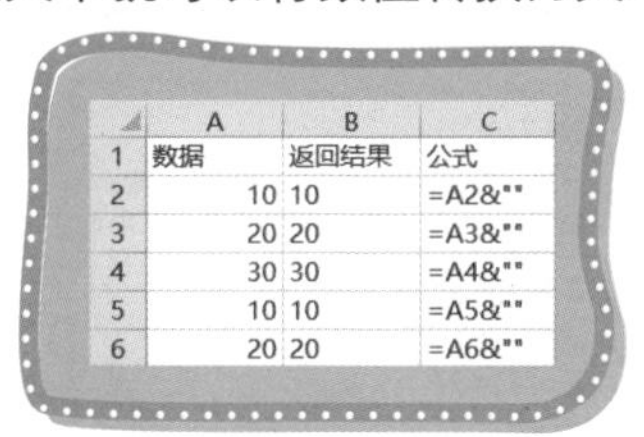

| | A | B | C |
|---|---|---|---|
| 1 | 数据 | 返回结果 | 公式 |
| 2 | 10 | 10 | =A2&"" |
| 3 | 20 | 20 | =A3&"" |
| 4 | 30 | 30 | =A4&"" |
| 5 | 10 | 10 | =A5&"" |
| 6 | 20 | 20 | =A6&"" |

图 1-77　数值转换为文本型数值

学习本节后，要知道 Excel 有几种数据类型，如何判断数据类型以及如何进行数据类型之间的转换。重点要知道，通过设置单元格格式是无法转换数据类型的。

## 1.10 避免循环引用

扫一扫 看视频

小鱼：飞鱼啊，我写个公式但提示循环引用错误，如图 1-78 所示，这是怎么回事呢？

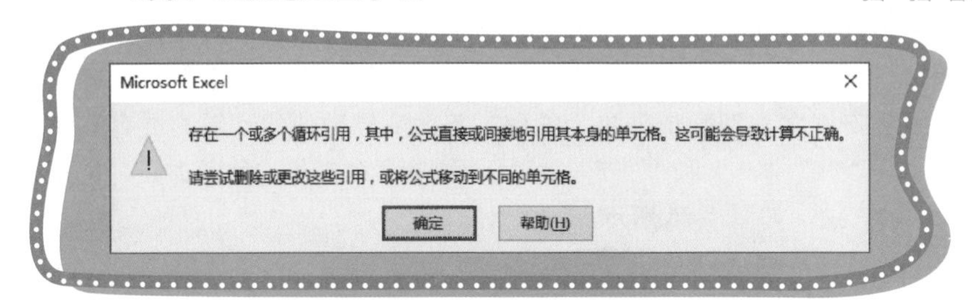


图 1-78 循环引用错误

已知某产品的年度总销售额和除 6 月份外的其他 11 个月的销售额，求 6 月份的销售额，如图 1-79 所示。

| | A | B | C | D | E |
|---|---|---|---|---|---|
| 1 | 月份 | 销售额 | | 年度合计 | 149816.6 |
| 2 | 1月 | 27006.59 | | 不包含6月年度合计 | |
| 3 | 2月 | 8844.23 | | | |
| 4 | 3月 | 13072.69 | | | |
| 5 | 4月 | 7381.95 | | | |
| 6 | 5月 | 19500.36 | | | |
| 7 | 6月 | | | | |
| 8 | 7月 | 8933.43 | | | |
| 9 | 8月 | 17820.38 | | | |
| 10 | 9月 | 10362.2 | | | |
| 11 | 10月 | 7792.57 | | | |
| 12 | 11月 | 10304.87 | | | |
| 13 | 12月 | 2593.34 | | | |

图 1-79 求 6 月份的销售额

现在我想计算出 6 月份的销售额，计算方法也很简单，6 月份的销售额等于年度合计（年度总销售额）减去已知 11 个月的销售额。

我就使用 SUM 函数来计算已知的 11 个月的销售额，如图 1-80 所示。

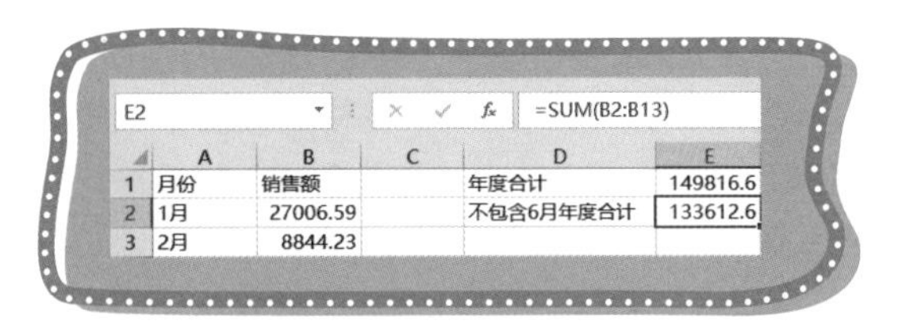

E2　=SUM(B2:B13)

| | A | B | C | D | E |
|---|---|---|---|---|---|
| 1 | 月份 | 销售额 | | 年度合计 | 149816.6 |
| 2 | 1月 | 27006.59 | | 不包含6月年度合计 | 133612.6 |
| 3 | 2月 | 8844.23 | | | |

图 1-80　SUM 求和

这一步貌似没有什么问题，下一步就是年度合计减去不包含 6 月份的合计，就是 6 月份销售额了，如图 1-81 所示。

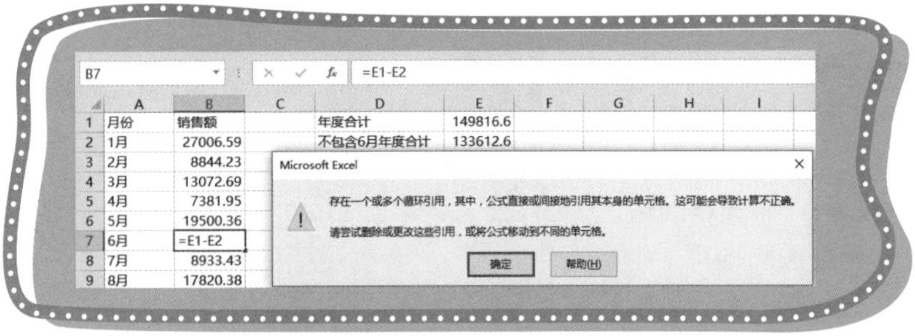

B7　=E1-E2

| | A | B | C | D | E | F | G | H | I |
|---|---|---|---|---|---|---|---|---|---|
| 1 | 月份 | 销售额 | | 年度合计 | 149816.6 | | | | |
| 2 | 1月 | 27006.59 | | 不包含6月年度合计 | 133612.6 | | | | |
| 3 | 2月 | 8844.23 | | | | | | | |
| 4 | 3月 | 13072.69 | | | | | | | |
| 5 | 4月 | 7381.95 | | | | | | | |
| 6 | 5月 | 19500.36 | | | | | | | |
| 7 | 6月 | =E1-E2 | | | | | | | |
| 8 | 7月 | 8933.43 | | | | | | | |
| 9 | 8月 | 17820.38 | | | | | | | |

Microsoft Excel

存在一个或多个循环引用，其中，公式直接或间接地引用其本身的单元格。这可能会导致计算不正确。

请尝试删除或更改这些引用，或将公式移动到不同的单元格。

确定　帮助(H)

图 1-81　提示循环引用

单击“确定”按钮后，可以看到 B7 单元格与 E2 单元格出现相对的箭头，如图 1-82 所示。

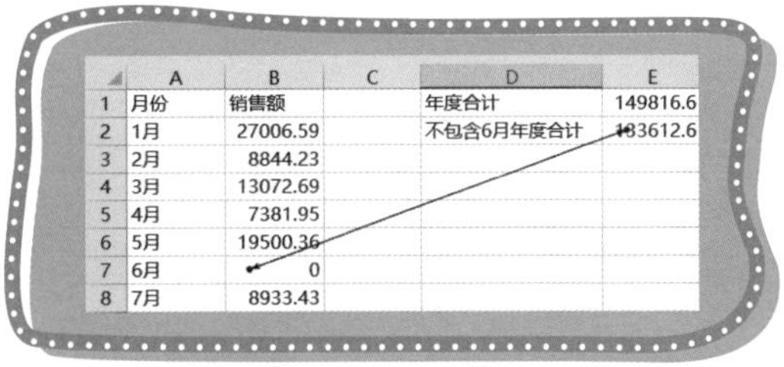

| | A | B | C | D | E |
|---|---|---|---|---|---|
| 1 | 月份 | 销售额 | | 年度合计 | 149816.6 |
| 2 | 1月 | 27006.59 | | 不包含6月年度合计 | 133612.6 |
| 3 | 2月 | 8844.23 | | | |
| 4 | 3月 | 13072.69 | | | |
| 5 | 4月 | 7381.95 | | | |
| 6 | 5月 | 19500.36 | | | |
| 7 | 6月 | 0 | | | |
| 8 | 7月 | 8933.43 | | | |

图 1-82　显示循环引用单元格

飞鱼：为什么会出现这个错误提示呢？下面就来了解循环引用是怎么一回事。

首先来看 E2 单元格的公式。在求和的时候我们直接引用了 B2:B13 单元格，这个区域把 6 月的 B7 单元格也包含在内了，现在 E2 单元格的数值是根据 B7 单元格计算出来的。

现在我们又想反过来，再根据 E2 单元格来计算 B7 单元格，这就出现了矛盾。下面以拟人的对话形式进行说明。

B7 单元格：把你的值给我，我再根据你的值算出我这个月的销售额。

E2 单元格：开什么玩笑？我的值都是根据你算出来的，你的值变了，我的值就会变，反正我不管，我是不会让你引用我的值的，不然我们反复算会死循环的。

B7 单元格：你不给我值，那我也不算了，我就给用户一个提示，要不你就别引用我 B7 单元格的值，要不就换个单元格计算。

了解了出现问题的原因，我们就来解决它。既然知道了 E2 单元格的值是包含 B7 单元格的值，我们把 B7 单元格去除即可。

在 E2 单元格使用 SUM 函数的时候把求和区域分开，分为两个区域，B2:B6,B8:B13，输入如下公式，效果如图 1-83 所示。

```
=SUM(B2:B6,B8:B13)
```

CHAR　=SUM(B2:B6,B8:B13)

| | A | B | C | D | E |
|---|---|---|---|---|---|
| 1 | 月份 | 销售额 | | 年度合计 | 149816.6 |
| 2 | 1月 | 27006.59 | | 不包含6月年度合计 | ,B8:B13) |
| 3 | 2月 | 8844.23 | | | |
| 4 | 3月 | 13072.69 | | | |
| 5 | 4月 | 7381.95 | | | |
| 6 | 5月 | 19500.36 | | | |
| 7 | 6月 | 16204.01 | | | |
| 8 | 7月 | 8933.43 | | | |
| 9 | 8月 | 17820.38 | | | |
| 10 | 9月 | 10362.2 | | | |
| 11 | 10月 | 7792.57 | | | |
| 12 | 11月 | 10304.87 | | | |
| 13 | 12月 | 2593.34 | | | |

图 1-83　去除 B7 单元格的求和

编写公式时直接或者间接引用自身单元格就造成了循环引用，如果不小心造成了循环引用，理清数据之间的关系，去除相互引用的单元格即可解决问题。

# 第2章

# 逻辑函数

在日常工作中，我们会遇到许多需要判断的问题，比如通过打卡时间来判断员工是否迟到，通过考试分数判断成绩是否及格，除了单一条件的判断之外，我们还会遇到多条件或者区间判断。学会各种判断方法，对实际工作会有很大的帮助。

## 2.1 Excel 世界的真真假假

扫一扫 看视频

飞鱼：今天开始学习逻辑函数，带你认清 Excel 世界的真真假假。

只要有判断对比，就会有结果。在 Excel 里判断结果非黑即白，只有满足或者不满足，那么我们就要知道在 Excel 里满足与不满足用什么来表示。

重点 1：
条件满足 =TRUE
条件不满足 =FALSE

下面通过一个案例来深入学习 TRUE 和 FALSE。

以下是一个小学生的数学练习题，左边是答题区，右边是答案。在答题的时候将右边答案所在列隐藏。现在学生答完题，我们需要来核对答案是否正确，如图 2-1 所示。

| | A | B | C | D | E | F | G | H |
|---|---|---|---|---|---|---|---|---|
| 1 | 题号 | 题目 | 答题区 | | | 题号 | 题目 | 答案 |
| 2 | 第1题 | 10+12= | 22 | | | 第1题 | 10+12= | 22 |
| 3 | 第2题 | 8+30= | 38 | | | 第2题 | 8+30= | 38 |
| 4 | 第3题 | 13+25= | 40 | | | 第3题 | 13+25= | 38 |
| 5 | 第4题 | 18-3= | 15 | | | 第4题 | 18-3= | 15 |
| 6 | 第5题 | 66-38= | 38 | | | 第5题 | 66-38= | 28 |

图 2-1　核对小学生作业

可以在 D 列单元格区域输入如下公式，直接对比“答题区”的答案和答案是否一样就可以了，如图 2-2 所示。

```
=C2=H2
```

| | A | B | C | D | E | F | G | H |
|---|---|---|---|---|---|---|---|---|
| 1 | 题号 | 题目 | 答题区 | 返回结果 | D列公式 | 题号 | 题目 | 答案 |
| 2 | 第1题 | 10+12= | 22 | TRUE | =C2=H2 | 第1题 | 10+12= | 22 |
| 3 | 第2题 | 8+30= | 38 | TRUE | =C3=H3 | 第2题 | 8+30= | 38 |
| 4 | 第3题 | 13+25= | 40 | FALSE | =C4=H4 | 第3题 | 13+25= | 38 |
| 5 | 第4题 | 18-3= | 15 | TRUE | =C5=H5 | 第4题 | 18-3= | 15 |
| 6 | 第5题 | 66-38= | 38 | FALSE | =C6=H6 | 第5题 | 66-38= | 28 |

图 2-2　直接对比核对

通过对比我们看到第 1、2、4 题答案正确，这说明“答题区”的答案和正确答案是一样的，所以条件满足，D 列返回 TRUE，而第 3、5 题答案不正确也就返回 FALSE。

重点 2：逻辑值与数字的关系。
TRUE=1
FALSE=0

逻辑值和文本型数值一样，可以参与四则运算，却无法使用函数进行计算。如果想使用函数计算逻辑值，需要把逻辑值转换为数值（通过四则运算转换）。

假设每题答对得 20 分，现在要求算出得分。

已经知道无法直接使用函数来计算逻辑值，那么就要先把逻辑值转换为数字，如图 2-3 所示。

| | A | B | C | D | E | F | G | H |
|---|---|---|---|---|---|---|---|---|
| 12 | 题号 | 题目 | 答题区 | 返回结果 | D列公式 | 逻辑值转换为数值 | F列公式 | 答案 |
| 13 | 第1题 | 10+12= | 22 | TRUE | =C13=H13 | 1 | =D13*1 | 22 |
| 14 | 第2题 | 8+30= | 38 | TRUE | =C14=H14 | 1 | =D14*1 | 38 |
| 15 | 第3题 | 13+25= | 40 | FALSE | =C15=H15 | 0 | =D15*1 | 38 |
| 16 | 第4题 | 18-3= | 15 | TRUE | =C16=H16 | 1 | =D16*1 | 15 |
| 17 | 第5题 | 66-38= | 38 | FALSE | =C17=H17 | 0 | =D17*1 | 28 |

图 2-3　逻辑值转换为数字

把逻辑值转换为数字后，就可以使用 SUM 函数来计算答对多少题，得多少分了，如图 2-4 所示。

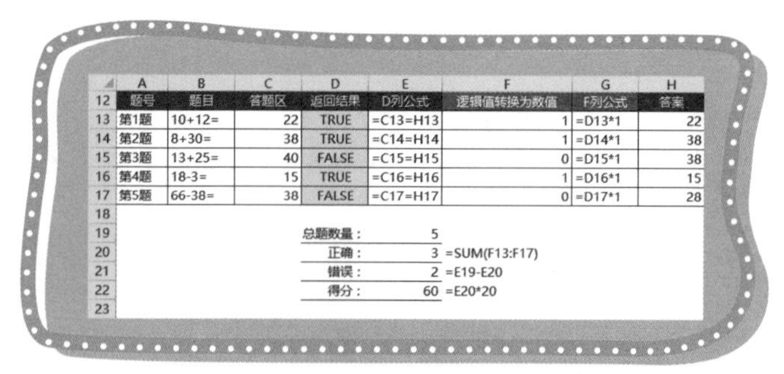

| | A | B | C | D | E | F | G | H |
|---|---|---|---|---|---|---|---|---|
| 12 | 题号 | 题目 | 答题区 | 返回结果 | D列公式 | 逻辑值转换为数值 | F列公式 | 答案 |
| 13 | 第1题 | 10+12= | 22 | TRUE | =C13=H13 | 1 | =D13*1 | 22 |
| 14 | 第2题 | 8+30= | 38 | TRUE | =C14=H14 | 1 | =D14*1 | 38 |
| 15 | 第3题 | 13+25= | 40 | FALSE | =C15=H15 | 0 | =D15*1 | 38 |
| 16 | 第4题 | 18-3= | 15 | TRUE | =C16=H16 | 1 | =D16*1 | 15 |
| 17 | 第5题 | 66-38= | 38 | FALSE | =C17=H17 | 0 | =D17*1 | 28 |
| 18 | | | | | | | | |
| 19 | | | | 总题数量： | 5 | | | |
| 20 | | | | 正确： | 3 | =SUM(F13:F17) | | |
| 21 | | | | 错误： | 2 | =E19-E20 | | |
| 22 | | | | 得分： | 60 | =E20*20 | | |
| 23 | | | | | | | | |

图 2-4　计算得分

重点 3：数字与逻辑值的关系。
0=FALSE
≠0 的所有数字都被视为 TRUE

数字与逻辑值的关系如图 2-5 所示。

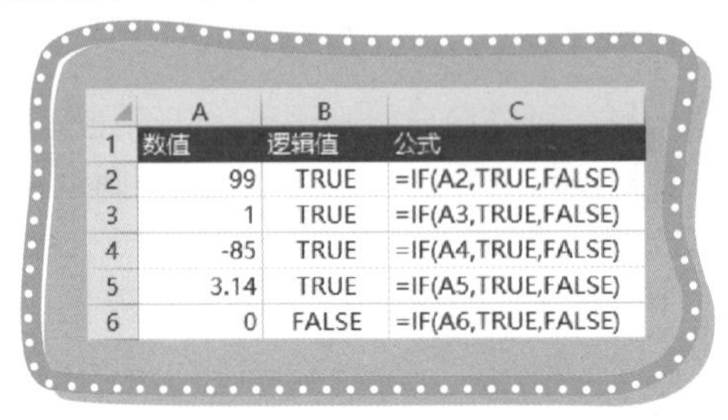

| | A | B | C |
|---|---|---|---|
| 1 | 数值 | 逻辑值 | 公式 |
| 2 | 99 | TRUE | =IF(A2,TRUE,FALSE) |
| 3 | 1 | TRUE | =IF(A3,TRUE,FALSE) |
| 4 | -85 | TRUE | =IF(A4,TRUE,FALSE) |
| 5 | 3.14 | TRUE | =IF(A5,TRUE,FALSE) |
| 6 | 0 | FALSE | =IF(A6,TRUE,FALSE) |

图 2-5 数字与逻辑值的关系

课后小结

本节主要讲解逻辑值与数字的关系，这点对于以后判断类公式的编辑非常重要，特别是要理解不等于 0 的所有数字都被视为 TRUE。

课后练习

某房产公司销售业绩如图 2-6 所示，连续三个月都有销售业绩为优秀员工，请判断优秀员工。

| | A | B | C | D | E |
|---|---|---|---|---|---|
| 1 | 姓名 | 一月 | 二月 | 三月 | 季度奖 |
| 2 | 陈艳红 | 392032 | 197274 | 914938 | 优秀销售 |
| 3 | 程瑞丽 | 757990 | 0 | 318320 | |
| 4 | 陈湛业 | 0 | 161572 | 488116 | |
| 5 | 张培军 | 0 | 0 | 158733 | |
| 6 | 郑起磊 | 582804 | 708472 | 256891 | 优秀销售 |
| 7 | 孙亚楠 | 179116 | 556224 | 981240 | 优秀销售 |

图 2-6 优秀员工判断

## 2.2 单条件判断和区间判断

扫一扫 看视频

### 1. 单条件判断

小鱼：成绩 60 分为及格，如果我还想显示成绩是否及格该怎么做呢？

飞鱼：这就得使用 IF 函数了。先看 IF 函数的语法，如图 2-7 所示。

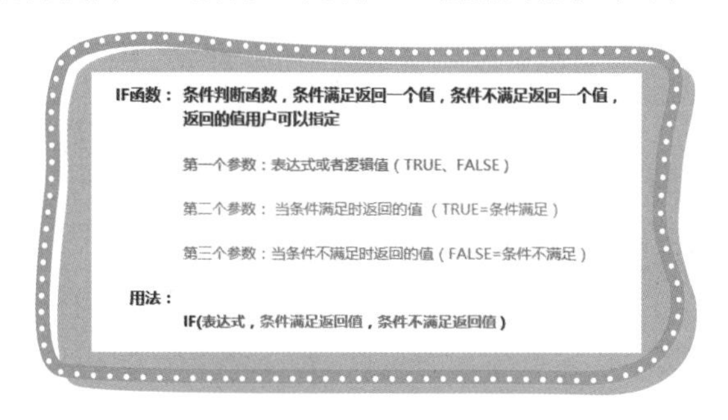


图 2-7 IF 函数语法

下面编写判断成绩是否及格的公式，结果如图 2-8 所示。

```
=IF(E11>=60,"及格","不及格")
```

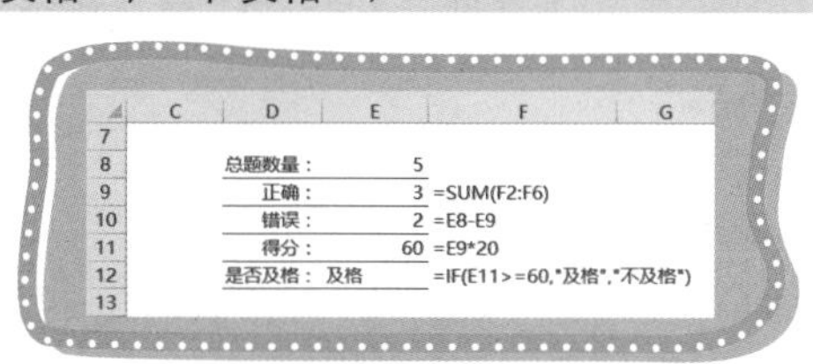


图 2-8 判断成绩是否及格的公式

得分在 E11 单元格，我们的第一个条件参数输入 E11>=60 作为判断条件，第二个参数输入条件满足的返回值“及格”（需要注意的是，使用公式引用文本时，需要使用英文状态下的半角双引号，把文本包起来），第三个参数输入条件不满足的返回值“不及格”，每个参数之间要使用英文状态下的逗号分隔。

最终结果为 E11 单元格等于 60，返回满足条件的值“及格”。

如果 E11 单元格条件不满足，将返回不满足条件值“不及格”。

小鱼：IF 函数这么简单啊，我一看就学会了。

飞鱼：如果换种判断方式，你会吗？

小鱼：我想想哈，60 分以上为及格，那低于 60 分就是不及格呗。输入如下公式，结果如图 2-9 所示。

```
=IF(E11<60,"不及格","及格")
```

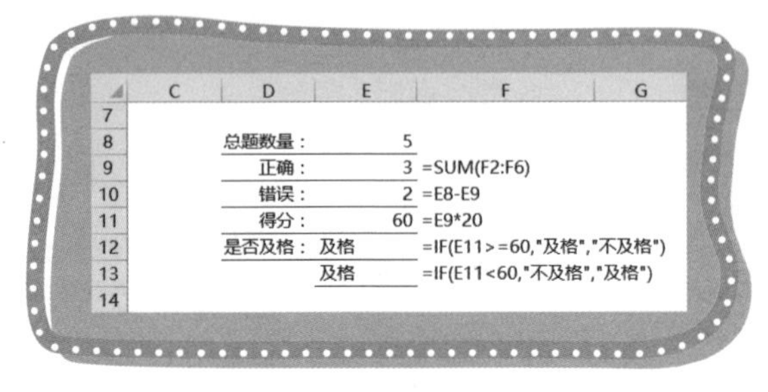

| | C | D | E | F | G |
|---|---|---|---|---|---|
| 7 | | | | | |
| 8 | | 总题数量： | 5 | | |
| 9 | | 正确： | 3 | =SUM(F2:F6) | |
| 10 | | 错误： | 2 | =E8-E9 | |
| 11 | | 得分： | 60 | =E9*20 | |
| 12 | | 是否及格： | 及格 | =IF(E11>=60,"及格","不及格") | |
| 13 | | | 及格 | =IF(E11<60,"不及格","及格") | |
| 14 | | | | | |

图 2-9　判断低于 60 分为不及格

## 2. 区间判断

飞鱼：现在根据分数来判断成绩等级，0~59=差，60~79=良，80~100=优。

虽然是区间判断，但是仔细观察发现，当分数小于 60 分等级为差，分数大于等于 60 且小于 80 分等级为良，分数不小于 80 分（一定是大于等于 80 分）等级为优。我们把关系理顺了，编写公式也就简单了。

首先我们在 C13 单元格编写一个条件，判断 C11 单元格小于 60，输入第一个条件参数后，输入一个英文半角逗号来分隔，准备编写第二个参数，可以看到当我们输入逗号后参数提示条已经到第二个参数了，说明我们已经完成第一个参数的输入。输入如下公式，效果如图 2-10 所示。

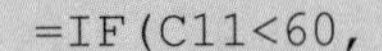

```
=IF(C11<60,
```

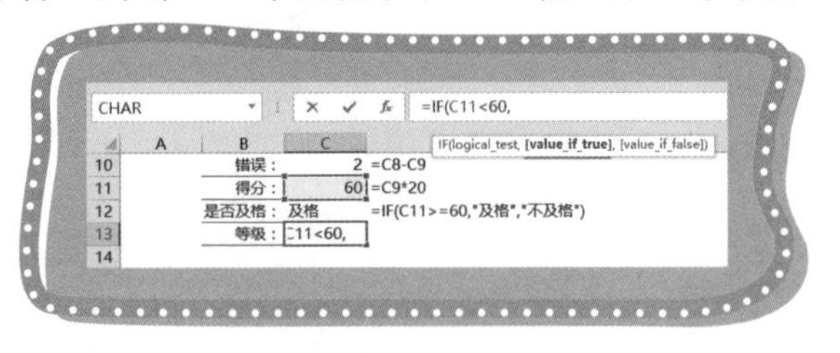


图 2-10　输入第一个参数

如果条件满足，说明成绩小于 60，那么第二个参数输入“差”，再输入一个逗号分隔，然后我们看到参数提示条已经跳到第三个参数了，这说明第二个参数已输入完成，如图 2-11 所示。下面输入的内容都属于第三个参数。

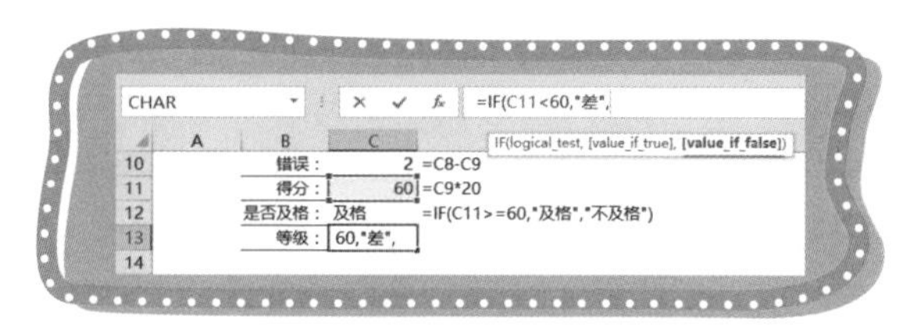


图 2-11　输入第二个参数

关键点来了，如果 C11 单元格小于 60，条件满足，将返回第二个参数里面的值，也就是我们输入的“差”，我们看到 C11 单元格现在为 60，不小于 60，条件不满足，下面我们再使用一个 IF 函数来接着判断 C11 单元格是否小于 80，如图 2-12 所示。

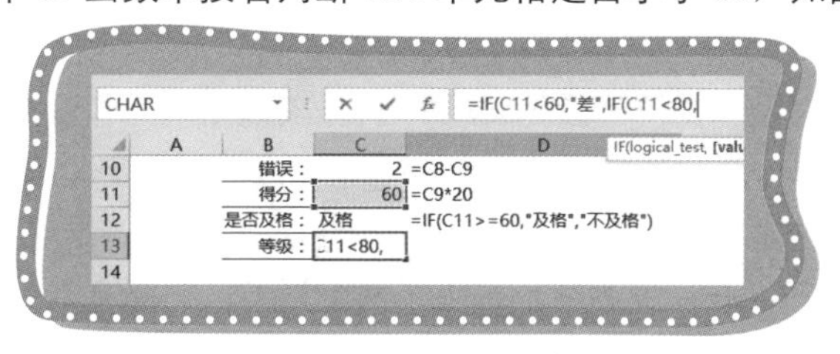


图 2-12　判断 C11 单元格是否小于 80

如果小于 80，则返回“良”，如果不小于 80（一定是大于等于 80 分的），则返回“优”。所以我们在第二层 IF 函数里第二个参数输入“良”，第三个参数输入“优”。输入如下公式，如图 2-13 所示。

```
=IF(C11<60,"差",IF(C11<80,"良","优"
```

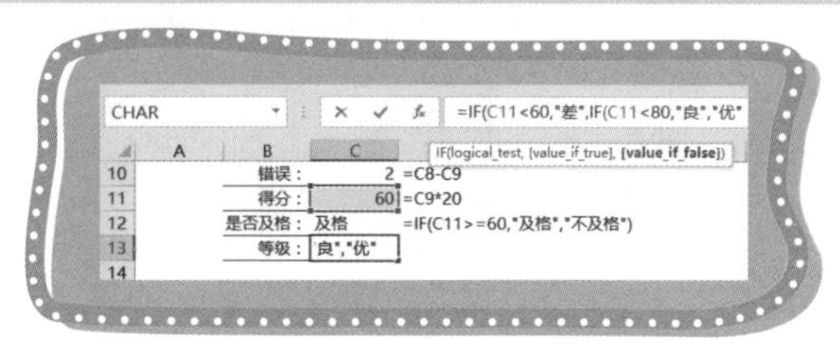


图 2-13　输入第二、第三个参数

我们在使用函数时，函数中的参数是要用括号包起来的，括号有开始，就要有结束，我们在本公式中使用了两个 IF 函数，已经输入了两个左括号，却没有输入右括号，这样的公式是不完整的。如果我们现在按快捷键 Enter 结束公式的编写，Excel 会给出提示并且试图更正公式，如图 2-14 所示。

图 2-14　提示是否更正公式

可以看到 Excel 已经在后面为我们加上了两个括号。在图 2-14 中单击“是”按钮可以完成公式的编写，同时 Excel 也会更正公式。

但是飞鱼想要告诉大家的是，不要去依赖 Excel 公式更正功能，简单的错误可以更正，但是大部分错误是无法更正的，最终还是要靠我们自己来编写完整的公式。所以我们单击“否”按钮，Excel 会给出提示——“该公式缺少左括号或右括号。”，如图 2-15 所示。

图 2-15　提示缺少括号

最后我们在公式中输入两个右括号完成公式的编写，公式如下，效果如图 2-16 所示。

```
=IF(C11<60,"差",IF(C11<80,"良","优"))
```

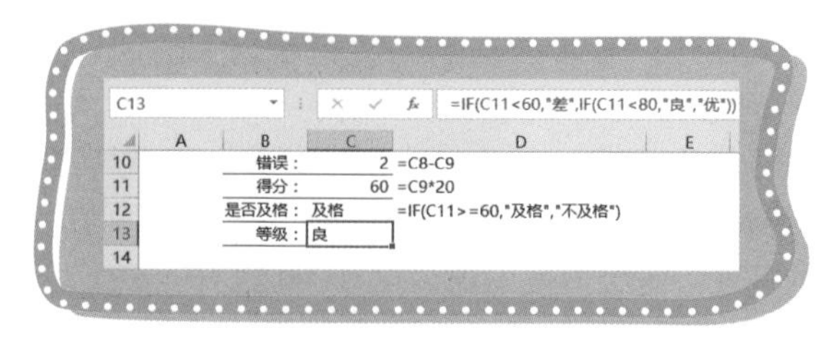


图 2-16 完成公式的编写

飞鱼：0~59=差，60~79=良，80~100=优，同样的条件换一种思路，你还会写另一种公式吗？

小鱼：判断大于等于 80 分为优，大于等于 60 分为良，其他为差，如图 2-17 所示。

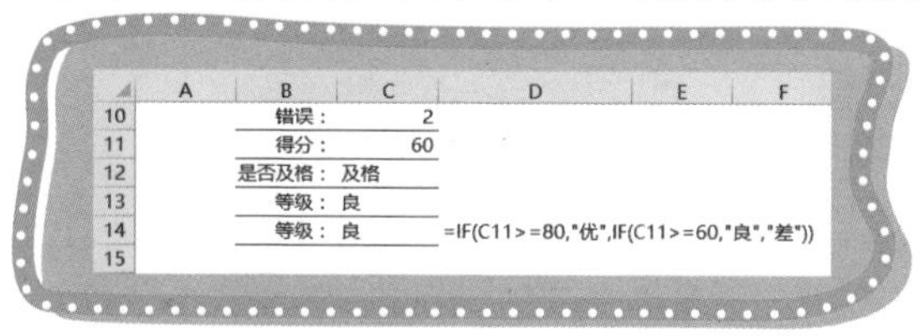


图 2-17 使用大于等于判断等级

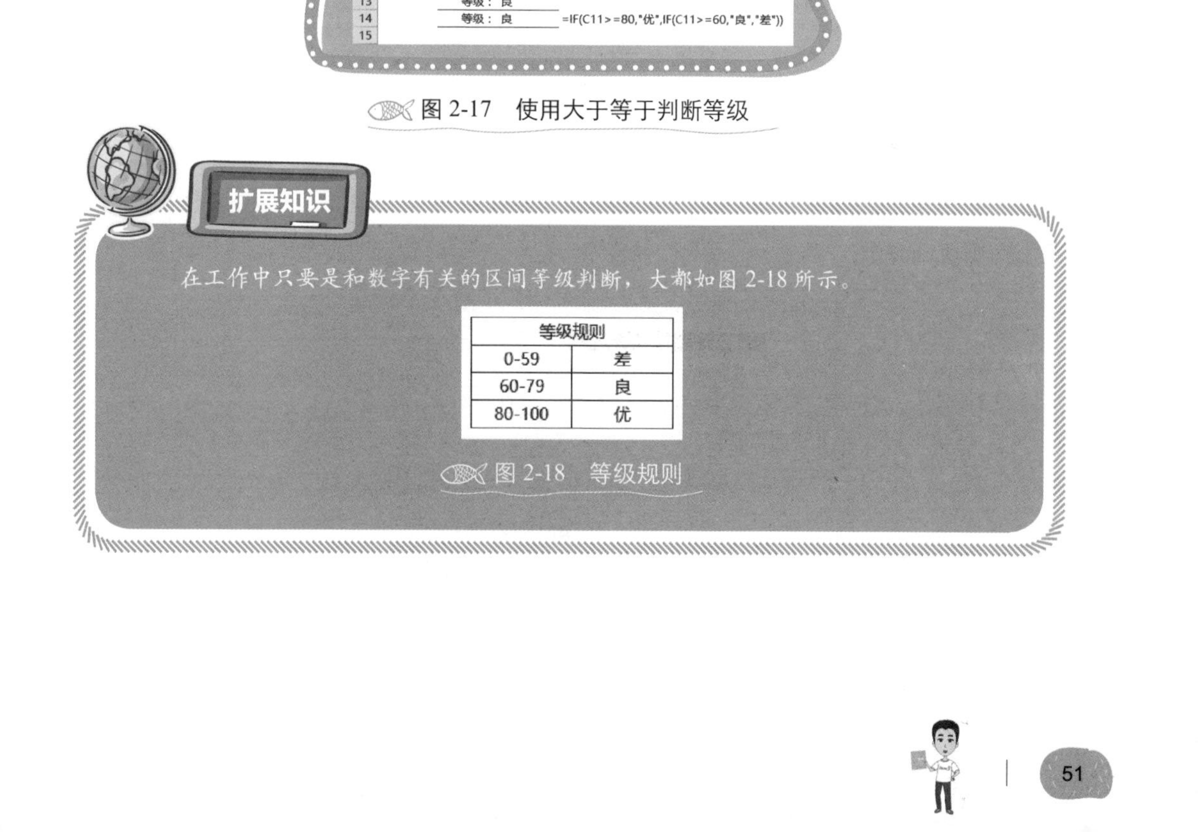

**扩展知识**

在工作中只要是和数字有关的区间等级判断，大都如图 2-18 所示。

| 等级规则 | |
|---|---|
| 0-59 | 差 |
| 60-79 | 良 |
| 80-100 | 优 |

图 2-18 等级规则

这种表示方法的优点是：等级区间清晰，符合大家的阅读习惯，这种格式放到 Word 或者 PPT 中没有问题。

其缺点是：等级规则不够严谨，没有考虑到当分数出现小数的情况，如 59.5 分。通过上面的公式我们已经看到，我们的判断条件是，当小于 60 分为差，即使分数是 59.99 分，也是没有达到 60 分的标准，等级为差。那么在 Excel 里 59、79 分的存在就没有意义了，我们只要判断是否满足每个等级的最低标准就可以了。

这种格式的等级规则 Excel 无法识别，如果想要更简单快捷地编写公式，就要使用 Excel 可以识别的格式，下面我们来了解什么样的格式才是 Excel 可以识别的格式。

规则里我们只需要编写每个等级的最低分就可以了，如图 2-19 所示，等级规则解读如下：

0 分及 0 分以上，60 分以下为差，60 分及 60 分以上，80 分以下为良，80 分及 80 分以上为优。

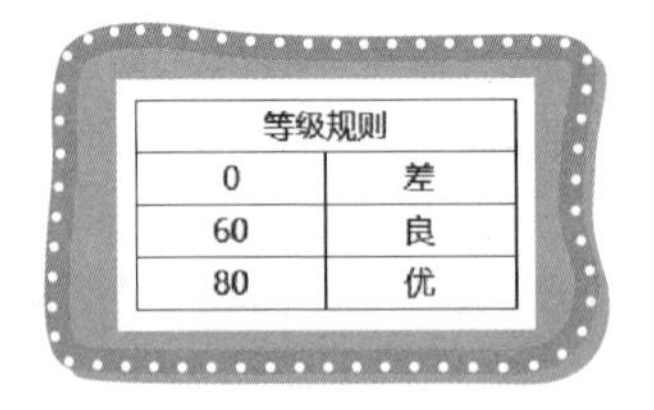

| 等级规则 | |
|---|---|
| 0 | 差 |
| 60 | 良 |
| 80 | 优 |

图 2-19　Excel 可识别格式

了解等级规则的格式后，我们来学习一个简单的区间判断方法，如图 2-20 所示，根据分数返回等级。

| | A | B | C | D | E | F |
|---|---|---|---|---|---|---|
| 1 | 姓名 | 成绩 | 等级 | | 等级规则 | |
| 2 | 飞鱼 | 59.5 | | | 0 | 差 |
| 3 | 俞悦 | 99 | | | 60 | 良 |
| 4 | 笨鸟 | 92 | | | 80 | 优 |
| 5 | 小明 | 60 | | | | |
| 6 | 小红 | 80 | | | | |
| 7 | | | | | | |

图 2-20　根据分数返回等级

使用 LOOKUP 函数来进行区间判断，我们暂时不需要知道这个函数的原理，只要记下面的格式就可以。解决工作问题后，再去研究其原理。

```
=LOOKUP(判断值,规则区域)
```

下面我们开始在 C2 单元格编写公式，可以看到我们要判断 B 列成绩，那么 LOOKUP 函数第一个参数的判断值为 59.5，在 B2 单元格，第二个参数规则区域为 E2:F4，由于公式是要向下填充的，所以要使用绝对引用把规则区域锁定。输入如下最终公式，如图 2-21 所示。

```
=LOOKUP(B2,$E$2:$F$4)
```

| | A | B | C | D | E | F |
|---|---|---|---|---|---|---|
| 1 | 姓名 | 成绩 | 等级 | | 等级规则 | |
| 2 | 飞鱼 | 59.5 | 差 | | 0 | 差 |
| 3 | 俞悦 | 99 | | | 60 | 良 |
| 4 | 笨鸟 | 92 | | | 80 | 优 |
| 5 | 小明 | 60 | | | | |
| 6 | 小红 | 80 | | | | |
| 7 | | | | | | |

图 2-21　输入 LOOKUP 函数的公式

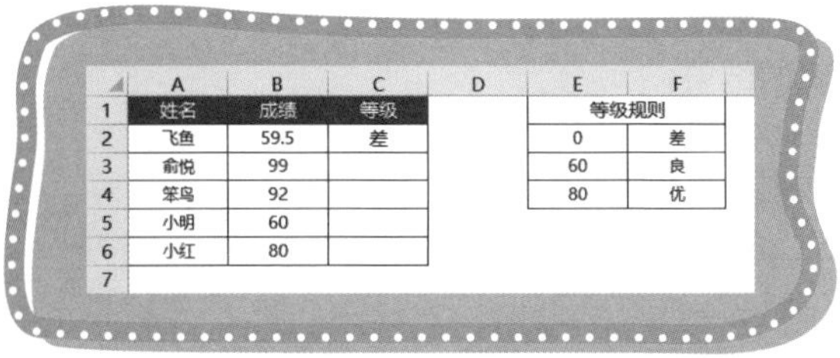

很明显 59.5 分没有达到 60 分“良”的标准，所以返回的等级是“差”。完成公式编写并向下填充公式即可，如图 2-22 所示。

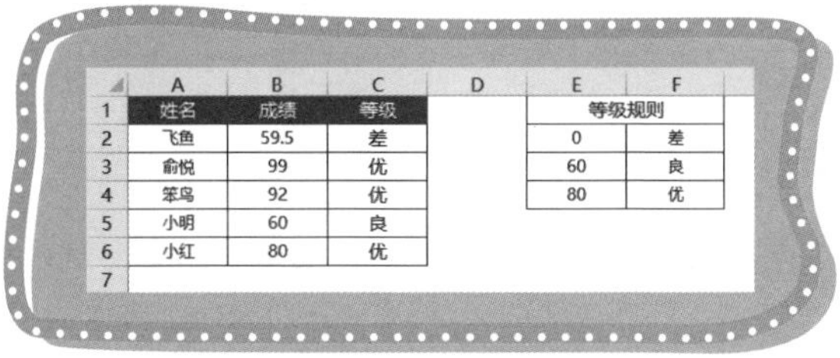

| | A | B | C | D | E | F |
|---|---|---|---|---|---|---|
| 1 | 姓名 | 成绩 | 等级 | | 等级规则 | |
| 2 | 飞鱼 | 59.5 | 差 | | 0 | 差 |
| 3 | 俞悦 | 99 | 优 | | 60 | 良 |
| 4 | 笨鸟 | 92 | 优 | | 80 | 优 |
| 5 | 小明 | 60 | 良 | | | |
| 6 | 小红 | 80 | 优 | | | |
| 7 | | | | | | |

图 2-22　向下填充公式

使用 LOOKUP 函数中的第二个参数除了可以引用单元格区域的规则外，还可以使用常量数组，语法如图 2-23 所示。公式如下：

```
=LOOKUP(B2,{0,60,80},
{"差","良","优"})
```

C2　=LOOKUP(B2,{0,60,80},{"差","良","优"})

| | A | B | C | D | E | F | G |
|---|---|---|---|---|---|---|---|
| 1 | 姓名 | 成绩 | 等级 | | 等级规则 | | |
| 2 | 飞鱼 | 59.5 | 差 | | 0 | 差 | |
| 3 | 俞悦 | 99 | 优 | | 60 | 良 | |
| 4 | 笨鸟 | 92 | 优 | | 80 | 优 | |
| 5 | 小明 | 60 | 良 | | | | |
| 6 | 小红 | 80 | 优 | | | | |
| 7 | | | | | | | |

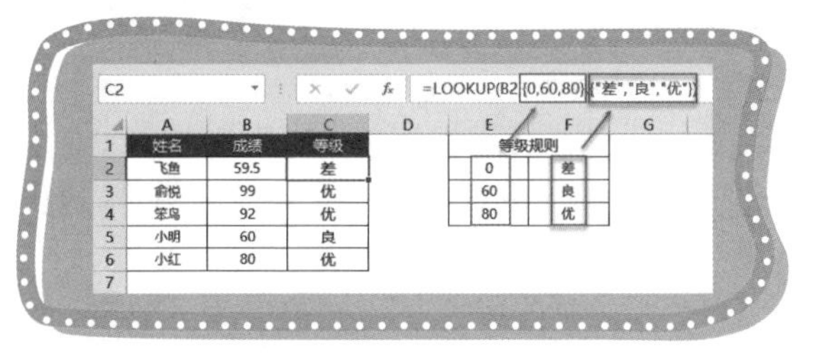

图 2-23　常量数组公式语法

需要注意的是，在使用 LOOKUP 函数进行区间判断时，判断规则是要进行升序排序的（从小到大），我做了一个错误的示范，如图 2-24 所示。

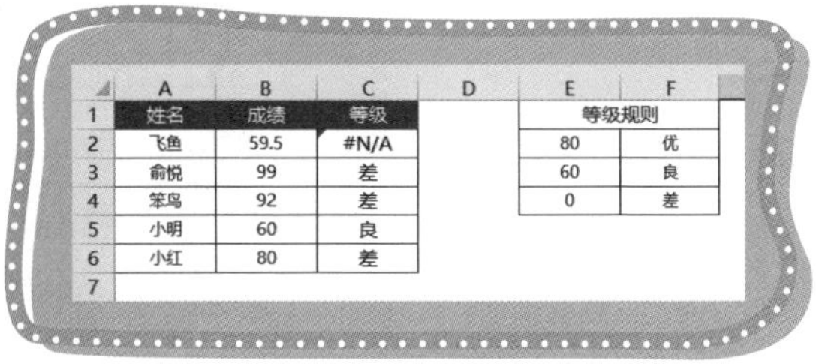

| | A | B | C | D | E | F |
|---|---|---|---|---|---|---|
| 1 | 姓名 | 成绩 | 等级 | | 等级规则 | |
| 2 | 飞鱼 | 59.5 | #N/A | | 80 | 优 |
| 3 | 俞悦 | 99 | 差 | | 60 | 良 |
| 4 | 笨鸟 | 92 | 差 | | 0 | 差 |
| 5 | 小明 | 60 | 良 | | | |
| 6 | 小红 | 80 | 差 | | | |
| 7 | | | | | | |

图 2-24　错误示范

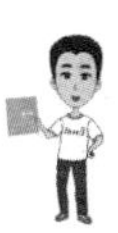

我们看到如果规则区域是降序排序（从大到小）或者乱序，那么公式将不能返回正确的结果。

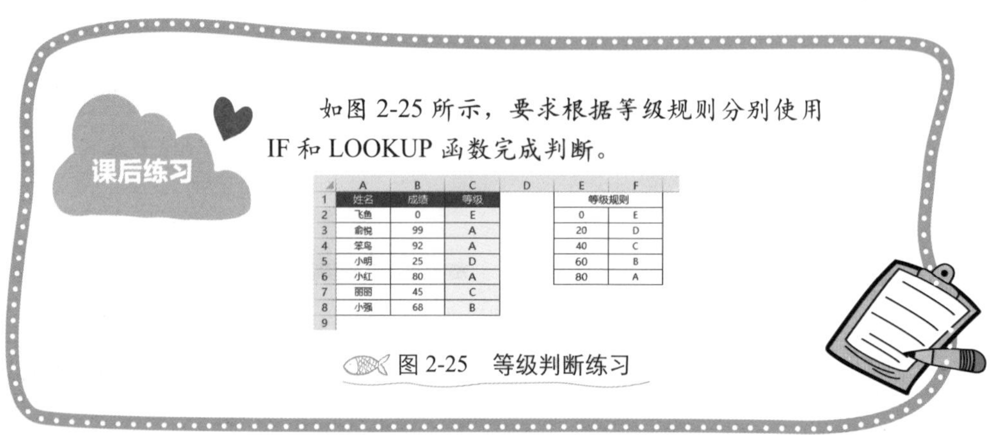


如图 2-25 所示，要求根据等级规则分别使用 IF 和 LOOKUP 函数完成判断。

| | A | B | C | D | E | F |
|---|---|---|---|---|---|---|
| 1 | 姓名 | 成绩 | 等级 | | 等级规则 | |
| 2 | 飞鱼 | 0 | E | | 0 | E |
| 3 | 俞悦 | 99 | A | | 20 | D |
| 4 | 笨鸟 | 92 | A | | 40 | C |
| 5 | 小明 | 25 | D | | 60 | B |
| 6 | 小红 | 80 | A | | 80 | A |
| 7 | 丽丽 | 45 | C | | | |
| 8 | 小强 | 68 | B | | | |
| 9 | | | | | | |

图 2-25　等级判断练习

## 2.3　并且和或者关系的判断方法

扫一扫　看视频

小鱼：公司根据销售额和增长率发放奖金，当销售额大于 5000 并且增长率大于 50% 的员工奖励 200 元，如图 2-26 所示。

| | A | B | C | D |
|---|---|---|---|---|
| 1 | 姓名 | 销售额 | 增长率 | 奖金 |
| 2 | 王丽娟 | 8060 | 69% | |
| 3 | 陈斌 | 2990 | 48% | |
| 4 | 杨菲菲 | 1760 | 80% | |
| 5 | 左鹏 | 7558 | 29% | |
| 6 | 阚华 | 4800 | 70% | |
| 7 | 张爱玲 | 1600 | 13% | |
| 8 | 左鹏飞 | 1150 | 65% | |

图 2-26　某公司销售情况

飞鱼：我们先来了解 AND、OR 这两个函数的语法吧，如图 2-27 所示。

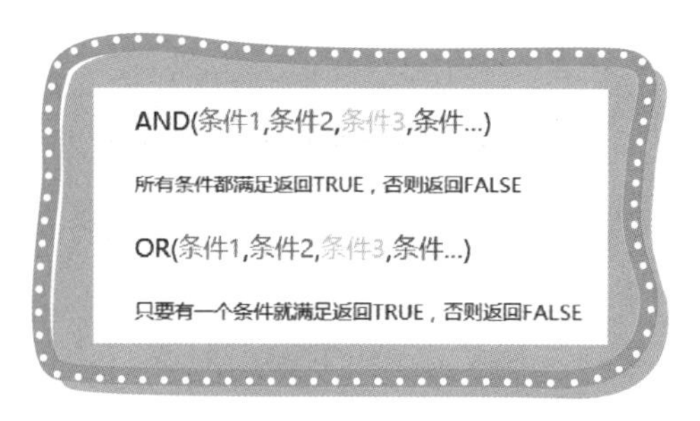


图 2-27　AND、OR 函数语法

AND 有并且的意思，OR 有或者的意思，在 Excel 里 AND、OR 是两个函数，这两个函数可以判断一组条件，AND 函数是当所有条件都满足才会返回 TRUE，OR 函数是只要有一个条件满足就会返回 TRUE。可以根据不同的判断需求来选择使用哪个函数。

由于判断是否有奖金的条件是并且关系，所以使用 AND 函数就可以解决问题，使用 AND 函数分别判断销售额是否大于 5000 和增长率是否大于 50% 就可以了，如果两个条件都满足返回 TRUE，否则返回 FALSE，输入如下公式，结果如图 2-28 所示。

```
=AND(B2>5000,C2>0.5)
```

| | A | B | C | D |
|---|---|---|---|---|
| 1 | 姓名 | 销售额 | 增长率 | 奖金 |
| 2 | 王丽娟 | 8060 | 69% | TRUE |
| 3 | 陈斌 | 2990 | 48% | |
| 4 | 杨菲菲 | 1760 | 80% | |
| 5 | 左鹏 | 7558 | 29% | |
| 6 | 阚华 | 4800 | 70% | |
| 7 | 张爱玲 | 1600 | 13% | |
| 8 | 左鹏飞 | 1150 | 65% | |

图 2-28　输入 AND 函数公式

在 2.1 节我们已经学习过逻辑值与数字的关系，使用 AND 函数返回的逻辑值乘 200，然后向下填充就可以得到想要的效果。公式如下，效果如图 2-29 所示。

```
=AND(B2>5000,C2>0.5)*200
```

| | A | B | C | D |
|---|---|---|---|---|
| 1 | 姓名 | 销售额 | 增长率 | 奖金 |
| 2 | 王丽娟 | 8060 | 69% | 200 |
| 3 | 陈斌 | 2990 | 48% | 0 |
| 4 | 杨菲菲 | 1760 | 80% | 0 |
| 5 | 左鹏 | 7558 | 29% | 0 |
| 6 | 阚华 | 4800 | 70% | 0 |
| 7 | 张爱玲 | 1600 | 13% | 0 |
| 8 | 左鹏飞 | 1150 | 65% | 0 |

图 2-29　乘 200 后填充公式

小鱼：是这样，我们老板看了实际奖金发放情况后，觉得把奖金门槛定得太高了，能得到奖金的员工太少了，所以现在决定把门槛降低，销售额大于 5000 或者增长率大于 50% 就奖励 200 元。

如图 2-30 所示，这样是不是把 AND 函数改为 OR 就可以了，只要两个条件满足一个，就会返回 TRUE。公式如下：

```
=OR(B2>5000,C2>0.5)*200
```

| | A | B | C | D |
|---|---|---|---|---|
| 1 | 姓名 | 销售额 | 增长率 | 奖金 |
| 2 | 王丽娟 | 8060 | 69% | 200 |
| 3 | 陈斌 | 2990 | 48% | 0 |
| 4 | 杨菲菲 | 1760 | 80% | 200 |
| 5 | 左鹏 | 7558 | 29% | 200 |
| 6 | 阚华 | 4800 | 70% | 200 |
| 7 | 张爱玲 | 1600 | 13% | 0 |
| 8 | 左鹏飞 | 1150 | 65% | 200 |

图 2-30　输入 OR 函数公式

飞鱼：如果要求满足条件返回“优秀员工”等文本内容，那以 AND 或者 OR 函数返回的逻辑值作为 IF 函数的第一个条件参数就可以了，如图 2-31 所示。

单独的 AND（并且）、OR（或者）关系很好理解，相信小伙伴们也已经掌握了，下面来看一个复杂关系判断。要考会计师证的小伙伴都知道，中级会计师考试报考对学历和工作年限是有要求的，具体要求如图 2-32 所示。

| | A | B | C | D |
|---|---|---|---|---|
| 1 | 姓名 | 销售额 | 增长率 | 奖金 |
| 2 | 王丽娟 | 8060 | 69% | 优秀员工 |
| 3 | 陈斌 | 2990 | 48% | |
| 4 | 杨菲菲 | 1760 | 80% | 优秀员工 |
| 5 | 左鹏 | 7558 | 29% | 优秀员工 |
| 6 | 阚华 | 4800 | 70% | 优秀员工 |
| 7 | 张爱玲 | 1600 | 13% | |
| 8 | 左鹏飞 | 1150 | 65% | 优秀员工 |

图 2-31　返回“优秀员工”

| 中级会计考试证报考条件 | |
|---|---|
| 学历 | 工作年限 |
| 博士 | 0 |
| 硕士 | 1 |
| 本科 | 4 |
| 大专 | 5 |

图 2-32　报考要求

如图 2-33 所示，根据报考要求来判断 B 列的学历，C 列的工作年限是否满足要求，进而判断 A 员工是否符合报考条件。

| | A | B | C | D | E | F | G | H |
|---|---|---|---|---|---|---|---|---|
| 1 | 姓名 | 学历 | 工作年限 | 是否满足条件 | | | 中级会计考试证报考条件 | |
| 2 | 张锋 | 博士 | 0 | | | | 学历 | 工作年限 |
| 3 | 孙超 | 初中 | 3 | | | | 博士 | 0 |
| 4 | 刘睿凌 | 硕士 | 0 | | | | 硕士 | 1 |
| 5 | 李娜娜 | 本科 | 1 | | | | 本科 | 4 |
| 6 | 赵峰 | 博士 | 0 | | | | 大专 | 5 |
| 7 | 申小丽 | 硕士 | 1 | | | | | |
| 8 | 李柯欣 | 博士 | 5 | | | | | |
| 9 | 周云同 | 高中 | 5 | | | | | |
| 10 | 岳红 | 本科 | 4 | | | | | |
| 11 | 王洪飞 | 大专 | 3 | | | | | |
| 12 | 张晓红 | 本科 | 6 | | | | | |

图 2-33　判断是否符合报考条件

方法 1

首先来看报考要求，学历是“大专”，或者是“本科”，或者是“硕士”，或者是“博士”，才满足报考条件。

已经知道或者关系可以用 OR 函数，那么我们先通过判断学历是否满足条件进行筛选。输入如下公式，如图 2-34 所示。

```
=OR(B2=" 博士 ",B2=" 硕士 ",B2=" 本科 ",B2=" 大专 ")
```

可以使用常量数组，写法更简洁，公式如下：

```
=OR(B2={" 博士 "," 硕士 "," 本科 "," 大专 "})
```

D2 =OR(B2="博士",B2="硕士",B2="本科",B2="大专")

| | A | B | C | D | E | F | G | H |
|---|---|---|---|---|---|---|---|---|
| 1 | 姓名 | 学历 | 工作年限 | 是否满足条件 | | | 中级会计考试证报考条件 | |
| 2 | 张锋 | 博士 | 0 | TRUE | | | 学历 | 工作年限 |
| 3 | 孙超 | 初中 | 3 | FALSE | | | 博士 | 0 |
| 4 | 刘睿凌 | 硕士 | 0 | TRUE | | | 硕士 | 1 |
| 5 | 李娜娜 | 本科 | 1 | TRUE | | | 本科 | 4 |
| 6 | 赵峰 | 博士 | 0 | TRUE | | | 大专 | 5 |
| 7 | 申小丽 | 硕士 | 1 | TRUE | | | | |
| 8 | 李柯欣 | 博士 | 5 | TRUE | | | | |
| 9 | 周云同 | 高中 | 5 | FALSE | | | | |
| 10 | 岳红 | 本科 | 4 | TRUE | | | | |
| 11 | 王洪飞 | 大专 | 3 | TRUE | | | | |
| 12 | 张晓红 | 本科 | 6 | TRUE | | | | |

图 2-34　判断学历是否满足

输入公式并向下填充后，我们看到学历不满足条件的已经给排除掉了。

下面再来判断学历所对应的工作年限，如果学历是“博士”，则对工作年限没有要求，已经满足报考条件，我们也就不需要判断工作年限了。OR 函数里的第一个参数学历为“博士”无需修改。

如果学历是“硕士”并且工作年限满 1 年也满足报考条件，这里是并且关系，并且关系可以使用 AND 函数。在编写 OR 公式的时候，“硕士”学历在 OR 函数第二个参数里，现在我们要加工作年限的条件，所以修改 OR 函数第二个参数，在第二个参数里加个 AND 函数来判断学历和工作年限是否同时满足，公式如下，如图 2-35 所示。

```
=OR(B2="博士",AND(B2="硕士",C2>=1),B2="本科",B2="大专")
```

D2 =OR(B2="博士",AND(B2="硕士",C2>=1),B2="本科",B2="大专")

| | A | B | C | D |
|---|---|---|---|---|
| 1 | 姓名 | 学历 | 工作年限 | 是否满足条件 |
| 2 | 张锋 | 博士 | 0 | TRUE |
| 3 | 孙超 | 初中 | 3 | FALSE |
| 4 | 刘睿凌 | 硕士 | 0 | FALSE |
| 5 | 李娜娜 | 本科 | 1 | TRUE |
| 6 | 赵峰 | 博士 | 0 | TRUE |
| 7 | 申小丽 | 硕士 | 1 | TRUE |
| 8 | 李柯欣 | 博士 | 5 | TRUE |
| 9 | 周云同 | 高中 | 5 | FALSE |
| 10 | 岳红 | 本科 | 4 | TRUE |
| 11 | 王洪飞 | 大专 | 3 | TRUE |
| 12 | 张晓红 | 本科 | 6 | TRUE |

| 中级会计考试证报考条件 | |
|---|---|
| 学历 | 工作年限 |
| 博士 | 0 |
| 硕士 | 1 |
| 本科 | 4 |
| 大专 | 5 |

图 2-35 修改 OR 第二个参数

在增加了工作年限的条件后，我们可以看到，由于第 4 行的“刘睿凌”的工作年限没有满足一年，所以不满足报考条件。

“硕士”学历我们已经加了工作年限的条件，下面的“本科”学历和“大专”使用同样的方法添加工作年限条件就可以了。输入如下最终公式，如图 2-36 所示。

```
=OR(B2="博士",AND(B2="硕士",C2>=1),AND(B2="本科",
C2>=4),AND(B2="大专",C2>=5))
```

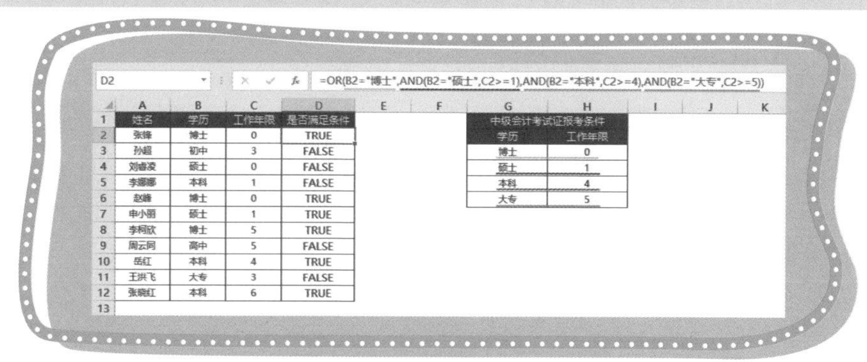

D2 =OR(B2="博士",AND(B2="硕士",C2>=1),AND(B2="本科",C2>=4),AND(B2="大专",C2>=5))

| | A | B | C | D |
|---|---|---|---|---|
| 1 | 姓名 | 学历 | 工作年限 | 是否满足条件 |
| 2 | 张锋 | 博士 | 0 | TRUE |
| 3 | 孙超 | 初中 | 3 | FALSE |
| 4 | 刘睿凌 | 硕士 | 0 | FALSE |
| 5 | 李娜娜 | 本科 | 1 | FALSE |
| 6 | 赵峰 | 博士 | 0 | TRUE |
| 7 | 申小丽 | 硕士 | 1 | TRUE |
| 8 | 李柯欣 | 博士 | 5 | TRUE |
| 9 | 周云同 | 高中 | 5 | FALSE |
| 10 | 岳红 | 本科 | 4 | TRUE |
| 11 | 王洪飞 | 大专 | 3 | FALSE |
| 12 | 张晓红 | 本科 | 6 | TRUE |

| 中级会计考试证报考条件 | |
|---|---|
| 学历 | 工作年限 |
| 博士 | 0 |
| 硕士 | 1 |
| 本科 | 4 |
| 大专 | 5 |

图 2-36 输入最终公式

## 方法 2

通过报考条件可以看到，四种学历分别对应不同的工作年限条件，我们可以通过辅助列分别来判断学历和工作年限是否同时满足，如图 2-37 所示。

| | A | B | C | D | E | F | G | H |
|---|---|---|---|---|---|---|---|---|
| 1 | 姓名 | 学历 | 工作年限 | 是否满足条件 | 博士判断 | 硕士判断 | 本科判断 | 大专判断 |
| 2 | 张锋 | 博士 | 0 | | | | | |
| 3 | 孙超 | 初中 | 3 | | | | | |
| 4 | 刘睿凌 | 硕士 | 0 | | | | | |
| 5 | 李娜娜 | 本科 | 1 | | | | | |
| 6 | 赵峰 | 博士 | 0 | | | | | |
| 7 | 申小丽 | 硕士 | 1 | | | | | |
| 8 | 李柯欣 | 博士 | 5 | | | | | |
| 9 | 周云同 | 高中 | 5 | | | | | |
| 10 | 岳红 | 本科 | 4 | | | | | |
| 11 | 王洪飞 | 大专 | 3 | | | | | |
| 12 | 张晓红 | 本科 | 6 | | | | | |

图 2-37 添加辅助列

首先我们判断博士学历，由于判断博士学历没有工作年限要求，所以直接判断是否为博士学历就满足条件了。

在 E2 单元格输入如下博士学历的判断公式：

```
=B2=" 博士 "
```

如果硕士学历并且工作年限满 1 年也是满足条件的，我们使用 AND 函数判断学历和工作年限是否同时满足。

在 F2 单元格输入如下硕士学历的判断公式：

```
=AND(B2=" 硕士 ",C2>=1)
```

需要注意的是，当我们判断工作年限的时候，由于条件是满足 1 年，只要是 1 年以上都满足 1 年，所以我们在设置判断条件的时候要使用大于等于 1。单独使用大于或者使用等于 1 是不正确的。

判断本科学历和大专学历也是同理。

在 G2 单元格输入如下本科学历判断公式：

```
=AND(B2=" 本科 ",C2>=4)
```

在 H2 单元格输入如下大专学历判断公式：

```
=AND(B2=" 大专 ",C2>=5)
```

到这一步，我们已经分别把四种满足条件的情况都判断出来了，且返回了四个逻辑值，其中只要有一种情况满足条件就可以了。最后使用 OR 函数来对这四个逻辑值进行判断，如图 2-38 所示。

在 D2 单元格输入如下公式进行判断。

```
=OR(E2,F2,G2,H2)
```

| | A | B | C | D | E | F | G | H |
|---|---|---|---|---|---|---|---|---|
| 1 | 姓名 | 学历 | 工作年限 | 是否满足条件 | 博士判断 | 硕士判断 | 本科判断 | 大专判断 |
| 2 | 张锋 | 博士 | 0 | TRUE | TRUE | FALSE | FALSE | FALSE |
| 3 | 孙超 | 初中 | 3 | | | | | |
| 4 | 刘睿凌 | 硕士 | 0 | | | | | |
| 5 | 李娜娜 | 本科 | 1 | | | | | |
| 6 | 赵峰 | 博士 | 0 | | | | | |
| 7 | 申小丽 | 硕士 | 1 | | | | | |
| 8 | 李柯欣 | 博士 | 5 | | | | | |
| 9 | 周云同 | 高中 | 5 | | | | | |
| 10 | 岳红 | 本科 | 4 | | | | | |
| 11 | 王洪飞 | 大专 | 3 | | | | | |
| 12 | 张晓红 | 本科 | 6 | | | | | |

图 2-38　使用 OR 函数

OR 函数里的四个参数分别引用了辅助列的四个单元格。辅助列单元格的逻辑值是通过公式返回的，引用单元格实际上也就是引用了辅助列单元格里的公式，我们只要把 OR 函数引用的单元格地址替换为单元格对应的公式就可以了，然后就可以把辅助列删除了。辅助列的存在只是为了帮助初学函数的小伙伴更好地梳理公式嵌套的关系。替换后我们发现下面的公式和“方法 1”的公式一模一样，如图 2-39 所示。

```
=OR(B2=" 博士 ",AND(B2=" 硕士 ",C2>=1),AND(B2=" 本科 ",C2>=4),AND
(B2=" 大专 ",C2>=5))
```

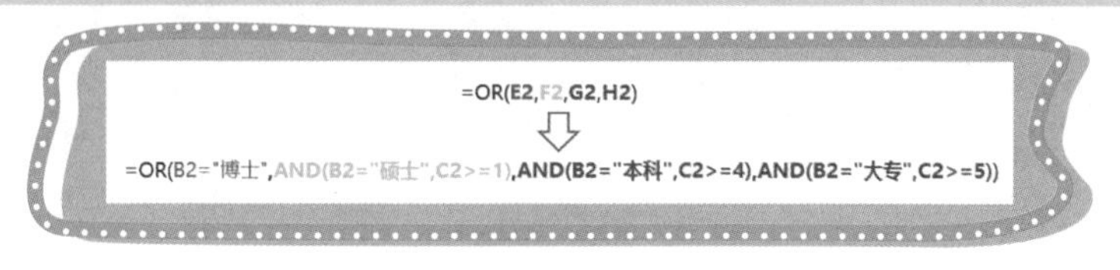


图 2-39　替换单元格地址

下面我们来学习两个知识点。

（1）AND函数可以用乘号代替。

我们知道，条件满足返回TRUE，AND函数是当所有条件都满足返回TRUE，相反，我们也可以理解为，AND函数的参数里，只要有一个条件不满足，都返回FALSE，FALSE=0，我们把AND函数用乘号代替后，N个数相乘，只要有一个条件不满足（只有要一个数字是0），相乘后计算结果就会返回0，0=FALSE，只有当所有条件都满足时，或者所在数字都不等于0，相乘结果才会不等于0，我们知道不等于0的数字都视为TRUE，所用乘号是可以代替AND函数的。如图2-40所示，我用使用乘号来判断学历与工作年限是否满足。

| E | F | G | H |
|---|---|---|---|
| 博士判断 | 硕士判断 | 本科判断 | 大专判断 |
| 1 | 0 | 0 | 0 |
| 0 | 0 | 0 | 0 |
| 0 | 0 | 0 | 0 |
| 0 | 0 | 0 | 0 |
| 1 | 0 | 0 | 0 |
| 0 | 1 | 0 | 0 |
| 1 | 0 | 0 | 0 |
| 0 | 0 | 0 | 0 |
| 0 | 0 | 1 | 0 |
| 0 | 0 | 0 | 0 |
| 0 | 0 | 1 | 0 |
| =(B12="博士")*1 | =(B12="硕士")*(C12>=1) | =(B12="本科")*(C12>=4) | =(B12="大专")*(C12>=5) |

图2-40 使用乘号代替AND

（2）OR函数可以用加号代替。

理解了AND函数与乘号的关系，OR函数和加号的关系也就好理解了。OR函数是只要有一个条件满足就会返回TRUE，可以理解为N个条件中，只要有一个条件为TRUE，即相加后不等于0，同时不等于0的数字都被视为TRUE，如图2-41所示。使用加号把辅助列的数字相加，不等于0都符合报考条件。

把公式合并到一起，如图2-42所示。公式如下：

```
SUM((B2="博士")*1,(B2="硕士")*(C2>=1),(B2="本科") *(C2>=4),(B2=
"大专")*(C2>=5))
```

|  | B | C | D |
|---|---|---|---|
| 1 | 学历 | 工作年限 | 是否满足条件 |
| 2 | 博士 | 0 | 1 |
| 3 | 初中 | 3 | 0 |
| 4 | 硕士 | 0 | 0 |
| 5 | 本科 | 1 | 0 |
| 6 | 博士 | 0 | 1 |
| 7 | 硕士 | 1 | 1 |
| 8 | 博士 | 5 | 1 |
| 9 | 高中 | 5 | 0 |
| 10 | 本科 | 4 | 1 |
| 11 | 大专 | 3 | 0 |
| 12 | 本科 | 6 | 1 |
| 13 |  |  | =SUM(E12:H12) |

图 2-41 使用加号代替 OR 函数

|  | A | B | C | D |
|---|---|---|---|---|
| 1 | 姓名 | 学历 | 工作年限 | 是否满足条件 |
| 2 | 张锋 | 博士 | 0 | 1 |
| 3 | 孙超 | 初中 | 3 | 0 |
| 4 | 刘春凌 | 硕士 | 0 | 0 |
| 5 | 李娜娜 | 本科 | 1 | 0 |
| 6 | 赵峰 | 博士 | 0 | 1 |
| 7 | 申小丽 | 硕士 | 1 | 1 |
| 8 | 李柯欣 | 博士 | 5 | 1 |
| 9 | 周云同 | 高中 | 5 | 0 |
| 10 | 岳红 | 本科 | 4 | 1 |
| 11 | 王洪飞 | 大专 | 3 | 0 |
| 12 | 张晓红 | 本科 | 6 | 1 |

图 2-42 公式合并

小鱼：使用乘号和加号后，公式还是那么长啊。

飞鱼：是这样，普通公式使用乘号和加号与 AND 函数和 OR 函数区别不大，但是在数组公式或者一些支持数组函数的场景中，乘号和加号可以在判断一组数据的同时返回一组结果，AND 函数和 OR 函数却无法实现这样的效果。

## 方法 3

我们先输入下面的公式，效果如图 2-43 所示。

```
=IF(SUMPRODUCT((B2=$F$3:$F$6)*(C2>=$G$3:$G$6)),"符合","不符合")
```

| | A | B | C | D |
|---|---|---|---|---|
| 1 | 姓名 | 学历 | 工作年限 | 是否满足条件 |
| 2 | 张锋 | 博士 | 0 | 符合 |
| 3 | 孙超 | 初中 | 3 | 不符合 |
| 4 | 刘睿凌 | 硕士 | 0 | 不符合 |
| 5 | 李娜娜 | 本科 | 1 | 不符合 |
| 6 | 赵峰 | 博士 | 0 | 符合 |
| 7 | 申小丽 | 硕士 | 1 | 符合 |
| 8 | 李柯欣 | 博士 | 5 | 符合 |
| 9 | 周云同 | 高中 | 5 | 不符合 |
| 10 | 岳红 | 本科 | 4 | 符合 |
| 11 | 王洪飞 | 大专 | 3 | 不符合 |
| 12 | 张晓红 | 本科 | 6 | 符合 |

| F | G |
|---|---|
| 中级会计考试证报考条件 | |
| 学历 | 工作年限 |
| 博士 | 0 |
| 硕士 | 1 |
| 本科 | 4 |
| 大专 | 5 |

图 2-43 输入公式

SUMPRODUCT 函数的功能是乘积后求和，特点是支持数组。该公式是用 B2 单元格的学历分别和报考条件区域的学历对比，判断学历是否满足条件，由于 SUMPRODUCT 支持数组，所以返回的结果也是一组逻辑值，选中 B2=$F$3:$F$6，按快捷键 F9，可以看到计算结果，如图 2-44 所示。

```
=IF(SUMPRODUCT((B2=$F$3:$F$6)*(C2>=$G$3:$G$6)),"符合","不符合")
↓
=IF(SUMPRODUCT(({TRUE;FALSE;FALSE;FALSE})*(C2>=$G$3:$G$6)),"符合","不符合")
```

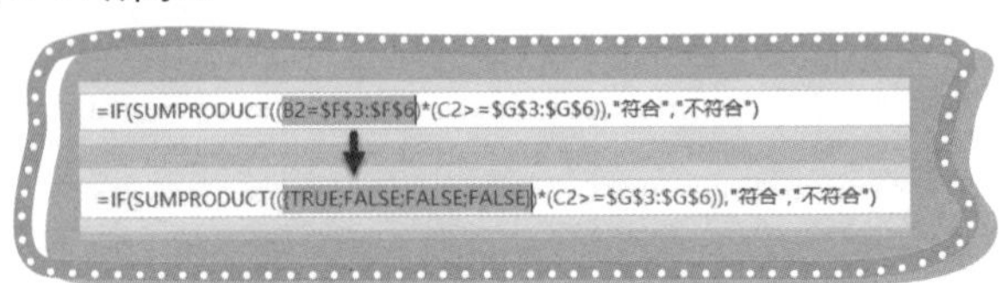

图 2-44 返回学历逻辑值

同理，用 C2 单元格的工作条件和报考条件区域的工作条件对比，选中 C2>=$G$3:$G$6，按快捷键 F9，可以看到计算结果，如图 2-45 所示。

```
=IF(SUMPRODUCT(({TRUE;FALSE;FALSE;FALSE})*(C2>=$G$3:$G$6)),"符合","不符合")
↓
=IF(SUMPRODUCT(({TRUE;FALSE;FALSE;FALSE})*({TRUE;FALSE;FALSE;FALSE})),"符合","不符合")
```

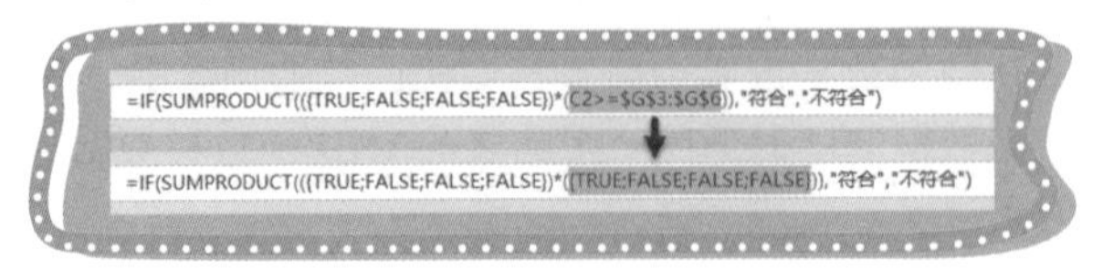

图 2-45 返回工作年限逻辑值

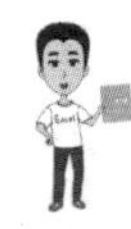

由于学历和工作年限是并且关系，所以可以使用乘号来代替AND函数，选中两组逻辑值，继续按快捷键F9，可以看到由于B2单元格学历和C2工作年限都满足条件，所以这组数相乘后，第一个值得到了数字1，如图2-46所示。

图 2-46 计算两组逻辑值

最后选中SUMPRODUCT({1;0;0;0})，继续按快捷键F9，SUMPRODUCT函数返回数字1，如图2-47所示。

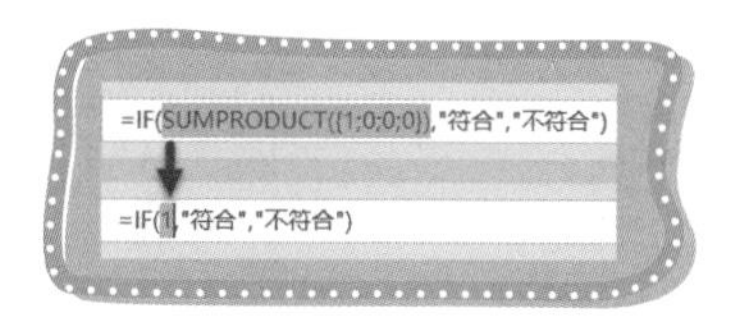


图 2-47 计算 SUMPRODUCT 函数

不等于0的数字都被视为TRUE，IF函数里第一个参数为TRUE，所以最终公式返回“符合”。

如果报考条件不在Excel表格中，可以使用常量数组来代替单元格区域引用，用法如图2-48所示。公式如下：

```
=IF(SUMPRODUCT((B2={"博士","硕士","本科","大专"})*(C2>={0,1,4,5})),"符合","不符合")
```

E2 =IF(SUMPRODUCT((B2={"博士","硕士","本科","大专"})*(C2>={0,1,4,5})),"符合","不符合")

| 姓名 | 学历 | 工作年限 | 是否满足条件 | 使用常量数组 |
|---|---|---|---|---|
| 张锋 | 博士 | 0 | 符合 | 符合 |
| 孙超 | 初中 | 3 | 不符合 | 不符合 |
| 刘春凌 | 硕士 | 0 | 不符合 | 不符合 |
| 李娜娜 | 本科 | 1 | 不符合 | 不符合 |
| 赵峰 | 博士 | 0 | 符合 | 符合 |
| 申小丽 | 硕士 | 1 | 符合 | 符合 |
| 李柯欣 | 博士 | 5 | 符合 | 符合 |
| 周云同 | 高中 | 5 | 不符合 | 不符合 |
| 岳红 | 本科 | 4 | 符合 | 符合 |
| 王洪飞 | 大专 | 3 | 不符合 | 不符合 |
| 张晓红 | 本科 | 6 | 符合 | 符合 |

| 中级会计考试证报考条件 | |
|---|---|
| 学历 | 工作年限 |
| 博士 | 0 |
| 硕士 | 1 |
| 本科 | 4 |
| 大专 | 5 |

图 2-48 使用常量数组

如图 2-49 所示，男性 60 岁退休，女性 55 岁退休，根据性别和年龄判断某人是否退休。

| | A | B | C | D |
|---|---|---|---|---|
| 1 | 姓名 | 性别 | 年龄 | 是否退休 |
| 2 | 李帅 | 男 | 60 | 退休 |
| 3 | 王小丽 | 女 | 50 | |
| 4 | 杨国强 | 女 | 62 | 退休 |
| 5 | 冯媛媛 | 男 | 43 | |
| 6 | 刘涛 | 女 | 58 | 退休 |
| 7 | 冯彬 | 女 | 51 | |
| 8 | 刘俊超 | 男 | 57 | |
| 9 | 王晓鹤 | 女 | 65 | 退休 |
| 10 | 杨彬 | 女 | 54 | |
| 11 | 钱玉峰 | 男 | 68 | 退休 |

图 2-49 判断某人是否退休

## 2.4 包含判断

扫一扫 看视频

小鱼：如图 2-50 所示，现在我想根据费用分类判断费用类型，费用分类内容中包含“外部”两字的费用类型为“外部费用”，我该怎么做呢？

| | A | B | C |
|---|---|---|---|
| 1 | 项目代码 | 费用分类 | 费用类型 |
| 2 | 2017-11 | 外部费用-差旅费 | |
| 3 | 2017-12 | 其他费用-外部费用 | |
| 4 | 2017-13 | 实验设备折旧费 | |
| 5 | 2017-14 | 内部费用-试验费 | |
| 6 | 2017-15 | 内部人工-内部费用 | |
| 7 | 2017-16 | 实验设备电费 | |
| 8 | 2017-17 | 实验室租赁费 | |
| 9 | 2017-18 | 外部费用-样件费 | |
| 10 | 2017-19 | 外部费用-试验费 | |

图 2-50 判断费用类型

飞鱼：解决思路是这样的，首先要判断 B 列费用分类内容是否包含“外部”两个字。判断方法有如下几种，现分别介绍。

方法 1：使用 FIND 函数判断。

首先来了解 FIND 函数的语法，如图 2-51 所示。

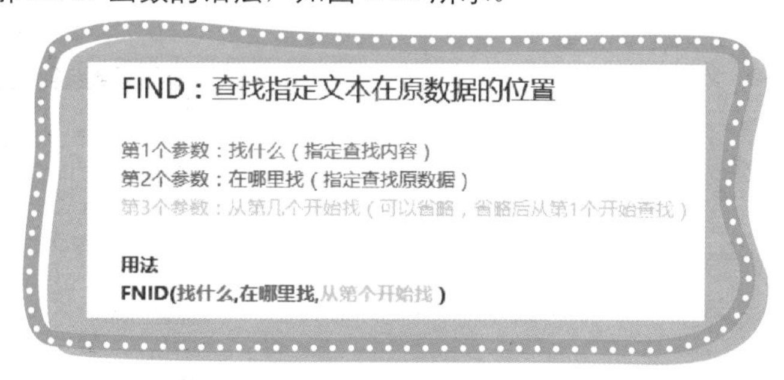


图 2-51 FNID 函数语法

FIND 函数可以查找一个文本在原文本中所在位置，如果原文本不包含查找文本，则函数将返回错误值。下面开始使用 FIND 函数编写如下公式，效果如图 2-52 所示。

```
=FIND(" 外部 ",B2)
```

| | A | B | C |
|---|---|---|---|
| 1 | 项目代码 | 费用分类 | 费用类型 |
| 2 | 2017-11 | 外部费用-差旅费 | 1 |
| 3 | 2017-12 | 其他费用-外部费用 | 6 |
| 4 | 2017-13 | 实验设备折旧费 | #VALUE! |
| 5 | 2017-14 | 内部费用-试验费 | #VALUE! |
| 6 | 2017-15 | 内部人工-内部费用 | #VALUE! |
| 7 | 2017-16 | 实验设备电费 | #VALUE! |
| 8 | 2017-17 | 实验室租赁费 | #VALUE! |
| 9 | 2017-18 | 外部费用-样件费 | 1 |
| 10 | 2017-19 | 外部费用-试验费 | 1 |

图 2-52 使用 FIND 函数

FIND 第一个参数的查找值为“外部”，第二个参数引用了 B2 单元格，省略了第三个参数，也就是从 B2 单元格第 1 个字符开始查找，在查找的时候“外部”是作为一个整体去查找，B2 单元格的“外部”两个字在第 1 个和第 2 个位置，函数返回的是开始位置，也就是数字 1，B3 单元格“外部”两字的位置在第 6 个和第 7 个，所以返回数字 6，由于 B4 单元格没有“外部”两个字，查找不到就返回错误值了。

只要返回的是数字，就说明包含“外部”两个字，将 FIND 函数返回的数字作为 IF 函数的第一个参数，就可以判断了。输入如下公式，如图 2-53 所示。

| | A | B | C |
|---|---|---|---|
| 1 | 项目代码 | 费用分类 | 费用类型 |
| 2 | 2017-11 | 外部费用-差旅费 | 外部费用 |
| 3 | 2017-12 | 其他费用-外部费用 | 外部费用 |
| 4 | 2017-13 | 实验设备折旧费 | #VALUE! |
| 5 | 2017-14 | 内部费用-试验费 | #VALUE! |
| 6 | 2017-15 | 内部人工-内部费用 | #VALUE! |
| 7 | 2017-16 | 实验设备电费 | #VALUE! |
| 8 | 2017-17 | 实验室租赁费 | #VALUE! |
| 9 | 2017-18 | 外部费用-样件费 | 外部费用 |
| 10 | 2017-19 | 外部费用-试验费 | 外部费用 |

图 2-53 使用 IF 函数

```
=IF(FIND("外部",B2),"外部费用")
```

IF 函数无法处理错误的值，所以我们也就省略了 IF 函数的第三个参数，下节会讲对错误值的处理方法。

### 方法 2：使用 COUNTIF 函数判断。

COUNTIF 函数的语法格式如图 2-54 所示。

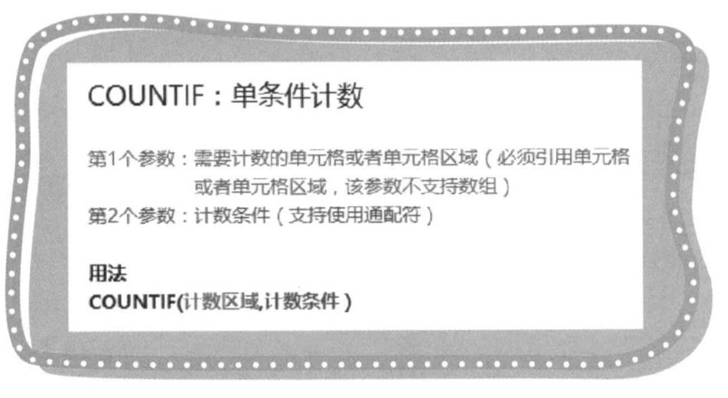


图 2-54 COUNTIF 函数语法

在 Excel 里有两个通配符，分别是星号（*）和问号（?），星号代表任意多个字符，问号代表一个字符。输入如下公式，如图 2-55 所示。

```
=COUNTIF(B2,"*外部*")
```

| | A | B | C |
|---|---|---|---|
| 1 | 项目代码 | 费用分类 | 费用类型 |
| 2 | 2017-11 | 外部费用-差旅费 | 1 |
| 3 | 2017-12 | 其他费用-外部费用 | 1 |
| 4 | 2017-13 | 实验设备折旧费 | 0 |
| 5 | 2017-14 | 内部费用-试验费 | 0 |
| 6 | 2017-15 | 内部人工-内部费用 | 0 |
| 7 | 2017-16 | 实验设备电费 | 0 |
| 8 | 2017-17 | 实验室租赁费 | 0 |
| 9 | 2017-18 | 外部费用-样件费 | 1 |
| 10 | 2017-19 | 外部费用-试验费 | 1 |

图 2-55 使用 COUNTIF 函数

COUNTIF 函数第一个参数为统计区域，公式中引用 B2 单元格为统计区域，第二个参数为条件，条件使用了星号通配符，分别在“外部”前后各加了一个星号，条件的意思是包含“外部”，很明显 B2 单元格包含“外部”。由于我们只引用了一个单元格，满足条件的只有 1条，所以函数返回数字 1；B4 单元格不包含“外部”，函数返回 0。

使用 COUNTIF 函数返回的数字作为 IF 函数的第一个参数。输入如下公式，如图 2-56 所示。

```
=IF(COUNTIF(B2,"*外部*"),"外部费用","")
```

| | A | B | C |
|---|---|---|---|
| 1 | 项目代码 | 费用分类 | 费用类型 |
| 2 | 2017-11 | 外部费用-差旅费 | 外部费用 |
| 3 | 2017-12 | 其他费用-外部费用 | 外部费用 |
| 4 | 2017-13 | 实验设备折旧费 | |
| 5 | 2017-14 | 内部费用-试验费 | |
| 6 | 2017-15 | 内部人工-内部费用 | |
| 7 | 2017-16 | 实验设备电费 | |
| 8 | 2017-17 | 实验室租赁费 | |
| 9 | 2017-18 | 外部费用-样件费 | 外部费用 |
| 10 | 2017-19 | 外部费用-试验费 | 外部费用 |

图 2-56 使用 IF 函数

方法 3：使用 SUBSTITUTE 和 LEN 函数判断

SUBSTITUTE 函数的语法格式如图 2-57 所示。

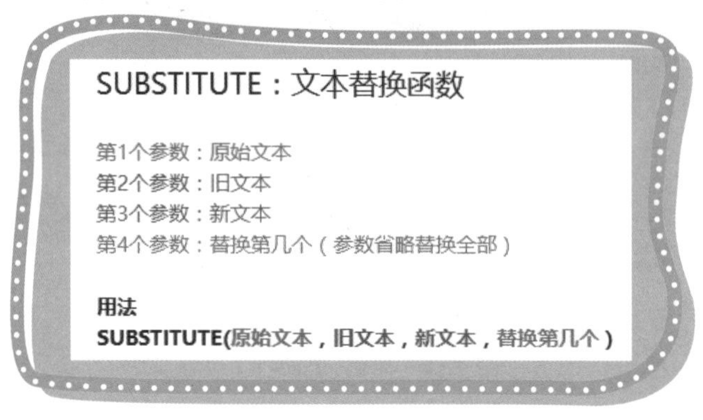


图 2-57　SUBSTITUTE 函数语法格式

LEN 函数的语法格式如图 2-58 所示。

图 2-58　LEN 函数语法格式

我们的判断思路是先使用 LEN 函数计算出原字符串长度；然后使用 SUBSTITUTE 函数把“外部”两个字替换为空，如果字符串包含“外部”，在替换后，字符串长度与替换前的字符串长度一定不同，所以使用 LEN 函数计算替换后字符串长度；最后用替换前长度减替换后长度，如果数字大于 0，说明包含“外部”两个字。

输入如下公式，效果如图 2-59 所示。

```
=LEN(B2)-LEN(SUBSTITUTE(B2,"外部",""))
```

| | A | B | C |
|---|---|---|---|
| 1 | 项目代码 | 费用分类 | 费用类型 |
| 2 | 2017-11 | 外部费用-差旅费 | 2 |
| 3 | 2017-12 | 其他费用-外部费用 | 2 |
| 4 | 2017-13 | 实验设备折旧费 | 0 |
| 5 | 2017-14 | 内部费用-试验费 | 0 |
| 6 | 2017-15 | 内部人工-内部费用 | 0 |
| 7 | 2017-16 | 实验设备电费 | 0 |
| 8 | 2017-17 | 实验室租赁费 | 0 |
| 9 | 2017-18 | 外部费用-样件费 | 2 |
| 10 | 2017-19 | 外部费用-试验费 | 2 |

图 2-59 使用 SUBSTITUTE 和 LEN 函数

公式中首先使用了 LEN 函数来计算 B2 单元格文本的长度，使用 SUBSTITUTE 函数把 B2 单元格里的“外部”替换为空（两个英文半角双引号代表空），使用 LEN 函数计算替换后的字符串长度，最后用替换前长度减替换后的长度，不等于 0 的说明包含“外部”两字。

再把替换前长度减替换后的长度返回的数字作为 IF 函数的第一个参数。输入如下最终公式，效果如图 2-60 所示。

```
=IF(LEN(B2)-LEN(SUBSTITUTE(B2,"外部","")),"外部费用","")
```

| | A | B | C |
|---|---|---|---|
| 1 | 项目代码 | 费用分类 | 费用类型 |
| 2 | 2017-11 | 外部费用-差旅费 | 外部费用 |
| 3 | 2017-12 | 其他费用-外部费用 | 外部费用 |
| 4 | 2017-13 | 实验设备折旧费 | |
| 5 | 2017-14 | 内部费用-试验费 | |
| 6 | 2017-15 | 内部人工-内部费用 | |
| 7 | 2017-16 | 实验设备电费 | |
| 8 | 2017-17 | 实验室租赁费 | |
| 9 | 2017-18 | 外部费用-样件费 | 外部费用 |
| 10 | 2017-19 | 外部费用-试验费 | 外部费用 |

图 2-60 使用 IF 函数

如图 2-61 所示，根据费用分类判断，其中包含“外部”两字的费用类型返回“外部费用”，包含“内部”两字的费用类型返回“内部费用”，包含“实验”两字费用类型返回“实验费用”。

| | A | B | C |
|---|---|---|---|
| 1 | 项目代码 | 费用分类 | 费用类型 |
| 2 | 2017-11 | 外部费用-差旅费 | 外部费用 |
| 3 | 2017-12 | 其他费用-外部费用 | 外部费用 |
| 4 | 2017-13 | 实验设备折旧费 | 实验费用 |
| 5 | 2017-14 | 内部费用-试验费 | 内部费用 |
| 6 | 2017-15 | 内部人工-内部费用 | 内部费用 |
| 7 | 2017-16 | 实验设备电费 | 实验费用 |
| 8 | 2017-17 | 实验室租赁费 | 实验费用 |
| 9 | 2017-18 | 外部费用-样件费 | 外部费用 |
| 10 | 2017-19 | 外部费用-试验费 | 外部费用 |

图 2-61 判断费用类型

## 2.5 屏蔽错误值的方法

扫一扫 看视频

飞鱼：还记得 2.4 节和你说的，这节教你如何处理错误值，如图 2-62 所示。

| | A | B | C |
|---|---|---|---|
| 1 | 项目代码 | 费用分类 | 费用类型 |
| 2 | 2017-11 | 外部费用-差旅费 | 外部费用 |
| 3 | 2017-12 | 其他费用-外部费用 | 外部费用 |
| 4 | 2017-13 | 实验设备折旧费 | #VALUE! |
| 5 | 2017-14 | 内部费用-试验费 | #VALUE! |
| 6 | 2017-15 | 内部人工-内部费用 | #VALUE! |
| 7 | 2017-16 | 实验设备电费 | #VALUE! |
| 8 | 2017-17 | 实验室租赁费 | #VALUE! |
| 9 | 2017-18 | 外部费用-样件费 | 外部费用 |
| 10 | 2017-19 | 外部费用-试验费 | 外部费用 |

图 2-62 错误值

小鱼：当然记得，我之前计算完成率的时候也出现过错误值，我都拿它没办法。

飞鱼：我们先来学习 IFERROR 函数语法，如图 2-63 所示。

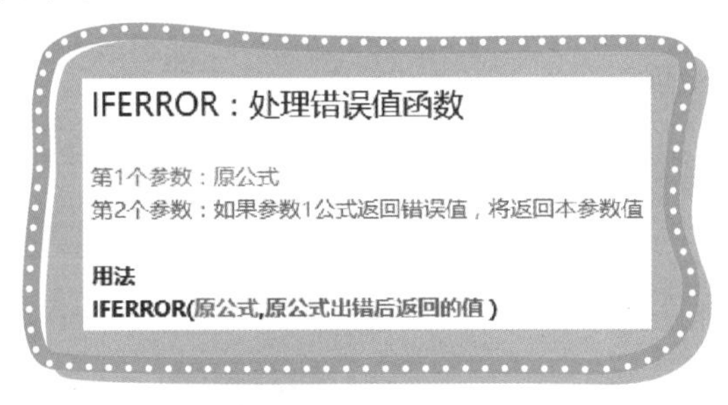

IFERROR：处理错误值函数

第1个参数：原公式
第2个参数：如果参数1公式返回错误值，将返回本参数值

**用法**
**IFERROR(原公式,原公式出错后返回的值)**

图 2-63 IFERROR 函数语法

小鱼：等等，这个让我先试试。输入如下公式，如图 2-64 所示，你看对吧？

```
=IFERROR(IF(FIND("外部",B2),"外部费用"),"")
```

| | A | B | C |
|---|---|---|---|
| 1 | 项目代码 | 费用分类 | 费用类型 |
| 2 | 2017-11 | 外部费用-差旅费 | 外部费用 |
| 3 | 2017-12 | 其他费用-外部费用 | 外部费用 |
| 4 | 2017-13 | 实验设备折旧费 | |
| 5 | 2017-14 | 内部费用-试验费 | |
| 6 | 2017-15 | 内部人工-内部费用 | |
| 7 | 2017-16 | 实验设备电费 | |
| 8 | 2017-17 | 实验室租赁费 | |
| 9 | 2017-18 | 外部费用-样件费 | 外部费用 |
| 10 | 2017-19 | 外部费用-试验费 | 外部费用 |

图 2-64 使用 IFERROR 函数

飞鱼：厉害了，都知道抢答了。那么你还知道哪里会用到 IFERROR 函数吗？

小鱼：我之前在算完成率的时候，遇到的错误值有除 0 错误（#DIV/0!）。输入如下公式处理错误值，如图 2-65 所示。

```
=IFERROR(F2/E2,"
无指标数据")
```

还有，在使用 VLOOKUP 函数时会出现查找不到值的错误（#N/A）。输入如下公式处理错误值，如图 2-66 所示。

```
=IFERROR(VLOOKUP(D
2,$G$2:$H$4,2,0),"
无工号信息")
```

| | A | B | C | D | E | F | G |
|---|---|---|---|---|---|---|---|
| 1 | 指标销售额 | 实际销售额 | 完成率 | | 指标销售额 | 实际销售额 | 完成率 |
| 2 | 6701 | 2154 | 32% | | 6701 | 2154 | 32% |
| 3 | 5931 | 7002 | 118% | | 5931 | 7002 | 118% |
| 4 | | 8921 | #DIV/0! | → | | 8921 | 无指标数据 |
| 5 | 5997 | 4331 | 72% | | 5997 | 4331 | 72% |
| 6 | 7425 | 4642 | 63% | | 7425 | 4642 | 63% |

图 2-65 除 0 错误处理

| | A | B | C | D | E |
|---|---|---|---|---|---|
| 1 | 姓名 | 工号 | | 姓名 | 工号 |
| 2 | 飞鱼 | D0003 | | 飞鱼 | D0003 |
| 3 | 俞悦 | D0001 | → | 俞悦 | D0001 |
| 4 | 笨鸟 | D0002 | | 笨鸟 | D0002 |
| 5 | 小明 | #N/A | | 小明 | 无工号信息 |

图 2-66 #N/A 处理

## 2.6 单双号判断

扫一扫 看视频

飞鱼：在工作中很多地方需要判断单、双数，如身份证第 17 位数字为性别信息，单数为男性，双数为女性。在 Excel 中同样也提供了判断单、双数的函数，分别为 ISODD、ISEVEN。

我们先来了解这两个函数的语法，如图 2-67 所示。

图 2-67 ISODD、ISEVEN 函数语法

如图 2-68 所示，根据身份证号判断性别。

| | A | B | C | D |
|---|---|---|---|---|
| 1 | 身份证号 | 第十七位数字 | 单数(奇数) | 性别 |
| 2 | 230506197108170917 | 1 | | |
| 3 | 420821199307042027 | 2 | | |
| 4 | 362201198506225428 | 2 | | |
| 5 | 420982196609261035 | 3 | | |
| 6 | 230581198905053752 | 5 | | |

图 2-68　判断性别

我们使用 ISODD 函数来判断第 17 位数字是否是单数（奇数），输入如下公式，如图 2-69 所示。

```
=ISODD(B2)
```

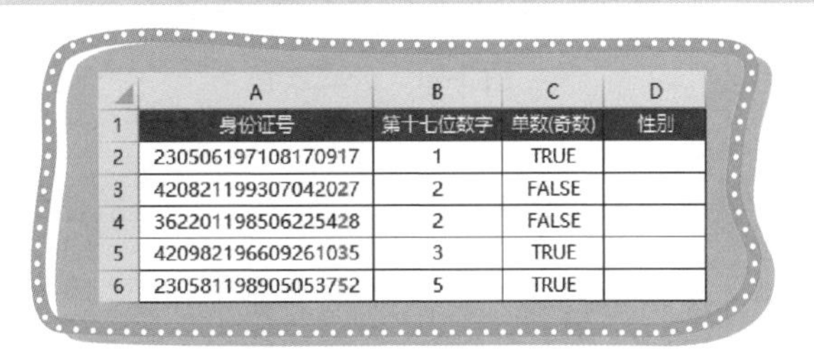

| | A | B | C | D |
|---|---|---|---|---|
| 1 | 身份证号 | 第十七位数字 | 单数(奇数) | 性别 |
| 2 | 230506197108170917 | 1 | TRUE | |
| 3 | 420821199307042027 | 2 | FALSE | |
| 4 | 362201198506225428 | 2 | FALSE | |
| 5 | 420982196609261035 | 3 | TRUE | |
| 6 | 230581198905053752 | 5 | TRUE | |

图 2-69　ISODD 函数

下一步使用 IF 函数，根据逻辑值返回对应的性别即可，输入如下公式，如图 2-70 所示。

```
=IF(C2,"男","女")
```

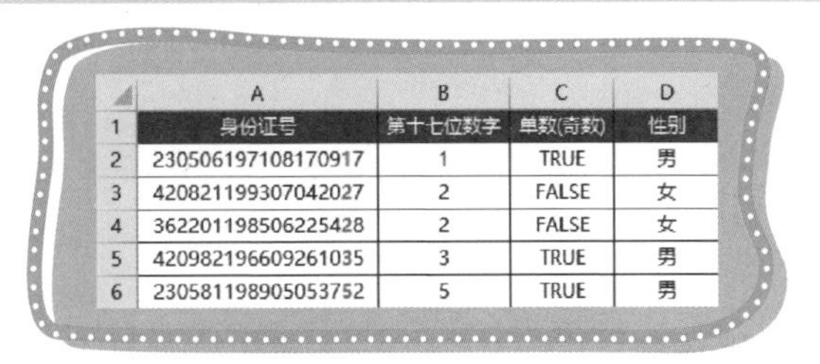

| | A | B | C | D |
|---|---|---|---|---|
| 1 | 身份证号 | 第十七位数字 | 单数(奇数) | 性别 |
| 2 | 230506197108170917 | 1 | TRUE | 男 |
| 3 | 420821199307042027 | 2 | FALSE | 女 |
| 4 | 362201198506225428 | 2 | FALSE | 女 |
| 5 | 420982196609261035 | 3 | TRUE | 男 |
| 6 | 230581198905053752 | 5 | TRUE | 男 |

图 2-70　使用 IF 函数

根据身份证号判断性别我们用了三步：第一步取身份证号，使用了 MID 函数从第 17 位开始取身份证号 1 位数字；第二步使用 ISODD 判断是否为单数；第三步使用 IF 函数返回性别。

我们用三步来完成，主要是为了让大家了解判断的一个过程，在实际工作中这三步的三条公式可以用一条公式完成。输入如下公式，如图 2-71 所示。

```
=IF(ISODD(MID(A2,17,1)),"男","女")
```

| | A | E |
|---|---|---|
| 1 | 身份证号 | 性别 |
| 2 | 230506197108170917 | 男 |
| 3 | 420821199307042027 | 女 |
| 4 | 362201198506225428 | 女 |
| 5 | 420982196609261035 | 男 |
| 6 | 230581198905053752 | 男 |

图 2-71　公式嵌套

小鱼：你是怎么将三个公式合并到一起的啊？

飞鱼：你看 C2 单元格 ISODD 函数的参数是引用 B2 单元格的地址，我把 C2 单元格中的 B2 改为 B2 单元格里面的公式就可以了，C2 单元格修改后的公式如图 2-72 所示。

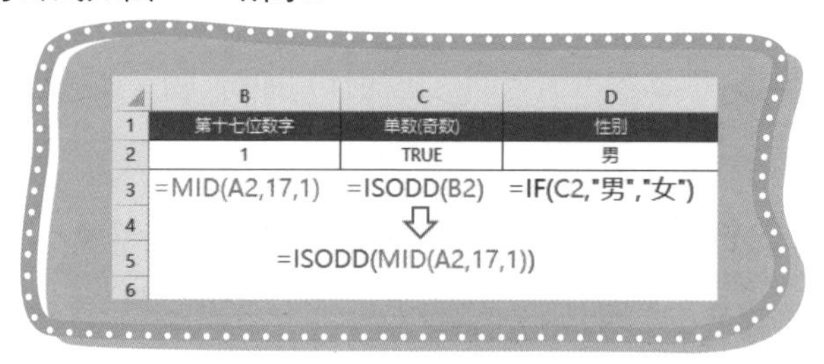

| | B | C | D |
|---|---|---|---|
| 1 | 第十七位数字 | 单数(奇数) | 性别 |
| 2 | 1 | TRUE | 男 |
| 3 | =MID(A2,17,1) | =ISODD(B2) | =IF(C2,"男","女") |
| 4 | | ⇩ | |
| 5 | | =ISODD(MID(A2,17,1)) | |
| 6 | | | |

图 2-72　合并 ISODD 公式

然后把 D2 单元格 IF 函数引用的 C2 改为 C2 单元格里面的公式就完成合并了，如图 2-73 所示。

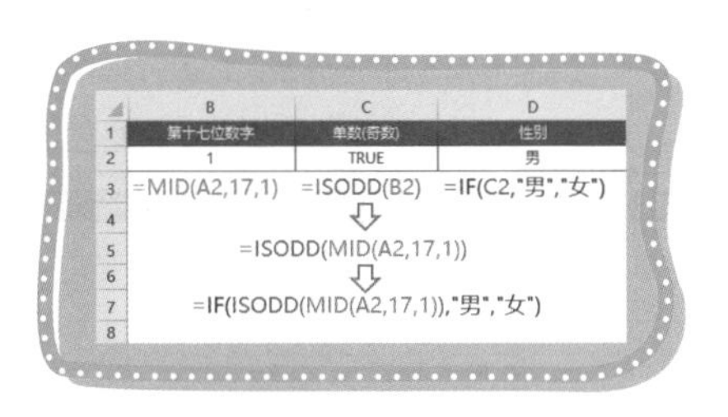

| | B | C | D |
|---|---|---|---|
| 1 | 第十七位数字 | 单数(奇数) | 性别 |
| 2 | 1 | TRUE | 男 |
| 3 | =MID(A2,17,1) | =ISODD(B2) | =IF(C2,"男","女") |
| 4 | | ⇩ | |
| 5 | | =ISODD(MID(A2,17,1)) | |
| 6 | | ⇩ | |
| 7 | | =IF(ISODD(MID(A2,17,1)),"男","女") | |
| 8 | | | |

图 2-73　完成合并

小鱼：原来是这么合并的啊，看来很简单，我也要去试试。

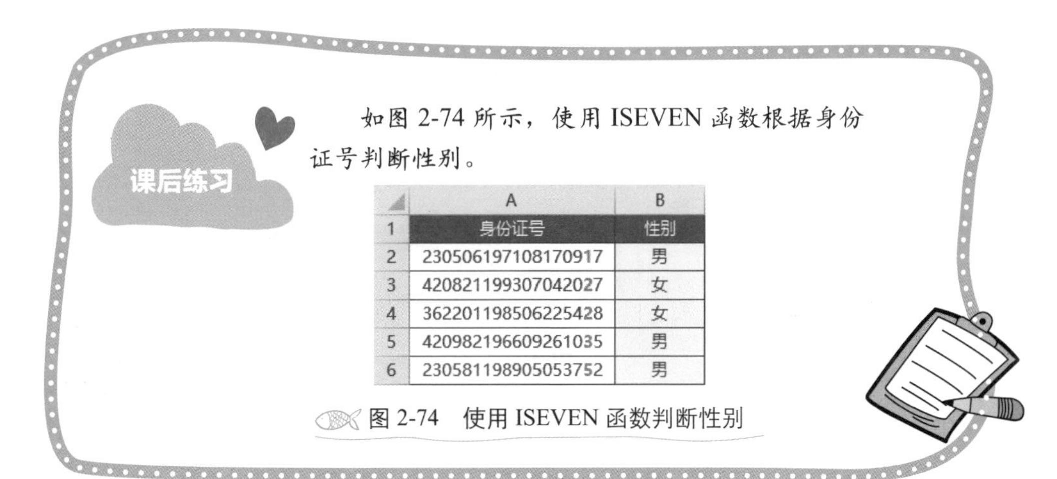



如图 2-74 所示，使用 ISEVEN 函数根据身份证号判断性别。

| | A | B |
|---|---|---|
| 1 | 身份证号 | 性别 |
| 2 | 230506197108170917 | 男 |
| 3 | 420821199307042027 | 女 |
| 4 | 362201198506225428 | 女 |
| 5 | 420982196609261035 | 男 |
| 6 | 230581198905053752 | 男 |

图 2-74　使用 ISEVEN 函数判断性别

## 2.7　文本与数值判断

扫一扫 看视频

小鱼：如图 2-75 所示，我在制作出库明细时，往往客户需要的数量还不确定，需要在数量列标注“待定”，可是数量列出现文本后金额列就会出错，我是不是可以使用 IFERROR 函数处理就好了呢？还有累计列，我该怎么编写公式呢？

出库明细

公司：大连利美德教具有限公司　　日期：2017-12-1

| 序号 | 产品型号 | 单价 | 数量 | 金额 | 累计 |
|---|---|---|---|---|---|
| 01 | HM1025-16 | 48.00 | 300 | 14,400.00 | |
| 02 | GH1025-02 | 848.00 | 68 | 57,664.00 | |
| 03 | HE1025-5X | 155.00 | 120 | 18,600.00 | |
| 04 | HY1025-11 | 450.00 | 待定 | #VALUE! | |
| 05 | DZ1025-20 | 80.00 | 68 | 5,440.00 | |
| 06 | CZ1025-21 | 380.00 | 68 | 25,840.00 | |

合计：¥0.00
大写：

图 2-75　出库明细

飞鱼：使用 IFERROR 函数来处理错误值是可以的，但是今天我们不使用 IFERROR 函数，我教你一种更简洁的处理方法。

小鱼：还有比 IFERROR 函数更简洁的方法啊，快教教我。

飞鱼：当然有了，当我们在使用四则运算时，因为单元格内容是文本而导致出现了错误值，我们可以用 N 函数来容错。下面来看 N 函数的语法，如图 2-76 所示。

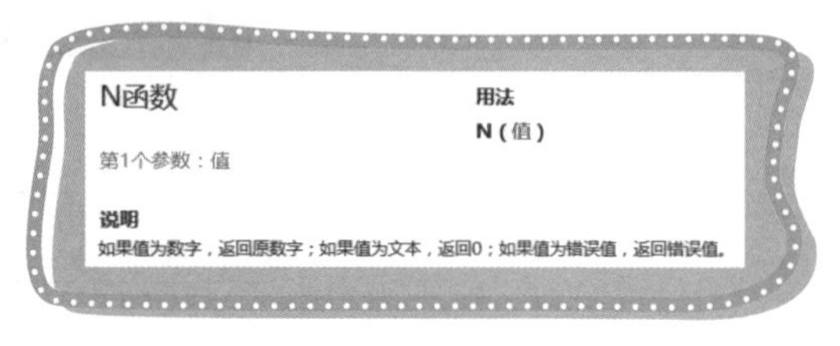


图 2-76　N 函数语法

了解了 N 函数的用法后，问题就简单了，我在编写公式在引用数量单元格的时候，加个 N 函数判断一下就可以了，在 F5 单元格输入如下公式后向下填充即可，结果如图 2-77 所示。

```
=D5*N(E5)
```

出库明细

公司：大连利美德教具有限公司　　日期：2017-12-16

| 序号 | 产品型号 | 单价 | 数量 | 金额 | 累计 |
|---|---|---|---|---|---|
| 01 | HM1025-16 | 48.00 | 300 | 14,400.00 | |
| 02 | GH1025-02 | 848.00 | 68 | 57,664.00 | |
| 03 | HE1025-5X | 155.00 | 120 | 18,600.00 | |
| 04 | HY1025-11 | 450.00 | 待定 | 0.00 | |
| 05 | DZ1025-20 | 80.00 | 68 | 5,440.00 | |
| 06 | CZ1025-21 | 380.00 | 68 | 25,840.00 | |

图 2-77　使用 N 函数

可以看到，在使用 N 函数处理后文本内容被转换为 0，在某些场景用 N 函数是可以代替 IFERROR 函数的。

下面我们编写累计公式。

编写累计公式的思路是使用相对引用通过本行的金额加上一行的累计就可以，由于第一行上行的累计是文本，使用 N 函数可以把文本转换为 0，这样就可以解决这个问题了。在 G5 单元格输入如下公式后向下填充即可，如图 2-78 所示。

```
=F5+N(G4)
```

出库明细

公司：大连利美德教具有限公司　　日期：2017-12-16

| 序号 | 产品型号 | 单价 | 数量 | 金额 | 累计 |
|---|---|---|---|---|---|
| 01 | HM1025-16 | 48.00 | 300 | 14,400.00 | 14,400.00 |
| 02 | GH1025-02 | 848.00 | 68 | 57,664.00 | 72,064.00 |
| 03 | HE1025-5X | 155.00 | 120 | 18,600.00 | 90,664.00 |
| 04 | HY1025-11 | 450.00 | 待定 | 0.00 | 90,664.00 |
| 05 | DZ1025-20 | 80.00 | 68 | 5,440.00 | 96,104.00 |
| 06 | CZ1025-21 | 380.00 | 68 | 25,840.00 | 121,944.00 |

合计：¥121,944.00

大写：壹拾贰万壹仟玖佰肆拾肆元整

图 2-78　累计计算

其实 N 函数还可以将逻辑值转换为数字，如图 2-79 所示。

| 逻辑值 | 数字 | 公式 |
|---|---|---|
| TRUE | 1 | =N(A2) |
| FALSE | 0 | =N(A3) |
| TRUE | 1 | =N(A4) |
| FALSE | 0 | =N(A5) |
| TRUE | 1 | =N(A6) |
| TRUE | 1 | =N(A7) |

图 2-79　逻辑值转换

学会了 N 函数我们顺便再了解下 T 函数，其语法如图 2-80 所示。

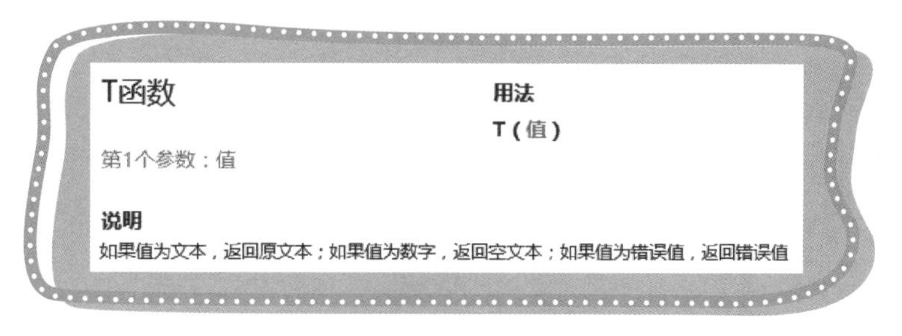


图 2-80　T 函数语法

如图 2-81 所示，使用 T 函数将数字转换为空。

| | A | B | C |
|---|---|---|---|
| 1 | 数据 | 数字 | 公式 |
| 2 | 飞鱼 | 飞鱼 | =T(A2) |
| 3 | 100 | | =T(A3) |
| 4 | TRUE | | =T(A4) |
| 5 | -1 | | =T(A5) |
| 6 | #N/A | #N/A | =T(A6) |
| 7 | 笨鸟33 | 笨鸟33 | =T(A7) |

图 2-81 使用 T 函数

如图 2-82 所示，提取文本。

| | A | B |
|---|---|---|
| 1 | 数据 | 文本 |
| 2 | 55 | 55 |
| 3 | 69 | 69 |
| 4 | #N/A | |
| 5 | EXCEL | EXCEL |
| 6 | 飞鱼 | 飞鱼 |
| 7 | 100 | |
| 8 | -3.14 | |

图 2-82 提取文本

# 第3章 数学与统计函数

使用 Excel 的小伙伴每天都在和数字打交道，其中一项很重要的工作就是对数据进行分析、汇总。为此，Excel 提供了大量数学与统计函数供我们使用，合理使用这些函数可以极大地提高工作效率。因此很有必要了解常用数学类、统计类函数的使用方法，以及一些经典函数的嵌套组合。

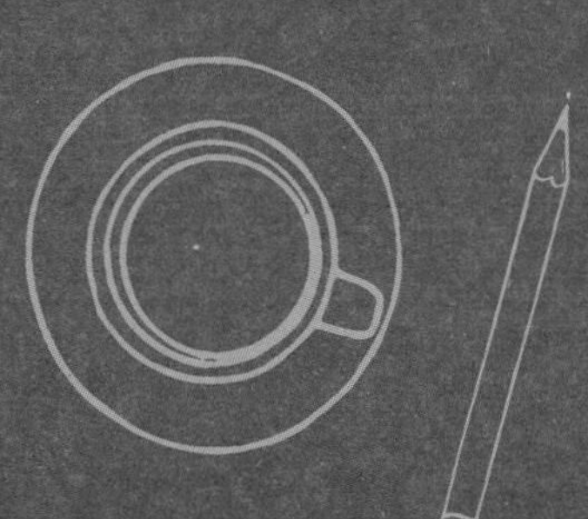

## 3.1 数学和统计函数入门

扫一扫 看视频

小鱼：那数学函数都要先学哪些函数啊？我就知道求和函数 SUM。

飞鱼：如图 3-1 所示是几个常用的数学函数，用法和求和函数 SUM 一样。

图 3-1 常用数学函数

现在通过一个案例来了解这些函数的具体使用方法。如图 3-2 所示，这是某学校的考试成绩，需要统计每位考生的总分、最高分、最低分和平均分。

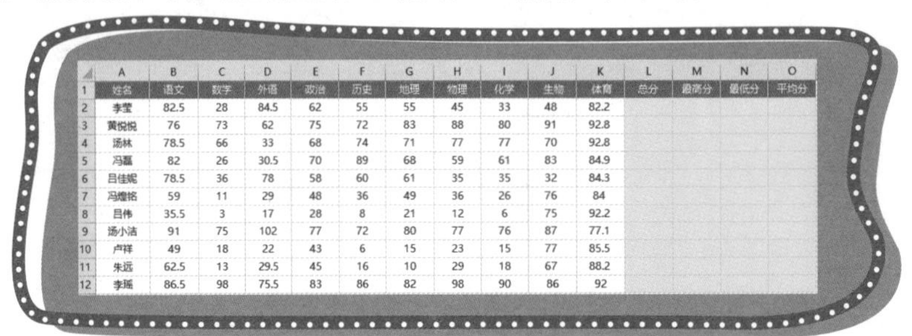

| | A | B | C | D | E | F | G | H | I | J | K | L | M | N | O |
|---|---|---|---|---|---|---|---|---|---|---|---|---|---|---|---|
| 1 | 姓名 | 语文 | 数学 | 外语 | 政治 | 历史 | 地理 | 物理 | 化学 | 生物 | 体育 | 总分 | 最高分 | 最低分 | 平均分 |
| 2 | 李莹 | 82.5 | 28 | 84.5 | 62 | 55 | 55 | 45 | 33 | 48 | 82.2 | | | | |
| 3 | 黄悦悦 | 76 | 73 | 62 | 75 | 72 | 83 | 88 | 80 | 91 | 92.8 | | | | |
| 4 | 汤林 | 78.5 | 66 | 33 | 68 | 74 | 71 | 77 | 77 | 70 | 92.8 | | | | |
| 5 | 冯磊 | 82 | 26 | 30.5 | 70 | 89 | 68 | 59 | 61 | 83 | 84.9 | | | | |
| 6 | 吕佳妮 | 78.5 | 36 | 78 | 58 | 60 | 61 | 35 | 35 | 32 | 84.3 | | | | |
| 7 | 冯煌铭 | 59 | 11 | 29 | 48 | 36 | 49 | 36 | 26 | 76 | 84 | | | | |
| 8 | 吕伟 | 35.5 | 3 | 17 | 28 | 8 | 21 | 12 | 6 | 75 | 92.2 | | | | |
| 9 | 汤小洁 | 91 | 75 | 102 | 77 | 72 | 80 | 77 | 76 | 87 | 77.1 | | | | |
| 10 | 卢祥 | 49 | 18 | 22 | 43 | 6 | 15 | 23 | 15 | 77 | 85.5 | | | | |
| 11 | 朱远 | 62.5 | 13 | 29.5 | 45 | 16 | 10 | 29 | 18 | 67 | 88.2 | | | | |
| 12 | 李瑶 | 86.5 | 98 | 75.5 | 83 | 86 | 82 | 98 | 90 | 86 | 92 | | | | |

图 3-2 分数统计

统计方法也很简单，分别使用 SUM、MAX、MIN、AVERAGE 函数进行统计就可以了。在 L2 单元格输入 SUM 函数计算总分，公式如下：

```
=SUM(B2:K2)
```

在 M2 单元格输入 MAX 函数计算最高分，公式如下：

```
=MAX(B2:K2)
```

在 N2 单元格输入 MIN 函数计算最低分，公式如下：

```
=MIN(B2:K2)
```

在 O2 单元格输入 AVERAGE 函数计算平均分，公式如下：

```
=AVERAGE(B2:K2)
```

编写好公式后向下填充即可，效果如图 3-3 所示。

| | A | B | C | D | E | F | G | H | I | J | K | L | M | N | O |
|---|---|---|---|---|---|---|---|---|---|---|---|---|---|---|---|
| 1 | 姓名 | 语文 | 数学 | 外语 | 政治 | 历史 | 地理 | 物理 | 化学 | 生物 | 体育 | 总分 | 最高分 | 最低分 | 平均分 |
| 2 | 李莹 | 82.5 | 28 | 84.5 | 62 | 55 | 55 | 45 | 33 | 48 | 82.2 | 445 | 84.5 | 28 | 55.625 |
| 3 | 黄悦悦 | 76 | 73 | 62 | 75 | 72 | 83 | 88 | 80 | 91 | 92.8 | 609 | 88 | 62 | 76.125 |
| 4 | 汤林 | 78.5 | 66 | 33 | 68 | 74 | 71 | 77 | 77 | 70 | 92.8 | 544.5 | 78.5 | 33 | 68.0625 |
| 5 | 冯磊 | 82 | 26 | 30.5 | 70 | 89 | 68 | 59 | 61 | 83 | 84.9 | 485.5 | 89 | 26 | 60.6875 |
| 6 | 吕佳妮 | 78.5 | 36 | 78 | 58 | 60 | 61 | 35 | 35 | 32 | 84.3 | 441.5 | 78.5 | 35 | 55.1875 |
| 7 | 冯煌铭 | 59 | 11 | 29 | 48 | 36 | 49 | 36 | 26 | 76 | 84 | 294 | 59 | 11 | 36.75 |
| 8 | 吕伟 | 35.5 | 3 | 17 | 28 | 8 | 21 | 12 | 6 | 75 | 92.2 | 130.5 | 35.5 | 3 | 16.3125 |
| 9 | 汤小洁 | 91 | 75 | 102 | 77 | 72 | 80 | 77 | 76 | 87 | 77.1 | 650 | 102 | 72 | 81.25 |
| 10 | 卢祥 | 49 | 18 | 22 | 43 | 6 | 15 | 23 | 15 | 77 | 85.5 | 191 | 49 | 6 | 23.875 |
| 11 | 朱远 | 62.5 | 13 | 29.5 | 45 | 16 | 10 | 29 | 18 | 67 | 88.2 | 223 | 62.5 | 10 | 27.875 |
| 12 | 李瑶 | 86.5 | 98 | 75.5 | 83 | 86 | 82 | 98 | 90 | 86 | 92 | 877 | 98 | 75.5 | 87.7 |

图 3-3　完成效果

小鱼：嗯，这几个函数都挺简单的，都是把需要计算的区域放到函数里就可以了。

飞鱼：虽然使用方法简单，但还是有一些细节需要注意。

首先我们来看第 2 行，李莹的总分为 445 分，本次考试一共是 10 个科目，根据总分计算平均分，应该为 44.5 分，而我们通过函数计算的结果却是 55.625 分，很明显结果不对。当出现这种情况后，我们不要怀疑 Excel 出问题了，而是要在数据上找问题。我们知道数学函数计算时会忽略文本，所以要测试数据类型。测试数据类型使用 N 函数或者 T 函数都可以。现使用 T 函数测试数据类型，如图 3-4 所示。

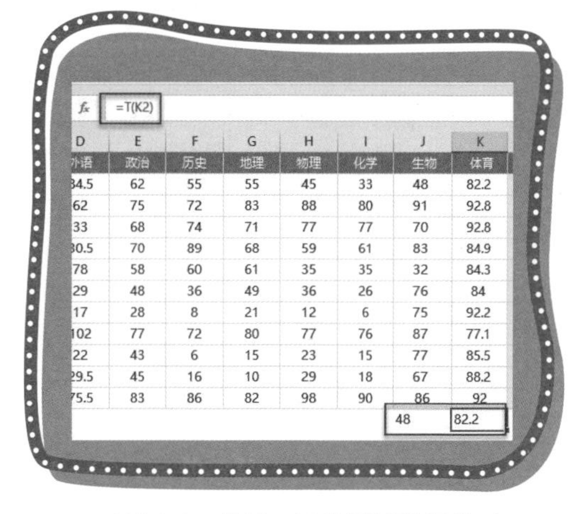

fx =T(K2)

| D | E | F | G | H | I | J | K |
|---|---|---|---|---|---|---|---|
| 外语 | 政治 | 历史 | 地理 | 物理 | 化学 | 生物 | 体育 |
| 84.5 | 62 | 55 | 55 | 45 | 33 | 48 | 82.2 |
| 62 | 75 | 72 | 83 | 88 | 80 | 91 | 92.8 |
| 33 | 68 | 74 | 71 | 77 | 77 | 70 | 92.8 |
| 30.5 | 70 | 89 | 68 | 59 | 61 | 83 | 84.9 |
| 78 | 58 | 60 | 61 | 35 | 35 | 32 | 84.3 |
| 29 | 48 | 36 | 49 | 36 | 26 | 76 | 84 |
| 17 | 28 | 8 | 21 | 12 | 6 | 75 | 92.2 |
| 102 | 77 | 72 | 80 | 77 | 76 | 87 | 77.1 |
| 22 | 43 | 6 | 15 | 23 | 15 | 77 | 85.5 |
| 29.5 | 45 | 16 | 10 | 29 | 18 | 67 | 88.2 |
| 75.5 | 83 | 86 | 82 | 98 | 90 | 86 | 92 |
| | | | | | | 48 | 82.2 |

图 3-4　使用 T 函数测试数据类型

使用 T 函数测试后，我们发现一些科目成绩里存在文本，所以导致整个计算结果不对，找到了问题所在就好办了。选中 K2 单元格，按 F2 键进入编辑状态，我们发现 K2 单元格的成绩包含非打印字符，如图 3-5 所示。

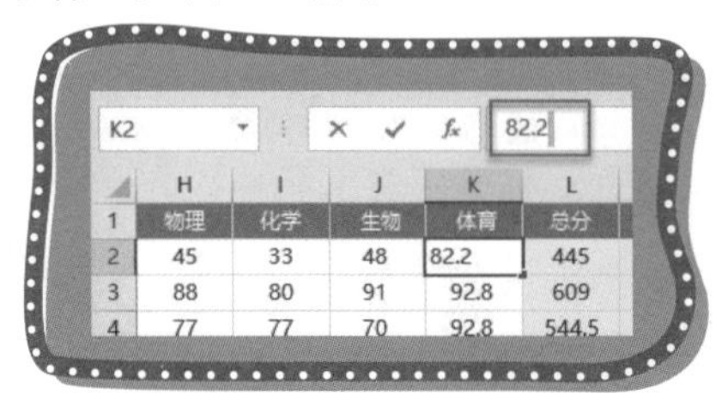


图 3-5　成绩包含空格

小鱼：怎么会有非打印字符呢，那又该怎么办呢？

飞鱼：这应该是从系统导出来的数据，大部分都是需要后期清洗的，要去除非打印字符，复制非打印字符，然后选中成绩区域，按“Ctrl+H”组合键，打开“查找和替换”对话框，粘贴复制的非打印字符到“替换为”框中，替换为空就可以了，如图 3-6 所示。

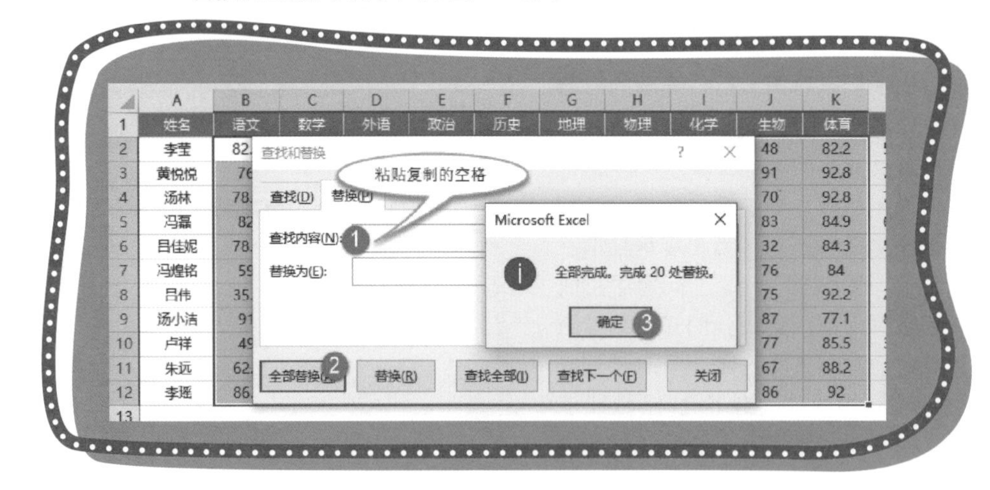


图 3-6　替换空格

替换空格后，计算结果也就正确了，如图 3-7 所示。

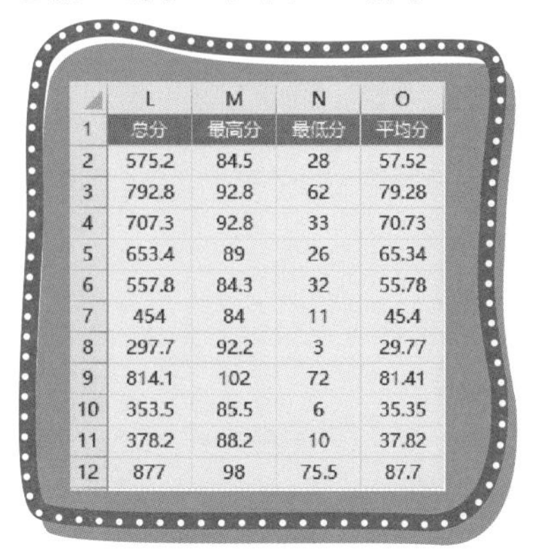

| | L | M | N | O |
|---|---|---|---|---|
| 1 | 总分 | 最高分 | 最低分 | 平均分 |
| 2 | 575.2 | 84.5 | 28 | 57.52 |
| 3 | 792.8 | 92.8 | 62 | 79.28 |
| 4 | 707.3 | 92.8 | 33 | 70.73 |
| 5 | 653.4 | 89 | 26 | 65.34 |
| 6 | 557.8 | 84.3 | 32 | 55.78 |
| 7 | 454 | 84 | 11 | 45.4 |
| 8 | 297.7 | 92.2 | 3 | 29.77 |
| 9 | 814.1 | 102 | 72 | 81.41 |
| 10 | 353.5 | 85.5 | 6 | 35.35 |
| 11 | 378.2 | 88.2 | 10 | 37.82 |
| 12 | 877 | 98 | 75.5 | 87.7 |

图 3-7　正确结果

**课后练习**

如图 3-8 所示，考生会出现“缺考”的情况，当成绩里包含文本时，数学类函数会忽略文本，从而导致最低分、平均分的计算结果不正确。请重新编写最低分、平均分计算公式。

| | F | G | H | I | J | K | L | M | N | O |
|---|---|---|---|---|---|---|---|---|---|---|
| 1 | 历史 | 地理 | 物理 | 化学 | 生物 | 体育 | 总分 | 最高分 | 最低分 | 平均分 |
| 2 | 55 | 55 | 45 | 33 | 48 | 缺考 | 493 | 84.5 | 0 | 49.3 |
| 3 | 72 | 83 | 88 | 80 | 91 | 92.8 | 792.8 | 92.8 | 62 | 79.28 |
| 4 | 74 | 71 | 77 | 77 | 70 | 92.8 | 707.3 | 92.8 | 33 | 70.73 |
| 5 | 89 | 68 | 59 | 61 | 83 | 84.9 | 653.4 | 89 | 26 | 65.34 |
| 6 | 60 | 61 | 35 | 35 | 32 | 84.3 | 557.8 | 84.3 | 32 | 55.78 |
| 7 | 36 | 49 | 36 | 26 | 76 | 84 | 454 | 84 | 11 | 45.4 |
| 8 | 缺考 | 21 | 12 | 6 | 75 | 92.2 | 289.7 | 92.2 | 0 | 28.97 |
| 9 | 72 | 80 | 77 | 76 | 87 | 77.1 | 814.1 | 102 | 72 | 81.41 |
| 10 | 6 | 15 | 23 | 15 | 77 | 85.5 | 353.5 | 85.5 | 6 | 35.35 |
| 11 | 16 | 10 | 29 | 18 | 67 | 88.2 | 378.2 | 88.2 | 10 | 37.82 |
| 12 | 86 | 82 | 98 | 90 | 86 | 92 | 877 | 98 | 75.5 | 87.7 |

图 3-8　重新编写公式

## 3.2 计数函数家族

小鱼：当成绩出现缺考时，最低分是 0 分。你之前教过我包含判断，使用 COUNTIF 函数判断成绩区域是否包含“缺考”就可以了。

飞鱼：其实使用 COUNT 函数就可以判断出来了。先来了解和计数相关的函数，如图 3-9 所示。

图 3-9 计数家族

前三个计数函数用法很简单，和 SUM 函数一样，我们指定统计区域就可以了，函数会计算出来符合条件的数量。如我们要统计一个区域内是否出现“缺考”（文本），就可以使用 COUNT 函数计算数字个数，当然前提是分数都是数字，文本型数值属于文本。我们知道一共考了 10 个科目，当使用 COUNT 计算后的结果为 10，说明 10 个科目都是有分数的，不存在缺考；如果结果不等于 10，说明有缺考存在，使用 IF 函数返回 0 分就可以了。输入如下公式，结果如图 3-10 所示 。

```
=IF(COUNT(B2:K2)<>10,0,MIN(B2:K2))
```

| | F | G | H | I | J | K | L |
|---|---|---|---|---|---|---|---|
| 1 | 历史 | 地理 | 物理 | 化学 | 生物 | 体育 | 最低分 |
| 2 | 55 | 55 | 45 | 33 | 48 | 缺考 | 0 |
| 3 | 72 | 83 | 88 | 80 | 91 | 92.8 | 62 |
| 4 | 74 | 71 | 77 | 77 | 70 | 92.8 | 33 |
| 5 | 89 | 68 | 59 | 61 | 83 | 84.9 | 26 |
| 6 | 60 | 61 | 35 | 35 | 32 | 84.3 | 32 |
| 7 | 36 | 49 | 36 | 26 | 76 | 84 | 11 |
| 8 | 缺考 | 21 | 12 | 6 | 75 | 92.2 | 0 |
| 9 | 72 | 80 | 77 | 76 | 87 | 77.1 | 72 |
| 10 | 6 | 15 | 23 | 15 | 77 | 85.5 | 6 |
| 11 | 16 | 10 | 29 | 18 | 67 | 88.2 | 10 |
| 12 | 86 | 82 | 98 | 90 | 86 | 92 | 75.5 |

图 3-10 使用 COUNT 函数

知道 COUNT 函数的用处，现在看看COUNTA函数的应用场景。

真实案例中一个年级的考试学生少则几百，多则上千，那么就可以使用 COUNTA 函数来统计本次有多少学生参加考试。输入如下公式，结果如图 3-11 所示。

```
=COUNTA(A:A)-1
```

| | J | K | L | M | N | O |
|---|---|---|---|---|---|---|
| 1 | 生物 | 体育 | 最低分 | | | |
| 2 | 48 | 缺考 | 0 | | | |
| 3 | 91 | 92.8 | 62 | | 本次考试人数 | 11 |
| 4 | 70 | 92.8 | 33 | | | |
| 5 | 83 | 84.9 | 26 | | | |
| 6 | 32 | 84.3 | 32 | | | |
| 7 | 76 | 84 | 11 | | | |
| 8 | 75 | 92.2 | 0 | | | |
| 9 | 87 | 77.1 | 72 | | | |
| 10 | 77 | 85.5 | 6 | | | |
| 11 | 67 | 88.2 | 10 | | | |
| 12 | 86 | 92 | 75.5 | | | |

图 3-11　COUNTA 函数计算总人数

在使用 COUNTA 函数计数时，大部分情况都是引用整行或者整列。

小鱼：公式后面的减 1 是什么意思呢，我看之前写公式有时候减 1，有时候不减，有时候可能还会写加 1。什么时候该减？什么时候又该加呢？

飞鱼：是这样，由于我们是引用了 A 列整行，这样一来标题行也被计数，所以我们要减 1 才是实际考生数。具体什么时候该加，什么时候该减，就得根据实际情况来决定了。

现在再看一下 COUNTBLANK 函数的使用场景，例如本次统计成绩，有些时候缺考是以空单元格来代替的，又如员工考勤，某个时段或某天未打卡也是用空单元格来代替的，遇到这种情况就可以使用 COUNTBLANK 函数来计数，然后作相关的判断。输入如下公式，结果如图 3-12 所示。

```
=IF(COUNTBLANK(B2:K2)>
0,0,MIN(B2:K2))
```

| | F | G | H | I | J | K | L |
|---|---|---|---|---|---|---|---|
| 1 | 历史 | 地理 | 物理 | 化学 | 生物 | 体育 | 最低分 |
| 2 | 55 | 55 | 45 | 33 | 48 | | 0 |
| 3 | 72 | 83 | 88 | 80 | 91 | 92.8 | 62 |
| 4 | 74 | 71 | 77 | 77 | 70 | 92.8 | 33 |
| 5 | 89 | 68 | 59 | 61 | 83 | 84.9 | 26 |
| 6 | 60 | 61 | 35 | 35 | 32 | 84.3 | 32 |
| 7 | 36 | 49 | 36 | 26 | 76 | 84 | 11 |
| 8 | | 21 | 12 | 6 | 75 | 92.2 | 0 |
| 9 | 72 | 80 | 77 | 76 | 87 | 77.1 | 72 |
| 10 | 6 | 15 | 23 | 15 | 77 | 85.5 | 6 |
| 11 | 16 | 10 | 29 | 18 | 67 | 88.2 | 10 |
| 12 | 86 | 82 | 98 | 90 | 86 | 92 | 75.5 |

图 3-12　使用 COUNTBLANK 函数

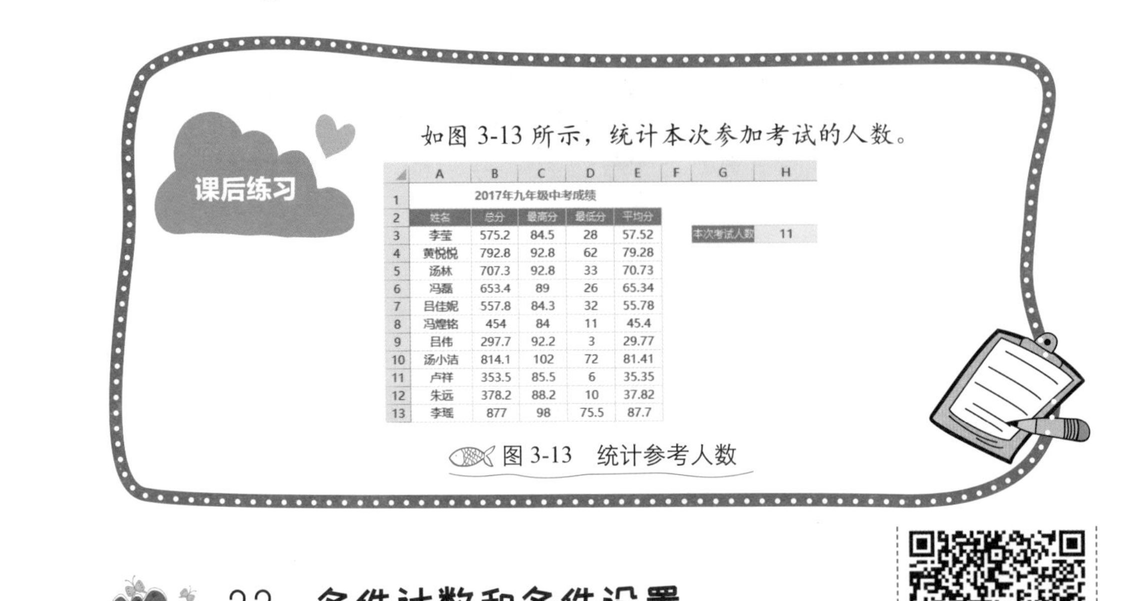

课后练习

如图 3-13 所示，统计本次参加考试的人数。

| | A | B | C | D | E | F | G | H |
|---|---|---|---|---|---|---|---|---|
| 1 | 2017年九年级中考成绩 | | | | | | | |
| 2 | 姓名 | 总分 | 最高分 | 最低分 | 平均分 | | | |
| 3 | 李莹 | 575.2 | 84.5 | 28 | 57.52 | | 本次考试人数 | 11 |
| 4 | 黄悦悦 | 792.8 | 92.8 | 62 | 79.28 | | | |
| 5 | 汤林 | 707.3 | 92.8 | 33 | 70.73 | | | |
| 6 | 冯磊 | 653.4 | 89 | 26 | 65.34 | | | |
| 7 | 吕佳妮 | 557.8 | 84.3 | 32 | 55.78 | | | |
| 8 | 冯煌铭 | 454 | 84 | 11 | 45.4 | | | |
| 9 | 吕伟 | 297.7 | 92.2 | 3 | 29.77 | | | |
| 10 | 汤小洁 | 814.1 | 102 | 72 | 81.41 | | | |
| 11 | 卢祥 | 353.5 | 85.5 | 6 | 35.35 | | | |
| 12 | 朱远 | 378.2 | 88.2 | 10 | 37.82 | | | |
| 13 | 李瑶 | 877 | 98 | 75.5 | 87.7 | | | |

图 3-13 统计参考人数

## 3.3 条件计数和条件设置

扫一扫 看视频

飞鱼：今天我们来学习条件计数函数。条件计数有两个，分别是单条件计数（COUNTIF）和多条件计数（COUNTIFS）。这两个函数用法都是一样的，使用多条件计数函数，也可以只设置一个条件，所以 COUNTIFS 函数是完全可以取代 COUNTIF 函数的。下面我们只学习多条件计数函数就可以了。

首先学习 COUNTIFS 函数的语法，如图 3-14 所示。

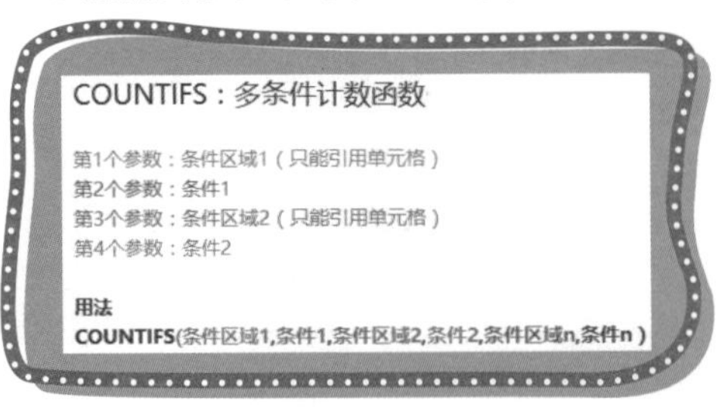

COUNTIFS：多条件计数函数

第1个参数：条件区域1（只能引用单元格）
第2个参数：条件1
第3个参数：条件区域2（只能引用单元格）
第4个参数：条件2

**用法**
**COUNTIFS(条件区域1,条件1,条件区域2,条件2,条件区域n,条件n)**

图 3-14 COUNTIFS 函数语法

如图 3-15 所示，2017 年九年级中考成绩表中包含班级和姓名，现在需要我们分别统计出每个班级的性别人数。

| | A | B | C | D | E | F | G | H | I |
|---|---|---|---|---|---|---|---|---|---|
| 1 | 2017年九年级中考成绩 | | | | | | | | |
| 2 | 姓名 | 班级 | 性别 | 总分 | | 班级 | 男 | 女 | 总计 |
| 3 | 李莹 | 一班 | 女 | 575.2 | | 一班 | | | |
| 4 | 黄悦悦 | 一班 | 女 | 792.8 | | 二班 | | | |
| 5 | 汤林 | 一班 | 男 | 707.3 | | | | | |
| 6 | 冯磊 | 一班 | 男 | 653.4 | | | | | |
| 7 | 吕佳妮 | 一班 | 女 | 557.8 | | | | | |
| 8 | 冯煌铭 | 二班 | 男 | 454 | | | | | |
| 9 | 吕伟 | 二班 | 男 | 297.7 | | | | | |
| 10 | 汤小洁 | 二班 | 女 | 814.1 | | | | | |
| 11 | 卢祥 | 二班 | 男 | 353.5 | | | | | |
| 12 | 朱远 | 二班 | 男 | 378.2 | | | | | |
| 13 | 李瑶 | 二班 | 女 | 877 | | | | | |

图 3-15　统计每个班级性别人数

下面使用 COUNTIFS 函数编写公式。

**Step 01** 我们要根据班级和性别两个条件来统计人数，在输入 COUNTIFS 函数名称后，第一个参数是条件区域 1，班级在 B 列，我们引用 B 列整列，引用 B 列后，我们要考虑到公式填充问题，当公式向右填充时引用区域不能变，所以要使用绝对引用锁定条件区域，输入如下第一个参数，如图 3-16 所示。

```
=COUTIFS($B:$B,
```

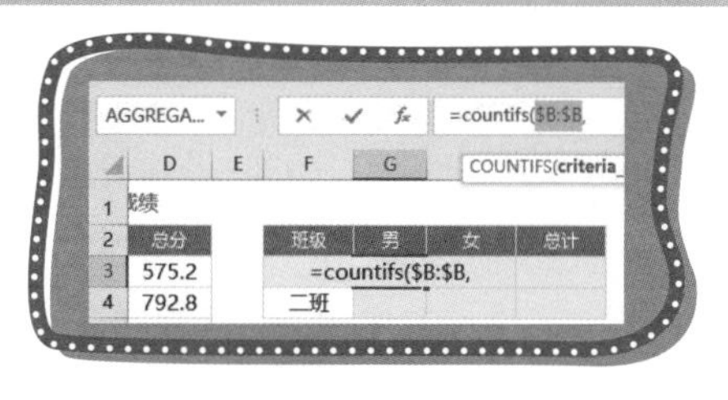


图 3-16　输入第一个参数

**Step 02** 第二个参数是条件 1，班级在 F 列，我们在第三行编写公式，所以引用 F3 单元格，在引用 F3 单元格后同时要考虑到引用方式问题，我们要用混合引用只把列锁定，因为行向下填充公式时需要随着向下填充而改变的（选中 F3 单元格，按两次快捷键 F4，或直接输入 $F3），如图 3-17 所示。

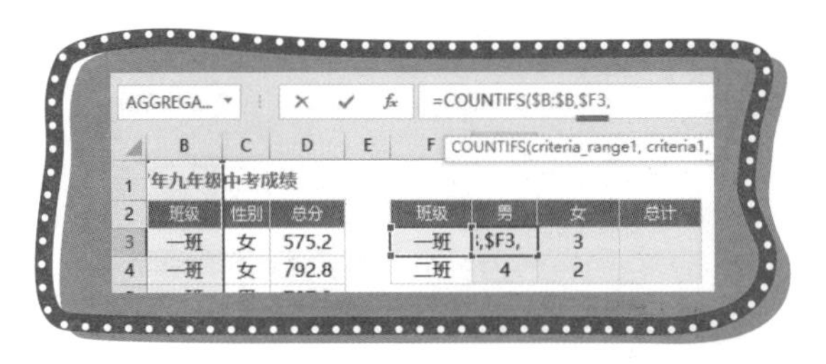


图 3-17　输入第二个参数

**Step 03** 第三个参数是条件区域 2，性别在 C 列，引用 C 列就可以了，同时要使用绝对引用。输入如下第三个参数，如图 3-18 所示。

```
=COUNTIFS($B:$B,$F3,$C:$C
```

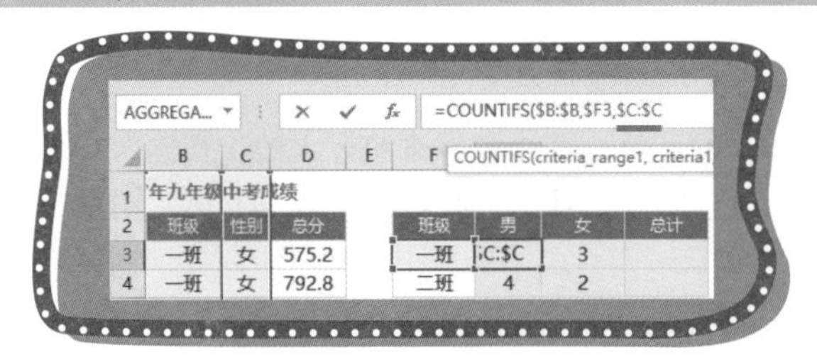


图 3-18　输入第三个参数

**Step 04** 第四个参数是条件 2，引用 G2 单元格，同时要考虑引用方式，在公式向下填充的时候要把行锁定。输入如下第四个参数，如图 3-19 所示。

```
=COUNTIFS($B:$B,$F3,$C:$C,G$2)
```

图 3-19　输入第四个参数

Step 05 按快捷键 Enter 结束公式，然后向下、向右填充公式。输入总计列的公式，即男生人数加女生人数就可以了，效果如图 3-20 所示。

2017年九年级中考成绩

| 姓名 | 班级 | 性别 | 总分 |
|---|---|---|---|
| 李莹 | 一班 | 女 | 575.2 |
| 黄悦悦 | 一班 | 女 | 792.8 |
| 汤林 | 一班 | 男 | 707.3 |
| 冯磊 | 一班 | 男 | 653.4 |
| 吕佳妮 | 一班 | 女 | 557.8 |
| 冯煌铭 | 二班 | 男 | 454 |
| 吕伟 | 二班 | 男 | 297.7 |
| 汤小洁 | 二班 | 女 | 814.1 |
| 卢祥 | 二班 | 男 | 353.5 |
| 朱远 | 二班 | 男 | 378.2 |
| 李瑶 | 二班 | 女 | 877 |

| 班级 | 男 | 女 | 总计 |
|---|---|---|---|
| 一班 | 2 | 3 | 5 |
| 二班 | 4 | 2 | 6 |

图 3-20 最终效果

在编写公式的时候需要注意，每个条件区域的大小必须是一样的。假如第一个条件区域引用了 10 行，如 A1:A10，那么第二个条件区域必须也是 10 行，之后条件区域都得是一个 10 行的单元格区域。

小鱼：我看条件统计函数也很简单啊，前面是条件区域，条件引用单元格就可以根据条件来统计了。

飞鱼：其实在学习条件统计函数时，主要学习的是条件的编写，只有了解各种条件的编写，才可以根据各种需求来编写公式。下面教你各种条件的编写规则。

如图 3-21 所示，我们先来了解和数字相关的条件。和数字相关的条件一共有 6 种，分别是大于、小于、大于等于、小于等于、等于和不等于，我们可以看到第 7 行和第 8 行的条件，等于条件加等号（=）和不加等号都是可以的。

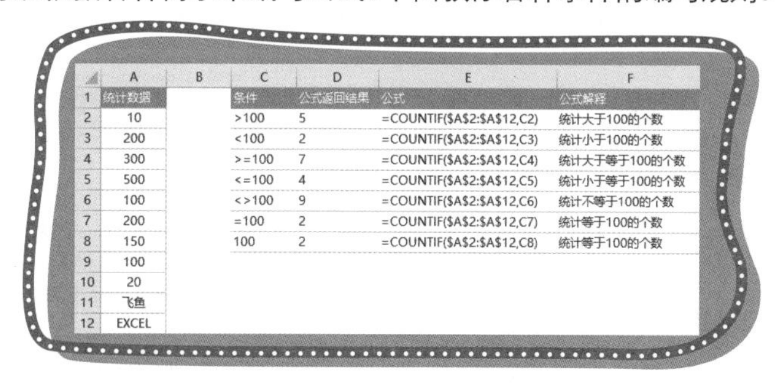

| 统计数据 | | 条件 | 公式返回结果 | 公式 | 公式解释 |
|---|---|---|---|---|---|
| 10 | | >100 | 5 | =COUNTIF($A$2:$A$12,C2) | 统计大于100的个数 |
| 200 | | <100 | 2 | =COUNTIF($A$2:$A$12,C3) | 统计小于100的个数 |
| 300 | | >=100 | 7 | =COUNTIF($A$2:$A$12,C4) | 统计大于等于100的个数 |
| 500 | | <=100 | 4 | =COUNTIF($A$2:$A$12,C5) | 统计小于等于100的个数 |
| 100 | | <>100 | 9 | =COUNTIF($A$2:$A$12,C6) | 统计不等于100的个数 |
| 200 | | =100 | 2 | =COUNTIF($A$2:$A$12,C7) | 统计等于100的个数 |
| 150 | | 100 | 2 | =COUNTIF($A$2:$A$12,C8) | 统计等于100的个数 |
| 100 | | | | | |
| 20 | | | | | |
| 飞鱼 | | | | | |
| EXCEL | | | | | |

图 3-21 和数字的相关条件

上面的条件都是和数字相关的，下面来学习和文本相关的条件编写。条件统计函数主要分为三大类：条件求和（SUMIF）与多条件求和（SUMIFS），条件计数（COUNTIF）与多条件计数（COUNTIFS），条件平均值（AVERAGEIF）与多条件平均值（AVERAGEIFS）。除了这三大类，Office 365 版本还新增加了多条件最大值（MAXIFS）与多条件最小值（MINIFS）函数，这些函数都是支持通配符的。

Excel 有两个通配符，分别是星号（*）和问号（?）。星号（*）代表任意多个字符，问号（?）代表任意一个字符。如果要统计通配符本身，要使用转义符号将通配符转换为文本，Excel 里的转义符是波浪号（~）。需要注意的是，要使用英文半角的问号。通配符的具体使用方法如图 3-22 所示。

| | A | B | C | D | E | F |
|---|---|---|---|---|---|---|
| 1 | 统计数据 | | 条件 | 公式返回结果 | 公式 | 公式解释 |
| 2 | 10 | | * | 12 | =COUNTIF($A$2:$A$14,C2) | 统计所有文本个数 |
| 3 | 小明 | | 小* | 4 | =COUNTIF($A$2:$A$14,C3) | 统计"小"字开头的所有文本个数 |
| 4 | 小明明明 | | *小 | 2 | =COUNTIF($A$2:$A$14,C4) | 统计"小"字结尾的所有文本个数 |
| 5 | 张小明 | | *小* | 6 | =COUNTIF($A$2:$A$14,C5) | 统计包含"小"字的个数 |
| 6 | 小 | | 小*明 | 3 | =COUNTIF($A$2:$A$14,C6) | 统计"小"字开头"明"字结尾的个数 |
| 7 | 张小小 | | ? | 3 | =COUNTIF($A$2:$A$14,C7) | 统计字数长度为1的个数 |
| 8 | 张明 | | ??? | 3 | =COUNTIF($A$2:$A$14,C8) | 统计字数长度为3的个数 |
| 9 | 小明明 | | 张? | 1 | =COUNTIF($A$2:$A$14,C9) | 统计"张"字开头并且是两个字的个数 |
| 10 | * | | 张?? | 2 | =COUNTIF($A$2:$A$14,C10) | 统计"张"字开头并且是三个字的个数 |
| 11 | ? | | ~* | 1 | =COUNTIF($A$2:$A$14,C11) | 统计星号（*）的个数 |
| 12 | 1*2=2 | | *~** | 2 | =COUNTIF($A$2:$A$14,C12) | 统计包含星号（*）的个数 |
| 13 | 11?1 | | ~? | 1 | =COUNTIF($A$2:$A$14,C13) | 统计问号（?）的个数 |
| 14 | 3+2=4 | | *~?* | 2 | =COUNTIF($A$2:$A$14,C14) | 统计包含问号（?）的个数 |
| 15 | EXCEL | | *=* | 2 | =COUNTIF($A$2:$A$14,C15) | 统计包含等号（=）的个数 |
| 16 | | | | | | |

图 3-22 通配符的使用

上面都是将条件写到单元格里，然后引用单元格。我们还可以直接把条件写在参数里，条件要加双引号，如果条件是等于可以不加等号，如图 3-23 所示。

| | A | B | C | D | E |
|---|---|---|---|---|---|
| 1 | 统计数据 | | 公式返回结果 | 公式 | 公式解释 |
| 2 | 10 | | 1 | =COUNTIF($A$2:$A$13,"<100") | 统计小于100的个数 |
| 3 | 100 | | 2 | =COUNTIF($A$2:$A$13,100) | 统计等于100的个数 |
| 4 | 1*2 | | 2 | =COUNTIF($A$2:$A$13,"100") | 统计等于文本型数值是100的个数 |
| 5 | TRUE | | 2 | =COUNTIF($A$2:$A$13,"张*") | 统计"张"字开头所有文本个数 |
| 6 | 张小明 | | 2 | =COUNTIF($A$2:$A$13,"*小*") | 统计包含"小"字的个数 |
| 7 | FALSE | | 1 | =COUNTIF($A$2:$A$13,"*~**") | 统计包含星号（*）的个数 |
| 8 | 张小小 | | 2 | =COUNTIF($A$2:$A$13,"*e*") | 统计包含"e"的个数 |
| 9 | 100 | ="100" | 1 | =COUNTIF($A$2:$A$13,TRUE) | 统计包含逻辑值TRUE个数 |
| 10 | 10 | =LEFT(A2,2) | 1 | =COUNTIF($A$2:$A$13,FALSE) | 统计包含逻辑值FALSE个数 |
| 11 | excel | | 不区分数值和文本型数值 | | |
| 12 | EXCEL | | 英文不区大小写 | | |

图 3-23 直接在参数里写条件

来看 C2 单元格公式，统计小于 100 的数字，由于 A10 单元格是使用文本函数返回的结果，结果是文本型，所以满足小于 100 的个数的条件只有 A2 一个单元格。

C3 单元格公式，统计等于 100 的个数，统计数据里有两个 100，一个是数字 100，一个是文本型数值 100。在使用条件统计类函数的时候，文本型数值也会按数字统计，这一点需要我们注意。

C4 单元格公式，统计文本型数值是 100 的个数，即使我们在条件里为数字加上了双引号，在统计的时候还是会按数字计算的，所以，通过 C3 和 C4 单元格的公式，我们已经知道，在条件统计函数里，是不区分文本型数值与数值的。

C8 单元格公式，统计包含“e”的个数，条件统计类函数是不区分字母大小写的，所以只要包含“e”，无论是大写还是小写都会被计数。

在实际工作中，大部分情况下都需要部分引用单元格的值，一部分需要直接把比较运算符号写到参数里，这种情况下可把比较运算符加双引号，然后使用连接符（&）连接引用单元格就可以了，如图 3-24 所示。

| | A | B | C | D | E | F |
|---|---|---|---|---|---|---|
| 1 | 统计数据 | | 数据 | 公式返回结果 | 公式 | 公式解释 |
| 2 | 10 | | 100 | 2 | =COUNTIF($A$2:$A$8,"<"&100) | 统计小于C2单元格的个数 |
| 3 | 100 | | 100 | 1 | =COUNTIF($A$2:$A$8,C3) | 统计等于C3单元格的个数 |
| 4 | 99 | | 张 | 2 | =COUNTIF($A$2:$A$8,C4&"*") | 统计以C4单元格开头所有文本个数 |
| 5 | 张小小 | | 小 | 3 | =COUNTIF($A$2:$A$8,"*"&C5&"*") | 统计包含C5单元格的个数 |
| 6 | 张小明 | | 明 | 2 | =COUNTIF($A$2:$A$8,"*"&C6) | 统计以C6单元格结尾所有文本个数 |
| 7 | 小明 | | | | | |

图 3-24　混合条件使用方法

有时候还会遇到区间统计，就要使用多条件统计函数，如 COUNTIFS、SUMIFS 等，需要分别判断区间的下限、上限。例如输入如下公式，结果如图 3-25 所示。

```
=COUNTIFS($A:$A,">="&E2,$A:$A,"<="&F2)
```

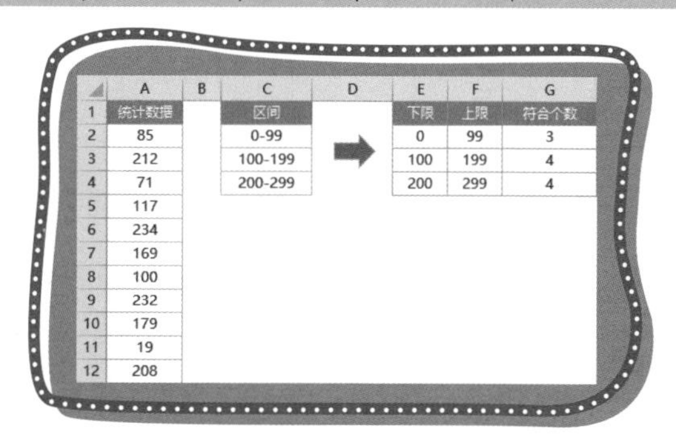

| | A | B | C | D | E | F | G |
|---|---|---|---|---|---|---|---|
| 1 | 统计数据 | | 区间 | | 下限 | 上限 | 符合个数 |
| 2 | 85 | | 0-99 | | 0 | 99 | 3 |
| 3 | 212 | | 100-199 | | 100 | 199 | 4 |
| 4 | 71 | | 200-299 | | 200 | 299 | 4 |
| 5 | 117 | | | | | | |
| 6 | 234 | | | | | | |
| 7 | 169 | | | | | | |
| 8 | 100 | | | | | | |
| 9 | 232 | | | | | | |
| 10 | 179 | | | | | | |
| 11 | 19 | | | | | | |
| 12 | 208 | | | | | | |

图 3-25　区间统计

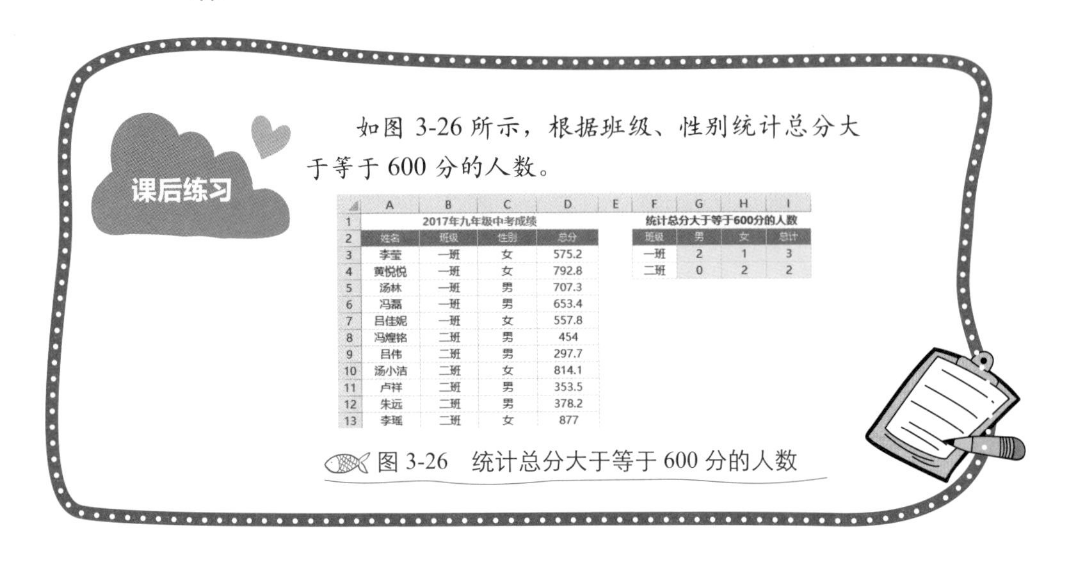

课后练习

如图 3-26 所示，根据班级、性别统计总分大于等于 600 分的人数。

| | A | B | C | D | E | F | G | H | I |
|---|---|---|---|---|---|---|---|---|---|
| 1 | 2017年九年级中考成绩 | | | | | 统计总分大于等于600分的人数 | | | |
| 2 | 姓名 | 班级 | 性别 | 总分 | | 班级 | 男 | 女 | 总计 |
| 3 | 李莹 | 一班 | 女 | 575.2 | | 一班 | 2 | 1 | 3 |
| 4 | 黄悦悦 | 一班 | 女 | 792.8 | | 二班 | 0 | 2 | 2 |
| 5 | 汤林 | 一班 | 男 | 707.3 | | | | | |
| 6 | 冯磊 | 一班 | 男 | 653.4 | | | | | |
| 7 | 吕佳妮 | 一班 | 女 | 557.8 | | | | | |
| 8 | 冯煌铭 | 二班 | 男 | 454 | | | | | |
| 9 | 吕伟 | 二班 | 男 | 297.7 | | | | | |
| 10 | 汤小洁 | 二班 | 女 | 814.1 | | | | | |
| 11 | 卢祥 | 二班 | 男 | 353.5 | | | | | |
| 12 | 朱远 | 二班 | 男 | 378.2 | | | | | |
| 13 | 李瑶 | 二班 | 女 | 877 | | | | | |

图 3-26　统计总分大于等于 600 分的人数

## 3.4 多条件求和

小鱼：我自己学习过 SUMIF 和 SUMIFS 函数，对于其中的求和区域与条件区域，我总是记不住，总是写反了。我该怎样记住它们对应函数的求和位置呢？

飞鱼：忘了 SUMIF 函数吧，只学一个就记住了！

和条件计数函数一样，SUMIFS 函数完全可以取代 SUMIF 函数，包括条件平均值函数也是一样。学习一个函数就可以解决问题，为什么要学习两个呢？从 Office 365 版本新增的函数中，我们看到，直接增加了多条件计算最大值、最小值的函数。

下面来学习 SUMIFS 函数的语法，如图 3-27 所示。

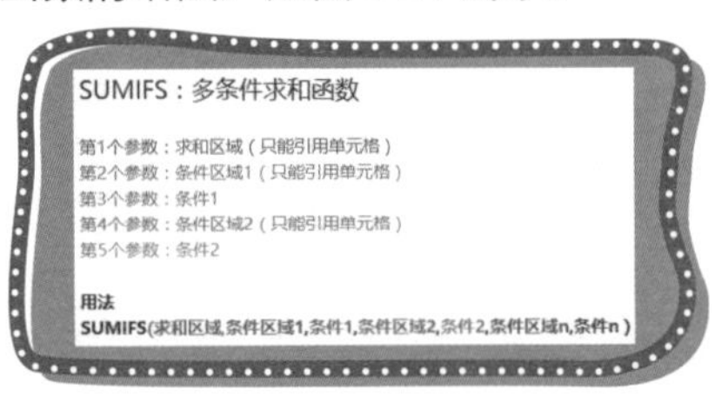


图 3-27　SUMIFS 函数语法

如图 3-28 所示，根据地区、产品汇总销售额。

| | A | B | C | D | E | F | G | H | I |
|---|---|---|---|---|---|---|---|---|---|
| 1 | 地区 | 产品 | 姓名 | 销售额 | | 地区 | 操作台 | 工作椅 | 总计 |
| 2 | 天津 | 操作台 | 李易明 | 62094 | | 北京 | | | |
| 3 | 天津 | 工作椅 | 柳瑶 | 27223 | | 天津 | | | |
| 4 | 天津 | 操作台 | 黄川 | 36633 | | 内蒙 | | | |
| 5 | 天津 | 工作椅 | 冯俊 | 21589 | | | | | |
| 6 | 内蒙 | 工作椅 | 赵志 | 24964 | | | | | |
| 7 | 内蒙 | 操作台 | 张歆 | 92791 | | | | | |
| 8 | 内蒙 | 工作椅 | 韩红丽 | 82272 | | | | | |
| 9 | 内蒙 | 工作椅 | 袁晓 | 55778 | | | | | |
| 10 | 内蒙 | 操作台 | 赵顺花 | 87106 | | | | | |
| 11 | 内蒙 | 操作台 | 李源博 | 65673 | | | | | |
| 12 | 内蒙 | 工作椅 | 闫小妮 | 76380 | | | | | |
| 13 | 北京 | 操作台 | 张望 | 39242 | | | | | |

图 3-28 根据地区、产品汇总

SUMIFS 函数的第一个参数是求和区域，我们绝对引用 D 列，后面的条件区域和条件的用法和 COUNTIFS 函数一样，我们已经学习过，这里就不提供详细的编写步骤了。在编写公式的时候，需要注意引用方式，求和区域和条件区域要使用绝对引用方式，条件要根据情况选择混合引用方式。编写好公式后向下、向右填充，完成效果如图 3-29 所示。

| | A | B | C | D | E | F | G | H | I |
|---|---|---|---|---|---|---|---|---|---|
| 1 | 地区 | 产品 | 姓名 | 销售额 | | 地区 | 操作台 | 工作椅 | 总计 |
| 2 | 天津 | 操作台 | 李易明 | 62094 | | 北京 | 113928 | 206621 | 320549 |
| 3 | 天津 | 工作椅 | 柳瑶 | 27223 | | 天津 | 98727 | 48812 | 147539 |
| 4 | 天津 | 操作台 | 黄川 | 36633 | | 内蒙 | 245570 | 239394 | 484964 |
| 5 | 天津 | 工作椅 | 冯俊 | 21589 | | | | | |
| 6 | 内蒙 | 工作椅 | 赵志 | 24964 | | | | | |
| 7 | 内蒙 | 操作台 | 张歆 | 92791 | | | | | |
| 8 | 内蒙 | 工作椅 | 韩红丽 | 82272 | | | | | |
| 9 | 内蒙 | 工作椅 | 袁晓 | 55778 | | | | | |
| 10 | 内蒙 | 操作台 | 赵顺花 | 87106 | | | | | |
| 11 | 内蒙 | 操作台 | 李源博 | 65673 | | | | | |
| 12 | 内蒙 | 工作椅 | 闫小妮 | 76380 | | | | | |
| 13 | 北京 | 操作台 | 张望 | 39242 | | | | | |

图 3-29 完成效果

小鱼：我看多条件求和函数也挺简单的哦。

飞鱼：简单啊，那你看看下面这个案例。如图 3-30 所示，数据表是第一季度各销售代表的销售数据，现在除了地区、产品条件，还要根据指定的月份来汇总。

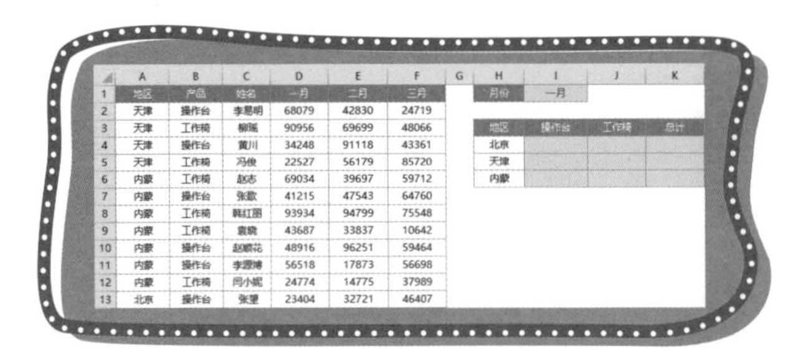

| | A | B | C | D | E | F |
|---|---|---|---|---|---|---|
| 1 | 地区 | 产品 | 姓名 | 一月 | 二月 | 三月 |
| 2 | 天津 | 操作台 | 李易明 | 68079 | 42830 | 24719 |
| 3 | 天津 | 工作椅 | 柳瑶 | 90956 | 69699 | 48066 |
| 4 | 天津 | 操作台 | 黄川 | 34248 | 91118 | 43361 |
| 5 | 天津 | 工作椅 | 冯俊 | 22527 | 56179 | 85720 |
| 6 | 内蒙 | 工作椅 | 赵志 | 69034 | 39697 | 59712 |
| 7 | 内蒙 | 操作台 | 张歆 | 41215 | 47543 | 64760 |
| 8 | 内蒙 | 工作椅 | 韩红丽 | 93934 | 94799 | 75548 |
| 9 | 内蒙 | 工作椅 | 袁晓 | 43687 | 33837 | 10642 |
| 10 | 内蒙 | 操作台 | 赵顺花 | 48916 | 96251 | 59464 |
| 11 | 内蒙 | 操作台 | 李源博 | 56518 | 17873 | 56698 |
| 12 | 内蒙 | 工作椅 | 闫小妮 | 24774 | 14775 | 37989 |
| 13 | 北京 | 操作台 | 张望 | 23404 | 32721 | 46407 |

| | H | I | J | K |
|---|---|---|---|---|
| 1 | 月份 | 一月 | | |
| 3 | 地区 | 操作台 | 工作椅 | 总计 |
| 4 | 北京 | | | |
| 5 | 天津 | | | |
| 6 | 内蒙 | | | |

图 3-30　汇总需求

小鱼：这个好难，如果是条件区域，我加个条件区域 3 和条件 3 就行了，可是现在条件是求和区域，这个我可不会了。

飞鱼：其实这个也不难，我们之前学习过 IF 函数，IF 函数不只可以返回我们想要的值，其实还可以返回单元格区域。使用 IF 函数判断 I1 单元格的月份后，返回对应月份所在列作为 SUMIFS 函数的求和区域就可以了。输入如下公式，效果如图 3-31 所示。

```
=SUMIFS(IF($I$1="一月",$D:$D,IF($I$1="二月",$E:$E,IF($I$1="三月",$F:$F))),$A:$A,$H4,$B:$B,I$3)
```

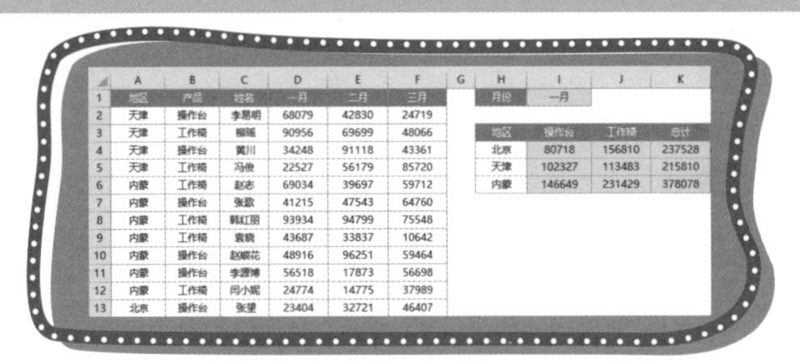

| | A | B | C | D | E | F |
|---|---|---|---|---|---|---|
| 1 | 地区 | 产品 | 姓名 | 一月 | 二月 | 三月 |
| 2 | 天津 | 操作台 | 李易明 | 68079 | 42830 | 24719 |
| 3 | 天津 | 工作椅 | 柳瑶 | 90956 | 69699 | 48066 |
| 4 | 天津 | 操作台 | 黄川 | 34248 | 91118 | 43361 |
| 5 | 天津 | 工作椅 | 冯俊 | 22527 | 56179 | 85720 |
| 6 | 内蒙 | 工作椅 | 赵志 | 69034 | 39697 | 59712 |
| 7 | 内蒙 | 操作台 | 张歆 | 41215 | 47543 | 64760 |
| 8 | 内蒙 | 工作椅 | 韩红丽 | 93934 | 94799 | 75548 |
| 9 | 内蒙 | 工作椅 | 袁晓 | 43687 | 33837 | 10642 |
| 10 | 内蒙 | 操作台 | 赵顺花 | 48916 | 96251 | 59464 |
| 11 | 内蒙 | 操作台 | 李源博 | 56518 | 17873 | 56698 |
| 12 | 内蒙 | 工作椅 | 闫小妮 | 24774 | 14775 | 37989 |
| 13 | 北京 | 操作台 | 张望 | 23404 | 32721 | 46407 |

| | H | I | J | K |
|---|---|---|---|---|
| 1 | 月份 | 一月 | | |
| 3 | 地区 | 操作台 | 工作椅 | 总计 |
| 4 | 北京 | 80718 | 156810 | 237528 |
| 5 | 天津 | 102327 | 113483 | 215810 |
| 6 | 内蒙 | 146649 | 231429 | 378078 |

图 3-31　使用 IF 函数返回对应区域

小鱼：这只有 3 个月的数据，可以使用 IF 函数，如果有一年的数据，不能还使用 IF 函数吧。

飞鱼：是的，如果是一年的数据需要判断，可以使用查找引用函数 MATCH 和 OFFSET 来完成。

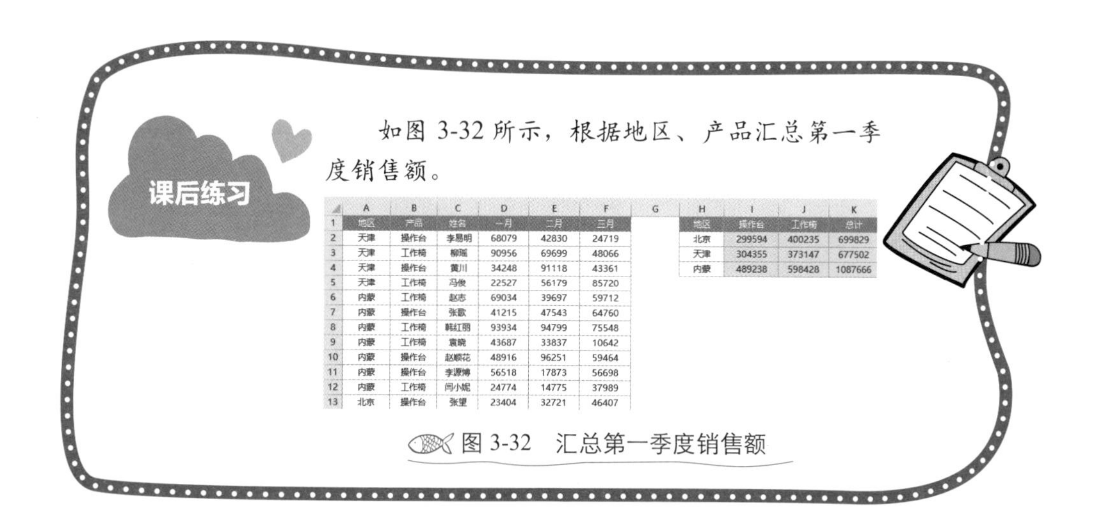

**课后练习**

如图 3-32 所示，根据地区、产品汇总第一季度销售额。

| | A | B | C | D | E | F |
|---|---|---|---|---|---|---|
| 1 | 地区 | 产品 | 姓名 | 一月 | 二月 | 三月 |
| 2 | 天津 | 操作台 | 李易明 | 68079 | 42830 | 24719 |
| 3 | 天津 | 工作椅 | 柳瑶 | 90956 | 69699 | 48066 |
| 4 | 天津 | 操作台 | 黄川 | 34248 | 91118 | 43361 |
| 5 | 天津 | 工作椅 | 冯俊 | 22527 | 56179 | 85720 |
| 6 | 内蒙 | 工作椅 | 赵志 | 69034 | 39697 | 59712 |
| 7 | 内蒙 | 操作台 | 张歆 | 41215 | 47543 | 64760 |
| 8 | 内蒙 | 工作椅 | 韩红丽 | 93934 | 94799 | 75548 |
| 9 | 内蒙 | 工作椅 | 袁晓 | 43687 | 33837 | 10642 |
| 10 | 内蒙 | 操作台 | 赵顺花 | 48916 | 96251 | 59464 |
| 11 | 内蒙 | 操作台 | 李源博 | 56518 | 17873 | 56698 |
| 12 | 内蒙 | 工作椅 | 闫小妮 | 24774 | 14775 | 37989 |
| 13 | 北京 | 操作台 | 张望 | 23404 | 32721 | 46407 |

| | H | I | J | K |
|---|---|---|---|---|
| 1 | 地区 | 操作台 | 工作椅 | 总计 |
| 2 | 北京 | 299594 | 400235 | 699829 |
| 3 | 天津 | 304355 | 373147 | 677502 |
| 4 | 内蒙 | 489238 | 598428 | 1087666 |

图 3-32　汇总第一季度销售额

## 3.5　根据日期求和

小鱼：如图 3-33 所示，现在领导要求我根据销售日期按月汇总求和。我该怎么做呢？我知道应该用 SUMIFS 函数，可是我不知道该怎样写条件。

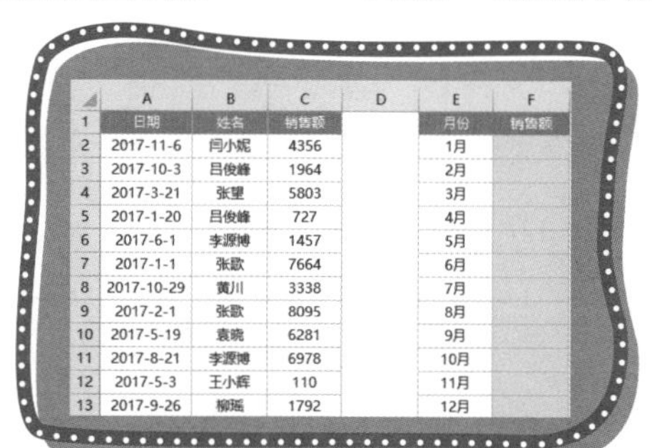

| | A | B | C | D | E | F |
|---|---|---|---|---|---|---|
| 1 | 日期 | 姓名 | 销售额 | | 月份 | 销售额 |
| 2 | 2017-11-6 | 闫小妮 | 4356 | | 1月 | |
| 3 | 2017-10-3 | 吕俊峰 | 1964 | | 2月 | |
| 4 | 2017-3-21 | 张望 | 5803 | | 3月 | |
| 5 | 2017-1-20 | 吕俊峰 | 727 | | 4月 | |
| 6 | 2017-6-1 | 李源博 | 1457 | | 5月 | |
| 7 | 2017-1-1 | 张歆 | 7664 | | 6月 | |
| 8 | 2017-10-29 | 黄川 | 3338 | | 7月 | |
| 9 | 2017-2-1 | 张歆 | 8095 | | 8月 | |
| 10 | 2017-5-19 | 袁晓 | 6281 | | 9月 | |
| 11 | 2017-8-21 | 李源博 | 6978 | | 10月 | |
| 12 | 2017-5-3 | 王小辉 | 110 | | 11月 | |
| 13 | 2017-9-26 | 柳瑶 | 1792 | | 12月 | |

图 3-33　根据销售日期求和

飞鱼：的确需要使用 SUMIFS 函数，只是需要我们先处理一下日期，把日期中的月份提取出来后就可以使用 SUMIFS 函数求和了。下面来看提取日期信息的函数的语法，如图 3-34 所示。

图 3-34　日期函数语法

知道了如何提取月份，我们可以增加辅助列，使用 MONTH 函数把月份提取出来，由于函数返回的月份是数字，而我们要汇总的月份 F 列是文本格式的月份，所以要使用连接符（&）连接一个“月”字，使汇总月份格式一样。输入如下公式，效果如图 3-35 所示。

```
=MONTH(A2)&"月"
```

| | A | B | C | D |
|---|---|---|---|---|
| 1 | 日期 | 姓名 | 销售额 | 月份 |
| 2 | 2017-11-6 | 闫小妮 | 4356 | 11月 |
| 3 | 2017-10-3 | 吕俊峰 | 1964 | 10月 |
| 4 | 2017-3-21 | 张望 | 5803 | 3月 |
| 5 | 2017-1-20 | 吕俊峰 | 727 | 1月 |
| 6 | 2017-6-1 | 李源博 | 1457 | 6月 |
| 7 | 2017-1-1 | 张歌 | 7664 | 1月 |
| 8 | 2017-10-29 | 黄川 | 3338 | 10月 |
| 9 | 2017-2-1 | 张歌 | 8095 | 2月 |
| 10 | 2017-5-19 | 袁晓 | 6281 | 5月 |
| 11 | 2017-8-21 | 李源博 | 6978 | 8月 |
| 12 | 2017-5-3 | 王小辉 | 110 | 5月 |
| 13 | 2017-9-26 | 柳瑶 | 1792 | 9月 |

图 3-35　月份辅助列

把月份提取出来后剩下的问题就简单了，使用 SUMIFS 函数就可以汇总求和了，输入如下公式，效果如图 3-36 所示。

```
=SUMIFS(C:C,D:D,F2)
```

| | A | B | C | D | E | F | G |
|---|---|---|---|---|---|---|---|
| 1 | 日期 | 姓名 | 销售额 | 月份 | | 月份 | 销售额 |
| 2 | 2017-11-6 | 闫小妮 | 4356 | 11月 | | 1月 | 71729 |
| 3 | 2017-10-3 | 吕俊峰 | 1964 | 10月 | | 2月 | 65196 |
| 4 | 2017-3-21 | 张望 | 5803 | 3月 | | 3月 | 61734 |
| 5 | 2017-1-20 | 吕俊峰 | 727 | 1月 | | 4月 | 34843 |
| 6 | 2017-6-1 | 李源博 | 1457 | 6月 | | 5月 | 73993 |
| 7 | 2017-1-1 | 张歌 | 7664 | 1月 | | 6月 | 50259 |
| 8 | 2017-10-29 | 黄川 | 3338 | 10月 | | 7月 | 19113 |
| 9 | 2017-2-1 | 张歌 | 8095 | 2月 | | 8月 | 50370 |
| 10 | 2017-5-19 | 袁晓 | 6281 | 5月 | | 9月 | 35845 |
| 11 | 2017-8-21 | 李源博 | 6978 | 8月 | | 10月 | 43300 |
| 12 | 2017-5-3 | 王小辉 | 110 | 5月 | | 11月 | 55589 |
| 13 | 2017-9-26 | 柳瑶 | 1792 | 9月 | | 12月 | 38170 |

图 3-36　使用 SUMIFS 函数汇总

小鱼：原来这么简单，我还以为要编写很复杂的公式呢。你看下面的公式，我自己还加了姓名条件进行汇总，效果如图 3-37 所示。

```
=SUMIFS(C:C,D:D,F5,B:B,$F$2)
```

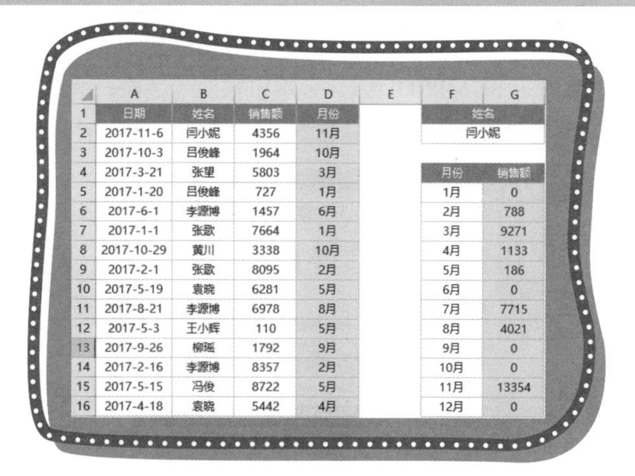

| | A | B | C | D | E | F | G |
|---|---|---|---|---|---|---|---|
| 1 | 日期 | 姓名 | 销售额 | 月份 | | 姓名 | |
| 2 | 2017-11-6 | 闫小妮 | 4356 | 11月 | | 闫小妮 | |
| 3 | 2017-10-3 | 吕俊峰 | 1964 | 10月 | | | |
| 4 | 2017-3-21 | 张望 | 5803 | 3月 | | 月份 | 销售额 |
| 5 | 2017-1-20 | 吕俊峰 | 727 | 1月 | | 1月 | 0 |
| 6 | 2017-6-1 | 李源博 | 1457 | 6月 | | 2月 | 788 |
| 7 | 2017-1-1 | 张歌 | 7664 | 1月 | | 3月 | 9271 |
| 8 | 2017-10-29 | 黄川 | 3338 | 10月 | | 4月 | 1133 |
| 9 | 2017-2-1 | 张歌 | 8095 | 2月 | | 5月 | 186 |
| 10 | 2017-5-19 | 袁晓 | 6281 | 5月 | | 6月 | 0 |
| 11 | 2017-8-21 | 李源博 | 6978 | 8月 | | 7月 | 7715 |
| 12 | 2017-5-3 | 王小辉 | 110 | 5月 | | 8月 | 4021 |
| 13 | 2017-9-26 | 柳瑶 | 1792 | 9月 | | 9月 | 0 |
| 14 | 2017-2-16 | 李源博 | 8357 | 2月 | | 10月 | 0 |
| 15 | 2017-5-15 | 冯俊 | 8722 | 5月 | | 11月 | 13354 |
| 16 | 2017-4-18 | 袁晓 | 5442 | 4月 | | 12月 | 0 |

图 3-37　根据姓名汇总

飞鱼：很不错，知道灵活运用了。

**课后练习**

如图 3-38 所示，根据姓名、日期汇总。

| 姓名 | 1月 | 2月 | 3月 | 4月 | 5月 | 6月 | 7月 | 8月 | 9月 | 10月 | 11月 | 12月 | 合计 |
|---|---|---|---|---|---|---|---|---|---|---|---|---|---|
| 李易明 | - | - | 4445 | 5897 | - | 4365 | - | - | - | - | - | 7644 | 22351 |
| 柳瑶 | - | 5611 | - | 6597 | 1327 | 4074 | - | - | 5217 | 10238 | 6951 | - | 40015 |
| 黄川 | 3389 | 4623 | - | - | 7866 | 7350 | 977 | 6671 | - | 6005 | 8604 | 2044 | 47529 |
| 冯俊 | - | 7496 | 3515 | - | 8722 | - | - | 8320 | 10680 | - | 2083 | - | 40816 |
| 赵志 | 6856 | 4449 | 9521 | - | 9919 | - | - | - | 3878 | 2176 | 443 | - | 37242 |
| 张斌 | 21664 | 8095 | - | - | - | - | - | 3055 | - | - | 9456 | - | 42270 |
| 韩红丽 | 10694 | - | - | - | - | - | - | - | - | 11832 | - | 9558 | 32084 |
| 袁晓 | 9244 | - | - | 5442 | 6281 | 7505 | - | 1798 | - | - | - | - | 30270 |
| 赵眼花 | - | - | 4695 | - | 7743 | 6853 | - | - | - | - | - | 9252 | 28543 |
| 李源博 | 4009 | 13808 | - | - | 5826 | 1457 | 8123 | 6978 | 5814 | 5207 | - | - | 51222 |
| 闫小妮 | - | 788 | 9271 | 1133 | 186 | - | 7715 | 4021 | - | - | 13354 | - | 36468 |
| 张望 | - | - | 5803 | 11524 | 1583 | 13839 | - | - | - | - | 9488 | 9672 | 51909 |
| 王小辉 | - | 4106 | - | - | 5798 | - | - | 7586 | - | - | - | - | 17490 |
| 冯鑫 | - | 6284 | 1798 | 4250 | 18742 | - | - | 6631 | 10256 | - | 1785 | - | 49746 |
| 吕俊峰 | 6768 | 9936 | 7780 | - | - | 4816 | 2296 | 5310 | - | 1964 | 3425 | - | 42295 |
| 卢莉 | 9105 | - | 14906 | - | - | - | 2 | - | - | 5878 | - | - | 29891 |

图 3-38 根据姓名、日期汇总

## 3.6 乘积求和

飞鱼：今天来学习 SUMPRODUCT（乘积求和）函数，先来学习该函数的语法，如图 3-39 所示。

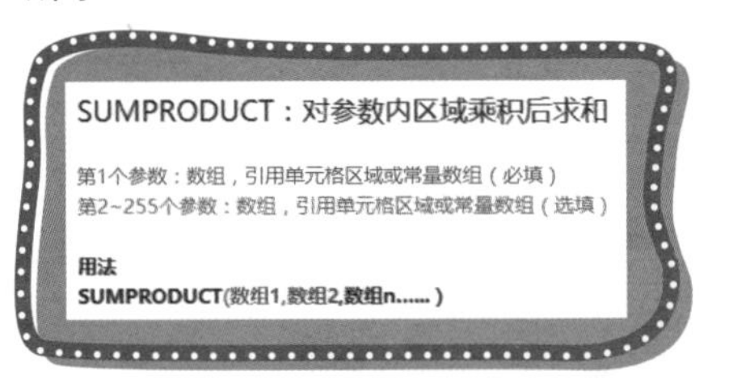


图 3-39 SUMPRODUCT 函数语法

如图 3-40 所示，A 列是单价，B 列是数量，现在我们要计算出合计，正常的方法是先计算出每行的小计，“A2*B2”“A3*B3”……，然后使用 SUM 函数求和。SUMPRODUCT 函数是支持数组计算的，简单来说，数组计算就是对一组数据进行计算。SUMPRODUCT 函数可以对多组数字相乘后求和。本例中，计算合计，即

10*1+20*2+30*3=140，表示为：

```
=SUMPRODUCT(A2:A4,B2:B4)
```

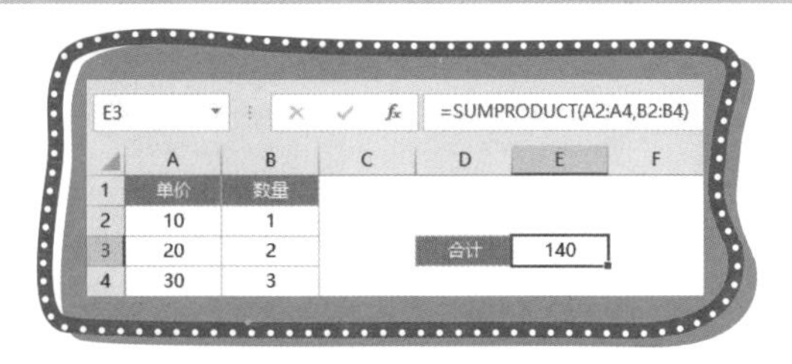


图 3-40 A 列乘 B 列数据后求和

上面我们使用了 SUMPRODUCT 函数的两个参数，分别把两组数字放到第一个参数和第二个参数，SUMPRODUCT 函数会对这两组数字相乘后求和。

还有一种方法是只使用第一个参数，先把两组数字通过四则运算后得到一组数字，本次使用的是乘号（*），然后用 SUMPRODUCT 函数计算求和，如图 3-41 所示。

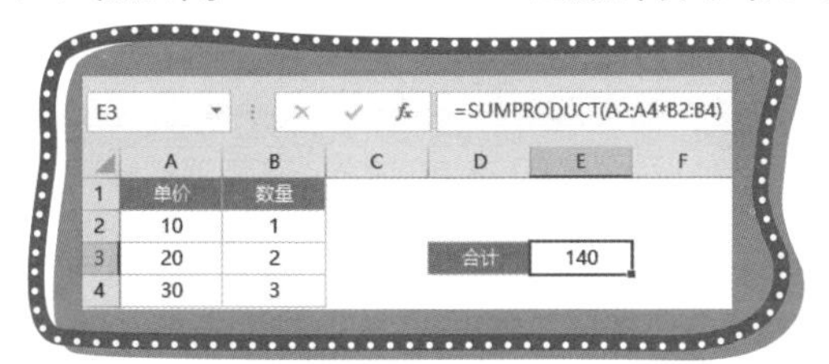


图 3-41 使用 SUMPRODUCT 函数的一个参数

选中 A2:A4*B2:B4 区域，按快捷键 F9 可以得到相乘结果，如图 3-42 所示。

图 3-42 返回相乘结果

当只使用 SUMPRODUCT 函数的一个参数时，如果没有相乘对象，将对一个参数的数组进行求和，如图 3-43 所示。

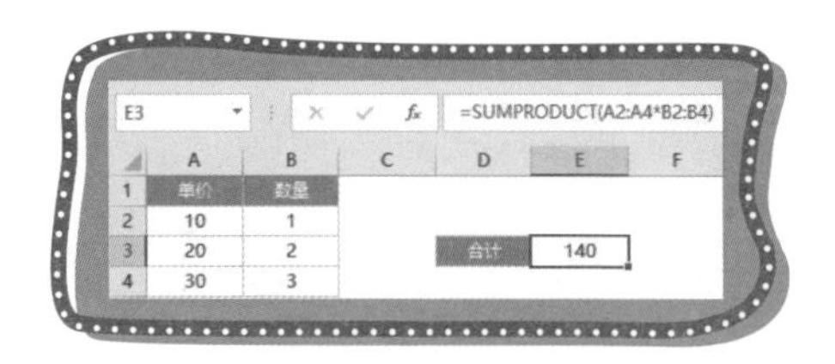


图 3-43　返回计算结果

小鱼：用逗号（,）把多个区域分隔开就是使用多个参数，使用乘号（*）就是使用一个参数，我可以这样理解，对吧？

飞鱼：是的，可以这样理解。

小鱼：那我看这两种方法的结果都是一样的，有什么区别？我什么时候该使用逗号（,）？什么时候又该使用乘号（*）呢？

飞鱼：如果要统计的区域不包含文本且计算关系都是相乘关系，两种方法是没有区别的，如图 3-44 所示。

| | A | B | C | D | E | F | G | H |
|---|---|---|---|---|---|---|---|---|
| 1 | 单价 | 数量 | | | | | | |
| 2 | 10 | 1 | | 逗号（,） | 140 | =SUMPRODUCT(A2:A4,B2:B4) | | |
| 3 | 20 | 2 | | 乘号（*） | 140 | =SUMPRODUCT(A2:A4*B2:B4) | | |
| 4 | 30 | 3 | | | | | | |

图 3-44　逗号与乘号

当引用区域里包含文本时，使用逗号（,），SUMPRODUCT 函数会把非数字（包括逻辑值）作为 0 处理，可以正常计算，而乘号（*）会出错，因为数值乘文本会得到错误值，当计算区域包含错误值时，SUMPRODUCT 函数也会返回错误值，如图 3-45 所示。

| | A | B | C | D | E | F | G | H |
|---|---|---|---|---|---|---|---|---|
| 1 | 单价 | 数量 | | | | | | |
| 2 | 10 | 1 | | 逗号（,） | 100 | =SUMPRODUCT(A2:A4,B2:B4) | | |
| 3 | 20 | 待定 | | 乘号（*） | #VALUE! | =SUMPRODUCT(A2:A4*B2:B4) | | |
| 4 | 30 | 3 | | | | | | |

图 3-45　包含文本时乘号出错

当引用区域里包含逻辑值时，使用逗号（,），SUMPRODUCT 函数会把非数字（包括逻辑值）作为 0 处理，所以会忽略逻辑值，而乘号（*）会将逻辑值转换为逻辑值对应的数字处理，如图 3-46 所示。

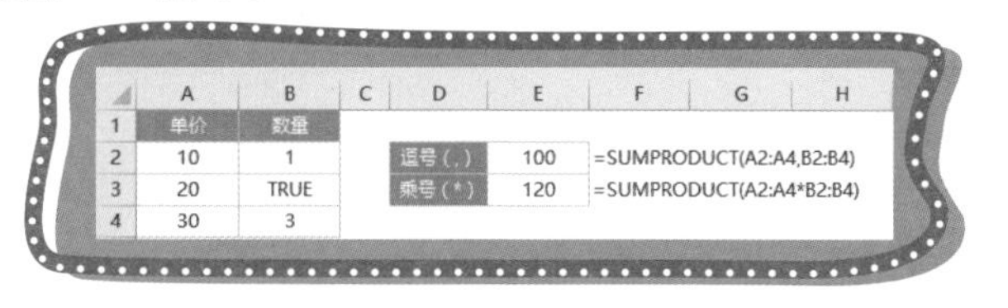

| | A | B | C | D | E | F | G | H |
|---|---|---|---|---|---|---|---|---|
| 1 | 单价 | 数量 | | | | | | |
| 2 | 10 | 1 | | 逗号（,） | 100 | =SUMPRODUCT(A2:A4,B2:B4) | | |
| 3 | 20 | TRUE | | 乘号（*） | 120 | =SUMPRODUCT(A2:A4*B2:B4) | | |
| 4 | 30 | 3 | | | | | | |

图 3-46　乘号可以转换逻辑值

当引用区域或者数组中包含逻辑值时可以使用四则运算将逻辑值转换为数字，然后 SUMPRODUCT 函数就可以正常计算了，如图 3-47 所示。

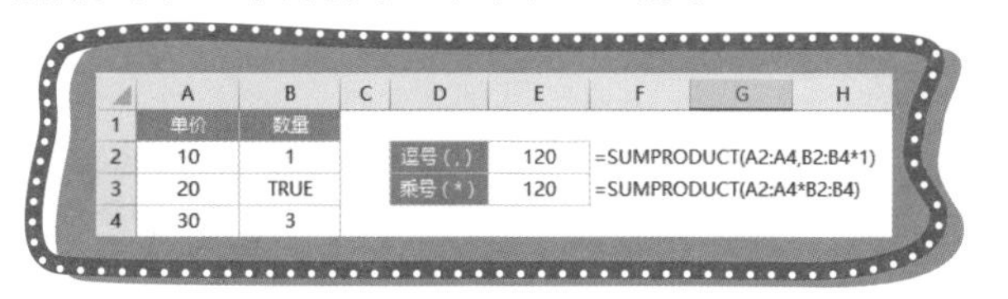

| | A | B | C | D | E | F | G | H |
|---|---|---|---|---|---|---|---|---|
| 1 | 单价 | 数量 | | | | | | |
| 2 | 10 | 1 | | 逗号（,） | 120 | =SUMPRODUCT(A2:A4,B2:B4*1) | | |
| 3 | 20 | TRUE | | 乘号（*） | 120 | =SUMPRODUCT(A2:A4*B2:B4) | | |
| 4 | 30 | 3 | | | | | | |

图 3-47　逻辑值转换为数字

在使用 SUMPRODUCT 函数时需要注意的是，使用两个及两个以上参数时，每个参数引用区域大小必须一样大。如图 3-48 所示，第一个参数引用了 A2:A4 单元格，一共 3 行，第二个参数引用了 B2:B3 单元格，一共两行，由于两组区域大小不同，所以返回错误值。

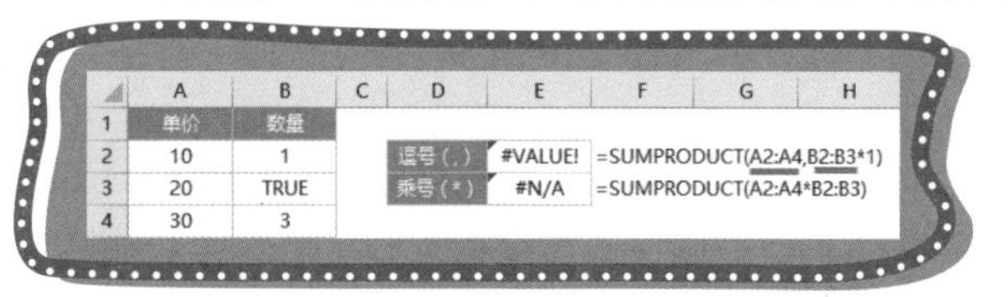

| | A | B | C | D | E | F | G | H |
|---|---|---|---|---|---|---|---|---|
| 1 | 单价 | 数量 | | | | | | |
| 2 | 10 | 1 | | 逗号（,） | #VALUE! | =SUMPRODUCT(A2:A4,B2:B3*1) | | |
| 3 | 20 | TRUE | | 乘号（*） | #N/A | =SUMPRODUCT(A2:A4*B2:B3) | | |
| 4 | 30 | 3 | | | | | | |

图 3-48　引用区域大小不同时返回错误值

通过上面的例子可以看出，由于 SUMPRODUCT 函数支持数组运算，可以通过计算一组数字后求和，这样就可以省去添加辅助列步骤，使用 SUMPRODUCT 函数一步就可以得到想要的结果。学习了基础知识还不够，下面我们再通过几个案例来了解

SUMPRODUCT 函数的应用场景，把学会的知识应用到实际工作中。

如图 3-49 所示，可以使用减号（-）计算总收益。公式如下：

```
=SUMPRODUCT(A2:A4-B2:B4)
```

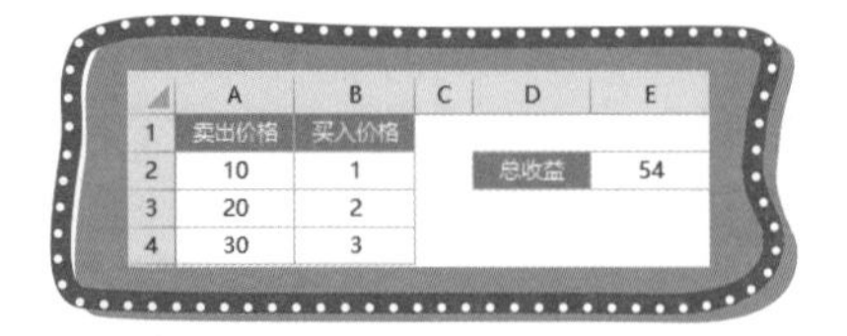

| | A | B | C | D | E |
|---|---|---|---|---|---|
| 1 | 卖出价格 | 买入价格 | | | |
| 2 | 10 | 1 | | 总收益 | 54 |
| 3 | 20 | 2 | | | |
| 4 | 30 | 3 | | | |

图 3-49　计算总收益

如图 3-50 所示，可以直接对文本型数值进求和。公式如下：

```
=SUMPRODUCT(A2:A4*1)
```

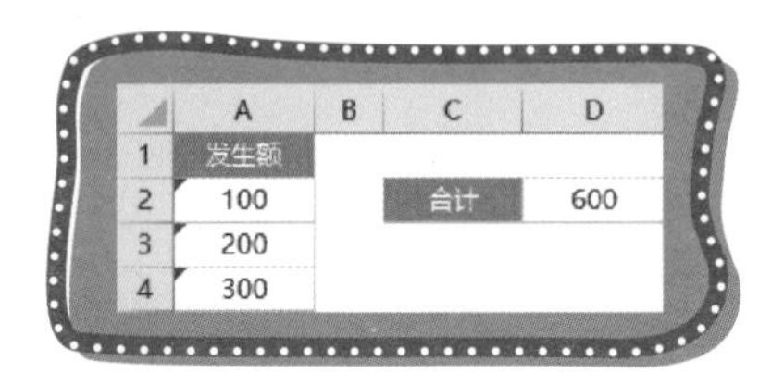

| | A | B | C | D |
|---|---|---|---|---|
| 1 | 发生额 | | | |
| 2 | 100 | | 合计 | 600 |
| 3 | 200 | | | |
| 4 | 300 | | | |

图 3-50　文本型数值求和

如图 3-51 所示，可以直接对带单位的数字求和，使用 SUBSTITUTE 函数把一组数据的“元”字替换为空，替换后返回的结果是文本型数值，所以需要使用四则运算转换为数字，最后求和后连接“元”字即可实现对带单位的数字求和。公式如下：

```
=SUMPRODUCT(SUBSTITUTE(A2:A4,"元","")*1)&"元"
```

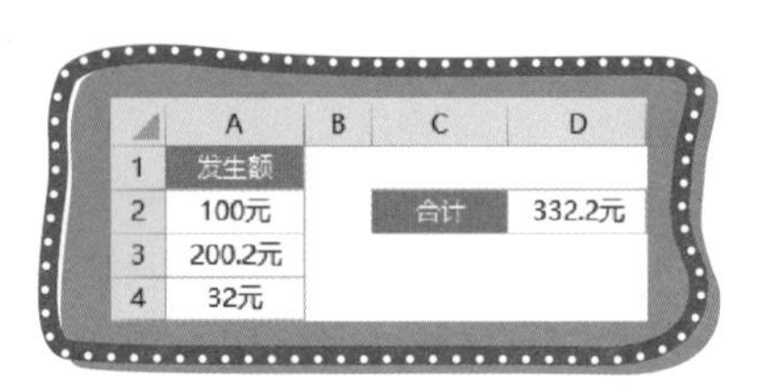

| | A | B | C | D |
|---|---|---|---|---|
| 1 | 发生额 | | | |
| 2 | 100元 | | 合计 | 332.2元 |
| 3 | 200.2元 | | | |
| 4 | 32元 | | | |

图 3-51　带单位的数字求和

如图 3-52 所示，SUMPRODUCT 函数可以代替 SUMIFS 函数进行条件求和。我们在学习 SUMIFS 函数的时候，由于 SUMIFS函数条件区域不支持常量数组，所以只能使用辅助列来解决，而 SUMPRODUCT 函数却可以完成 SUMIFS 函数完成不了的工作。编写公式的原理是：使用 MONTH 提取一组日期后用连接符连接“月”字，然后与 E2 单元格的月份对比，对比后会返回一组逻辑值，乘 1 后将逻辑值替换为数值，通过对比转换，等于 E2 月份的行会返回 1，不等于 E2 月份的行会返回 0，然后和求和区域相乘后再求和就实现了条件求和的效果。公式如下：

```
=SUMPRODUCT((MONTH($A$2:$A$118)&"月"=E2)*1,$C$2:$C$118)
```

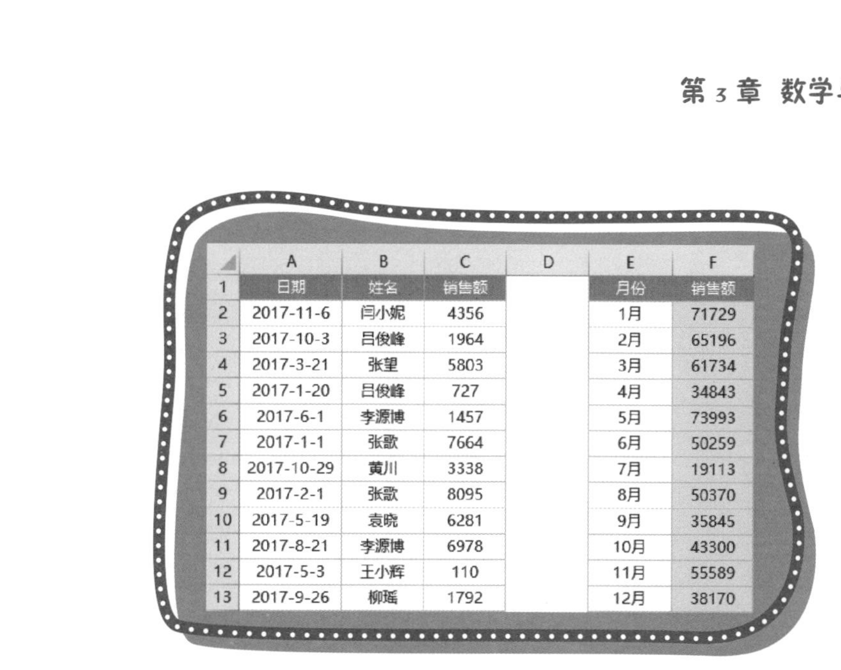

| | A | B | C | D | E | F |
|---|---|---|---|---|---|---|
| 1 | 日期 | 姓名 | 销售额 | | 月份 | 销售额 |
| 2 | 2017-11-6 | 闫小妮 | 4356 | | 1月 | 71729 |
| 3 | 2017-10-3 | 吕俊峰 | 1964 | | 2月 | 65196 |
| 4 | 2017-3-21 | 张望 | 5803 | | 3月 | 61734 |
| 5 | 2017-1-20 | 吕俊峰 | 727 | | 4月 | 34843 |
| 6 | 2017-6-1 | 李源博 | 1457 | | 5月 | 73993 |
| 7 | 2017-1-1 | 张歌 | 7664 | | 6月 | 50259 |
| 8 | 2017-10-29 | 黄川 | 3338 | | 7月 | 19113 |
| 9 | 2017-2-1 | 张歌 | 8095 | | 8月 | 50370 |
| 10 | 2017-5-19 | 袁晓 | 6281 | | 9月 | 35845 |
| 11 | 2017-8-21 | 李源博 | 6978 | | 10月 | 43300 |
| 12 | 2017-5-3 | 王小辉 | 110 | | 11月 | 55589 |
| 13 | 2017-9-26 | 柳瑶 | 1792 | | 12月 | 38170 |

图 3-52　条件求和

SUMPRODUCT 函数不只能求和，它还能计数，同样的编写公式方式，不写求和区域就是条件计数，输入如下公式，效果如图 3-53 所示。

```
=SUMPRODUCT((MONTH($A$2:$A$118)&"月"=E2)*1)
```

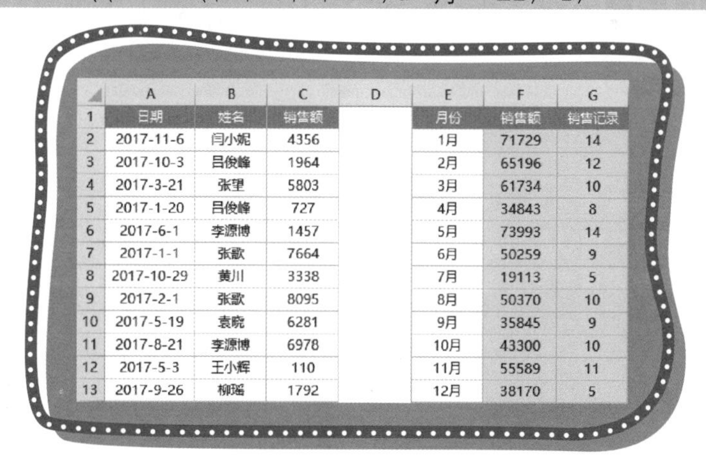

| | A | B | C | D | E | F | G |
|---|---|---|---|---|---|---|---|
| 1 | 日期 | 姓名 | 销售额 | | 月份 | 销售额 | 销售记录 |
| 2 | 2017-11-6 | 闫小妮 | 4356 | | 1月 | 71729 | 14 |
| 3 | 2017-10-3 | 吕俊峰 | 1964 | | 2月 | 65196 | 12 |
| 4 | 2017-3-21 | 张望 | 5803 | | 3月 | 61734 | 10 |
| 5 | 2017-1-20 | 吕俊峰 | 727 | | 4月 | 34843 | 8 |
| 6 | 2017-6-1 | 李源博 | 1457 | | 5月 | 73993 | 14 |
| 7 | 2017-1-1 | 张歌 | 7664 | | 6月 | 50259 | 9 |
| 8 | 2017-10-29 | 黄川 | 3338 | | 7月 | 19113 | 5 |
| 9 | 2017-2-1 | 张歌 | 8095 | | 8月 | 50370 | 10 |
| 10 | 2017-5-19 | 袁晓 | 6281 | | 9月 | 35845 | 9 |
| 11 | 2017-8-21 | 李源博 | 6978 | | 10月 | 43300 | 10 |
| 12 | 2017-5-3 | 王小辉 | 110 | | 11月 | 55589 | 11 |
| 13 | 2017-9-26 | 柳瑶 | 1792 | | 12月 | 38170 | 5 |

图 3-53　条件计数

## 扩展知识

如图 3-54 所示，SUMPRDUCT 函数中单条件与多条件的区别在于单条件需要将逻辑值转换为数字，而多条件在每个条件相乘的时候就可以完成转换，其他都是一样的。暂时不理解原理的小伙伴也不要着急，记住两种经典的嵌套组合，使用的次数多了，慢慢也就明白其中的原理了。

求和嵌套

**单条件**

SUMPRODUCT((条件1)*1,求和区域)

**多条件**

SUMPRODUCT((条件1)*(条件2)*(条件n),求和区域)

计数嵌套

**单条件**

SUMPRODUCT((条件1)*1)

**多条件**

SUMPRODUCT((条件1)*(条件2)*(条件n))

图 3-54　两种经典嵌套组合

## 课后练习

如图 3-55 所示，销售数据里包含两年的销售明细，根据年份、月份对销售额进行汇总。

| | A | B | C | D | E | F |
|---|---|---|---|---|---|---|
| 1 | 日期 | 姓名 | 销售额 | | 年份 | |
| 2 | 2017-11-6 | 闫小妮 | 4356 | | 2017 | |
| 3 | 2017-10-3 | 吕俊峰 | 1964 | | 月份 | 销售额 |
| 4 | 2016-3-21 | 张望 | 5803 | | 1月 | 40848 |
| 5 | 2017-1-20 | 吕俊峰 | 727 | | 2月 | 30150 |
| 6 | 2017-6-1 | 李源博 | 1457 | | 3月 | 43276 |
| 7 | 2016-1-1 | 张歌 | 7664 | | 4月 | 17560 |
| 8 | 2017-10-29 | 黄川 | 3338 | | 5月 | 28990 |
| 9 | 2017-2-1 | 张歌 | 8095 | | 6月 | 37126 |
| 10 | 2016-5-19 | 袁晓 | 6281 | | 7月 | 11396 |
| 11 | 2017-8-21 | 李源博 | 6978 | | 8月 | 42050 |
| 12 | 2017-5-3 | 王小辉 | 110 | | 9月 | 22990 |
| 13 | 2017-9-26 | 柳瑾 | 1792 | | 10月 | 35089 |
| 14 | 2016-2-16 | 李源博 | 8357 | | 11月 | 32777 |
| 15 | 2017-5-15 | 冯俊 | 8722 | | 12月 | 26568 |

图 3-55　根据年份、月份汇总销售额

## 3.7　二维表求和

小鱼：如图 3-56 所示，使用 SUMPRODUCT 函数可以对这种格式的表格进行条件求和吗？

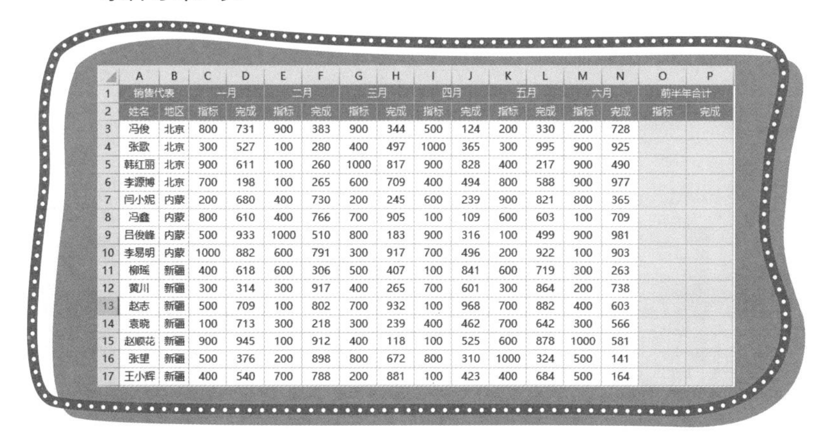

| | A | B | C | D | E | F | G | H | I | J | K | L | M | N | O | P |
|---|---|---|---|---|---|---|---|---|---|---|---|---|---|---|---|---|
| 1 | 销售代表 | | 一月 | | 二月 | | 三月 | | 四月 | | 五月 | | 六月 | | 前半年合计 | |
| 2 | 姓名 | 地区 | 指标 | 完成 | 指标 | 完成 | 指标 | 完成 | 指标 | 完成 | 指标 | 完成 | 指标 | 完成 | 指标 | 完成 |
| 3 | 冯俊 | 北京 | 800 | 731 | 900 | 383 | 900 | 344 | 500 | 124 | 200 | 330 | 200 | 728 | | |
| 4 | 张歌 | 北京 | 300 | 527 | 100 | 280 | 400 | 497 | 1000 | 365 | 300 | 995 | 900 | 925 | | |
| 5 | 韩红丽 | 北京 | 900 | 611 | 100 | 260 | 1000 | 817 | 900 | 828 | 400 | 217 | 900 | 490 | | |
| 6 | 李源博 | 北京 | 700 | 198 | 100 | 265 | 600 | 709 | 400 | 494 | 800 | 588 | 900 | 977 | | |
| 7 | 闫小妮 | 内蒙 | 200 | 680 | 400 | 730 | 200 | 245 | 600 | 239 | 900 | 821 | 800 | 365 | | |
| 8 | 冯鑫 | 内蒙 | 800 | 610 | 400 | 766 | 700 | 905 | 100 | 109 | 600 | 603 | 100 | 709 | | |
| 9 | 吕俊峰 | 内蒙 | 500 | 933 | 1000 | 510 | 800 | 183 | 900 | 316 | 100 | 499 | 900 | 981 | | |
| 10 | 李易明 | 内蒙 | 1000 | 882 | 600 | 791 | 300 | 917 | 700 | 496 | 200 | 922 | 100 | 903 | | |
| 11 | 柳瑶 | 新疆 | 400 | 618 | 600 | 306 | 500 | 407 | 100 | 841 | 600 | 719 | 300 | 263 | | |
| 12 | 黄川 | 新疆 | 300 | 314 | 300 | 917 | 400 | 265 | 700 | 601 | 300 | 864 | 200 | 738 | | |
| 13 | 赵志 | 新疆 | 500 | 709 | 100 | 802 | 700 | 932 | 100 | 968 | 700 | 882 | 400 | 603 | | |
| 14 | 袁晓 | 新疆 | 100 | 713 | 300 | 218 | 300 | 239 | 400 | 462 | 700 | 642 | 300 | 566 | | |
| 15 | 赵顺花 | 新疆 | 900 | 945 | 100 | 912 | 400 | 118 | 100 | 525 | 600 | 878 | 1000 | 581 | | |
| 16 | 张望 | 新疆 | 500 | 376 | 200 | 898 | 800 | 672 | 800 | 310 | 1000 | 324 | 500 | 141 | | |
| 17 | 王小辉 | 新疆 | 400 | 540 | 700 | 788 | 200 | 881 | 100 | 423 | 400 | 684 | 500 | 164 | | |

图 3-56　小鱼提出的问题

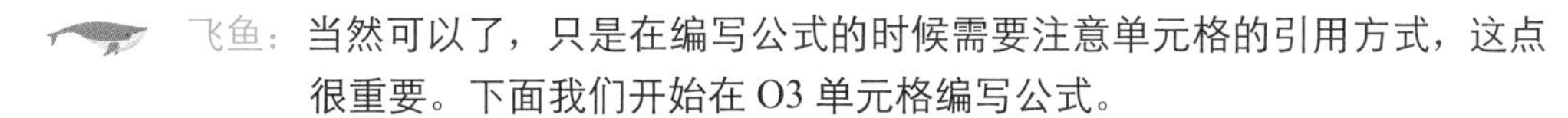

飞鱼：当然可以了，只是在编写公式的时候需要注意单元格的引用方式，这点很重要。下面我们开始在 O3 单元格编写公式。

Step 01 输入函数名称后，我们看到的条件区域是 C2:N2，因为要向下、向右填充公式，所以要使用绝对引用锁定。公式如下：

```
=SUMPRODUCT($C$2:$N$2
```

Step 02 条件是 O2 单元格，因为公式要向下填充，向下填充时我们要保证条件是 O2 的单元格不变，所以我们要混合引用把行号锁定；因为向右填充时需要条件随着填充而改变为 P2 单元格，所以不能把列也锁定，这也是为什么不直接使用绝对引用全部锁定的原因。公式如下：

```
=SUMPRODUCT($C$2:$N$2=O$2
```

Step 03 由于是单条件，需要我们把判断的逻辑值转换为数值，使用乘 1 就可以转换，

因为我们要先判断出逻辑值后，再转换，因此需要把条件加上括号，让括号里的判断条件优先计算。公式如下：

```
=SUMPRODUCT(($C$2:$N$2=O$2)*1
```

**Step 04** 因为是在第 3 行编写公式，输入求和区域也应该是第 3 行，即 C3:N3，因为公式要向右填充，所以要把列号锁定，因为公式中行号需要随着向下填充而对应改变，所以不能使用绝对引用全部锁定。公式如下：

```
=SUMPRODUCT(($C$2:$N$2=O$2)*1,$C3:$N3)
```

完成公式编写，向下、向右填充公式即可，效果如图 3-57 所示。

| | A | B | C | D | E | F | G | H | I | J | K | L | M | N | O | P |
|---|---|---|---|---|---|---|---|---|---|---|---|---|---|---|---|---|
| 1 | 销售代表 | | 一月 | | 二月 | | 三月 | | 四月 | | 五月 | | 六月 | | 前半年合计 | |
| 2 | 姓名 | 地区 | 指标 | 完成 | 指标 | 完成 | 指标 | 完成 | 指标 | 完成 | 指标 | 完成 | 指标 | 完成 | 指标 | 完成 |
| 3 | 冯俊 | 北京 | 800 | 731 | 900 | 383 | 900 | 344 | 500 | 124 | 200 | 330 | 200 | 728 | 3500 | 2640 |
| 4 | 张歌 | 北京 | 300 | 527 | 100 | 280 | 400 | 497 | 1000 | 365 | 300 | 995 | 900 | 925 | 3000 | 3589 |
| 5 | 韩红丽 | 北京 | 900 | 611 | 100 | 260 | 1000 | 817 | 900 | 828 | 400 | 217 | 900 | 490 | 4200 | 3223 |
| 6 | 李源博 | 北京 | 700 | 198 | 100 | 265 | 600 | 709 | 400 | 494 | 800 | 588 | 900 | 977 | 3500 | 3231 |
| 7 | 闫小妮 | 内蒙 | 200 | 680 | 400 | 730 | 200 | 245 | 600 | 239 | 900 | 821 | 800 | 365 | 3100 | 3080 |
| 8 | 冯鑫 | 内蒙 | 800 | 610 | 400 | 766 | 700 | 905 | 100 | 109 | 600 | 603 | 100 | 709 | 2700 | 3702 |
| 9 | 吕俊峰 | 内蒙 | 500 | 933 | 1000 | 510 | 800 | 183 | 900 | 316 | 100 | 499 | 900 | 981 | 4200 | 3422 |
| 10 | 李易明 | 内蒙 | 1000 | 882 | 600 | 791 | 300 | 917 | 700 | 496 | 200 | 922 | 100 | 903 | 2900 | 4911 |
| 11 | 柳瑶 | 新疆 | 400 | 618 | 600 | 306 | 500 | 407 | 100 | 841 | 600 | 719 | 300 | 263 | 2500 | 3154 |
| 12 | 黄川 | 新疆 | 300 | 314 | 300 | 917 | 400 | 265 | 700 | 601 | 300 | 864 | 200 | 738 | 2200 | 3699 |
| 13 | 赵志 | 新疆 | 500 | 709 | 100 | 802 | 700 | 932 | 100 | 968 | 700 | 882 | 400 | 603 | 2500 | 4896 |
| 14 | 袁晓 | 新疆 | 100 | 713 | 300 | 218 | 300 | 239 | 400 | 462 | 700 | 642 | 300 | 566 | 2100 | 2840 |
| 15 | 赵顺花 | 新疆 | 900 | 945 | 100 | 912 | 400 | 118 | 100 | 525 | 600 | 878 | 1000 | 581 | 3100 | 3959 |
| 16 | 张望 | 新疆 | 500 | 376 | 200 | 898 | 800 | 672 | 800 | 310 | 1000 | 324 | 500 | 141 | 3800 | 2721 |
| 17 | 王小辉 | 新疆 | 400 | 540 | 700 | 788 | 200 | 881 | 100 | 423 | 400 | 684 | 500 | 164 | 2300 | 3480 |

图 3-57　完成公式编写后填充公式

我们看编写好的公式可以发现，二维表求和其实和单条件求和的嵌套格式一样，主要易错的地方是引用单元格时的引用方式。结论就是想锁定谁就在谁前面加美元符号（$），都锁定都加，不锁定不加。

其实上面的例子使用 SUMIFS 函数也是可以的，输入如下公式，效果如图 3-58 所示。

```
=SUMIFS($C3:$N3,$C$2:$N$2,R$2)
```

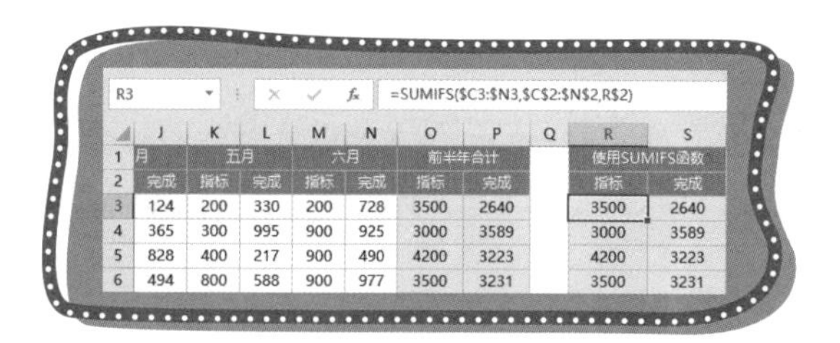

R3 =SUMIFS($C3:$N3,$C$2:$N$2,R$2)

| | J | K | L | M | N | O | P | Q | R | S |
|---|---|---|---|---|---|---|---|---|---|---|
| 1 | 月 | 五月 | | 六月 | | 前半年合计 | | | 使用SUMIFS函数 | |
| 2 | 完成 | 指标 | 完成 | 指标 | 完成 | 指标 | 完成 | | 指标 | 完成 |
| 3 | 124 | 200 | 330 | 200 | 728 | 3500 | 2640 | | 3500 | 2640 |
| 4 | 365 | 300 | 995 | 900 | 925 | 3000 | 3589 | | 3000 | 3589 |
| 5 | 828 | 400 | 217 | 900 | 490 | 4200 | 3223 | | 4200 | 3223 |
| 6 | 494 | 800 | 588 | 900 | 977 | 3500 | 3231 | | 3500 | 3231 |

图 3-58 使用 SUMIFS 函数

如图 3-59 所示，利用前半年合计数据，可以使用 SUMIFS 函数根据地区进行汇总。公式如下：

```
=SUMIFS(O:O,$B:$B,$R2)
```

S2 =SUMIFS(O:O,$B:$B,$R2)

| | O | P | Q | R | S | T | U |
|---|---|---|---|---|---|---|---|
| 1 | 前半年合计 | | | 地区 | 指标 | 完成 | |
| 2 | 指标 | 完成 | | 北京 | 14200 | 12683 | |
| 3 | 3500 | 2640 | | 内蒙 | 12900 | 15115 | |
| 4 | 3000 | 3589 | | 新疆 | 18500 | 24749 | |
| 5 | 4200 | 3223 | | | | | |

图 3-59 根据区域汇总

小鱼：如图 3-60 所示，可以不通过前半年合计，直接按地区汇总吗？

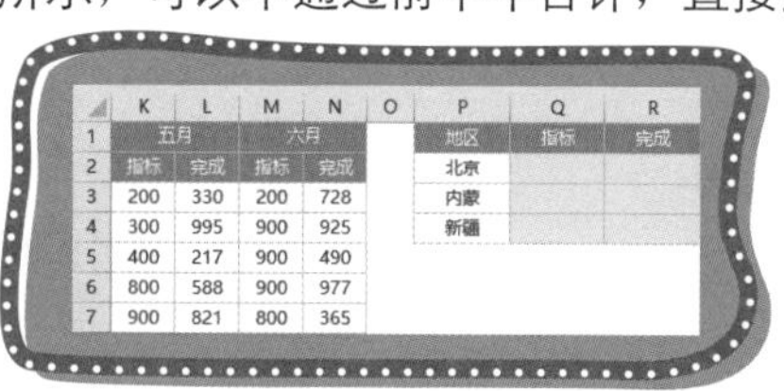

| | K | L | M | N | O | P | Q | R |
|---|---|---|---|---|---|---|---|---|
| 1 | 五月 | | 六月 | | | 地区 | 指标 | 完成 |
| 2 | 指标 | 完成 | 指标 | 完成 | | 北京 | | |
| 3 | 200 | 330 | 200 | 728 | | 内蒙 | | |
| 4 | 300 | 995 | 900 | 925 | | 新疆 | | |
| 5 | 400 | 217 | 900 | 490 | | | | |
| 6 | 800 | 588 | 900 | 977 | | | | |
| 7 | 900 | 821 | 800 | 365 | | | | |

图 3-60 直接按地区汇总

飞鱼：可以的，地区为一个条件，指标、完成字段为一个条件，按 SUMPRODUCT 函数多条件求和的套路写公式就可以。求和区域可以引用多行多列，编写公式的时候主要注意引用方式。输入如下公式，效果如图 3-61 所示。

```
=SUMPRODUCT(($C$2:$N$2=Q$1)*($B$3:$B$17=$P2),$C$3:$N$17)
```

|  | K | L | M | N | O | P | Q | R |
|---|---|---|---|---|---|---|---|---|
| 1 | 五月 |  | 六月 |  |  | 地区 | 指标 | 完成 |
| 2 | 指标 | 完成 | 指标 | 完成 |  | 北京 | 14200 | 12683 |
| 3 | 200 | 330 | 200 | 728 |  | 内蒙 | 12900 | 15115 |
| 4 | 300 | 995 | 900 | 925 |  | 新疆 | 18500 | 24749 |
| 5 | 400 | 217 | 900 | 490 |  |  |  |  |
| 6 | 800 | 588 | 900 | 977 |  |  |  |  |
| 7 | 900 | 821 | 800 | 365 |  |  |  |  |

图 3-61　二维表多条件求和

小鱼：那我使用 SUMIFS 函数也可以吧？

飞鱼：这个不可以，SUMIFS 函数的求和区域不支持这种写法，SUMPRODUCT 函数要比 SUMIFS 函数更灵活些。

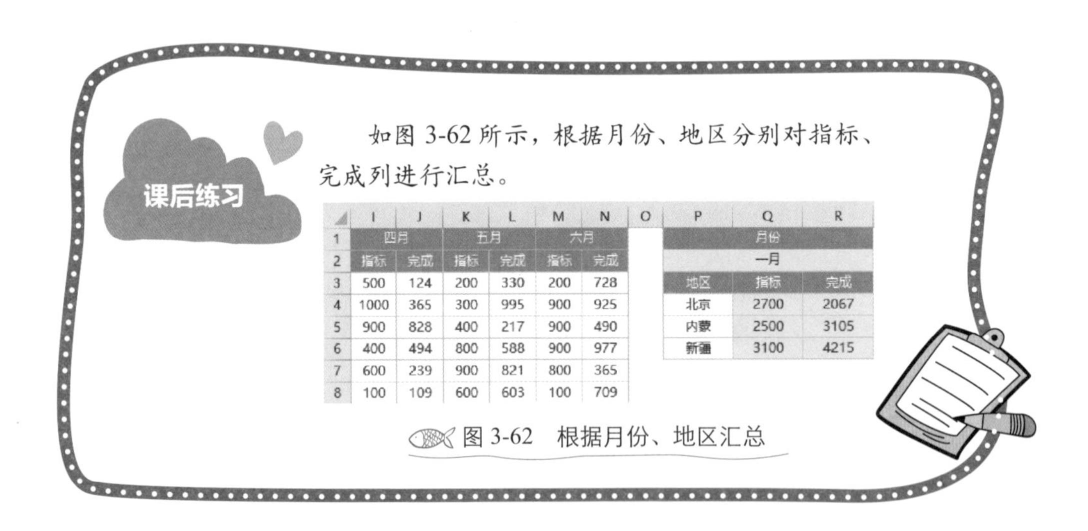

课后练习

如图 3-62 所示，根据月份、地区分别对指标、完成列进行汇总。

|  | I | J | K | L | M | N | O | P | Q | R |
|---|---|---|---|---|---|---|---|---|---|---|
| 1 | 四月 |  | 五月 |  | 六月 |  |  | 月份 |  |  |
| 2 | 指标 | 完成 | 指标 | 完成 | 指标 | 完成 |  | 一月 |  |  |
| 3 | 500 | 124 | 200 | 330 | 200 | 728 |  | 地区 | 指标 | 完成 |
| 4 | 1000 | 365 | 300 | 995 | 900 | 925 |  | 北京 | 2700 | 2067 |
| 5 | 900 | 828 | 400 | 217 | 900 | 490 |  | 内蒙 | 2500 | 3105 |
| 6 | 400 | 494 | 800 | 588 | 900 | 977 |  | 新疆 | 3100 | 4215 |
| 7 | 600 | 239 | 900 | 821 | 800 | 365 |  |  |  |  |
| 8 | 100 | 109 | 600 | 603 | 100 | 709 |  |  |  |  |

图 3-62　根据月份、地区汇总

# 3.8 合并单元格求和

小鱼：如图 3-63 所示，是我们领导想要的格式，这可苦了我了。先是合并单元格，合并单元格还得汇总指标额和完成额，我想问的是指标额和完成额可以用公式计算吗？

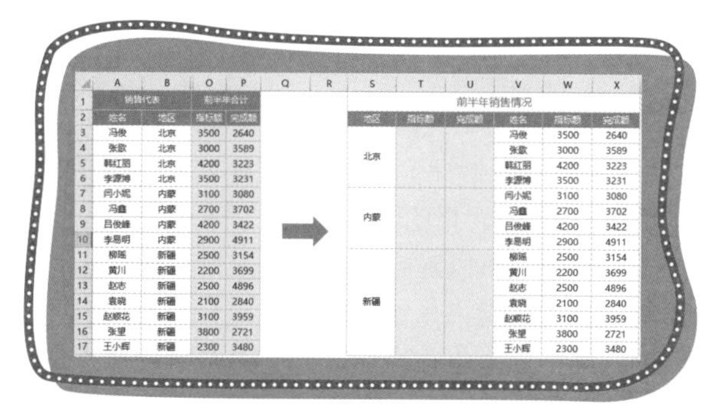

| | A | B | O | P |
|---|---|---|---|---|
| 1 | 销售代表 | | 前半年合计 | |
| 2 | 姓名 | 地区 | 指标额 | 完成额 |
| 3 | 冯俊 | 北京 | 3500 | 2640 |
| 4 | 张歆 | 北京 | 3000 | 3589 |
| 5 | 韩红丽 | 北京 | 4200 | 3223 |
| 6 | 李源博 | 北京 | 3500 | 3231 |
| 7 | 闫小妮 | 内蒙 | 3100 | 3080 |
| 8 | 冯鑫 | 内蒙 | 2700 | 3702 |
| 9 | 吕俊峰 | 内蒙 | 4200 | 3422 |
| 10 | 李易明 | 内蒙 | 2900 | 4911 |
| 11 | 柳瑶 | 新疆 | 2500 | 3154 |
| 12 | 黄川 | 新疆 | 2200 | 3699 |
| 13 | 赵志 | 新疆 | 2500 | 4896 |
| 14 | 袁晓 | 新疆 | 2100 | 2840 |
| 15 | 赵顺花 | 新疆 | 3100 | 3959 |
| 16 | 张望 | 新疆 | 3800 | 2721 |
| 17 | 王小辉 | 新疆 | 2300 | 3480 |

| S | T | U | V | W | X |
|---|---|---|---|---|---|
| 前半年销售情况 | | | | | |
| 地区 | 指标额 | 完成额 | 姓名 | 指标额 | 完成额 |
| 北京 | | | 冯俊 | 3500 | 2640 |
| | | | 张歆 | 3000 | 3589 |
| | | | 韩红丽 | 4200 | 3223 |
| | | | 李源博 | 3500 | 3231 |
| 内蒙 | | | 闫小妮 | 3100 | 3080 |
| | | | 冯鑫 | 2700 | 3702 |
| | | | 吕俊峰 | 4200 | 3422 |
| | | | 李易明 | 2900 | 4911 |
| 新疆 | | | 柳瑶 | 2500 | 3154 |
| | | | 黄川 | 2200 | 3699 |
| | | | 赵志 | 2500 | 4896 |
| | | | 袁晓 | 2100 | 2840 |
| | | | 赵顺花 | 3100 | 3959 |
| | | | 张望 | 3800 | 2721 |
| | | | 王小辉 | 2300 | 3480 |

图 3-63　领导想要的格式

飞鱼：可以用公式来计算的，只是操作方法有些不同。合并单元格大小相同的情况下才能填充公式。你需要选中 T3:U17 单元格区域，输入如下公式后按 Ctrl+Entre 组合键填充公式，效果如图 3-64 所示。公式如下：

```
=SUM(W3:W17)
-SUM(T4:T17)
```

| | S | T | U | V | W | X |
|---|---|---|---|---|---|---|
| 1 | 前半年销售情况 | | | | | |
| 2 | 地区 | 指标额 | 完成额 | 姓名 | 指标额 | 完成额 |
| 3 | 北京 | 14200 | 12683 | 冯俊 | 3500 | 2640 |
| 4 | | | | 张歆 | 3000 | 3589 |
| 5 | | | | 韩红丽 | 4200 | 3223 |
| 6 | | | | 李源博 | 3500 | 3231 |
| 7 | 内蒙 | 12900 | 15115 | 闫小妮 | 3100 | 3080 |
| 8 | | | | 冯鑫 | 2700 | 3702 |
| 9 | | | | 吕俊峰 | 4200 | 3422 |
| 10 | | | | 李易明 | 2900 | 4911 |
| 11 | 新疆 | 18500 | 24749 | 柳瑶 | 2500 | 3154 |
| 12 | | | | 黄川 | 2200 | 3699 |
| 13 | | | | 赵志 | 2500 | 4896 |
| 14 | | | | 袁晓 | 2100 | 2840 |
| 15 | | | | 赵顺花 | 3100 | 3959 |
| 16 | | | | 张望 | 3800 | 2721 |
| 17 | | | | 王小辉 | 2300 | 3480 |

图 3-64　批量填充公式

小鱼：好神奇啊，这是什么原理，一定要教会我。

飞鱼：原理其实很简单，合并单元格后，只有合并区域左上角的单元格是有内容的，如 T3:T6，我们看到的 14200 实际上是在 T3 单元格，T4:T6 都是空的，我们批量填充的时候，也只是向 T3、T7、T11 单元格填充了公式。

下面简单说下公式的原理，在 T3 单元格用 SUM(W3:W17) 总指标，减去 SUM (T4:T17)( 除北京外的所有指标 )，余下的就是北京地区的指标了，由于公式使用的相对引用，在公式填充到 T7 单元格的时候，公式就相对地变成“=SUM(W7:W21)-SUM(T8:T21)”

虽然有公式可以对合并单元格进行汇总，但是通过合并单元格来得到这种效果是非常不科学的，或者说是错误的。首先合并相同的属性单元格就是一个很大的工作量，其次后期的维护成本也很高，如果有源数据发生变动或者增加记录需要重新调整，最后虽然有公式可以进行汇总，但是这种公式的原理不是很好理解，学习成本高。

小鱼：领导喜欢这种格式，我也没办法，只能按着领导想要的格式做。说实话刚才的公式我现在还是懵懵的，不是很理解，每次做汇总我都要加班的。

飞鱼：我教你一种方法吧，可以解决你的问题，操作一次就可以永久使用，数据源修改或增加后单击“刷新”图标就可以实时同步。

**Step 01** 添加辅助列，使用 SUMIFS 函数分别把每个地区的指标额和完成额计算出来，输入如下公式后向下、向右填充，如图 3-65 所示。

```
=SUMIFS(C:C,$B:
$B,$B2)
```

| | A | B | C | D | E | F |
|---|---|---|---|---|---|---|
| 1 | 姓名 | 地区 | 指标额 | 完成额 | 地区指标额 | 地区完成额 |
| 2 | 冯俊 | 北京 | 3500 | 2640 | 10700 | 9452 |
| 3 | 张歆 | 北京 | 3000 | 3589 | 10700 | 9452 |
| 4 | 韩红丽 | 北京 | 4200 | 3223 | 10700 | 9452 |
| 5 | 李源博 | 内蒙 | 3500 | 3231 | 16400 | 18346 |
| 6 | 闫小妮 | 内蒙 | 3100 | 3080 | 16400 | 18346 |
| 7 | 冯鑫 | 内蒙 | 2700 | 3702 | 16400 | 18346 |
| 8 | 吕俊峰 | 内蒙 | 4200 | 3422 | 16400 | 18346 |
| 9 | 李易明 | 内蒙 | 2900 | 4911 | 16400 | 18346 |
| 10 | 柳瑶 | 新疆 | 2500 | 3154 | 18500 | 24749 |
| 11 | 黄川 | 新疆 | 2200 | 3699 | 18500 | 24749 |
| 12 | 赵志 | 新疆 | 2500 | 4896 | 18500 | 24749 |
| 13 | 袁晓 | 新疆 | 2100 | 2840 | 18500 | 24749 |
| 14 | 赵顺花 | 新疆 | 3100 | 3959 | 18500 | 24749 |
| 15 | 张望 | 新疆 | 3800 | 2721 | 18500 | 24749 |
| 16 | 王小辉 | 新疆 | 2300 | 3480 | 18500 | 24749 |

图 3-65 添加辅助列

Step 02 如图 3-66 所示，选中数据区域任意单元格后，选择“插入”选项卡，单击“表格”图标，或按 Ctrl+T 组合键，弹出“创建表”对话框，单击“确定”按钮即可插入表格。

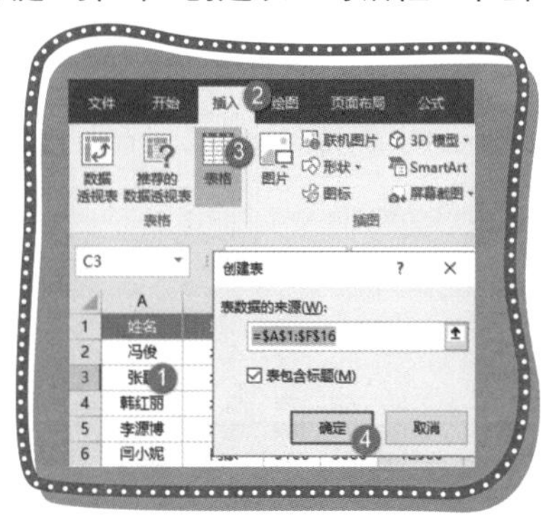


图 3-66 插入表格

Step 03 如图 3-67 所示，选中数据区域任意单元格后，选择“插入”选项卡，单击“数据透视表”图标，弹出“创建数据透视表”对话框，单击“确定”按钮即可插入数据透视表。

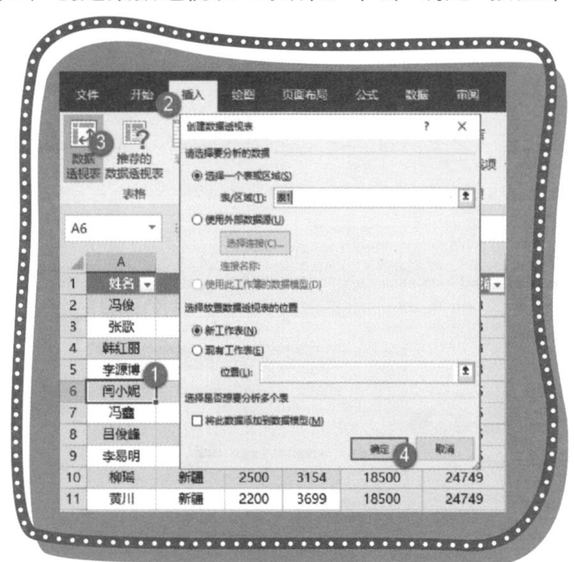


图 3-67 插入数据透视表

Step 04 如图 3-68 所示，将地区、地区指标额、地区完成额、姓名拖到行字段，将指标额、完成额拖到值字段。拖放字段的时候要注意顺序。

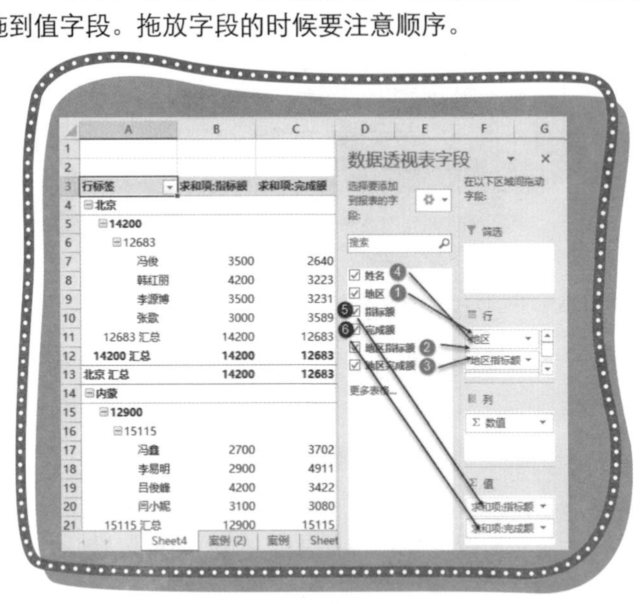

图 3-68　添加字段

Step 05 如图 3-69 所示，选择“设计”选项卡，单击“报表布局”图标，在弹出的下拉菜单中选择“以表格形式显示 (T)”。

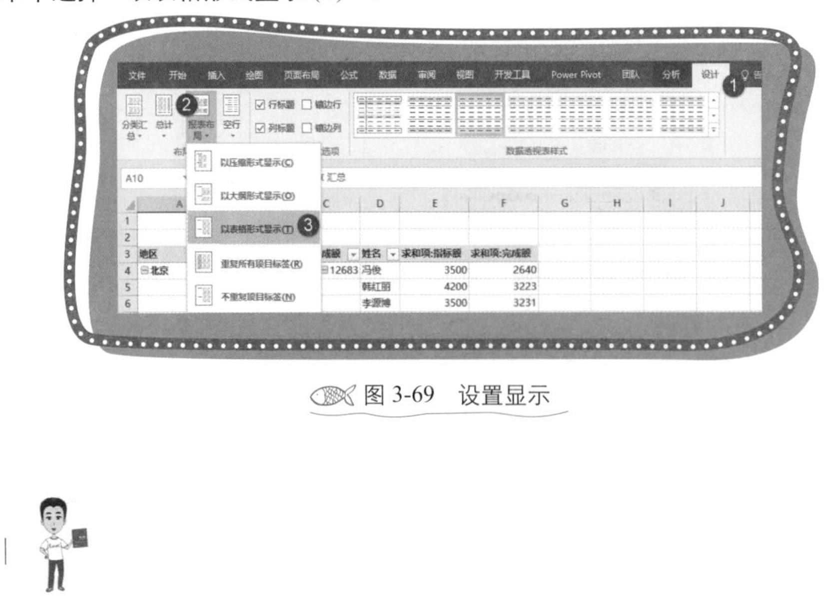

图 3-69　设置显示

Step 06 如图 3-70 所示，单击“分类汇总”图标，选择“不显示分类汇总 (D)”。

图 3-70 不显示分类汇总

Step 07 如图 3-71 所示，选择“分析”选项卡，单击“选项”图标，弹出“数据透视表选项”对话框，勾选“合并且居中排列带标签的单元格 (M)”选项，单击“确定”按钮完成设置。

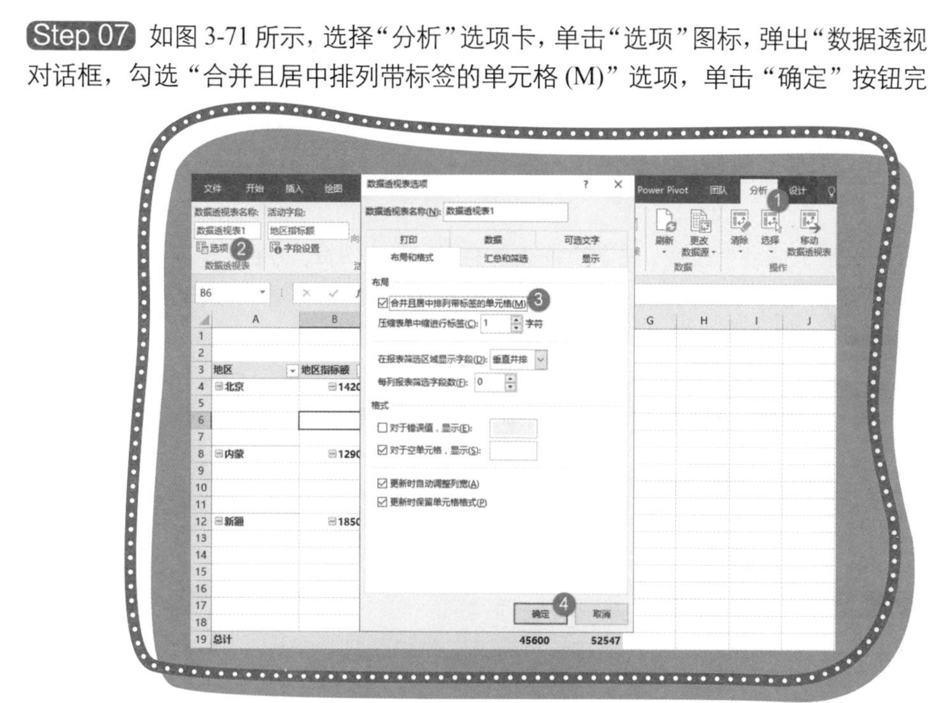


图 3-71 设置合并居中

Step 08 完成设置后，简单美化表格，如图 3-72 所示。

| 前半年销售情况 | | | | | |
|---|---|---|---|---|---|
| 地区 | 地区指标额 | 地区完成额 | 姓名 | 指标额 | 完成额 |
| 北京 | 14200 | 12683 | 冯俊 | 3500 | 2640 |
| | | | 韩红丽 | 4200 | 3223 |
| | | | 李源博 | 3500 | 3231 |
| | | | 张歆 | 3000 | 3589 |
| 内蒙 | 12900 | 15115 | 冯鑫 | 2700 | 3702 |
| | | | 李易明 | 2900 | 4911 |
| | | | 吕俊峰 | 4200 | 3422 |
| | | | 闫小妮 | 3100 | 3080 |
| 新疆 | 18500 | 24749 | 黄川 | 2200 | 3699 |
| | | | 柳瑶 | 2500 | 3154 |
| | | | 王小辉 | 2300 | 3480 |
| | | | 袁晓 | 2100 | 2840 |
| | | | 张望 | 3800 | 2721 |
| | | | 赵顺花 | 3100 | 3959 |
| | | | 赵志 | 2500 | 4896 |
| 总计 | | | | 45600 | 52547 |

图 3-72 美化表格

Step 09 如果数据源发生改变，选中透视表任意区域后，选择“分析”选项卡，单击“刷新”图标即可更新内容。在刷新前我们把“李源博”所在地区修改为“内蒙”，刷新后如图 3-73 所示，我们可以看到透视表已经做了对应的调整。

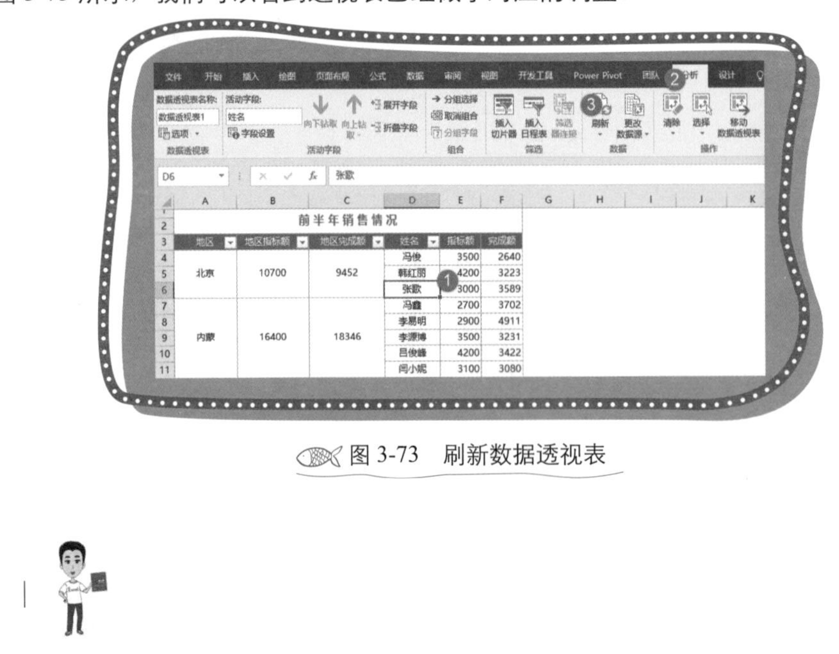


| 前半年销售情况 | | | | | |
|---|---|---|---|---|---|
| 地区 | 地区指标额 | 地区完成额 | 姓名 | 指标额 | 完成额 |
| 北京 | 10700 | 9452 | 冯俊 | 3500 | 2640 |
| | | | 韩红丽 | 4200 | 3223 |
| | | | 张歆 | 3000 | 3589 |
| 内蒙 | 16400 | 18346 | 冯鑫 | 2700 | 3702 |
| | | | 李易明 | 2900 | 4911 |
| | | | 李源博 | 3500 | 3231 |
| | | | 吕俊峰 | 4200 | 3422 |
| | | | 闫小妮 | 3100 | 3080 |

图 3-73 刷新数据透视表

**小提示**

只有选中数据透视表区域后才会出现“分析”选项卡和“设计”选项卡。

通过表格创建的数据透视表有一个好处是，当我们数据源有新增内容时刷新数据透视表后，可以自动更新数据源区域，普通区域就要手动更改数据源了。

小鱼：这种方法真是方便，一劳永逸，做好模版后，每次更新数据源单击“刷新”图标就可以了，以后做这种表再也不用加班了。真是太棒了！

飞鱼：如果数据源更新频繁的话，我再教你一招，连“刷新”都不用单击了，让数据透视表自动更新。

**Step 01** 按 Ctrl+F11 组合键打开 VBE 窗口，双击对象窗口中的 ThisWorkbook 对象，进入代码窗口后复制并粘贴如下代码，如图 3-74 所示 。

```
Private Sub Workbook_ SheetActivate (ByVal Sh As Object)
ActiveWorkbook.RefreshAll
End Sub
```

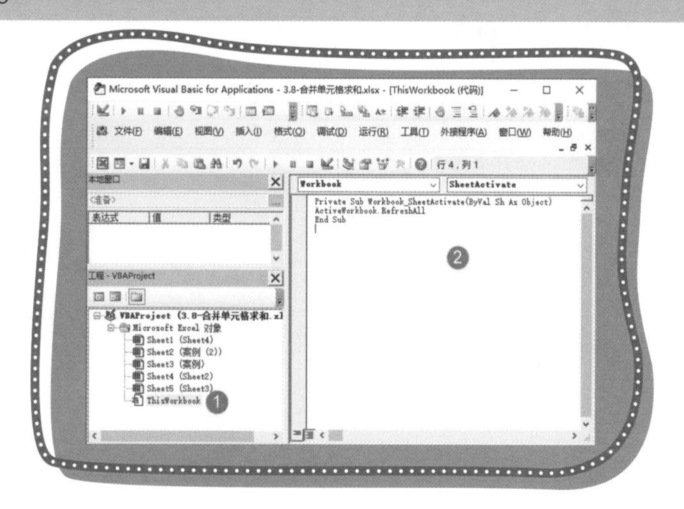


图 3-74 复制并粘贴代码

**小提示**

数据透视表存放位置不可以和数据源在一个工作表，否则代码无效。

Step 02 使用自动更新代码后，在保存文件的时候要保存为“Excel 启用宏的工作簿”格式，如图 3-75 所示。

图 3-75 保存为启用宏的工作簿格式

Step 03 使用自动更新功能需要开启“启用所有宏”选项。开启方法为，依次选择“文件”→“选项”→“信任中心”→“信任中心设置”→“宏设置”命令，勾选“启用所有宏”选项，设置完成后单击“确定”按钮完成设置。

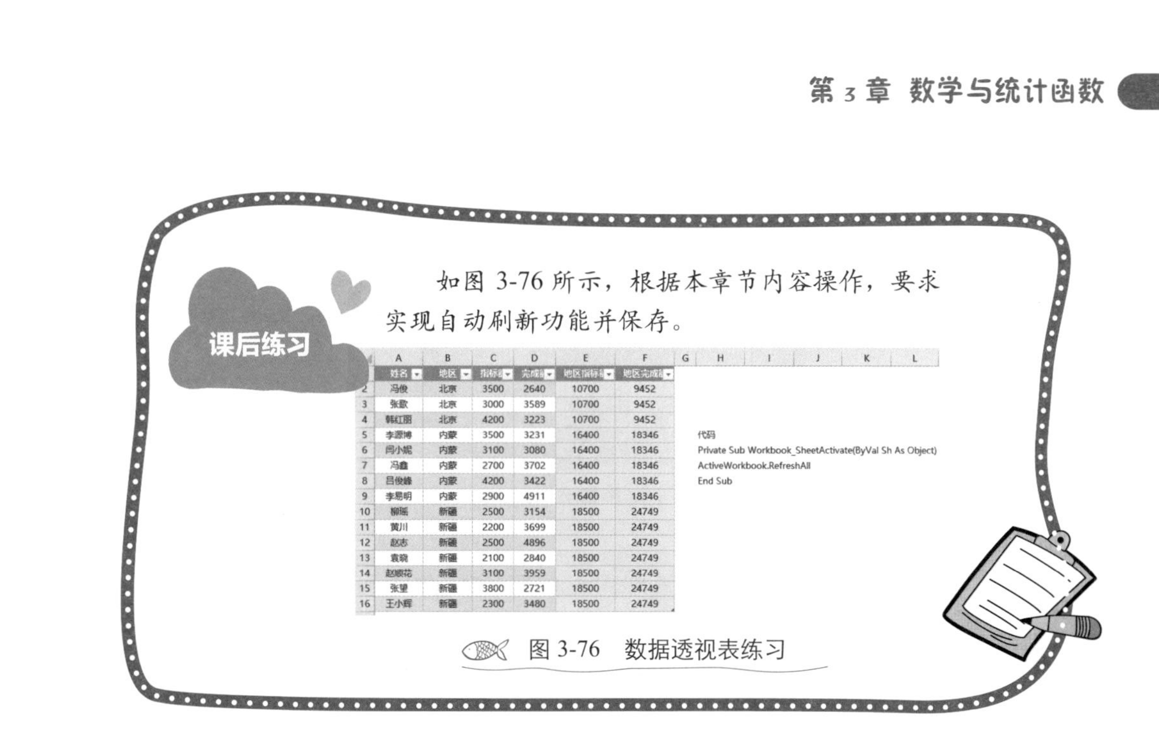

课后练习

如图 3-76 所示，根据本章节内容操作，要求实现自动刷新功能并保存。

| 姓名 | 地区 | 指标 | 完成 | 地区指标 | 地区完成 |
|---|---|---|---|---|---|
| 冯俊 | 北京 | 3500 | 2640 | 10700 | 9452 |
| 张歆 | 北京 | 3000 | 3589 | 10700 | 9452 |
| 韩红丽 | 北京 | 4200 | 3223 | 10700 | 9452 |
| 李源博 | 内蒙 | 3500 | 3231 | 16400 | 18346 |
| 闫小妮 | 内蒙 | 3100 | 3080 | 16400 | 18346 |
| 冯鑫 | 内蒙 | 2700 | 3702 | 16400 | 18346 |
| 吕俊峰 | 内蒙 | 4200 | 3422 | 16400 | 18346 |
| 李易明 | 内蒙 | 2900 | 4911 | 16400 | 18346 |
| 柳瑶 | 新疆 | 2500 | 3154 | 18500 | 24749 |
| 黄川 | 新疆 | 2200 | 3699 | 18500 | 24749 |
| 赵志 | 新疆 | 2500 | 4896 | 18500 | 24749 |
| 袁晓 | 新疆 | 2100 | 2840 | 18500 | 24749 |
| 赵顺花 | 新疆 | 3100 | 3959 | 18500 | 24749 |
| 张望 | 新疆 | 3800 | 2721 | 18500 | 24749 |
| 王小辉 | 新疆 | 2300 | 3480 | 18500 | 24749 |



图 3-76 数据透视表练习

## 3.9 初识数组公式

小鱼：飞鱼啊，什么是数组公式？教教我呗。

飞鱼：首先我们来了解数组公式与普通公式的区别 。

普通公式，编写好公式后按快捷键 Enter 结束编写公式，数组公式编写好后需要同时按 Ctrl+Shift+Enter 组合键结束。数组公式的特点是可以同时对一组或多组数据进行计算。数组公式有两种存放结果形式。一种形式是多单元格存放结果，如图 3-77 所示，选中 C2:C7 单元格区域，输入如下公式后，按 Ctrl+Shift+Enter 组合键结束，数组公式会在公式两端自动加上大括号（{}），这表示对一组数字进行计算后分别存放到所选区域。

```
=A2:A7*B2:B7
```

多单元格存放的数组公式表面上看和普通公式好像没什么区别，实际上这个形式的数组公式有一个好处是，可以防止误操作修改部分公式，如图 3-78 所示，因为不允许修改部分数组内容。间接地起到了公式保护的作用。

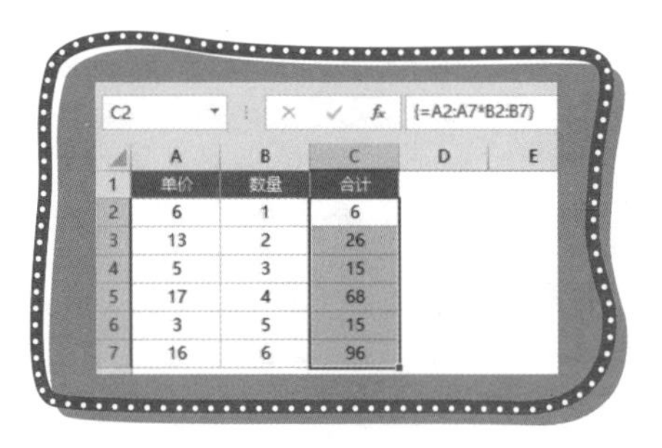

C2 | {=A2:A7*B2:B7}

| | A | B | C |
|---|---|---|---|
| 1 | 单价 | 数量 | 合计 |
| 2 | 6 | 1 | 6 |
| 3 | 13 | 2 | 26 |
| 4 | 5 | 3 | 15 |
| 5 | 17 | 4 | 68 |
| 6 | 3 | 5 | 15 |
| 7 | 16 | 6 | 96 |

图 3-77　多单元格存放结果

| | A | B | C |
|---|---|---|---|
| 1 | 单价 | 数量 | 合计 |
| 2 | 6 | 1 | 6 |
| 3 | 13 | 2 | 26 |
| 4 | 5 | | 40 |
| 5 | 17 | 4 | 68 |
| 6 | 3 | 5 | 15 |
| 7 | 16 | 6 | 96 |

Microsoft Excel
无法更改部分数组。
确定　取消

图 3-78　无法更改部分数组

还有一种形式是单单元格存放数组结果。首先我们要知道的是一个单元格内只能存放一个数据，是无法存放一组数据的，如图 3-79 所示。

图 3-79　得到一组数字

这个时候就需要我们使用一些函数对这组数据进行计算得到一个数据，如 SUM 函数可以对一组数字进行求和，MIN 函数可以返回一组数字的最小值等，如图 3-80 所示。对于数组公式要记得按 Ctrl+Shift+Enter 组合键结束编写哦。

| | A | B | C | D | E | F |
|---|---|---|---|---|---|---|
| 1 | 单价 | 数量 | | | | |
| 2 | 6 | 1 | | 相乘后求和 | 226 | {=SUM(A2:A7*B2:B7)} |
| 3 | 13 | 2 | | 相乘后求平均值 | 37.66667 | {=AVERAGEA(A2:A7*B2:B7)} |
| 4 | 5 | 3 | | 相乘后求最小值 | 6 | {=MIN(A2:A7*B2:B7)} |
| 5 | 17 | 4 | | 相乘后求最大值 | 96 | {=MAX(A2:A7*B2:B7)} |
| 6 | 3 | 5 | | | | |
| 7 | 16 | 6 | | | | |

图 3-80 单单元格存放数组结果

还记得 SUMPRODUCT 函数吧？这个函数可以实现数组公式的效果，但是由于这个函数本身支持数组，即使有数组公式的效果，也不是数组公式。此外和 SUMPRODUCT 函数有相同效果的函数还有 LOOKUP 函数。除了这两个函数，其他函数则需要按 Ctrl+Shift+Enter 组合键结束才可以。

小鱼：SUMPRODUCT 函数可以实现的功能，使用 SUM 数组公式也可以实现？

飞鱼：是这样的，SUM 计数嵌套方式和 SUMPRODUCT 函数相同，SUM 求和嵌套和 SUMPRODUCT 函数有点不同。如图 3-81 所示，如求和区域包含文本或错误值，需要使用 IFERROR 函数进行容错。

**SUM求和嵌套**

**单条件**

SUM((条件1)*求和区域)

**多条件**

SUM((条件1)*(条件2)*(条件n)*求和区域)

**求和区包含文本或错误值**

SUM(IFERROR((条件1)*(条件2)*(条件n)*求和区域,0))

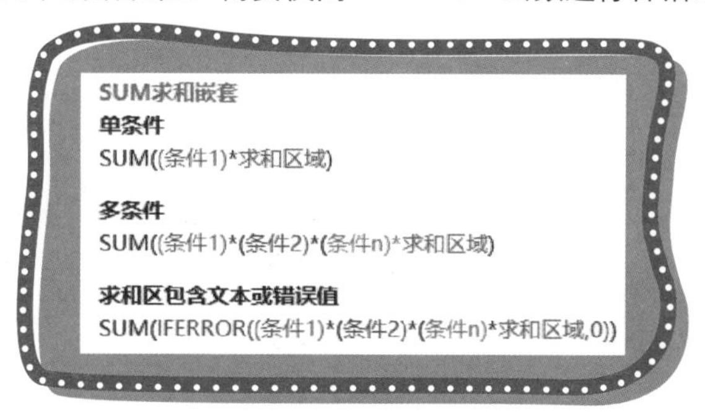

图 3-81 SUM 求和嵌套

如图 3-82 所示，使用 SUM 数组公式根据姓名分别进行求和、计数。

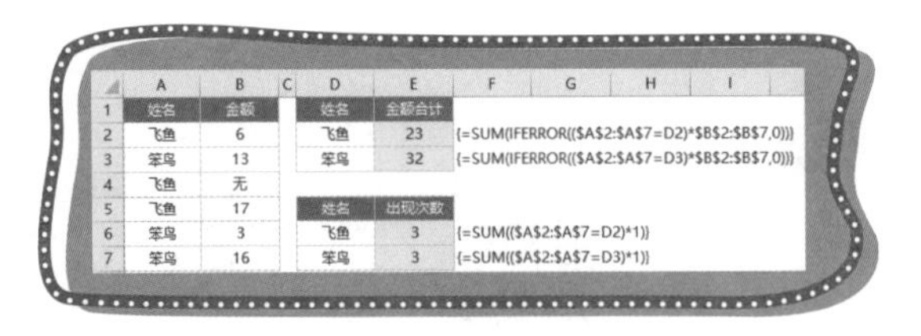

| | A | B | C | D | E | F | G | H | I |
|---|---|---|---|---|---|---|---|---|---|
| 1 | 姓名 | 金额 | | 姓名 | 金额合计 | | | | |
| 2 | 飞鱼 | 6 | | 飞鱼 | 23 | {=SUM(IFERROR(($A$2:$A$7=D2)*$B$2:$B$7,0))} | | | |
| 3 | 笨鸟 | 13 | | 笨鸟 | 32 | {=SUM(IFERROR(($A$2:$A$7=D3)*$B$2:$B$7,0))} | | | |
| 4 | 飞鱼 | 无 | | | | | | | |
| 5 | 飞鱼 | 17 | | 姓名 | 出现次数 | | | | |
| 6 | 笨鸟 | 3 | | 飞鱼 | 3 | {=SUM(($A$2:$A$7=D2)*1)} | | | |
| 7 | 笨鸟 | 16 | | 笨鸟 | 3 | {=SUM(($A$2:$A$7=D3)*1)} | | | |

图 3-82　条件求和与计数

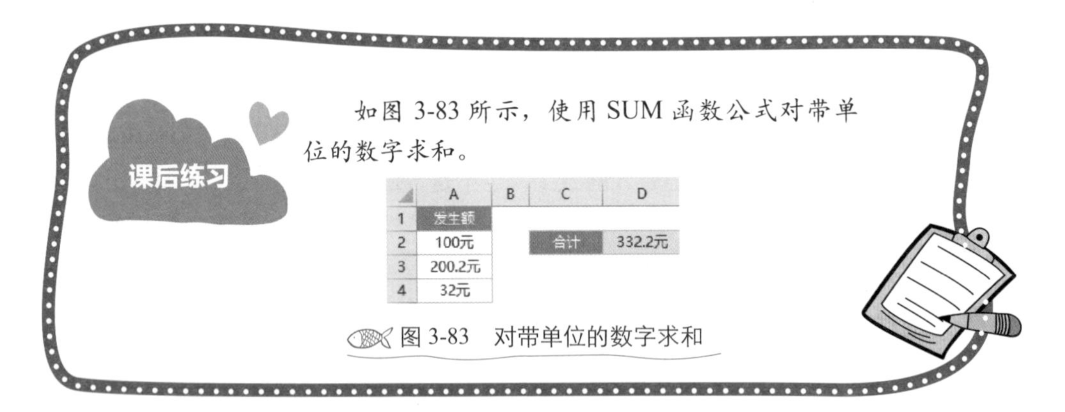

课后练习

如图 3-83 所示，使用 SUM 函数公式对带单位的数字求和。

| | A | B | C | D |
|---|---|---|---|---|
| 1 | 发生额 | | | |
| 2 | 100元 | | 合计 | 332.2元 |
| 3 | 200.2元 | | | |
| 4 | 32元 | | | |

图 3-83　对带单位的数字求和

## 3.10　条件求最大、最小值

小鱼：如图 3-84 所示，想求出班级的最高分、最低分。Excel 函数里有没有条件求最大值和最小值函数?

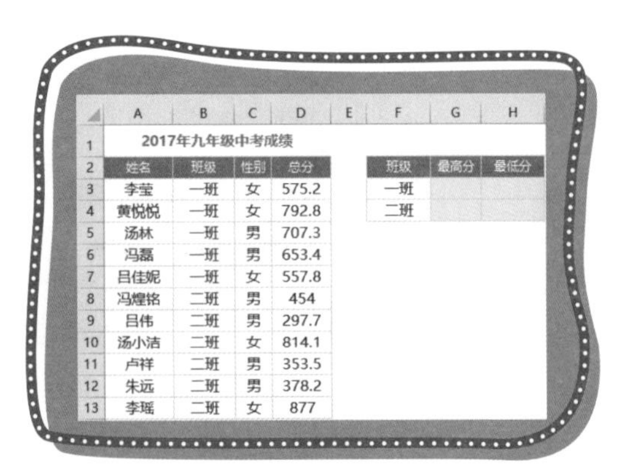

| | A | B | C | D | E | F | G | H |
|---|---|---|---|---|---|---|---|---|
| 1 | 2017年九年级中考成绩 | | | | | | | |
| 2 | 姓名 | 班级 | 性别 | 总分 | | 班级 | 最高分 | 最低分 |
| 3 | 李莹 | 一班 | 女 | 575.2 | | 一班 | | |
| 4 | 黄悦悦 | 一班 | 女 | 792.8 | | 二班 | | |
| 5 | 汤林 | 一班 | 男 | 707.3 | | | | |
| 6 | 冯磊 | 一班 | 男 | 653.4 | | | | |
| 7 | 吕佳妮 | 一班 | 女 | 557.8 | | | | |
| 8 | 冯煌铭 | 二班 | 男 | 454 | | | | |
| 9 | 吕伟 | 二班 | 男 | 297.7 | | | | |
| 10 | 汤小洁 | 二班 | 女 | 814.1 | | | | |
| 11 | 卢祥 | 二班 | 男 | 353.5 | | | | |
| 12 | 朱远 | 二班 | 男 | 378.2 | | | | |
| 13 | 李瑶 | 二班 | 女 | 877 | | | | |

图 3-84　条件求最大值、最小值

飞鱼：有呀，这是 Excel 新增的两个函数，Office 365 版本才可以使用的，分别是 MAXIFS 和 MINIFS 函数，使用方法和 SUMIFS 函数一样，如图 3-85 所示。

最高分统计，G3 单元格输入如下公式后下填充。

```
=MAXIFS(D:D,B:B,F3)
```

最低分统计，H3 单元格输入如下公式后下填充。

```
=MINIFS(D:D,B:B,F3)
```

| | A | B | C | D | E | F | G | H |
|---|---|---|---|---|---|---|---|---|
| 1 | 2017年九年级中考成绩 | | | | | | | |
| 2 | 姓名 | 班级 | 性别 | 总分 | | 班级 | 最高分 | 最低分 |
| 3 | 李莹 | 一班 | 女 | 575.2 | | 一班 | 792.8 | 557.8 |
| 4 | 黄悦悦 | 一班 | 女 | 792.8 | | 二班 | 877 | 297.7 |
| 5 | 汤林 | 一班 | 男 | 707.3 | | | | |
| 6 | 冯磊 | 一班 | 男 | 653.4 | | | | |
| 7 | 吕佳妮 | 一班 | 女 | 557.8 | | | | |
| 8 | 冯煌铭 | 二班 | 男 | 454 | | | | |
| 9 | 吕伟 | 二班 | 男 | 297.7 | | | | |
| 10 | 汤小洁 | 二班 | 女 | 814.1 | | | | |
| 11 | 卢祥 | 二班 | 男 | 353.5 | | | | |
| 12 | 朱远 | 二班 | 男 | 378.2 | | | | |
| 13 | 李瑶 | 二班 | 女 | 877 | | | | |

图 3-85 MAXIFS MINIFS

小鱼：我计算机上的 Excel 就没有这两个函数，还有别的办法吗？

飞鱼：有两种办法的。一种办法是通过辅助列，这种方法优点是简单易懂，缺点是步骤多、麻烦。

**Step 01** 使用 IF 函数判断后分别把每个班级的成绩提取出来，注意引用方式。输入如下公式，效果如图 3-86 所示。

```
=IF($B3=E$2,$D3,"")
```

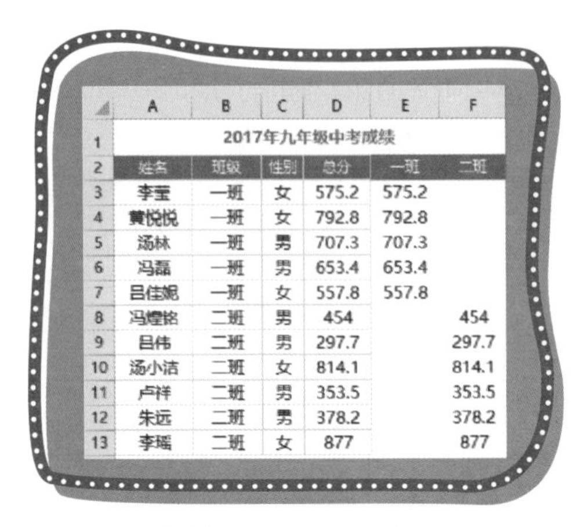

| | A | B | C | D | E | F |
|---|---|---|---|---|---|---|
| 1 | 2017年九年级中考成绩 | | | | | |
| 2 | 姓名 | 班级 | 性别 | 总分 | 一班 | 二班 |
| 3 | 李莹 | 一班 | 女 | 575.2 | 575.2 | |
| 4 | 黄悦悦 | 一班 | 女 | 792.8 | 792.8 | |
| 5 | 汤林 | 一班 | 男 | 707.3 | 707.3 | |
| 6 | 冯磊 | 一班 | 男 | 653.4 | 653.4 | |
| 7 | 吕佳妮 | 一班 | 女 | 557.8 | 557.8 | |
| 8 | 冯煌铭 | 二班 | 男 | 454 | | 454 |
| 9 | 吕伟 | 二班 | 男 | 297.7 | | 297.7 |
| 10 | 汤小洁 | 二班 | 女 | 814.1 | | 814.1 |
| 11 | 卢祥 | 二班 | 男 | 353.5 | | 353.5 |
| 12 | 朱远 | 二班 | 男 | 378.2 | | 378.2 |
| 13 | 李瑶 | 二班 | 女 | 877 | | 877 |

图 3-86　添加辅助列

Step 02 如图 3-87 所示，改变一下统计格式后，就可以使用两条公式完成统计。

最高分统计，I3 单元格输入如下公式后向右填充。

```
=MAX(E:E)
```

最低分统计，I4 单元格输入如下公式后向右填充。

```
=MIN(E:E)
```

| | A | B | C | D | E | F | G | H | I | J |
|---|---|---|---|---|---|---|---|---|---|---|
| 1 | 2017年九年级中考成绩 | | | | | | | | | |
| 2 | 姓名 | 班级 | 性别 | 总分 | 一班 | 二班 | | | 一班 | 二班 |
| 3 | 李莹 | 一班 | 女 | 575.2 | 575.2 | | | 最高分 | 792.8 | 877 |
| 4 | 黄悦悦 | 一班 | 女 | 792.8 | 792.8 | | | 最低分 | 557.8 | 297.7 |
| 5 | 汤林 | 一班 | 男 | 707.3 | 707.3 | | | | | |
| 6 | 冯磊 | 一班 | 男 | 653.4 | 653.4 | | | | | |
| 7 | 吕佳妮 | 一班 | 女 | 557.8 | 557.8 | | | | | |
| 8 | 冯煌铭 | 二班 | 男 | 454 | | 454 | | | | |
| 9 | 吕伟 | 二班 | 男 | 297.7 | | 297.7 | | | | |
| 10 | 汤小洁 | 二班 | 女 | 814.1 | | 814.1 | | | | |
| 11 | 卢祥 | 二班 | 男 | 353.5 | | 353.5 | | | | |
| 12 | 朱远 | 二班 | 男 | 378.2 | | 378.2 | | | | |
| 13 | 李瑶 | 二班 | 女 | 877 | | 877 | | | | |

图 3-87　改变格式后统计分数

另一种方法是使用数组公式，优点是不需要使用辅助列，缺点是学习成本高。

使用数组公式，嵌套 IF 函数可以实现多条件求最大、最小值的功能，如图 3-88 所示。

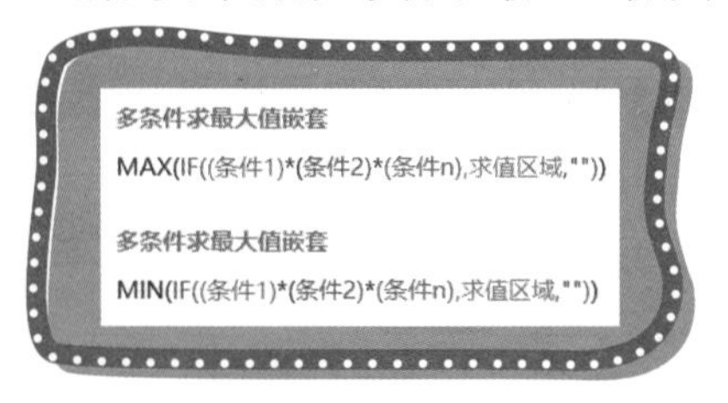


图 3-88 多条件求最大、最小值套路

这个公式的原理是通过 IF 函数判断条件区域，如果条件满足，则返回对应求值区域的值，条件不满足则返回空。这么做的目的是把条件满足的值筛选出来，然后使用 MAX 或 MIN 函数对筛选出来的值，求最大或最小值，如图 3-89 所示。

最高分统计，G3 单元格输入如下公式后下填充。

```
=MAX(IF($B$3:$B$13=F3,$D$3:$D$13,""))
```

最低分统计，H3 单元格输入如下公式后下填充。

```
=MIN(IF($B$3:$B$13=F3,$D$3:$D$13,""))
```

G3 {=MAX(IF($B$3:$B$13=F3,$D$3:$D$13,""))}

| | A | B | C | D | E | F | G | H |
|---|---|---|---|---|---|---|---|---|
| 1 | 2017年九年级中考成绩 | | | | | | | |
| 2 | 姓名 | 班级 | 性别 | 总分 | | 班级 | 最高分 | 最低分 |
| 3 | 李莹 | 一班 | 女 | 575.2 | | 一班 | 792.8 | 557.8 |
| 4 | 黄悦悦 | 一班 | 女 | 792.8 | | 二班 | 877 | 297.7 |
| 5 | 汤林 | 一班 | 男 | 707.3 | | | | |
| 6 | 冯磊 | 一班 | 男 | 653.4 | | | | |
| 7 | 吕佳妮 | 一班 | 女 | 557.8 | | | | |
| 8 | 冯煌铭 | 二班 | 男 | 454 | | | | |
| 9 | 吕伟 | 二班 | 男 | 297.7 | | | | |
| 10 | 汤小洁 | 二班 | 女 | 814.1 | | | | |
| 11 | 卢祥 | 二班 | 男 | 353.5 | | | | |
| 12 | 朱远 | 二班 | 男 | 378.2 | | | | |
| 13 | 李瑶 | 二班 | 女 | 877 | | | | |

图 3-89 数组公式

课后练习

如图 3-90 所示，根据不同性别分别统计每个班级的最高分与最低分。

| | A | B | C | D |
|---|---|---|---|---|
| 1 | 2017年九年级中考成绩 | | | |
| 2 | 姓名 | 班级 | 性别 | 总分 |
| 3 | 李莹 | 一班 | 女 | 575.2 |
| 4 | 黄悦悦 | 一班 | 女 | 792.8 |
| 5 | 汤林 | 一班 | 男 | 707.3 |
| 6 | 冯磊 | 一班 | 男 | 653.4 |
| 7 | 吕佳妮 | 一班 | 女 | 557.8 |
| 8 | 冯煌铭 | 二班 | 男 | 454 |
| 9 | 吕伟 | 二班 | 男 | 297.7 |
| 10 | 汤小洁 | 二班 | 女 | 814.1 |
| 11 | 卢祥 | 二班 | 男 | 353.5 |
| 12 | 朱远 | 二班 | 男 | 378.2 |
| 13 | 李瑶 | 二班 | 女 | 877 |

| F | G | H |
|---|---|---|
| 性别 | | |
| 女 | | |
| 班级 | 最高分 | 最低分 |
| 一班 | 792.8 | 557.8 |
| 二班 | 877 | 814.1 |

图 3-90　添加性别条件

## 3.11 返回第 k 个最大、最小值

飞鱼：在 Excel 里不只有统计最大值、最小值函数，还有返回第 k 个最大值、最小值函数。首先来看返回第 k 个最大值函数的语法，如图 3-91 所示。

图 3-91　LARGE 函数语法

如图 3-92 所示，使用 LARGE 函数返回前三名的分数，ROW 函数可以返回动态序号，我们暂时先不用去理解 ROW 用法，在查找引用章节我们会有详细讲解。公式如下：

```
=LARGE(D:D,ROW(A1))
```

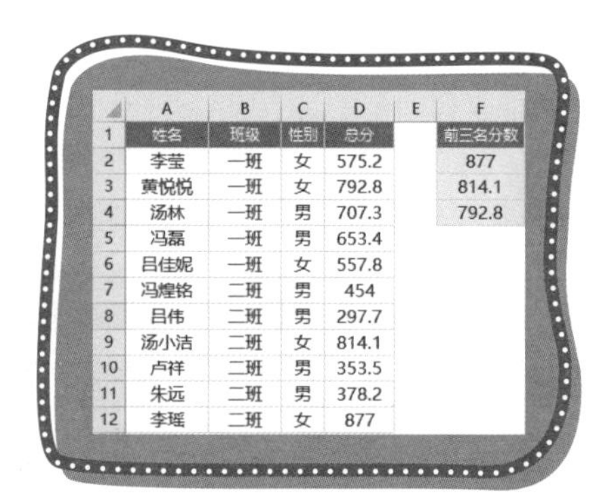

| | A | B | C | D | E | F |
|---|---|---|---|---|---|---|
| 1 | 姓名 | 班级 | 性别 | 总分 | | 前三名分数 |
| 2 | 李莹 | 一班 | 女 | 575.2 | | 877 |
| 3 | 黄悦悦 | 一班 | 女 | 792.8 | | 814.1 |
| 4 | 汤林 | 一班 | 男 | 707.3 | | 792.8 |
| 5 | 冯磊 | 一班 | 男 | 653.4 | | |
| 6 | 吕佳妮 | 一班 | 女 | 557.8 | | |
| 7 | 冯煌铭 | 二班 | 男 | 454 | | |
| 8 | 吕伟 | 二班 | 男 | 297.7 | | |
| 9 | 汤小洁 | 二班 | 女 | 814.1 | | |
| 10 | 卢祥 | 二班 | 男 | 353.5 | | |
| 11 | 朱远 | 二班 | 男 | 378.2 | | |
| 12 | 李瑶 | 二班 | 女 | 877 | | |

图 3-92　前三名分数

下面再来看返回第 k 个最小值函数的语法，如图 3-93 所示。

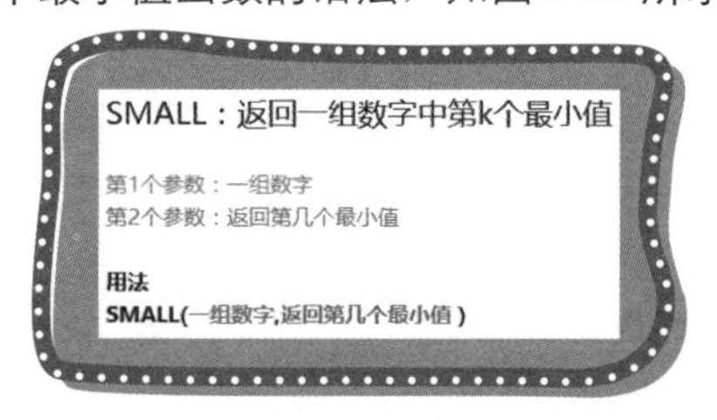


图 3-93　SMALL函数语法

如图 3-94 所示，使用 SMALL 函数返回后三名的分数。

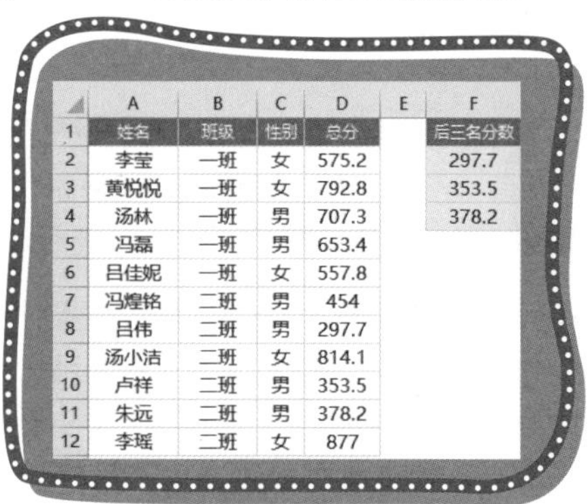

| | A | B | C | D | E | F |
|---|---|---|---|---|---|---|
| 1 | 姓名 | 班级 | 性别 | 总分 | | 后三名分数 |
| 2 | 李莹 | 一班 | 女 | 575.2 | | 297.7 |
| 3 | 黄悦悦 | 一班 | 女 | 792.8 | | 353.5 |
| 4 | 汤林 | 一班 | 男 | 707.3 | | 378.2 |
| 5 | 冯磊 | 一班 | 男 | 653.4 | | |
| 6 | 吕佳妮 | 一班 | 女 | 557.8 | | |
| 7 | 冯煌铭 | 二班 | 男 | 454 | | |
| 8 | 吕伟 | 二班 | 男 | 297.7 | | |
| 9 | 汤小洁 | 二班 | 女 | 814.1 | | |
| 10 | 卢祥 | 二班 | 男 | 353.5 | | |
| 11 | 朱远 | 二班 | 男 | 378.2 | | |
| 12 | 李瑶 | 二班 | 女 | 877 | | |

图 3-94　返回后三名分数

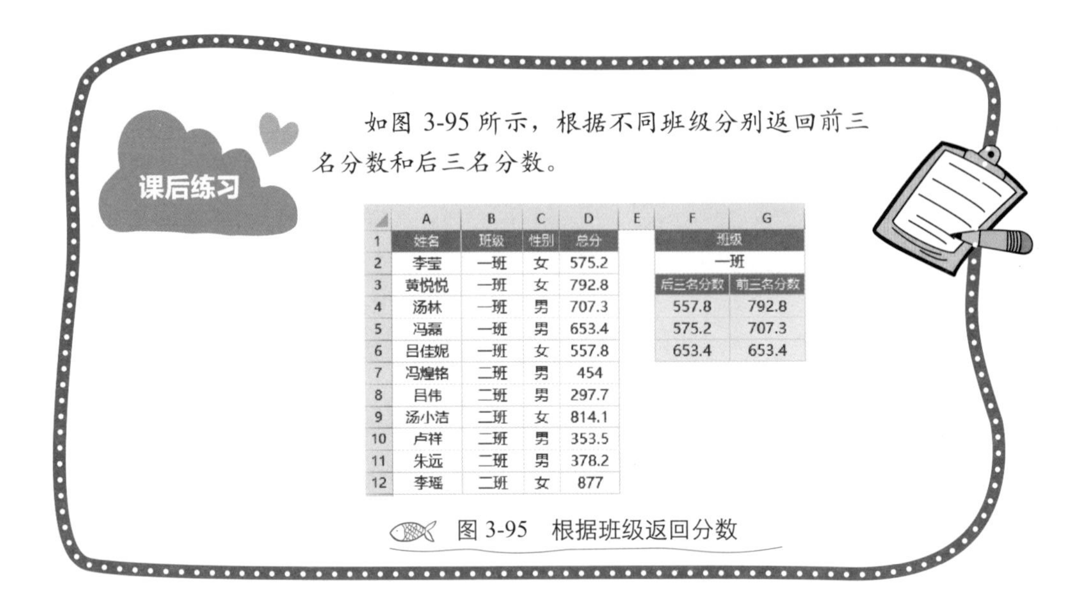

课后练习

如图 3-95 所示，根据不同班级分别返回前三名分数和后三名分数。

| | A | B | C | D | E | F | G |
|---|---|---|---|---|---|---|---|
| 1 | 姓名 | 班级 | 性别 | 总分 | | 班级 | |
| 2 | 李莹 | 一班 | 女 | 575.2 | | 一班 | |
| 3 | 黄悦悦 | 一班 | 女 | 792.8 | | 后三名分数 | 前三名分数 |
| 4 | 汤林 | 一班 | 男 | 707.3 | | 557.8 | 792.8 |
| 5 | 冯磊 | 一班 | 男 | 653.4 | | 575.2 | 707.3 |
| 6 | 吕佳妮 | 一班 | 女 | 557.8 | | 653.4 | 653.4 |
| 7 | 冯煌铬 | 二班 | 男 | 454 | | | |
| 8 | 吕伟 | 二班 | 男 | 297.7 | | | |
| 9 | 汤小洁 | 二班 | 女 | 814.1 | | | |
| 10 | 卢祥 | 二班 | 男 | 353.5 | | | |
| 11 | 朱远 | 二班 | 男 | 378.2 | | | |
| 12 | 李瑶 | 二班 | 女 | 877 | | | |

图 3-95　根据班级返回分数

小提示

可以使用条件统计最大值、最小值的套路哦。

## 3.12　去重复计数

小鱼：刚开始我以为 Excel 的计数、统计功能我都学会了，现在又遇到新问题了。如图 3-96 所示，一个销售员可能有多条件销售数据，现在我要去除重复值后计数，这个把我难住了。

飞鱼：这样吧，我教你三种方法。第一种方法是操作法，如果只是偶尔统计一次，使用操作法就可以，简单易学。后两种方法是函数法，如果经常需要统计，就要学习一下函数方法了，使用函数制作一个模版，只需要把数据复制到模版，就可以自动统计出不重复的次数了。

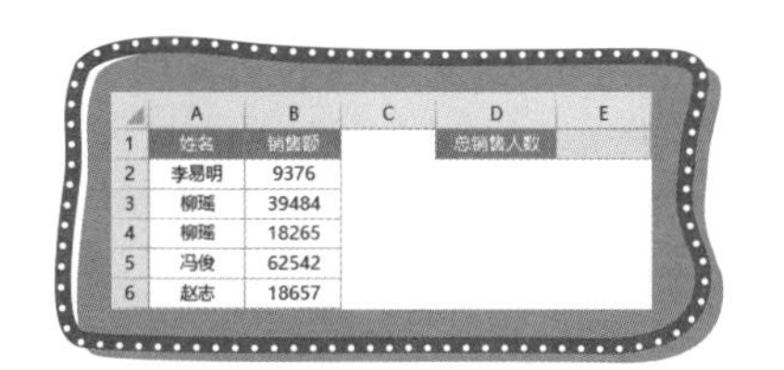

| | A | B | C | D | E |
|---|---|---|---|---|---|
| 1 | 姓名 | 销售额 | | 总销售人数 | |
| 2 | 李易明 | 9376 | | | |
| 3 | 柳瑶 | 39484 | | | |
| 4 | 柳瑶 | 18265 | | | |
| 5 | 冯俊 | 62542 | | | |
| 6 | 赵志 | 18657 | | | |

图 3-96　去除重复值后计数

方法 1：操作法。

Step 01 如图 3-97 所示，选中 A 列，选择“数据”选项卡，单击“删除重复值”图标，弹出“删除重复项警告”对话框，选中“以当前选定区域排序 (C)”单击按钮，单击“删除重复项 (R)”按钮。

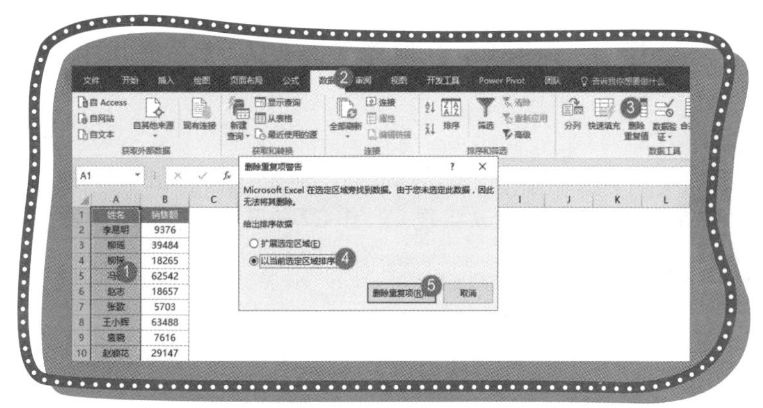


图 3-97　删除重复项

Step 02 在“删除重复值”对话框中勾选“数据包含标题 (M)”选项，单击“确定”按钮，如图 3-98 所示。

图 3-98　勾选“数据包含标题”选项

Step 03 弹出“Microsoft Excel”提示框，显示“发现了 23 个重复值，已将其删除；保留了 16 个唯一值。”，其中保留 16 个唯一值就是去除重复值后的数量，也是我们想要的数量，记住这个数量，单击“确定”按钮，如图 3-99 所示。

图 3-99　提示唯一值数量

然后按 Ctrl+Z 组合键（撤销操作）即可恢复原数据。然后把 16 填写到对应单元格就可以了。

方法 2：函数法（辅助列）

Step 01 如图 3-100 所示，在 C列添加辅助列，使用 COUNTIF 函数根据姓名出现次数生成序号（统计每行姓名是第几次出现），在 C2 单元格输入如下公式，向下填充。

```
=COUNTIF($A$2:A2,A2)
```

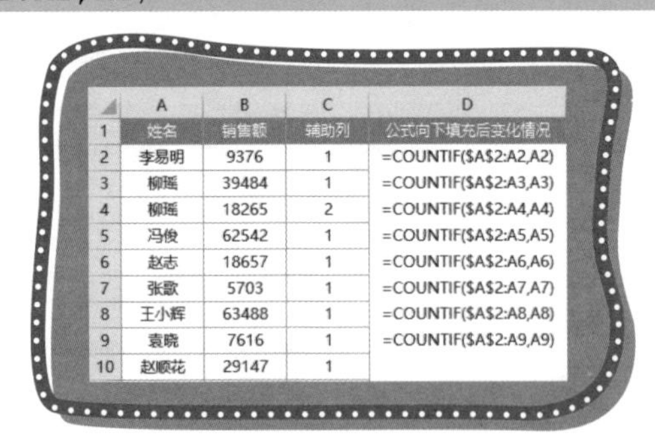

|  | A | B | C | D |
|---|---|---|---|---|
| 1 | 姓名 | 销售额 | 辅助列 | 公式向下填充后变化情况 |
| 2 | 李易明 | 9376 | 1 | =COUNTIF($A$2:A2,A2) |
| 3 | 柳瑶 | 39484 | 1 | =COUNTIF($A$2:A3,A3) |
| 4 | 柳瑶 | 18265 | 2 | =COUNTIF($A$2:A4,A4) |
| 5 | 冯俊 | 62542 | 1 | =COUNTIF($A$2:A5,A5) |
| 6 | 赵志 | 18657 | 1 | =COUNTIF($A$2:A6,A6) |
| 7 | 张歌 | 5703 | 1 | =COUNTIF($A$2:A7,A7) |
| 8 | 王小辉 | 63488 | 1 | =COUNTIF($A$2:A8,A8) |
| 9 | 袁晓 | 7616 | 1 | =COUNTIF($A$2:A9,A9) |
| 10 | 赵顺花 | 29147 | 1 |  |

图 3-100　辅助列

在使用 COUNTIF 函数统计第几次出现的时候，在引用条件区域的时候需要使用一个小技巧，我们来看 D 列，可以看到公式向下填充后的变化情况，在 C2 单元格的时候，我

们引用了 A2:A2 单元格，实际上 A2:A2单元格区域只包含 A2 一个单元格，然后我们使用绝对引用把开始区域锁定，这样一来公式向下填充的时候，开始区域就一直是 A2 单元格了，然后结束区域使用相对引用，在公式向下填充的时候，引用区域会随着填充而变大。

当公式填充到 C3 单元格后，条件区域就变成 A2:A3 了，在 A2:A3 单元格区域中统计 A3 单元格的“柳瑶”的出现次数，“柳瑶”出现 1 次，所以公式返回 1。

当公式填充到 C4 单元格后，条件区域就变成 A2:A4 了，在 A2:A4 单元格区域中统计 A4 单元格的“柳瑶”的出现次数，“柳瑶”出现 2 次，所以公式返回 2。

这样我们可以实现只统计当前行以上区域出现的次数。

Step 02 使用 COUNTIF 函数可以计算多少第一次出现，就是去除重复后的总人数了。输入如下公式，效果如图 3-101 所示。

```
=COUNTIF(C:C,1)
```

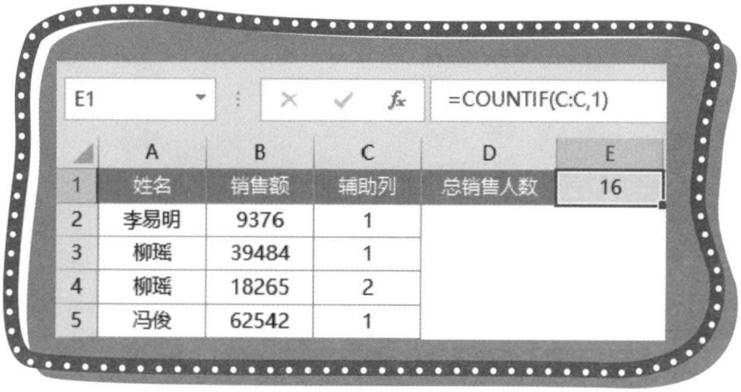

E1 =COUNTIF(C:C,1)

| | A | B | C | D | E |
|---|---|---|---|---|---|
| 1 | 姓名 | 销售额 | 辅助列 | 总销售人数 | 16 |
| 2 | 李易明 | 9376 | 1 | | |
| 3 | 柳瑶 | 39484 | 1 | | |
| 4 | 柳瑶 | 18265 | 2 | | |
| 5 | 冯俊 | 62542 | 1 | | |

图 3-101　计算第一次出现总人数

方法 3：函数法（数组公式）

如图 3-102 所示，使用 SUM 函数和 COUNTIF 函数嵌套的数组公式可以直接进行统计。公式的原理是使用 COUNTIF 函数分别统计每行姓名出现的次数，然后用 1 除姓名出现次数，如果该行姓名只出现 1 次，1 除 1 还是 1，如果姓名出现了多次，1 除次数后就变成了分数，如姓名出现 2 次，计算后结果就为 1/2，等同于 0.5，出现 4 次，计算后结果为 1/4，等同于 0.25。最后使用 SUM 函数把所有结果再加到一起，就实现了去除重复的目的。不理解公式的原理也没有关系，记住公式嵌套的用法，使用的时候改下统计区域就可以使用了。对于数组公式，要记得按 Ctrl+Shift+Enter 组合键结束哦。

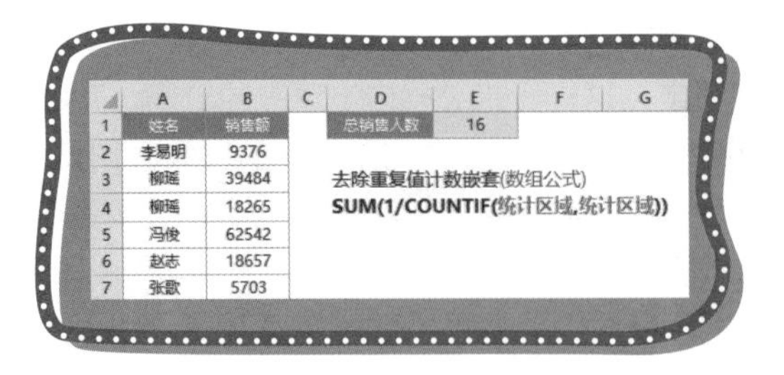

| | A | B | C | D | E | F | G |
|---|---|---|---|---|---|---|---|
| 1 | 姓名 | 销售额 | | 总销售人数 | 16 | | |
| 2 | 李易明 | 9376 | | | | | |
| 3 | 柳瑶 | 39484 | | 去除重复值计数嵌套(数组公式) | | | |
| 4 | 柳瑶 | 18265 | | SUM(1/COUNTIF(统计区域,统计区域)) | | | |
| 5 | 冯俊 | 62542 | | | | | |
| 6 | 赵志 | 18657 | | | | | |
| 7 | 张歌 | 5703 | | | | | |

图 3-102　去除重复值计数嵌套

使用该公式的时候，统计区域不能包含空单元格，否则公式将无法计算，返回错误值，如图 3-103 所示。

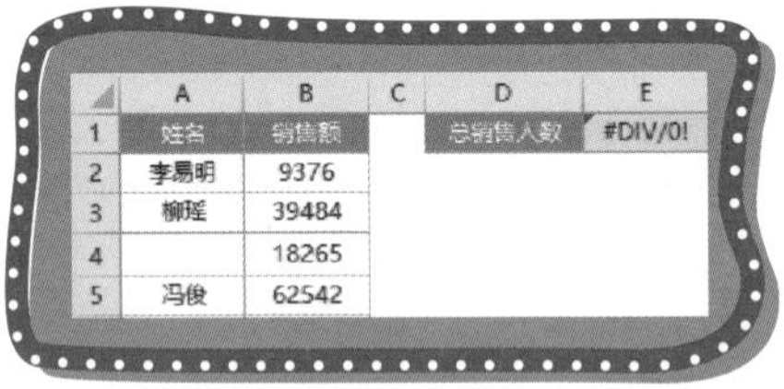

| | A | B | C | D | E |
|---|---|---|---|---|---|
| 1 | 姓名 | 销售额 | | 总销售人数 | #DIV/0! |
| 2 | 李易明 | 9376 | | | |
| 3 | 柳瑶 | 39484 | | | |
| 4 | | 18265 | | | |
| 5 | 冯俊 | 62542 | | | |

图 3-103　统计区域包含空单元格出错

小鱼：原来还有这么多方法，我先都了解一下，再学会怎么使用。对了，如果我还想加一个地区条件，统计每个地区有多少销售人数，可以吗？

飞鱼：可以的，我们先了解公式的嵌套方法，如图 3-104 所示。

条件去除重复值计数嵌套(数组公式)
SUM(IFERROR(1/COUNTIFS(统计区域,统计区域,条件区域1,条件1),0))

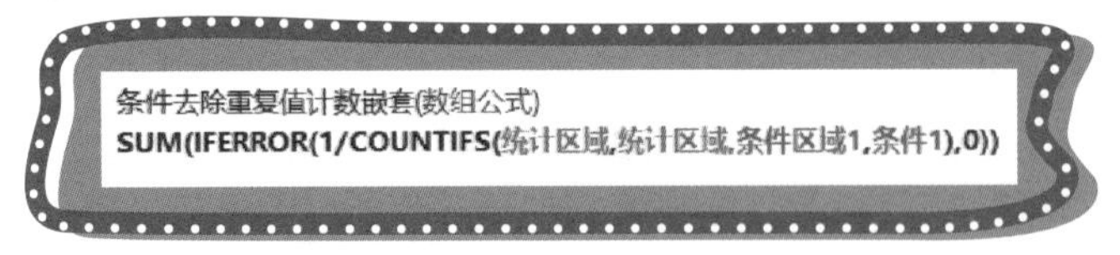

图 3-104　条件去除重复计数方法

根据嵌套方法编写如下公式并输入，结果如图 3-105 所示。

```
=SUM(IFERROR(1/COUNTIFS(A2:A40,A2:A40,B2:B40,E2),0))
```

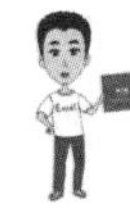

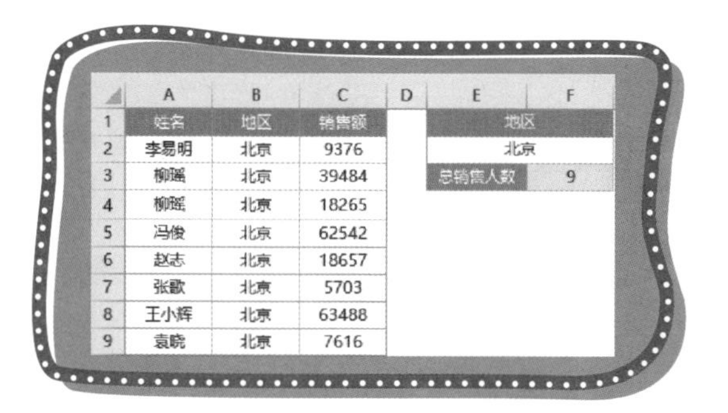

| | A | B | C | D | E | F |
|---|---|---|---|---|---|---|
| 1 | 姓名 | 地区 | 销售额 | | 地区 | |
| 2 | 李易明 | 北京 | 9376 | | 北京 | |
| 3 | 柳瑶 | 北京 | 39484 | | 总销售人数 | 9 |
| 4 | 柳瑶 | 北京 | 18265 | | | |
| 5 | 冯俊 | 北京 | 62542 | | | |
| 6 | 赵志 | 北京 | 18657 | | | |
| 7 | 张歌 | 北京 | 5703 | | | |
| 8 | 王小辉 | 北京 | 63488 | | | |
| 9 | 袁晓 | 北京 | 7616 | | | |

图 3-105　根据嵌套方法编写公式

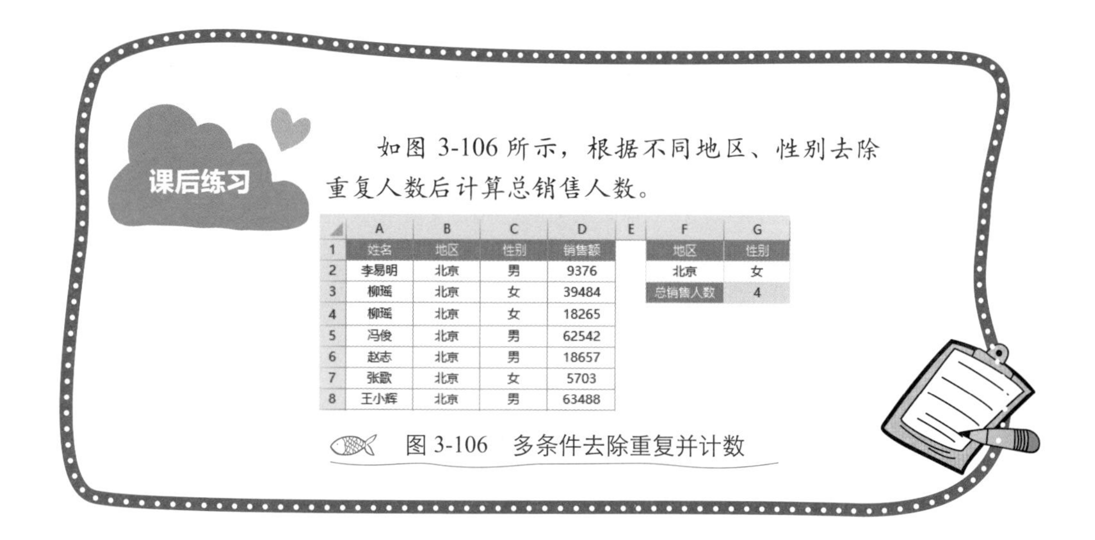

课后练习

如图 3-106 所示，根据不同地区、性别去除重复人数后计算总销售人数。

| | A | B | C | D | E | F | G |
|---|---|---|---|---|---|---|---|
| 1 | 姓名 | 地区 | 性别 | 销售额 | | 地区 | 性别 |
| 2 | 李易明 | 北京 | 男 | 9376 | | 北京 | 女 |
| 3 | 柳瑶 | 北京 | 女 | 39484 | | 总销售人数 | 4 |
| 4 | 柳瑶 | 北京 | 女 | 18265 | | | |
| 5 | 冯俊 | 北京 | 男 | 62542 | | | |
| 6 | 赵志 | 北京 | 男 | 18657 | | | |
| 7 | 张歌 | 北京 | 女 | 5703 | | | |
| 8 | 王小辉 | 北京 | 男 | 63488 | | | |

图 3-106　多条件去除重复并计数

## 3.13　在筛选模式下统计

小鱼：如图 3-107 所示，在筛选模式下，有办法可以把状态栏值读到单元格吗？

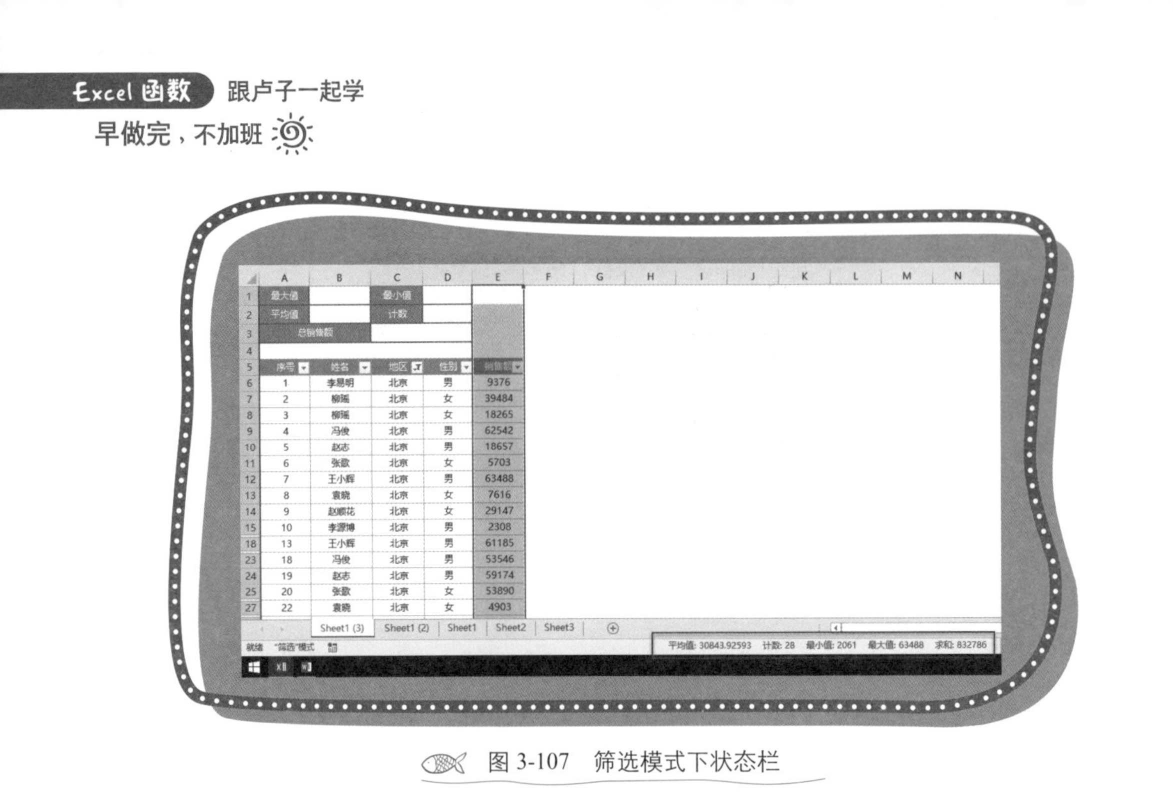


图 3-107 筛选模式下状态栏

飞鱼：没有的，但是有两个函数可以在筛选模式下只统计显示的值。首先我们学习 SUBTOTAL 函数的语法，如图 3-108 所示。

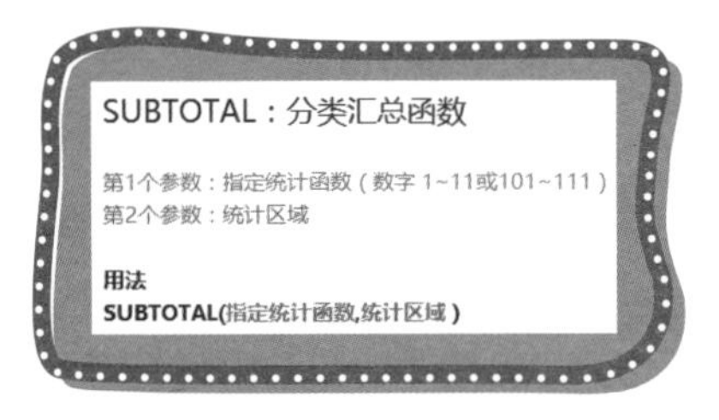


图 3-108 SUBTOTAL 函数语法

如图 3-109 所示，第一个参数中的每一个数字都对应一个函数。其中 1~11 包含隐藏值，对手动隐藏的行无效，对筛选模式有效，所以 1~11 几乎很少有人使用；101~111 忽略隐藏值，只统计显示的值，忽略手动隐藏的行或者筛选后不显示的值，对于隐藏的列无效，在使用的时候这点需要注意下。

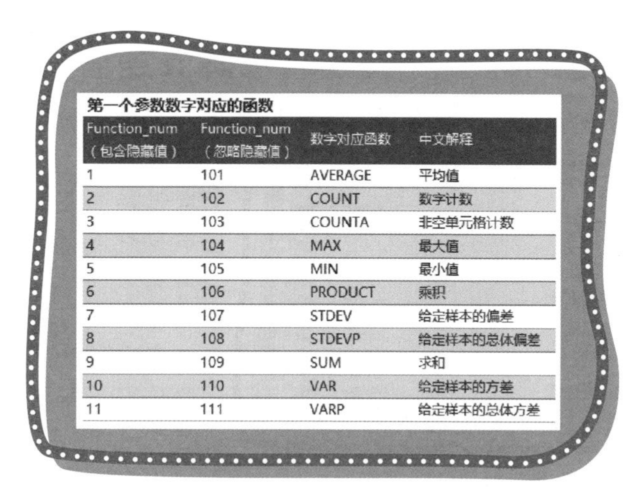

第一个参数数字对应的函数

| Function_num（包含隐藏值） | Function_num（忽略隐藏值） | 数字对应函数 | 中文解释 |
|---|---|---|---|
| 1 | 101 | AVERAGE | 平均值 |
| 2 | 102 | COUNT | 数字计数 |
| 3 | 103 | COUNTA | 非空单元格计数 |
| 4 | 104 | MAX | 最大值 |
| 5 | 105 | MIN | 最小值 |
| 6 | 106 | PRODUCT | 乘积 |
| 7 | 107 | STDEV | 给定样本的偏差 |
| 8 | 108 | STDEVP | 给定样本的总体偏差 |
| 9 | 109 | SUM | 求和 |
| 10 | 110 | VAR | 给定样本的方差 |
| 11 | 111 | VARP | 给定样本的总体方差 |

图 3-109 数字对应函数

在筛选模式下，选中需要统计的区域，状态栏所有显示统计数据，是根据筛选后显示的数据统计而来的，和 SUBTOTAL 函数 101~111 忽略隐藏值刚好一样，所以使用 SUBTOTAL 函数也是可以对筛选后显示的值进行统计的。在对应的单元格输入如下对应的公式即可，效果如图 3-110 所示。

B1 单元格公式：

```
=SUBTOTAL(104,E:E)
```

D1 单元格公式：

```
=SUBTOTAL(105,E:E)
```

B2 单元格公式：

```
=SUBTOTAL(101,E:E)
```

D2 单元格公式：

```
=SUBTOTAL(102,E:E)
```

C3 单元格公式：

```
=SUBTOTAL(109,E:E)
```

| | A | B | C | D | E |
|---|---|---|---|---|---|
| 1 | 最大值 | 66038 | 最小值 | 5169 | |
| 2 | 平均值 | 39992.92 | 计数 | 12 | |
| 3 | 总销售额 | | 479915 | | |
| 4 | | | | | |
| 5 | 序号 | 姓名 | 地区 | 性别 | 销售额 |
| 16 | 11 | 闫小妮 | 内蒙 | 女 | 47371 |
| 17 | 12 | 张望 | 内蒙 | 男 | 5169 |
| 19 | 14 | 冯鑫 | 内蒙 | 女 | 23472 |
| 20 | 15 | 吕俊峰 | 内蒙 | 男 | 56030 |
| 21 | 16 | 卢莉 | 内蒙 | 女 | 50076 |
| 22 | 17 | 黄川 | 内蒙 | 男 | 33148 |
| 26 | 21 | 韩红丽 | 内蒙 | 女 | 16644 |
| 28 | 23 | 吕俊峰 | 内蒙 | 男 | 64998 |
| 32 | 27 | 韩红丽 | 内蒙 | 女 | 59749 |
| 36 | 31 | 韩红丽 | 内蒙 | 女 | 36836 |
| 39 | 34 | 韩红丽 | 内蒙 | 女 | 66038 |
| 43 | 38 | 韩红丽 | 内蒙 | 女 | 20384 |

图 3-110　统计显示区域

小鱼：嗯，统计显示的值可以了，可是筛选后序号却乱了。这有什么办法吗？

飞鱼：如图 3-111 所示，SUBTOTAL 函数还有一个用法是可以在筛选模式下生成动态序号。第一个参数使用 103，统计显示非空单元格，统计区域要使用绝对引用把开始区域锁定，这样可以随着公式向下填充统计区域会随着变大，从而得到动态序号的效果。公式如下：

```
=SUBTOTAL(103,$B$5:B5)*1
```

| | A | B | C | D | E |
|---|---|---|---|---|---|
| 1 | 最大值 | 66038 | 最小值 | 5169 | |
| 2 | 平均值 | 39992.92 | 计数 | 12 | |
| 3 | 总销售额 | | 479915 | | |
| 4 | | | | | |
| 5 | 序号 | 姓名 | 地区 | 性别 | 销售额 |
| 16 | 1 | 闫小妮 | 内蒙 | 女 | 47371 |
| 17 | 2 | 张望 | 内蒙 | 男 | 5169 |
| 19 | 3 | 冯鑫 | 内蒙 | 女 | 23472 |
| 20 | 4 | 吕俊峰 | 内蒙 | 男 | 56030 |
| 21 | 5 | 卢莉 | 内蒙 | 女 | 50076 |
| 22 | 6 | 黄川 | 内蒙 | 男 | 33148 |

图 3-111　生成动态序号

小鱼：公式后的乘1是怎么回事呢？不乘1的结果不是也一样吗？

飞鱼：SUBTOTAL 函数有一个缺点，当筛选区域使用了 SUBTOTAL 函数，筛选的时候会把最后一行当作汇总行而不筛选，乘1后可以避免这个问题。

小鱼：原来是这样啊，只是还有一个问题，如图 3-112 所示，使用 SUBTOTAL 函数的 102 对应的是数字计数，同样的方法我引用 A 列怎么就不行了呢？

A6 =SUBTOTAL(102,$A$5:A5)+1

| | A | B | C | D | E |
|---|---|---|---|---|---|
| 5 | 序号 | 姓名 | 地区 | 性别 | 销售额 |
| 6 | 1 | 李易明 | 北京 | 男 | 9376 |
| 7 | 1 | 柳瑶 | 北京 | 女 | 39484 |
| 8 | 1 | 柳瑶 | 北京 | 女 | 18265 |

图 3-112　公式出错

飞鱼：公式逻辑是对的，只是 SUBTOTAL 函数还有一个缺点，就是这个函数会忽略自己返回的值。当公式在 A6 单元格的时候，对 A5 单元格进行数字计数后，结果是 0，然后加 1，等于 1，是没有问题的，当公式向下填充后，由于 A6 单元格是使用 SUBTOTAL 函数返回的值，所以在 A7 单元格的公式就会忽略 A6 单元格，所以计算后也是返回 0，这个公式就行不通了。

小鱼：SUBTOTAL 函数怎么这么多缺点，看来只能用你给我的公式了。

飞鱼：虽然 SUBTOTAL 函数不可以这么写，但是 AGGREGATE 函数可以，如图 3-113 所示。

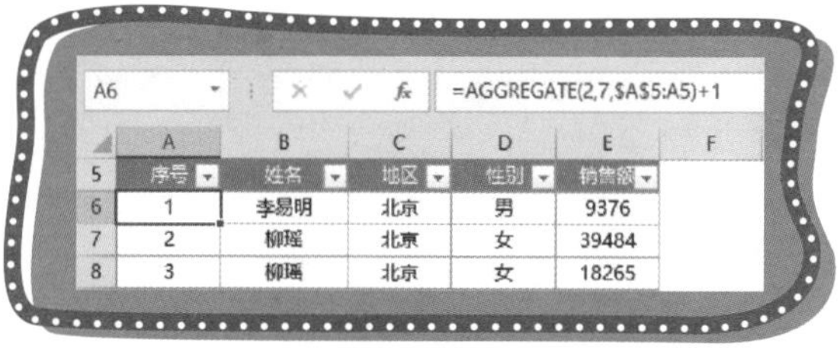

A6 =AGGREGATE(2,7,$A$5:A5)+1

| | A | B | C | D | E |
|---|---|---|---|---|---|
| 5 | 序号 | 姓名 | 地区 | 性别 | 销售额 |
| 6 | 1 | 李易明 | 北京 | 男 | 9376 |
| 7 | 2 | 柳瑶 | 北京 | 女 | 39484 |
| 8 | 3 | 柳瑶 | 北京 | 女 | 18265 |

图 3-113　使用 AGGREGATE 函数公式

小鱼：AGGREGATE 函数是干嘛的，很厉害的样子哦。

飞鱼：AGGREGATE 函数和 SUBTOTAL 函数一样，这个函数包含了多个统计函数，同时也具有忽略隐藏值功能，除此之外还可以设置更多的忽略选项，比 SUBTOTAL 函数更加强大。AGGREGATE 函数语法如图 3-114 所示。

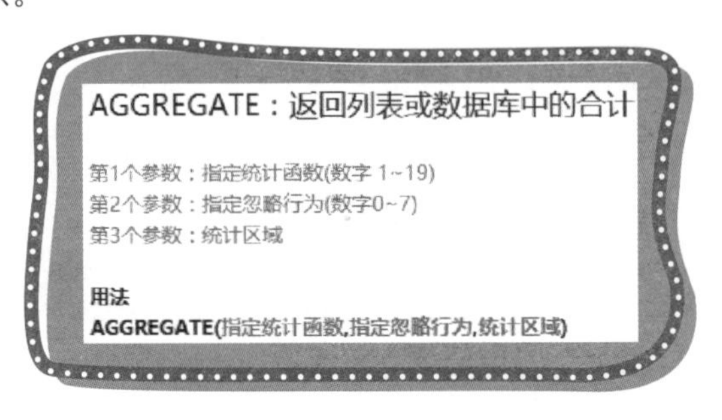
AGGREGATE：返回列表或数据库中的合计

第1个参数：指定统计函数(数字 1~19)
第2个参数：指定忽略行为(数字0~7)
第3个参数：统计区域

**用法**
**AGGREGATE(指定统计函数,指定忽略行为,统计区域)**

图 3-114　AGGREGATE 函数语法

AGGREGATE 函数一共包含了 19 个统计函数，数字 1~19 分别对应 19 个不同函数，在第一个参数输入对应数字来指定统计函数。常用函数对应的数字如图 3-115 所示。

**第一个参数数字对应的函数**

| Function_num | 函数 | 中文解释 |
| --- | --- | --- |
| 1 | AVERAGE | 平均值 |
| 2 | COUNT | 数字计数 |
| 3 | COUNTA | 非空单元格计数 |
| 4 | MAX | 最大值 |
| 5 | MIN | 最小值 |
| 6 | PRODUCT | 乘积 |
| 9 | SUM | 求和 |
| 12 | MEDIAN | 中间值 |
| 14 | LARGE | 返回第k个最大值 |
| 15 | SMALL | 返回第k个最小值 |

图 3-115　AGGREGATE 函数第一个参数

AGGREGATE 函数第二个参数为设置隐藏选项，数字 0~7 分别对应 8 个隐藏行为，如图 3-116 所示。

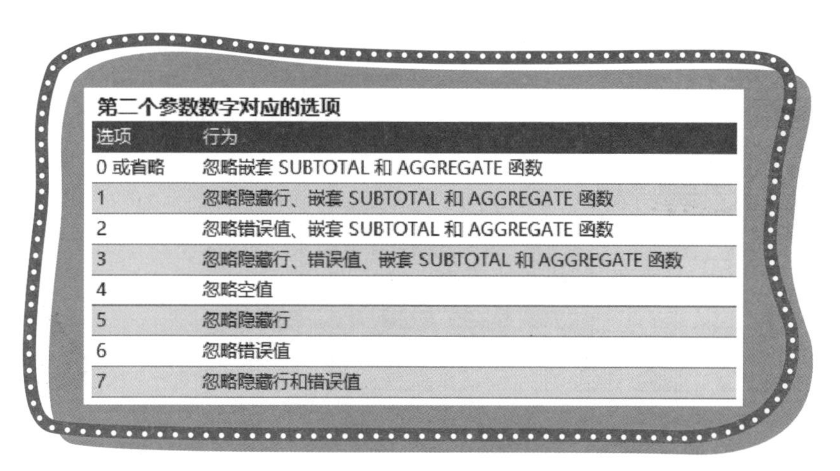

第二个参数数字对应的选项

| 选项 | 行为 |
| --- | --- |
| 0 或省略 | 忽略嵌套 SUBTOTAL 和 AGGREGATE 函数 |
| 1 | 忽略隐藏行、嵌套 SUBTOTAL 和 AGGREGATE 函数 |
| 2 | 忽略错误值、嵌套 SUBTOTAL 和 AGGREGATE 函数 |
| 3 | 忽略隐藏行、错误值、嵌套 SUBTOTAL 和 AGGREGATE 函数 |
| 4 | 忽略空值 |
| 5 | 忽略隐藏行 |
| 6 | 忽略错误值 |
| 7 | 忽略隐藏行和错误值 |

图 3-116 AGGREGATE 函数第二个参数

数字 5 对应的是忽略隐藏行，和 SUBTOTAL 函数中的 101~111 效果是一样的，数字 7 是忽略隐藏行和错误值，也是很实用的一个设置，大部分第二个参数设置为数字 7 就可以了。

如图 3-117 所示，筛选模式下使用 AGGREGATE 函数进行汇总。

小鱼：原来是这样，AGGREGATE 函数还是要比 SUBTOTAL 函数厉害的。

C3 =AGGREGATE(9,7,E:E)

| | A | B | C | D | E |
| --- | --- | --- | --- | --- | --- |
| 1 | 最大值 | 66038 | 最小值 | 2061 | |
| 2 | 平均值 | 33659.00 | 计数 | 39 | |
| 3 | 总销售额 | | 1312701 | | |
| 4 | | | | | |
| 5 | 序号 | 姓名 | 地区 | 性别 | 销售额 |
| 6 | 1 | 李易明 | 北京 | 男 | 9376 |
| 7 | 2 | 柳瑶 | 北京 | 女 | 39484 |

图 3-117 使用 AGGREGATE 函数汇总

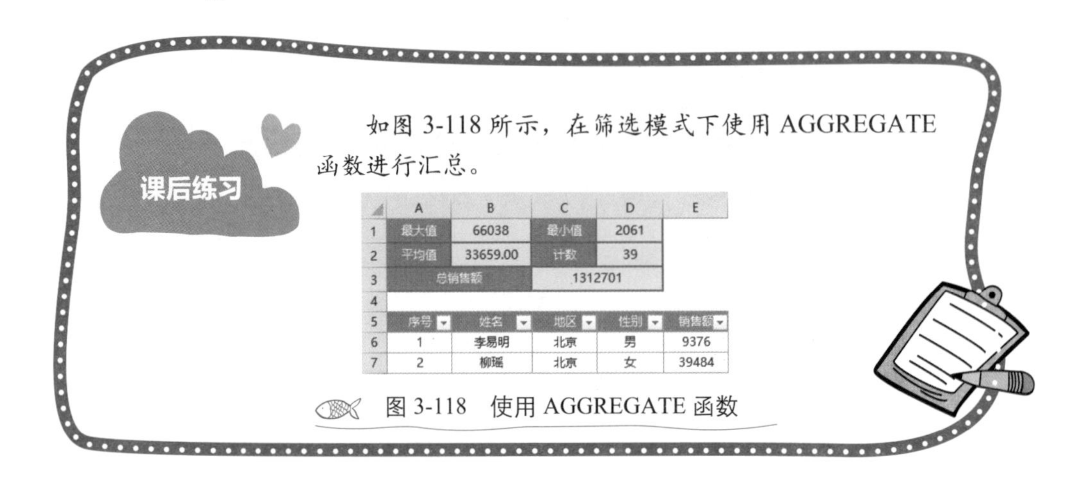

课后练习

如图 3-118 所示，在筛选模式下使用 AGGREGATE 函数进行汇总。

| | A | B | C | D | E |
|---|---|---|---|---|---|
| 1 | 最大值 | 66038 | 最小值 | 2061 | |
| 2 | 平均值 | 33659.00 | 计数 | 39 | |
| 3 | 总销售额 | | 1312701 | | |
| 4 | | | | | |
| 5 | 序号 | 姓名 | 地区 | 性别 | 销售额 |
| 6 | 1 | 李易明 | 北京 | 男 | 9376 |
| 7 | 2 | 柳瑶 | 北京 | 女 | 39484 |

图 3-118 使用 AGGREGATE 函数

## 3.14 有舍有得，有舍才有得

小鱼：如图 3-119 所示，E列“尾款”是通过 B 列“总货款”减 C 列“已付货款”减 D 列“保证金”得到的，判断 E 列“尾款”是否等于 0，等于则返回“已结清”，否则返回“未结清”，现在 E4、E7、E8 单元格等于 0，但是却显示“未结清”是怎么回事呢？

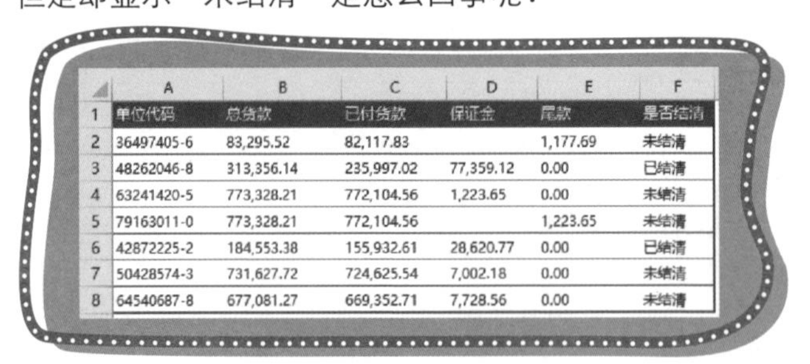

| | A | B | C | D | E | F |
|---|---|---|---|---|---|---|
| 1 | 单位代码 | 总货款 | 已付货款 | 保证金 | 尾款 | 是否结清 |
| 2 | 36497405-6 | 83,295.52 | 82,117.83 | | 1,177.69 | 未结清 |
| 3 | 48262046-8 | 313,356.14 | 235,997.02 | 77,359.12 | 0.00 | 已结清 |
| 4 | 63241420-5 | 773,328.21 | 772,104.56 | 1,223.65 | 0.00 | 未结清 |
| 5 | 79163011-0 | 773,328.21 | 772,104.56 | | 1,223.65 | 未结清 |
| 6 | 42872225-2 | 184,553.38 | 155,932.61 | 28,620.77 | 0.00 | 已结清 |
| 7 | 50428574-3 | 731,627.72 | 724,625.54 | 7,002.18 | 0.00 | 未结清 |
| 8 | 64540687-8 | 677,081.27 | 669,352.71 | 7,728.56 | 0.00 | 未结清 |

图 3-119 公式出错

飞鱼：F4 单元格的公式可能不对吧？那我们就从 F4 单元格开始找问题，如图 3-120 所示，选中 F4 单元格，选择“公式”选项卡，单击“公式求值”图标，弹出“公式求值”对话框。

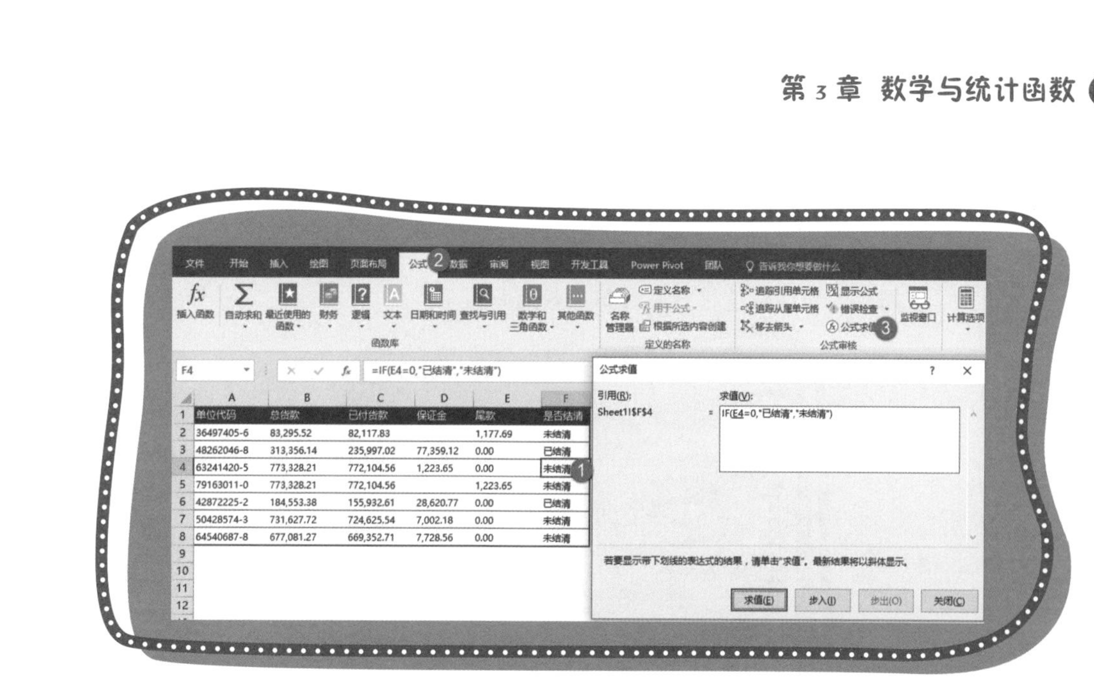


图 3-120　公式求值

如图 3-121 所示，单击“求值 (E)”按钮，可以看到公式每一步的计算过程。单击“求值 (E)”按钮，可以看到，F4 单元格的内容并不是 0，而是很长的一串数字编码，二进制对数字进行计算后产生浮点误差，我们看到的编码是以科学计数格式显示的，这是一个非常接近零却不等于零的小数，类似于 0.000000001 的数字。

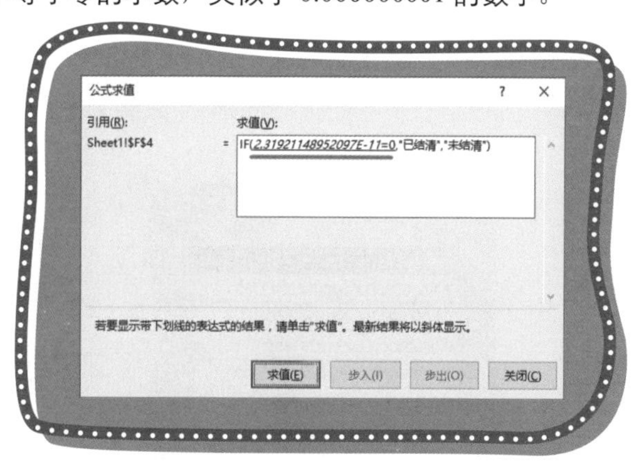


图 3-121　求值

小鱼：可是明明显示的是 0.00 啊，怎么一用公式就不一样了呢？

飞鱼：打开如图 3-122 所示的“设置单元格格式”对话框，你应该是把单元格格式设置为数值格式，保留小数点两位了。

图 3-122　设置单元格格式

相信所有从事财务工作的小伙伴都在使用这样的单元格格式，通过设置单元格格式，只是改变数据的显示格式，并不会改变数据的本质。下面把小数位数改为 15 位，就可以看到计算后的数据真实情况，如图 3-123 所示。

| E |
| --- |
| 尾款 |
| 1,177.693000000000000000 |
| 0.000000000000000000 |
| 0.000000000002319211490 |
| 1,223.649999999990000000 |
| 0.000000000000000000 |
| 0.002000000002951128000 |
| 0.000000000005547917681 |

图 3-123　小数位数 15 位

小鱼：这个问题该如何解决呢？

飞鱼：可以使用 ROUND 函数来解决这个问题，只要记住，计算数字后，一定要加上 ROUND 函数来处理，这点非常重要，特别对从事财务工作的小伙伴，使用 ROUND 函数处理后，可以避免在对账的时候出现差几分钱的情况。

ROUND 函数语法如图 3-124 所示。

图 3-124　ROUND 函数语法

小鱼：可是我的 E 列是公式啊，还用加辅助列吗？

飞鱼：其实公式和数字是一样的啊，把数字替换为原公式就可以了，如图 3-125 所示。

图 3-125　公式使用方法

在 E2 单元格中输入如下公式后向下填充即可，如图 3-126 所示。

```
=ROUND(B2-C2-D2,2)
```

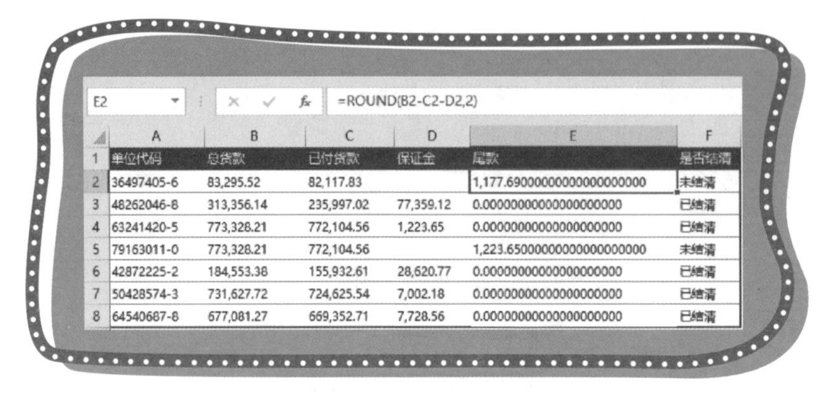

E2 =ROUND(B2-C2-D2,2)

| | A | B | C | D | E | F |
|---|---|---|---|---|---|---|
| 1 | 单位代码 | 总货款 | 已付货款 | 保证金 | 尾款 | 是否结清 |
| 2 | 36497405-6 | 83,295.52 | 82,117.83 | | 1,177.69000000000000000000 | 未结清 |
| 3 | 48262046-8 | 313,356.14 | 235,997.02 | 77,359.12 | 0.00000000000000000000 | 已结清 |
| 4 | 63241420-5 | 773,328.21 | 772,104.56 | 1,223.65 | 0.00000000000000000000 | 已结清 |
| 5 | 79163011-0 | 773,328.21 | 772,104.56 | | 1,223.65000000000000000000 | 未结清 |
| 6 | 42872225-2 | 184,553.38 | 155,932.61 | 28,620.77 | 0.00000000000000000000 | 已结清 |
| 7 | 50428574-3 | 731,627.72 | 724,625.54 | 7,002.18 | 0.00000000000000000000 | 已结清 |
| 8 | 64540687-8 | 677,081.27 | 669,352.71 | 7,728.56 | 0.00000000000000000000 | 已结清 |

图 3-126 使用 ROUND 函数

可以看到，在经过 ROUND 函数处理后结果就正确了。财务上一般将小数保留 2 位就可以了，最后将 E 列的单元格格式设置为数值格式，保留 2 位小数就可以了。

扩展知识

你知道吗？ROUND 函数第二个参数还可以设置为负数，-1 为四舍五入保留十位，-2 为四舍五入保留百位，以此类推，如图 3-127 所示。

| | A | B | C |
|---|---|---|---|
| 1 | 数字 | 结果 | 公式 |
| 2 | 123456 | 123460 | =ROUND(A2,-1) |
| 3 | 123456 | 123500 | =ROUND(A3,-2) |
| 4 | 123456 | 123000 | =ROUND(A4,-3) |
| 5 | 123456 | 120000 | =ROUND(A5,-4) |

图 3-127 第二参数为负数时

如图 3-128 所示，设置 E 列单元格格式，保留 2 位小数。

| | A | B | C | D | E | F |
|---|---|---|---|---|---|---|
| 1 | 单位代码 | 总货款 | 已付货款 | 保证金 | 尾款 | 是否结清 |
| 2 | 36497405-6 | 83,295.52 | 82,117.83 | | 1,177.69000000000000000000 | 未结清 |
| 3 | 48262046-8 | 313,356.14 | 235,997.02 | 77,359.12 | 0.00000000000000000000 | 已结清 |
| 4 | 63241420-5 | 773,328.21 | 772,104.56 | 1,223.65 | 0.00000000000000000000 | 已结清 |
| 5 | 79163011-0 | 773,328.21 | 772,104.56 | | 1,223.65000000000000000000 | 未结清 |
| 6 | 42872225-2 | 184,553.38 | 155,932.61 | 28,620.77 | 0.00000000000000000000 | 已结清 |
| 7 | 50428574-3 | 731,627.72 | 724,625.54 | 7,002.18 | 0.00000000000000000000 | 已结清 |
| 8 | 64540687-8 | 677,081.27 | 669,352.71 | 7,728.56 | 0.00000000000000000000 | 已结清 |

图 3-128　设置单元格格式

## 3.15　上舍和下舍

飞鱼：ROUND 函数已经学习过了，ROUND 函数还有两个好兄弟，今天我们就来学习这两个函数。ROUNDUP（上舍）函数语法如图 3-129 所示。

**ROUNDUP：上舍函数**

**语法**

ROUNDUP(数字,保留几位小数)

**用法**

| 数据 | 返回结果 | 公式 |
|---|---|---|
| 3.1415 | 3.15 | =ROUNDUP(B9,2) |
| 3.1415 | 3.2 | =ROUNDUP(B10,1) |
| 3.1415 | 4 | =ROUNDUP(B11,0) |

图 3-129　ROUNDUP 函数语法

如图 3-130 所示，订货时商品以盒为单位，仓库在发货的时候需要打包成箱，20 盒为一箱，不足一箱也打包成一箱，现在需要计算打包数量。

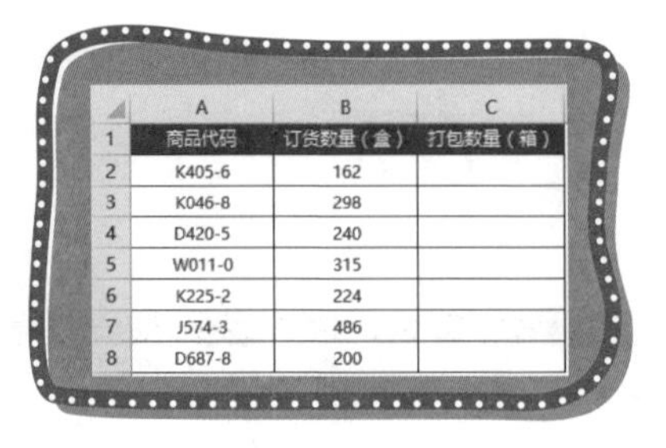

| | A | B | C |
|---|---|---|---|
| 1 | 商品代码 | 订货数量（盒） | 打包数量（箱） |
| 2 | K405-6 | 162 | |
| 3 | K046-8 | 298 | |
| 4 | D420-5 | 240 | |
| 5 | W011-0 | 315 | |
| 6 | K225-2 | 224 | |
| 7 | J574-3 | 486 | |
| 8 | D687-8 | 200 | |

图 3-130　订货明细

订货数量除以 20 以后，上舍保留正数就是打包箱数，使用 ROUNDUP 函数可以向上舍入，第二个参数设置为 0，就可以得到我们想要的效果。在 C2 单元格输入如下公式后向下填充即可，效果如图 3-131 所示。

```
=ROUNDUP(B2/20,0)
```

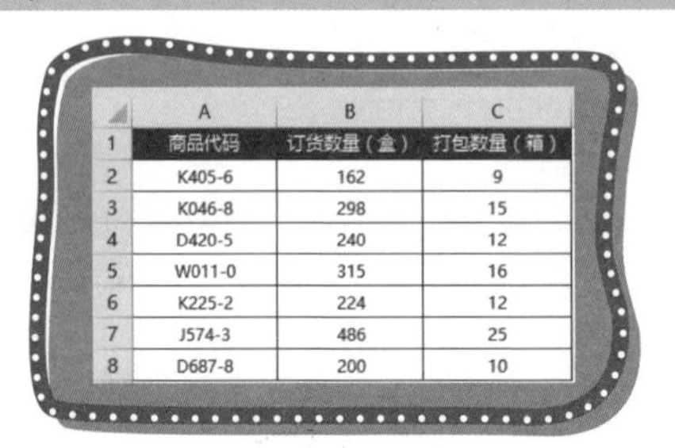

| | A | B | C |
|---|---|---|---|
| 1 | 商品代码 | 订货数量（盒） | 打包数量（箱） |
| 2 | K405-6 | 162 | 9 |
| 3 | K046-8 | 298 | 15 |
| 4 | D420-5 | 240 | 12 |
| 5 | W011-0 | 315 | 16 |
| 6 | K225-2 | 224 | 12 |
| 7 | J574-3 | 486 | 25 |
| 8 | D687-8 | 200 | 10 |

图 3-131　计算打包数量

下面学习 ROUNDDOWN（下舍）函数语法，如图 3-132 所示。

**ROUNDDOWN：下舍函数**

**语法**

ROUNDDOWN(数字,保留几位小数)

**用法**

| 数据 | 返回结果 | 公式 |
|---|---|---|
| 3.1415 | 3.14 | =ROUNDDOWN(B9,2) |
| 3.1415 | 3.1 | =ROUNDDOWN(B10,1) |
| 3.1415 | 3 | =ROUNDDOWN(B11,0) |

图 3-132　ROUNDDOWN 函数语法

如图 3-133 所示，仓库发货是以箱为单位，1 箱包含 20 盒，有些时候需要根据订货数量拆箱发货，现在需要计算发货箱数和发货盒数。

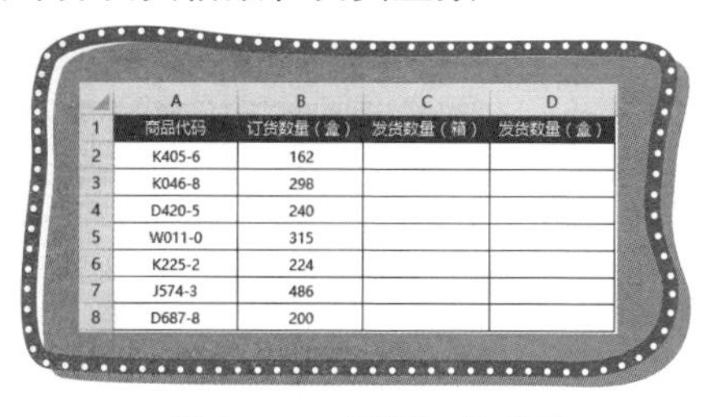

| | A | B | C | D |
|---|---|---|---|---|
| 1 | 商品代码 | 订货数量（盒） | 发货数量（箱） | 发货数量（盒） |
| 2 | K405-6 | 162 | | |
| 3 | K046-8 | 298 | | |
| 4 | D420-5 | 240 | | |
| 5 | W011-0 | 315 | | |
| 6 | K225-2 | 224 | | |
| 7 | J574-3 | 486 | | |
| 8 | D687-8 | 200 | | |

图 3-133 根据订单发货

Step 01 首先来计算该发多少箱货，订货数量除 20 后，保留正数就是发货箱数，使用 ROUNDDOWN函数可以向下舍入，第二个参数设置为 0，就可以得到我们想要的效果。在 C2 单元格输入如下公式后向下填充即可，效果如图 3-134 所示。

```
=ROUNDDOWN(B2/20,0)
```

使用 INT 函数（取整）也可以得到同样的效果。公式如下：

```
=INT(B2/20)
```

| | A | B | C | D |
|---|---|---|---|---|
| 1 | 商品代码 | 订货数量（盒） | 发货数量（箱） | 发货数量（盒） |
| 2 | K405-6 | 162 | 8 | |
| 3 | K046-8 | 298 | 14 | |
| 4 | D420-5 | 240 | 12 | |
| 5 | W011-0 | 315 | 15 | |
| 6 | K225-2 | 224 | 11 | |
| 7 | J574-3 | 486 | 24 | |
| 8 | D687-8 | 200 | 10 | |

图 3-134 计算发货箱数

Step 02 现在我们计算发货盒数，用订货数量减发货箱数乘以 20 就是发货盒数了。在 D2 单元格输入如下公式并向下填充即可，效果如图 3-135 所示。

```
=B2-C2*20
```

使用 MOD 函数（求余）可以得到同样的效果。公式如下：

```
=MOD(B2,20)
```

| | A | B | C | D |
|---|---|---|---|---|
| 1 | 商品代码 | 订货数量（盒） | 发货数量（箱） | 发货数量（盒） |
| 2 | K405-6 | 162 | 8 | 2 |
| 3 | K046-8 | 298 | 14 | 18 |
| 4 | D420-5 | 240 | 12 | 0 |
| 5 | W011-0 | 315 | 15 | 15 |
| 6 | K225-2 | 224 | 11 | 4 |
| 7 | J574-3 | 486 | 24 | 6 |
| 8 | D687-8 | 200 | 10 | 0 |

图 3-135　计算发货数量

## 扩展知识

和 ROUND 函数一样，ROUNDUP 函数和 ROUNDDOWN 函数的第二个参数也是可以使用负数的，如图 3-136 所示。

| | A | B | C |
|---|---|---|---|
| 1 | 数字 | 返回结果 | 公式 |
| 2 | 12345 | 12350 | =ROUNDUP(A2,-1) |
| 3 | 12345 | 12400 | =ROUNDUP(A3,-2) |
| 4 | 12345 | 13000 | =ROUNDUP(A4,-3) |
| 5 | 12345 | 12340 | =ROUNDDOWN(A5,-1) |
| 6 | 12345 | 12300 | =ROUNDDOWN(A6,-2) |
| 7 | 12345 | 12000 | =ROUNDDOWN(A7,-3) |

图 3-136　第二个参数可以为负数

## 课后练习

如图 3-137 所示，20 盒为一箱，根据订货数量计算发货数量。可以考虑使用辅助列完成。

| | A | B | C |
|---|---|---|---|
| 1 | 商品代码 | 订货数量（盒） | 发货数量 |
| 2 | K405-6 | 162 | 8箱2盒 |
| 3 | K046-8 | 298 | 14箱18盒 |
| 4 | D420-5 | 240 | 12箱 |
| 5 | W011-0 | 315 | 15箱15盒 |
| 6 | K225-2 | 224 | 11箱4盒 |
| 7 | J574-3 | 486 | 24箱6盒 |
| 8 | D687-8 | 200 | 10箱 |

图 3-137　计算发货数量

## 3.16 取整和求余函数

飞鱼：3.15 节我们简单地了解了 INT、MOD 两个函数，本节来详细地学习这两个函数。

首先来看 INT 函数的语法，如图 3-138 所示。

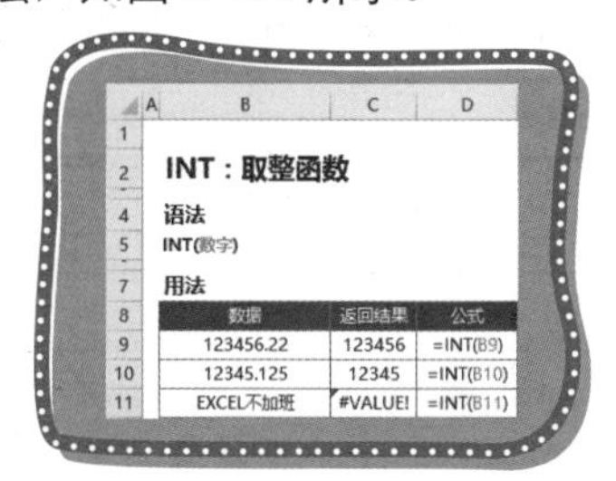

INT：取整函数

语法

INT(数字)

用法

| 数据 | 返回结果 | 公式 |
|---|---|---|
| 123456.22 | 123456 | =INT(B9) |
| 12345.125 | 12345 | =INT(B10) |
| EXCEL不加班 | #VALUE! | =INT(B11) |

图 3-138 INT 函数语法

如图 3-139 所示，有些公司在发工资的时候会直接忽略了“角”单位，精确到元，这个时候使用 INT 函数取整就可以了。虽然使用 ROUNDUP 函数也可以，但是如果不涉及小数的情况下，使用 INT 函数更简单快捷。在 C2 单元格输入如下公式向下填充即可。

```
=INT(B2)
```

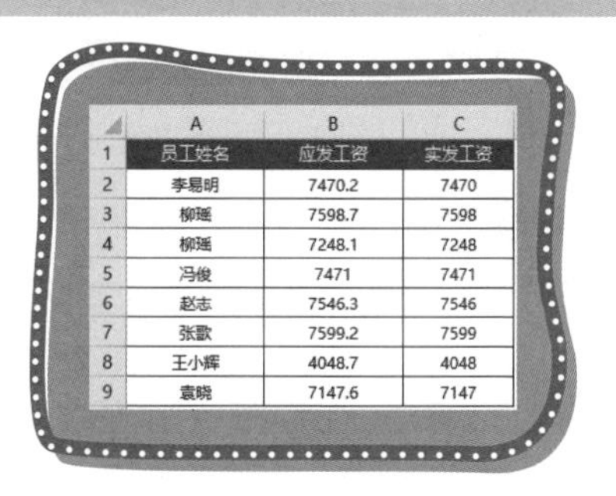

| 员工姓名 | 应发工资 | 实发工资 |
|---|---|---|
| 李易明 | 7470.2 | 7470 |
| 柳瑶 | 7598.7 | 7598 |
| 柳瑶 | 7248.1 | 7248 |
| 冯俊 | 7471 | 7471 |
| 赵志 | 7546.3 | 7546 |
| 张歌 | 7599.2 | 7599 |
| 王小辉 | 4048.7 | 4048 |
| 袁晓 | 7147.6 | 7147 |

图 3-139 计算实发工资

除此之外，使用 INT 函数可以生成一些有规律序号，如图 3-140 所示。

C 列公式如下：

```
=INT(A2/3)
```

G 列公式如下：

```
=INT(E2/4)
```

| | A | B | C | D | E | F | G |
|---|---|---|---|---|---|---|---|
| 1 | 数字 | 生成序号 | 公式 | | 数字 | 生成序号 | 公式 |
| 2 | 3 | 1 | =INT(A2/3) | | 3 | 0 | =INT(E2/4) |
| 3 | 4 | 1 | =INT(A3/3) | | 4 | 1 | =INT(E3/4) |
| 4 | 5 | 1 | =INT(A4/3) | | 5 | 1 | =INT(E4/4) |
| 5 | 6 | 2 | =INT(A5/3) | | 6 | 1 | =INT(E5/4) |
| 6 | 7 | 2 | =INT(A6/3) | | 7 | 1 | =INT(E6/4) |
| 7 | 8 | 2 | =INT(A7/3) | | 8 | 2 | =INT(E7/4) |
| 8 | 9 | 3 | =INT(A8/3) | | 9 | 2 | =INT(E8/4) |
| 9 | 10 | 3 | =INT(A9/3) | | 10 | 2 | =INT(E9/4) |
| 10 | 11 | 3 | =INT(A10/3) | | 11 | 2 | =INT(E10/4) |

图 3-140　生成序号

现在我们来学习下 MOD 函数，语法如图 3-141 所示。

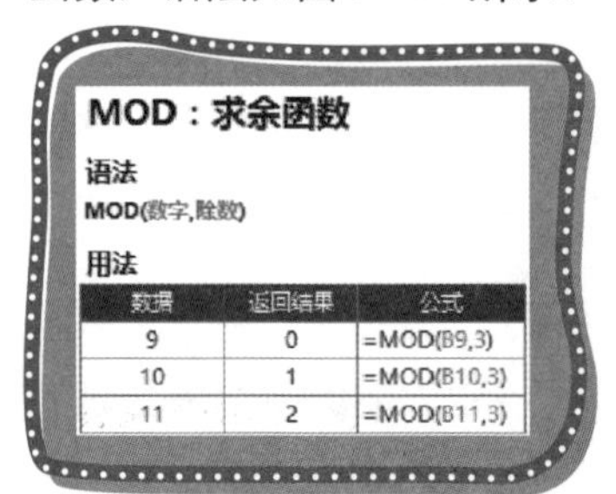

**MOD：求余函数**

**语法**

MOD(数字,除数)

**用法**

| 数据 | 返回结果 | 公式 |
|---|---|---|
| 9 | 0 | =MOD(B9,3) |
| 10 | 1 | =MOD(B10,3) |
| 11 | 2 | =MOD(B11,3) |

图 3-141　MOD 函数语法

很多小伙伴不理解求余是什么意思。例如 3 个盒子装一个箱，9 个盒子，正好可以装 3 箱，余数为 0。

10 个盒子装 3 箱后，还剩下 1 个，余数就是 1；11 个盒子装 3 箱后，还剩下 2 个，余数就是 2。

MOD 函数第一个参数就是盒子的数量，第二个参数可以设置一个箱子装几个盒子，然后就可以计算出余数了。

小鱼：通过身份证号判断性别的公式，我有看到使用了 MOD 函数，一直不知道是什么原理。

飞鱼：是的，通过身份证号判断性别的时候，虽然有判断单、双数的函数，但是大部分人还是使用 MOD 函数来判断，身份证号第 17 位，单数为男，双数为女，在截取到身份证号第 17 位后除 2，单数的余数为 1，双数的余数为 0，最后使用 IF 函数判断 MOD 函数的返回结果，返回对应的性别，如图 3-142 所示。

| | A | B | C |
|---|---|---|---|
| 1 | 身份证号 | 第17位数字 | 性别 |
| 2 | 200211198910123032 | 3 | 男 |
| 3 | 200211196907157719 | 1 | 男 |
| 4 | 200211199010212409 | 0 | 女 |
| 5 | 200211196101309838 | 3 | 男 |

图 3-142 判断性别

除了判断单、双数，MOD 函数还可以生成规律的序号，如图 3-143 所示。

| | A | B | C | D | E | F | G |
|---|---|---|---|---|---|---|---|
| 1 | 数字 | 生成序号 | 公式 | | 数字 | 生成序号 | 公式 |
| 2 | 3 | 0 | =MOD(A2,3) | | 3 | 3 | =MOD(E2,4) |
| 3 | 4 | 1 | =MOD(A3,3) | | 4 | 0 | =MOD(E3,4) |
| 4 | 5 | 2 | =MOD(A4,3) | | 5 | 1 | =MOD(E4,4) |
| 5 | 6 | 0 | =MOD(A5,3) | | 6 | 2 | =MOD(E5,4) |
| 6 | 7 | 1 | =MOD(A6,3) | | 7 | 3 | =MOD(E6,4) |
| 7 | 8 | 2 | =MOD(A7,3) | | 8 | 0 | =MOD(E7,4) |
| 8 | 9 | 0 | =MOD(A8,3) | | 9 | 1 | =MOD(E8,4) |
| 9 | 10 | 1 | =MOD(A9,3) | | 10 | 2 | =MOD(E9,4) |
| 10 | 11 | 2 | =MOD(A10,3) | | 11 | 3 | =MOD(E10,4) |

图 3-143 MOD 函数生成序号

小鱼：生成序号，我好像用不到啊。

飞鱼：生成序号好像平时应用不多，但是有些时候，需要对数据进行格式转换时，少了 INT、MOD 这两个函数是万万不行的。所以即使现在用不到，也要简单了解下，以备不时之需。

小鱼：好的，我知道了。

飞鱼：INT 函数取整是向下舍，正数是没有问题，当数字为负数时，就不是我们想要的结果了，如图 3-144 所示。

| | A | B | C |
|---|---|---|---|
| 1 | 数字 | 返回结果 | 公式 |
| 2 | -11.12 | -12 | =INT(A2) |
| 3 | -1.12 | -2 | =INT(A3) |
| 4 | -0.12 | -1 | =INT(A4) |

图 3-144　负数返回结果

当数据是负数时，就要使用 TRUNC 函数了，函数语法如图 3-145 所示。

**TRUNC：取整函数（可保留小数位数）**

**语法**

**TRUNC(数字,保留小数位数)**

注：保留小数位数可省略，省略后取整

**用法**

| 数据 | 返回结果 | 公式 |
|---|---|---|
| -22.222 | -22 | =TRUNC(B9) |
| -22.222 | -22.22 | =TRUNC(B10,2) |
| -22.222 | -20 | =TRUNC(B11,-1) |

图 3-145　TRUNC 函数语法

TRUNC 函数和 ROUND 函数的使用方法一样，区别是 ROUND 函数是四舍五入，而 TRUNC 函数是直接取整，TRUNC 函数第二个参数是可以省略的，省略后取整，同时第二个参数支持负数，如图 3-146 所示。

| | E | F | G |
|---|---|---|---|
| 1 | 数字 | 返回结果 | 公式 |
| 2 | -11.12 | -11 | =TRUNC(E2) |
| 3 | -1.12 | -1 | =TRUNC(E3) |
| 4 | -0.12 | 0 | =TRUNC(E4) |

图 3-146　使用 TRUNC 函数

如图 3-147 所示，公司现金形式发放工资，根据工资计算对应面值人民币数量。

| | A | B | C | D | E | F | G | H | I |
|---|---|---|---|---|---|---|---|---|---|
| 1 | 员工姓名 | 应发工资 | 实发工资 | 100元 | 50元 | 20元 | 10元 | 5元 | 1元 |
| 2 | 李易明 | 7470.2 | 7470 | 74 | 1 | 1 | - | - | - |
| 3 | 柳琏 | 7598.7 | 7598 | 75 | 1 | 2 | - | 1 | 3 |
| 4 | 柳琏 | 7248.1 | 7248 | 72 | - | 2 | - | 1 | 3 |
| 5 | 冯俊 | 7471 | 7471 | 74 | 1 | 1 | - | - | 1 |
| 6 | 赵志 | 7546.3 | 7546 | 75 | - | 2 | - | 1 | 1 |
| 7 | 张歡 | 7599.2 | 7599 | 75 | 1 | 2 | - | 1 | 4 |
| 8 | 王小辉 | 4048.7 | 4048 | 40 | - | 2 | - | 1 | 3 |
| 9 | 袁晓 | 7147.6 | 7147 | 71 | - | 2 | - | 1 | 2 |
| 10 | 合计 | | 56127 | 556 | 4 | 14 | - | 6 | 17 |

图 3-147 根据工资计算对应面值人民币

## 3.17 按倍数舍入

飞鱼：今天我们来学习按倍数舍入函数，共有两个函数，CEILING 函数和 FLODR 函数。首先我们来学习 CEILING 函数，其语法如图 3-148 所示。

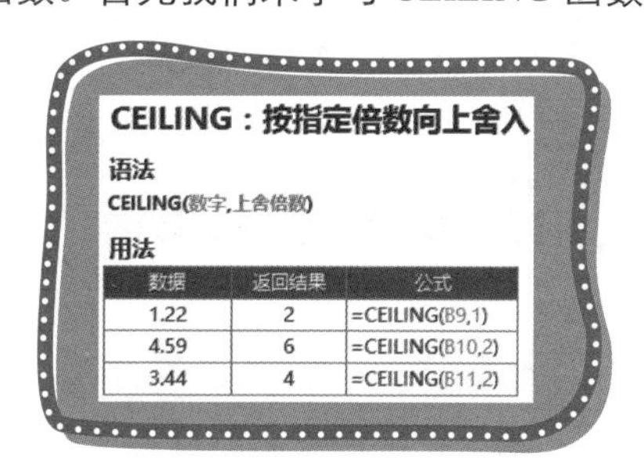

**CEILING：按指定倍数向上舍入**

**语法**

CEILING(数字,上舍倍数)

**用法**

| 数据 | 返回结果 | 公式 |
|---|---|---|
| 1.22 | 2 | =CEILING(B9,1) |
| 4.59 | 6 | =CEILING(B10,2) |
| 3.44 | 4 | =CEILING(B11,2) |

图 3-148 CEILING 函数语法

小鱼：什么是按倍数舍入呢？

飞鱼：我们来看 CEILING 函数语法的例子。

第一行的公式，第 2 个参数我们指定的倍数是 1，自然数 1,2,3,4…都是 1 的倍数，第一个参数的数字是 1.22，由于 CEILING 函数是向上舍入，所以要返回的值是一个比 1.22 大的数字，比 1.22 大并且最接近 1 的倍数就是 2 了。

第二行的公式，第 2 个参数我们设置的是 2，自然数 2,4,6,8…都是 2 的倍数，比 4.59 大并且最近的 2 的倍数的数字是 6，所以公式返回 6。

如图 3-149 所示，快递不足一公斤按一公斤收费，使用 CEILING 函数根据实际重量计算收费重量。公式如下：

```
=CEILING(A2,1)
```

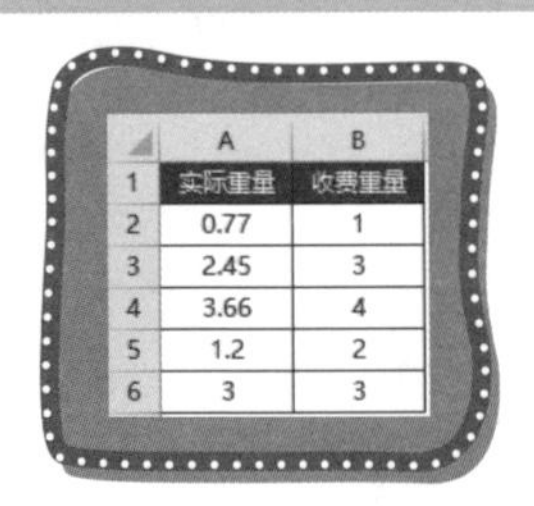

| | A | B |
|---|---|---|
| 1 | 实际重量 | 收费重量 |
| 2 | 0.77 | 1 |
| 3 | 2.45 | 3 |
| 4 | 3.66 | 4 |
| 5 | 1.2 | 2 |
| 6 | 3 | 3 |

图 3-149　计算收费重量

FLOOR 函数是按倍数向下舍入，其语法如图 3-150 所示。

**FLOOR：按指定倍数向下舍入**

**语法**

FLOOR(数字,下舍倍数)

**用法**

| 数据 | 返回结果 | 公式 |
|---|---|---|
| 1.22 | 1 | =FLOOR(B9,1) |
| 4.59 | 4 | =FLOOR(B10,2) |
| 3.44 | 2 | =FLOOR(B11,2) |

图 3-150　FLOOR 函数语法

某公司加班时间精确到半小时，不足半小时忽略不计。使用 FLOOR 函数可以计算员工有效的加班时间，如图 3-151 所示，半小时可以用 0.5 表示。公式如下：

```
=FLOOR(B2,0.5)
```

| | A | B | C |
|---|---|---|---|
| 1 | 加班时间（分钟） | 加班时间（小时） | 有效时间 |
| 2 | 170 | 2.83 | 2.5 |
| 3 | 274 | 4.57 | 4.5 |
| 4 | 16 | 0.27 | 0 |
| 5 | 58 | 0.97 | 0.5 |
| 6 | 76 | 1.27 | 1 |
| 7 | 232 | 3.87 | 3.5 |
| 8 | 124 | 2.07 | 2 |

图 3-151　计算有效时间

课后练习

如图 3-152 所示，根据加班时间计算有效时间，有些公司加班时间同样精确到半小时，但是不足半小时按半小时计算，比较人性化，飞鱼的公司就是这样。

| | A | B | C |
|---|---|---|---|
| 1 | 加班时间（分钟） | 加班时间（小时） | 有效时间 |
| 2 | 170 | 2.83 | 3 |
| 3 | 274 | 4.57 | 5 |
| 4 | 16 | 0.27 | 0.5 |
| 5 | 58 | 0.97 | 1 |
| 6 | 76 | 1.27 | 1.5 |
| 7 | 232 | 3.87 | 4 |
| 8 | 124 | 2.07 | 2.5 |

图 3-152　计算有效加班时间

## 3.18　排名函数

小鱼：如图 3-153 所示，我现在想按销售额排名，Excel 有排名函数吗？

|  | A | B | C | D | E |
|---|---|---|---|---|---|
| 1 | 姓名 | 地区 | 性别 | 销售额 | 排名 |
| 2 | 李易明 | 北京 | 男 | 9376 |  |
| 3 | 柳瑶 | 北京 | 女 | 39484 |  |
| 4 | 冯俊 | 北京 | 男 | 62542 |  |
| 5 | 赵志 | 北京 | 男 | 18657 |  |
| 6 | 张歌 | 北京 | 女 | 18657 |  |
| 7 | 王小辉 | 北京 | 男 | 63488 |  |
| 8 | 袁晓 | 北京 | 女 | 7616 |  |
| 9 | 赵顺花 | 北京 | 女 | 29147 |  |
| 10 | 李源博 | 北京 | 男 | 2308 |  |

图 3-153　排名

飞鱼：当然有了，RANK 就是排名函数，其语法如图 3-154 所示。

**RANK：排名函数**

**语法**

**RANK(排名数字,排名区域,排名方式)**

注：排名方式可以省略，省略后默认为降序排名

**用法**

| 数据 | 返回结果 | 公式 |
|---|---|---|
| 10 | 3 | =RANK(B10,$B$10:$B$12) |
| 30 | 1 | =RANK(B11,$B$10:$B$12) |
| 20 | 2 | =RANK(B12,$B$10:$B$12) |

图 3-154　RANK 函数语法

小鱼：降序排名是什么意思啊？

飞鱼：降序排名就是从大到小排名，如想从小到大排名，RANK 函数中第三个参数设置为 1 就可以了。

如图 3-155 所示，在 E2 单元格输入如下公式并向下填充就可以了，第二个参数要使用绝对引用锁定。

```
=RANK(D2,$D$2:$D$10)
```

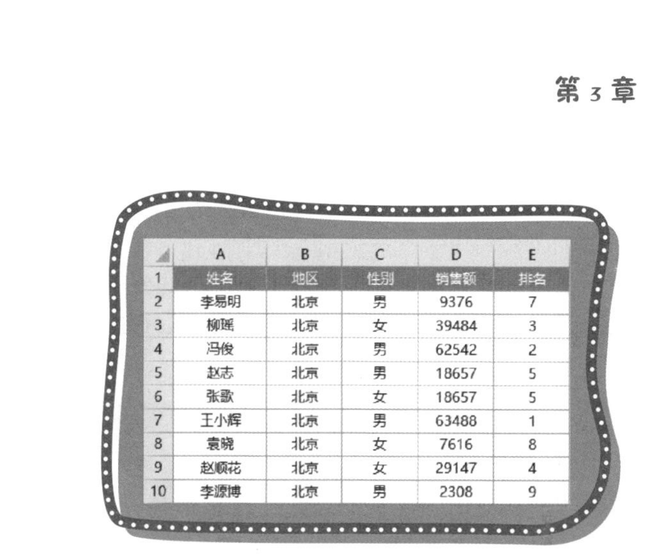

| | A | B | C | D | E |
|---|---|---|---|---|---|
| 1 | 姓名 | 地区 | 性别 | 销售额 | 排名 |
| 2 | 李易明 | 北京 | 男 | 9376 | 7 |
| 3 | 柳瑶 | 北京 | 女 | 39484 | 3 |
| 4 | 冯俊 | 北京 | 男 | 62542 | 2 |
| 5 | 赵志 | 北京 | 男 | 18657 | 5 |
| 6 | 张歌 | 北京 | 女 | 18657 | 5 |
| 7 | 王小辉 | 北京 | 男 | 63488 | 1 |
| 8 | 袁晓 | 北京 | 女 | 7616 | 8 |
| 9 | 赵顺花 | 北京 | 女 | 29147 | 4 |
| 10 | 李源博 | 北京 | 男 | 2308 | 9 |

图 3-155　使用 RANK 函数排名

小鱼：我发现一个问题啊，怎么两个第 5 名之后就是第 7 名了，没有第 6 名？

飞鱼：你说的是中国式排名，直接用函数就难了，需要嵌套好几个函数才可以的。我先教你一种简单的方法。

Step 01 选择 D 列，选择“数据”选项卡，单击“降序排序”图标，弹出“排序提醒”对话框，勾选“扩展选定区域 (E)”，单击“排序 (S)”按钮，对 D 列销售额进行降序排序，如图 3-156 所示。

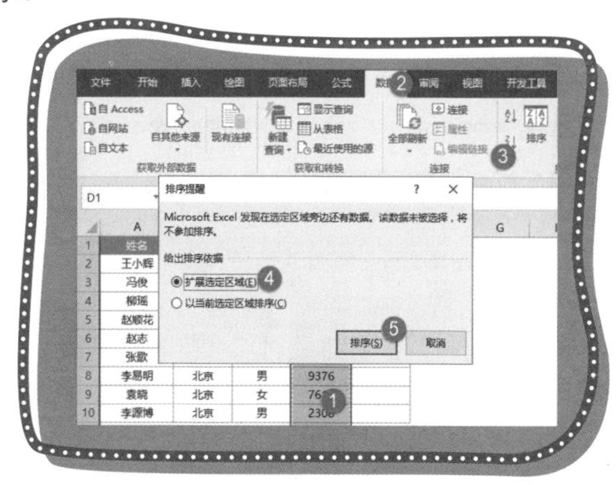


图 3-156　降序排序

Step 02 降序排序后，判断本行销售额与上一行销售额是否不相同，如果与上一行 销售额不相同返回 TRUE，TRUE 与 E 列上一行排名相加，排名增加 1 位，如果相同返回 FALSE，FALSE 与 E 列上一行排名相加后，排名不变，这样就可以实现排名效果，使用N 函数是为了将标题行的文本转换为 0，不然第二行的公式，逻辑值与文本计算会出错，如图 3-157 所示。

```
=(D2<>D1)+N(E1)
```

| | A | B | C | D | E |
|---|---|---|---|---|---|
| 1 | 姓名 | 地区 | 性别 | 销售额 | 排名 |
| 2 | 王小辉 | 北京 | 男 | 63488 | 1 |
| 3 | 冯俊 | 北京 | 男 | 62542 | 2 |
| 4 | 柳瑶 | 北京 | 女 | 39484 | 3 |
| 5 | 赵顺花 | 北京 | 女 | 29147 | 4 |
| 6 | 赵志 | 北京 | 男 | 18657 | 5 |
| 7 | 张歌 | 北京 | 女 | 18657 | 5 |
| 8 | 李易明 | 北京 | 男 | 9376 | 6 |
| 9 | 袁晓 | 北京 | 女 | 7616 | 7 |
| 10 | 李源博 | 北京 | 男 | 2308 | 8 |

图 3-157 生成排名序号

对数据进行排序后会改变原数据的顺序，如果不想改变原数据顺序可以使用下面的嵌套公式格式来排名，如图 3-158 所示。

中国式排名嵌套格式

普通公式
=SUMPRODUCT((排名区域>排名数字)/COUNTIF(排名区域,排名区域))+1

数组公式
=SUM((排名区域>排名数字)/COUNTIF(排名区域,排名区域))+1

图 3-158 中国式排名嵌套格式

如图 3-159 所示，根据嵌套格式套入排名区域和排名数字后，向下填充公式即可，排名区域要记得使用绝对引用。数组公式要按 Ctrl+Shift+Enter 组合键结束。

普通公式如下：

```
=SUMPRODUCT(($D$2:$D$10>D2)/COUNTIF($D$2:$D$10,$D$2:$D$10))+1
```

数组公式如下：

```
=SUM(($D$2:$D$10>D2)/COUNTIF($D$2:$D$10,$D$2:$D$10))+1
```

| | A | B | C | D | E |
|---|---|---|---|---|---|
| 1 | 姓名 | 地区 | 性别 | 销售额 | 排名 |
| 2 | 李易明 | 北京 | 男 | 9376 | 6 |
| 3 | 柳瑶 | 北京 | 女 | 39484 | 3 |
| 4 | 冯俊 | 北京 | 男 | 62542 | 2 |
| 5 | 赵志 | 北京 | 男 | 18657 | 5 |
| 6 | 张歌 | 北京 | 女 | 18657 | 5 |
| 7 | 王小辉 | 北京 | 男 | 63488 | 1 |
| 8 | 袁晓 | 北京 | 女 | 7616 | 7 |
| 9 | 赵顺花 | 北京 | 女 | 29147 | 4 |
| 10 | 李源博 | 北京 | 男 | 2308 | 8 |

图 3-159　嵌套公式

小鱼：这个公式的原理是什么呢？

飞鱼：前部分是使用数组判断大于自身的个数，在此基础上使用 COUNTIF 函数去除重复个数，就可以计算出有多少大于自身的，知道有多少个比自身大的数，加 1 也就知道自身的排名了，如 A2 单元格有 5 个比自身大的，那么自身就排名第 6。

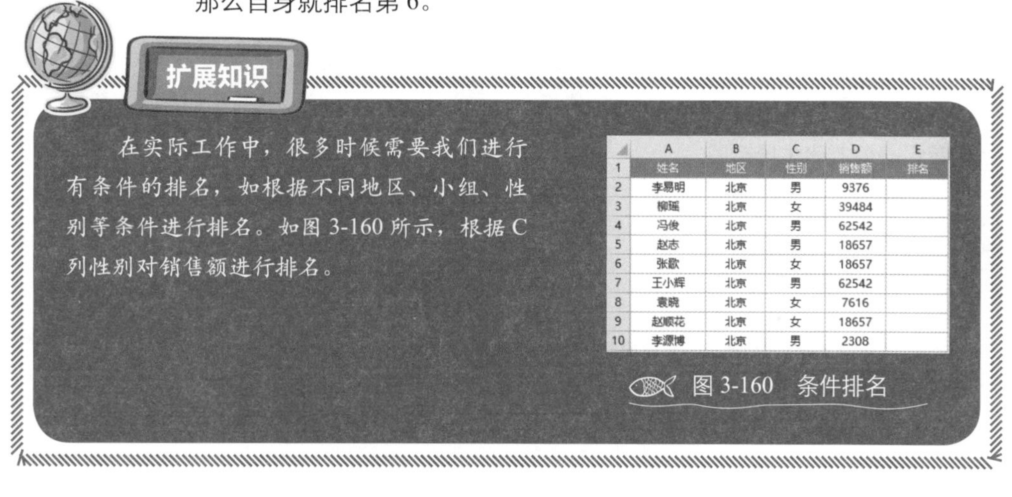

扩展知识

在实际工作中，很多时候需要我们进行有条件的排名，如根据不同地区、小组、性别等条件进行排名。如图 3-160 所示，根据 C 列性别对销售额进行排名。

| | A | B | C | D | E |
|---|---|---|---|---|---|
| 1 | 姓名 | 地区 | 性别 | 销售额 | 排名 |
| 2 | 李易明 | 北京 | 男 | 9376 | |
| 3 | 柳瑶 | 北京 | 女 | 39484 | |
| 4 | 冯俊 | 北京 | 男 | 62542 | |
| 5 | 赵志 | 北京 | 男 | 18657 | |
| 6 | 张歌 | 北京 | 女 | 18657 | |
| 7 | 王小辉 | 北京 | 男 | 62542 | |
| 8 | 袁晓 | 北京 | 女 | 7616 | |
| 9 | 赵顺花 | 北京 | 女 | 18657 | |
| 10 | 李源博 | 北京 | 男 | 2308 | |

图 3-160　条件排名

第一种方法，使用排序功能对原数据进行排序后，使用 IF 函数判断生成排名序号。

**Step 01** 选中任意非空单元格，如 A7 单元格，选择“数据”选项卡，单击“排序”图标，弹出“排序”对话框，主要关键字选择“姓名”，次序根据实际情况选择，单击“添加条件 (A)”按钮添加次要关键字条件，次要关键字选择“销售额”，次序选择“降序”，单击“确定”按钮完成排序，排序设置如图 3-161 所示。

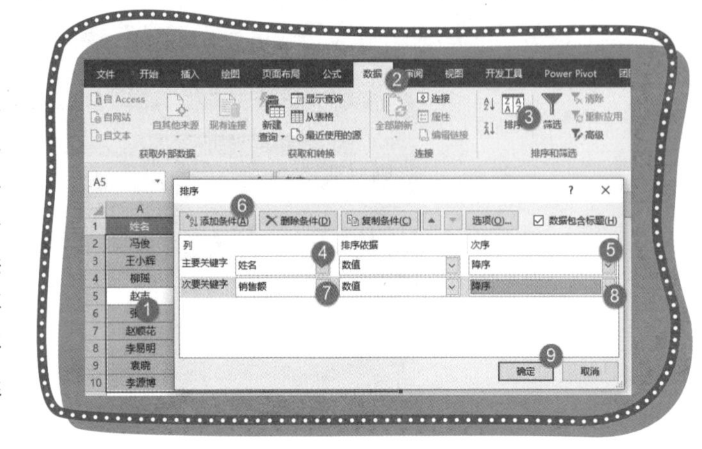


图 3-161 排序设置

**Step 02** 在 E2 单元格输入如下公式后向下填充即可，如图 3-162 所示。公式中使用了 IF 函数判断 C 列性别，如 C 列本行不等于上一行，说明性别不同了，返回序号 1，否则使用之前我们学过的公式来生成排名序号。效果如图 3-162 所示。

```
=IF(C2<>C1,1,
(D2<>D1)+N(E1))
```

| | A | B | C | D | E |
|---|---|---|---|---|---|
| 1 | 姓名 | 地区 | 性别 | 销售额 | 排名 |
| 2 | 柳瑶 | 北京 | 女 | 39484 | 1 |
| 3 | 张歌 | 北京 | 女 | 18657 | 2 |
| 4 | 赵顺花 | 北京 | 女 | 18657 | 2 |
| 5 | 袁晓 | 北京 | 女 | 7616 | 3 |
| 6 | 冯俊 | 北京 | 男 | 62542 | 1 |
| 7 | 王小辉 | 北京 | 男 | 62542 | 1 |
| 8 | 赵志 | 北京 | 男 | 18657 | 2 |
| 9 | 李易明 | 北京 | 男 | 9376 | 3 |
| 10 | 李源博 | 北京 | 男 | 2308 | 4 |

图 3-162 IF 函数生成序号

还有一种方法，使用嵌套公式也是可以的，只是公式有些难度，虽然有固定的嵌套格式，但是也要经过长时间的学习、练习才可以熟练使用。条件排名嵌套格式如图 3-163 所示。

中国式条件排名嵌套格式

普通公式

=SUMPRODUCT(((排名区域>排名数字)*(条件区域=条件))/COUNTIFS(排名区域,排名区域,条件区域,条件区域))+1

数组公式

=SUM(((排名区域>排名数字)*(条件区域=条件))/COUNTIFS(排名区域,排名区域,条件区域,条件区域))+1

图 3-163 中国式条件排名

在 E2 单元格输入如下公式后向下填充即可，结果如图 3-164 所示。

```
=SUM((($D$2:$D$10>D2)*($C$2:$C$10=C2))/COUNTIFS($D$2:$D$10,$
D$2:$D$10,$C$2:$C$10,$C$2:$C$10))+1
```

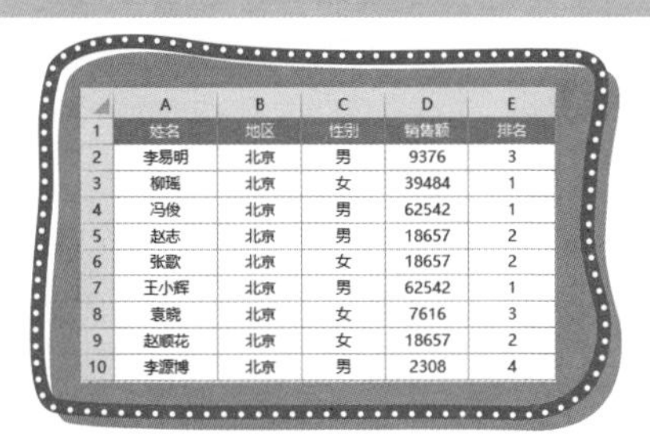

| | A | B | C | D | E |
|---|---|---|---|---|---|
| 1 | 姓名 | 地区 | 性别 | 销售额 | 排名 |
| 2 | 李易明 | 北京 | 男 | 9376 | 3 |
| 3 | 柳瑶 | 北京 | 女 | 39484 | 1 |
| 4 | 冯俊 | 北京 | 男 | 62542 | 1 |
| 5 | 赵志 | 北京 | 男 | 18657 | 2 |
| 6 | 张歌 | 北京 | 女 | 18657 | 2 |
| 7 | 王小辉 | 北京 | 男 | 62542 | 1 |
| 8 | 袁晓 | 北京 | 女 | 7616 | 3 |
| 9 | 赵顺花 | 北京 | 女 | 18657 | 2 |
| 10 | 李源博 | 北京 | 男 | 2308 | 4 |

图 3-164 嵌套公式排名

课后练习

如图 3-165 所示，根据地区对销售额进行中国式排名。

| | A | B | C | D | E |
|---|---|---|---|---|---|
| 1 | 姓名 | 地区 | 性别 | 销售额 | 排名 |
| 2 | 李易明 | 北京 | 女 | 39484 | 2 |
| 3 | 柳瑶 | 北京 | 男 | 9376 | 4 |
| 4 | 冯俊 | 北京 | 男 | 62542 | 1 |
| 5 | 赵志 | 北京 | 男 | 18657 | 3 |
| 6 | 张歌 | 北京 | 女 | 18657 | 3 |
| 7 | 王小辉 | 内蒙 | 男 | 62542 | 1 |
| 8 | 袁晓 | 内蒙 | 女 | 7616 | 3 |
| 9 | 赵顺花 | 内蒙 | 女 | 18657 | 2 |
| 10 | 李源博 | 内蒙 | 男 | 2308 | 4 |

图 3-165 根据地区对销售额排名

## 3.19 平均值修剪

小鱼：飞鱼啊，在招标的时候，计算最终得分规则是去除两个最高分，去除两个最低分，然后计算平均分，你帮我看看下面我写的公式对吗？效果如图 3-166 所示。

```
=ROUND((SUM(B2:H2)-MAX(B2:H2)-MIN(B2:H2)-LARGE(B2:H2,2)-SMALL(B2:H2,2))/3,1)
```

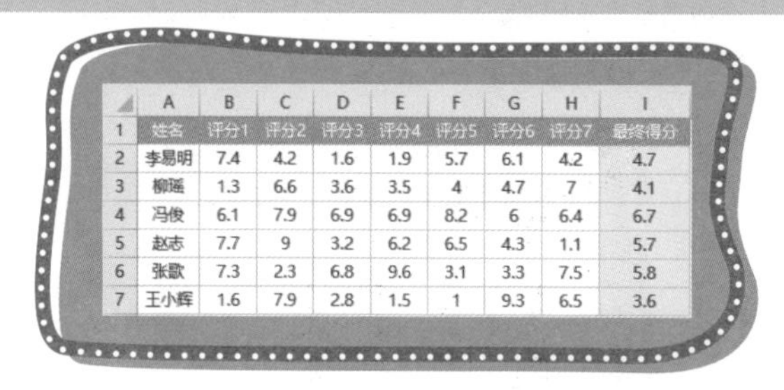

| | A | B | C | D | E | F | G | H | I |
|---|---|---|---|---|---|---|---|---|---|
| 1 | 姓名 | 评分1 | 评分2 | 评分3 | 评分4 | 评分5 | 评分6 | 评分7 | 最终得分 |
| 2 | 李易明 | 7.4 | 4.2 | 1.6 | 1.9 | 5.7 | 6.1 | 4.2 | 4.7 |
| 3 | 柳瑶 | 1.3 | 6.6 | 3.6 | 3.5 | 4 | 4.7 | 7 | 4.1 |
| 4 | 冯俊 | 6.1 | 7.9 | 6.9 | 6.9 | 8.2 | 6 | 6.4 | 6.7 |
| 5 | 赵志 | 7.7 | 9 | 3.2 | 6.2 | 6.5 | 4.3 | 1.1 | 5.7 |
| 6 | 张歌 | 7.3 | 2.3 | 6.8 | 9.6 | 3.1 | 3.3 | 7.5 | 5.8 |
| 7 | 王小辉 | 1.6 | 7.9 | 2.8 | 1.5 | 1 | 9.3 | 6.5 | 3.6 |

图 3-166 计算最终得分

飞鱼：公式是正确的，挺好的，把学习到的函数都用上了。不过呢，只是写得有点繁琐，可以考虑使用常量数组公式。常量数组公式和普通公式一样，不用使用 Ctrl+Shift+Enter 组合键结束。输入如下公式，效果如图 3-167 所示。

```
=ROUND(SUM(B2:H2,-LARGE(B2:H2,{1,2}),-SMALL(B2:H2,{1,2}))/3,1)
```

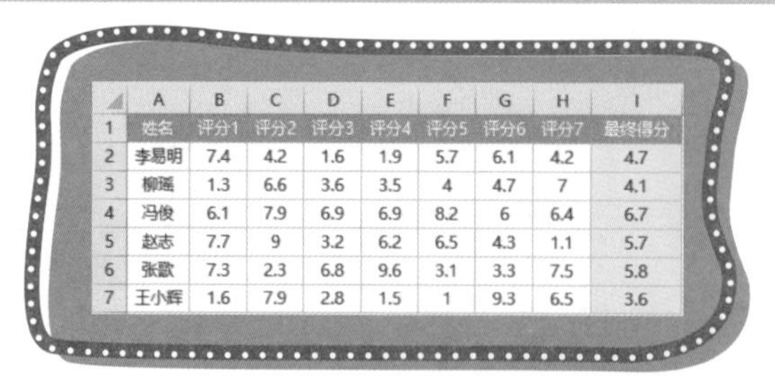

| | A | B | C | D | E | F | G | H | I |
|---|---|---|---|---|---|---|---|---|---|
| 1 | 姓名 | 评分1 | 评分2 | 评分3 | 评分4 | 评分5 | 评分6 | 评分7 | 最终得分 |
| 2 | 李易明 | 7.4 | 4.2 | 1.6 | 1.9 | 5.7 | 6.1 | 4.2 | 4.7 |
| 3 | 柳瑶 | 1.3 | 6.6 | 3.6 | 3.5 | 4 | 4.7 | 7 | 4.1 |
| 4 | 冯俊 | 6.1 | 7.9 | 6.9 | 6.9 | 8.2 | 6 | 6.4 | 6.7 |
| 5 | 赵志 | 7.7 | 9 | 3.2 | 6.2 | 6.5 | 4.3 | 1.1 | 5.7 |
| 6 | 张歌 | 7.3 | 2.3 | 6.8 | 9.6 | 3.1 | 3.3 | 7.5 | 5.8 |
| 7 | 王小辉 | 1.6 | 7.9 | 2.8 | 1.5 | 1 | 9.3 | 6.5 | 3.6 |

图 3-167 常量数组公式

数组公式虽然写法简洁，但是数组公式比普通公式要难理解。下面我教你一种比数组公式简洁的方法。TRIMMEAN 函数可以去除一定比例的最高值、最低值后计算平均值，TRIMMEAN 函数语法如图 3-168 所示。

**TRIMMEAN：平均值修剪**

**语法**

TRIMMEAN(统计区域,去除数量/统计总数)

**用法**

| 数据 | 返回结果 | 公式 |
|---|---|---|
| 10 | 20 | =TRIMMEAN(B9:B11,2/3) |
| 20 | | |
| 30 | | |

图 3-168 TRIMMEAN 函数语法

TRIMMEAN 函数共有两个参数，第一个参数为统计区域，第二个参数为去除最高、最低的比例，可以用百分比表示，但是却需要我们计算比例，可以直接使用分数表示。图 3-168 中一共有 3 个数据需要统计，去除一个最高值、一个最低值，加一起就是去除两个，直接用 2/3 表示就可以了。

我们要统计的评分共有 7 个，去除两个最高分、两个最低分，共 4 个，所以第二个参数写 4/7 就可以了，在 I2 单元格输入如下公式向下填充即可，效果如图 3-169 所示。

```
=ROUND(TRIMMEAN(B2:H2,
4/7),1)
```

| | A | B | C | D | E | F | G | H | I |
|---|---|---|---|---|---|---|---|---|---|
| 1 | 姓名 | 评分1 | 评分2 | 评分3 | 评分4 | 评分5 | 评分6 | 评分7 | 最终得分 |
| 2 | 李易明 | 7.4 | 4.2 | 1.6 | 1.9 | 5.7 | 6.1 | 4.2 | 4.7 |
| 3 | 柳瑶 | 1.3 | 6.6 | 3.6 | 3.5 | 4 | 4.7 | 7 | 4.1 |
| 4 | 冯俊 | 6.1 | 7.9 | 6.9 | 6.9 | 8.2 | 6 | 6.4 | 6.7 |
| 5 | 赵志 | 7.7 | 9 | 3.2 | 6.2 | 6.5 | 4.3 | 1.1 | 5.7 |
| 6 | 张歌 | 7.3 | 2.3 | 6.8 | 9.6 | 3.1 | 3.3 | 7.5 | 5.8 |
| 7 | 王小辉 | 1.6 | 7.9 | 2.8 | 1.5 | 1 | 9.3 | 6.5 | 3.6 |

图 3-169 使用 TRIMMEAN 函数

小鱼：嗯，这个函数好用，原来简单问题让我搞复杂了。

**课后练习**

如图 3-170 所示，要求去除 3 个最高分、最低分后求和，计算出最终得分。

| | A | B | C | D | E | F | G | H | I | J | K | L |
|---|---|---|---|---|---|---|---|---|---|---|---|---|
| 1 | 姓名 | 评分1 | 评分2 | 评分3 | 评分4 | 评分5 | 评分6 | 评分7 | 评分8 | 评分9 | 评分10 | 最终得分 |
| 2 | 李易明 | 7.4 | 4.2 | 1.6 | 1.9 | 5.7 | 6.1 | 4.2 | 4.2 | 1.6 | 1.9 | 14.5 |
| 3 | 柳瑶 | 1.3 | 6.6 | 3.6 | 3.5 | 4 | 4.7 | 7 | 6.6 | 3.6 | 3.5 | 15.9 |
| 4 | 冯俊 | 6.1 | 7.9 | 6.9 | 6.9 | 8.2 | 6 | 6.4 | 7.9 | 6.9 | 6.9 | 27.6 |
| 5 | 赵志 | 7.7 | 9 | 3.2 | 6.2 | 6.5 | 4.3 | 1.1 | 9 | 3.2 | 6.2 | 23.2 |
| 6 | 张歌 | 7.3 | 2.3 | 6.8 | 9.6 | 3.1 | 3.3 | 7.5 | 2.3 | 6.8 | 9.6 | 24.2 |
| 7 | 王小辉 | 1.6 | 7.9 | 2.8 | 1.5 | 1 | 9.3 | 6.5 | 7.9 | 2.8 | 1.5 | 13.7 |

图 3-170 计算最终得分

## 3.20 随机数函数

飞鱼：今天我们来学习随机数函数，Excel 有两个随机函数，即 RAND 和 RANDBETWEEN 函数。我们先来学习 RAND 函数语法，如图 3-171 所示。

**RAND：随机数函数**

语法

RAND()

用法

| 返回结果 | 公式 |
| --- | --- |
| 0.106518157 | =RAND() |
| 0.904510033 | =RAND() |
| 0.65841483 | =RAND() |

图 3-171　RAND 函数语法

RAND 函数没有参数，直接在单元格中输入“=RAND()”函数名称就可以了，函数会随机返回一个大于 0、小于 1 的 15 位小数。单独使用 RAND 函数并不能为我们做什么事情，但是配合一些函数使用就不一样了，比如随机生成一些小学生考试成绩，输入如下公式，效果如图 3-172 所示。

```
=ROUND(RAND()*100,0)
```

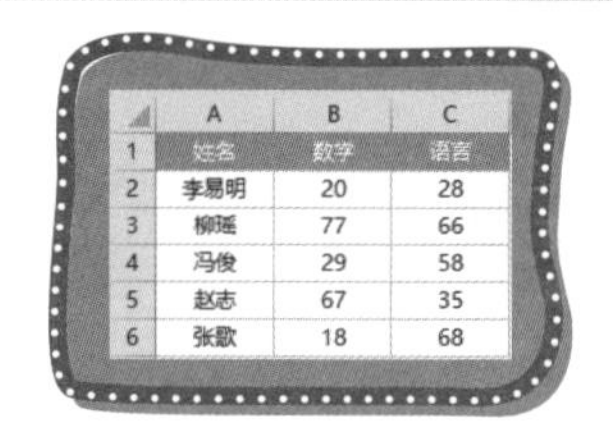

| | A | B | C |
| --- | --- | --- | --- |
| 1 | 姓名 | 数学 | 语言 |
| 2 | 李易明 | 20 | 28 |
| 3 | 柳瑶 | 77 | 66 |
| 4 | 冯俊 | 29 | 58 |
| 5 | 赵志 | 67 | 35 |
| 6 | 张歌 | 18 | 68 |

图 3-172　生成考试成绩

如图 3-173 所示，嵌套 IF 函数随机生成性别，我们知道 RAND 可以生成 0 到 1 之间的小数，通过 IF 函数判断是否大于 0.5，条件满足返回“男”，否则返回“女”。公式如下：

```
=IF(RAND()>0.5,"男","女")
```

此时生成的性别比例是各 50%，如想改变性别比例，把 0.5 改为 0.7 后，性别比例就变为男性 70%，女性 30% 了。

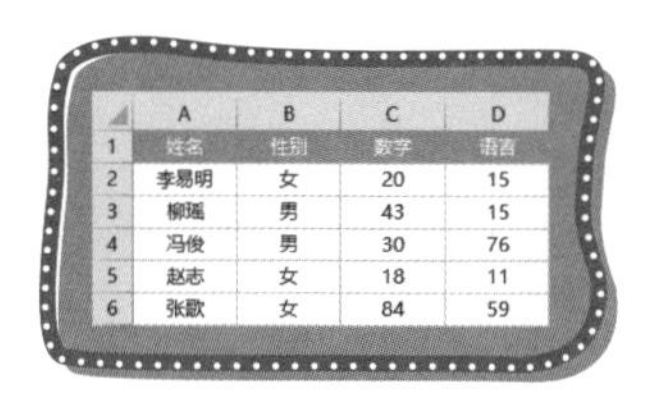

| | A | B | C | D |
|---|---|---|---|---|
| 1 | 姓名 | 性别 | 数学 | 语言 |
| 2 | 李易明 | 女 | 20 | 15 |
| 3 | 柳瑶 | 男 | 43 | 15 |
| 4 | 冯俊 | 男 | 30 | 76 |
| 5 | 赵志 | 女 | 18 | 11 |
| 6 | 张歌 | 女 | 84 | 59 |

图 3-173　生成性别

RAND 函数只能生成 0 到 1 之间的小数，即使我们乘以 100 后，生成随机数的区间可以转换为 0 到 100，很多时候是满足不了我们的需求的，这时候就可以使用 RANDBETWEEN 函数了，其语法如图 3-174 所示。

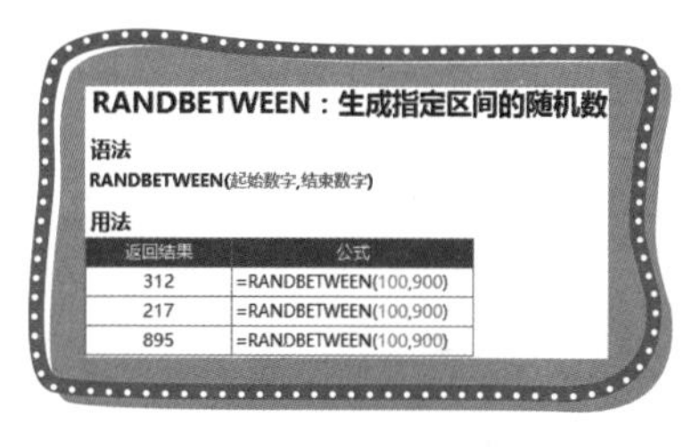

**RANDBETWEEN：生成指定区间的随机数**

**语法**

RANDBETWEEN(起始数字,结束数字)

**用法**

| 返回结果 | 公式 |
|---|---|
| 312 | =RANDBETWEEN(100,900) |
| 217 | =RANDBETWEEN(100,900) |
| 895 | =RANDBETWEEN(100,900) |

图 3-174　RANDBETWEEN 函数语法

如图 3-175 所示，随机生成 2017 年的日期。使用 RANDBETWEEN 函数随机生成 1 到 364 的整数后，加“2017-1-1”后就可以随机生成 2017 年的日期了。公式如下：

```
="2017-1-1"+RANDBETWEEN(1,364)
```

| | A |
|---|---|
| 1 | 日期 |
| 2 | 2017年8月9日 |
| 3 | 2017年2月21日 |
| 4 | 2017年6月7日 |
| 5 | 2017年5月10日 |
| 6 | 2017年1月10日 |
| 7 | 2017年5月6日 |
| 8 | 2017年6月25日 |

图 3-175　随机生成日期

如图 3-176 所示，输入如下公式，随机生成手机号。

```
=13&RANDBETWEEN(100000000,999999999)
```

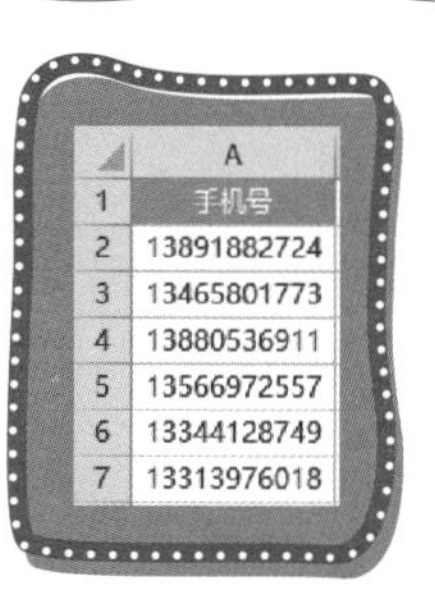

| | A |
|---|---|
| 1 | 手机号 |
| 2 | 13891882724 |
| 3 | 13465801773 |
| 4 | 13880536911 |
| 5 | 13566972557 |
| 6 | 13344128749 |
| 7 | 13313976018 |

图 3-176　随机生成手机号

上面简单地举了几个例子，随机生成了几种类型的数据。除了随机生成数据，和随机有关系的事情都可以使用随机函数来完成，比如抽样、抽奖等。在单位年会的时候，就可以使用 Excel 简单地做一个抽奖程序，输入如下公式，效果如图 3-177 所示。

```
=INDEX(A:A,RANDBETWEEN(2,17))
```

图 3-177　抽奖小程序

使用 RANDBETWEEN 函数随机生成员工所在行号后，使用 INDEX 函数返回对应内容就可以了。这个公式有一个缺点，那就是当员工姓名少的时候，如本例，16 选 3 可能会出现重复中奖的情况。更严谨的做法是添加辅助列，使用 RAND 函数生成 15 位小数，然后反向查找引用即可，如图 3-178 所示。

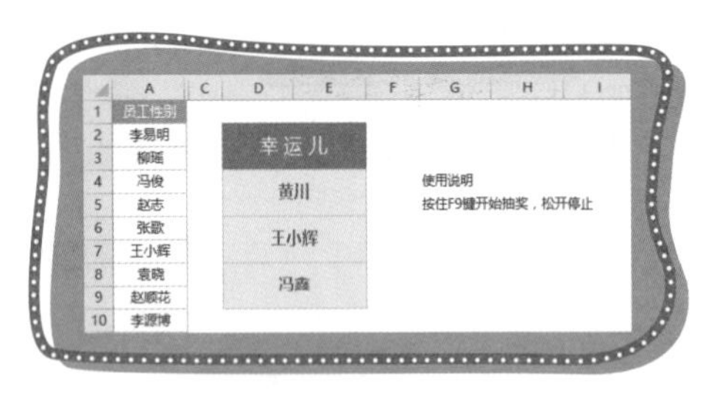


图 3-178　不重复抽奖程序

B2 单元格输入如下公式后并向下填充即可，为了美观，完成公式输入后可以把 B 列隐藏。

```
=RAND()
```

C4 单元格输入如下公式后并向下填充即可。

```
=INDEX(A:A,MATCH(LARGE(B:B,
ROW(A1)),B:B,0))
```

小鱼：快捷键 F9 不是手动计算工作表的吗？为什么按快捷键 F9 就可以实现抽奖呢。

飞鱼：我正要和你说这个事情，随机数函数是易失性函数，如果工作簿使用了易失性函数，打开工作簿后，即使你不作任何操作，选择关闭工作簿都会提示是否保存该工作簿。当工作簿打开，任意单元格值发生改变，或者手动重算工作表，包含易失性函数的公式都会自动重算。这也就是按快捷键 F9 可以实现抽奖的原理，同时需要注意的是，使用随机函数生成数据后，如果想保持数据不变，复制后，原位置选择性粘贴为值就可以了。

# 第4章 查找引用函数

当需要在数据清单或表格中查找特定数值，或者需要查找某一单元格的引用时，可以使用查找引用函数。当查找大量数据时，利用查找引用函数就像给数据装上了定位功能，可以让工作更轻松。

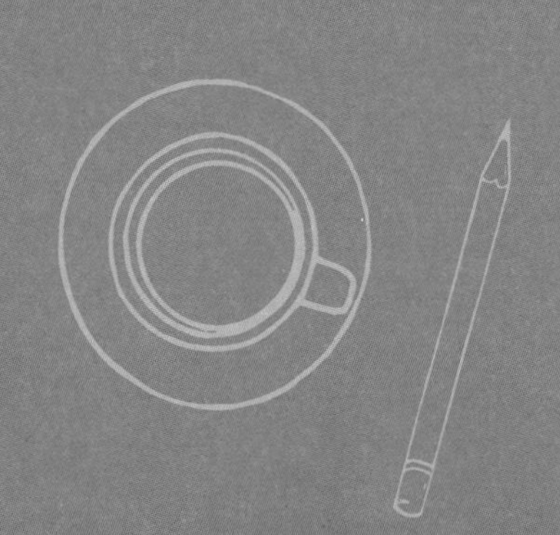

# 4.1 初识 VLOOKUP 函数

飞鱼：说到查找引用，大家第一个想起来的函数一定是 VLOOKUP 函数。在 Excel 圈子里，VLOOKUP 函数可谓是家喻户晓，可是你真的会使用 VLOOKUP 函数吗？

小鱼：这个函数简单，我都会用 VLOOKUP 函数。

飞鱼：先别急着回答，学完之后你再回答。首先来学习 VLOOKUP 函数语法，如图 4-1 所示。

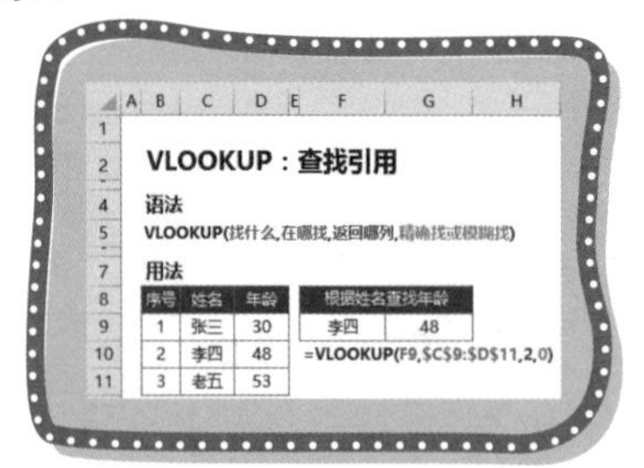


图 4-1　VLOOKUP 函数语法

VLOOKUP 函数共有四个参数。

第一个参数是查找值。我们要查找“李四”对应的年龄，那么查找值就是“李四”，李四在 C10 单元格，所在第一个参数引用 C10 单元格就可以了。

第二个参数是查找区域。设置查找区域时，需要注意的是，VLOOKUP 函数只能从左向右查找，所以只有查找区域的首列包含查找值，才可以查找到。虽然对照表所在单元格区域是 B9:D11，但是 B9:B11 单元格区域的首列（第一列）是序号，如果第二个参数输入 B9:D11 是查找不到的。正确的做法是，查找区域应该从“姓名”所在 C 列开始向右扩展，所以在第二个参数输入 C9:D11 才是正确的。

第三个参数是返回哪列。返回哪列是根据查找区域来决定的。我们设置的查找区域是 C9:D11，共 2 列，其中包含 C 列“姓名”、D 列“年龄”。我们要通过姓名查找年龄，很明显在查找区域里姓名在第 1 列，年龄在第 2 列，所以第三个参数输入查找区域“年龄”列的所在位置 2 就可以了。

第四个参数是查找模式。查找模式有两种，0 为精确查找，1 为模糊查找。除了区间查找使用模糊查找，99% 的查找都是使用精确查找，所以第四个参数写 0 就可以了。

如图 4-2 所示，根据工号查找销售额。需要注意的是，查找区域要使用绝对引用锁定，如果不使用绝对引用锁定，查找区域将会随着公式填充发生变化，导致查找不到而出错。例如 A5 单元格，因为在查找区域内没有“LM999”的信息，所以查找不到后会返回错误值（#N/A）。公式如下：

```
=VLOOKUP(A2,$E$1:$G$13,4,0)
```

在设置查找区域的时候，我们还可以引用整列。在公式不向左、右填充的情况下，引用整列后，不使用绝对引用也是可以的，和上面的公式结果是一样的。公式如下：

```
=VLOOKUP(A2,E:H,4,0)
```

| | A | B | C | D | E | F | G | H |
|---|---|---|---|---|---|---|---|---|
| 1 | 工号 | 销售额 | | 姓名 | 工号 | 地区 | 性别 | 销售额 |
| 2 | LM001 | 9376 | | 李易明 | LM001 | 北京 | 男 | 9376 |
| 3 | LM012 | 16644 | | 柳瑶 | LM002 | 北京 | 女 | 39484 |
| 4 | LM009 | 56030 | | 冯俊 | LM003 | 北京 | 男 | 62542 |
| 5 | LM999 | #N/A | | 赵志 | LM004 | 北京 | 男 | 18657 |
| 6 | LM006 | 63488 | | 张歌 | LM005 | 北京 | 女 | 5703 |
| 7 | | | | 王小辉 | LM006 | 北京 | 男 | 63488 |
| 8 | | | | 张望 | LM007 | 内蒙 | 男 | 5169 |
| 9 | | | | 冯鑫 | LM008 | 内蒙 | 女 | 23472 |
| 10 | | | | 吕俊峰 | LM009 | 内蒙 | 男 | 56030 |
| 11 | | | | 卢莉 | LM010 | 内蒙 | 女 | 50076 |
| 12 | | | | 黄川 | LM011 | 内蒙 | 男 | 33148 |
| 13 | | | | 韩红丽 | LM012 | 内蒙 | 女 | 16644 |

图 4-2　查找销售额

如图 4-3 所示，使用 IFERROR 函数处理错误值。公式如下：

```
=IFERROR(VLOOKUP(A2,E:H,4,0)," 无信息 ")
```

| | A | B |
|---|---|---|
| 1 | 工号 | 销售额 |
| 2 | LM001 | 9376 |
| 3 | LM012 | 16644 |
| 4 | LM009 | 56030 |
| 5 | LM999 | 无信息 |
| 6 | LM006 | 63488 |

图 4-3　使用 IFERROR 函数容错

在使用 VLOOKUP 函数时，查找区域的数据如果有重复值，将会返回第一个出现的数据，如图 4-4 所示。基于这个原因，在使用 VLOOKUP 函数查找时，通过唯一值查找才可以保证结果的准确性。唯一值字段如身份证号、工号、学号、项目编码等。

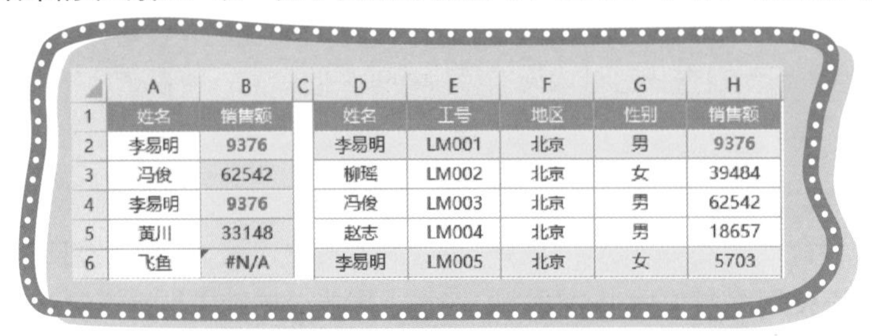

| | A | B | C | D | E | F | G | H |
|---|---|---|---|---|---|---|---|---|
| 1 | 姓名 | 销售额 | | 姓名 | 工号 | 地区 | 性别 | 销售额 |
| 2 | 李易明 | 9376 | | 李易明 | LM001 | 北京 | 男 | 9376 |
| 3 | 冯俊 | 62542 | | 柳瑶 | LM002 | 北京 | 女 | 39484 |
| 4 | 李易明 | 9376 | | 冯俊 | LM003 | 北京 | 男 | 62542 |
| 5 | 萬川 | 33148 | | 赵志 | LM004 | 北京 | 男 | 18657 |
| 6 | 飞鱼 | #N/A | | 李易明 | LM005 | 北京 | 女 | 5703 |

图 4-4　返回第一个出现值

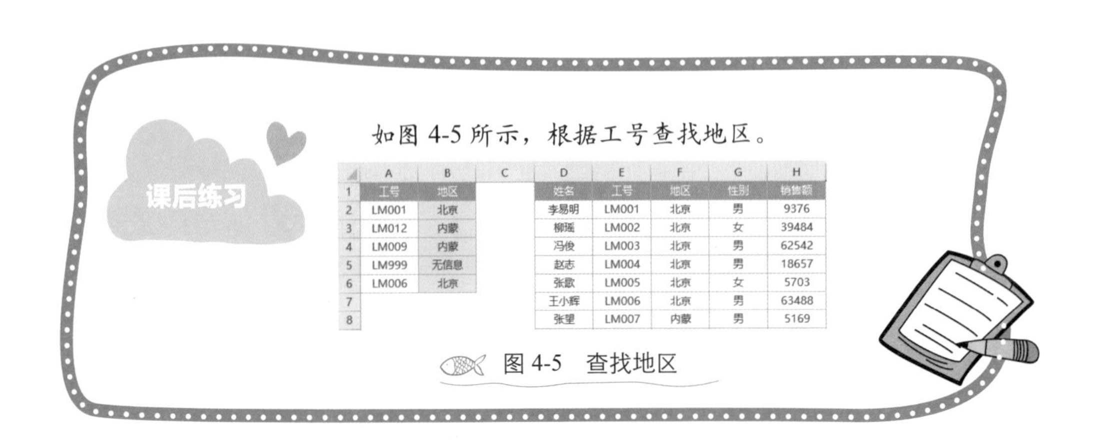


如图 4-5 所示，根据工号查找地区。

| | A | B | C | D | E | F | G | H |
|---|---|---|---|---|---|---|---|---|
| 1 | 工号 | 地区 | | 姓名 | 工号 | 地区 | 性别 | 销售额 |
| 2 | LM001 | 北京 | | 李易明 | LM001 | 北京 | 男 | 9376 |
| 3 | LM012 | 内蒙 | | 柳瑶 | LM002 | 北京 | 女 | 39484 |
| 4 | LM009 | 内蒙 | | 冯俊 | LM003 | 北京 | 男 | 62542 |
| 5 | LM999 | 无信息 | | 赵志 | LM004 | 北京 | 男 | 18657 |
| 6 | LM006 | 北京 | | 张歌 | LM005 | 北京 | 女 | 5703 |
| 7 | | | | 王小辉 | LM006 | 北京 | 男 | 63488 |
| 8 | | | | 张望 | LM007 | 内蒙 | 男 | 5169 |

图 4-5　查找地区

## 4.2　深入了解 VLOOKUP 函数

小鱼：单条件查找我学会了，那么如果有两个，甚至更多条件的查找（如图 4-6 所示），还可以用 VLOOKUP 函数吗？

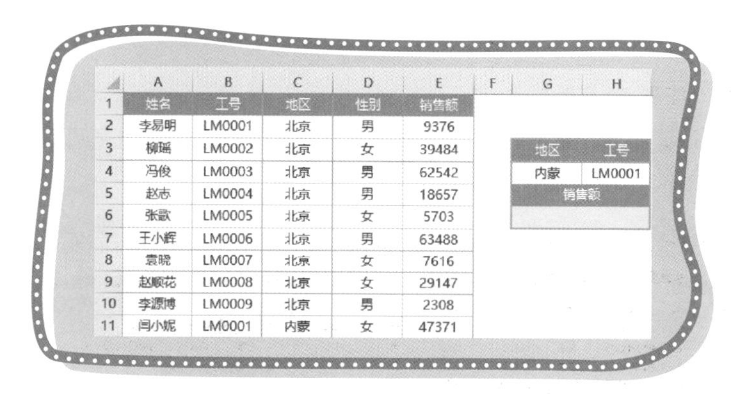

| | A | B | C | D | E | F | G | H |
|---|---|---|---|---|---|---|---|---|
| 1 | 姓名 | 工号 | 地区 | 性别 | 销售额 | | | |
| 2 | 李易明 | LM0001 | 北京 | 男 | 9376 | | | |
| 3 | 柳瑞 | LM0002 | 北京 | 女 | 39484 | | 地区 | 工号 |
| 4 | 冯俊 | LM0003 | 北京 | 男 | 62542 | | 内蒙 | LM0001 |
| 5 | 赵志 | LM0004 | 北京 | 男 | 18657 | | 销售额 | |
| 6 | 张歆 | LM0005 | 北京 | 女 | 5703 | | | |
| 7 | 王小辉 | LM0006 | 北京 | 男 | 63488 | | | |
| 8 | 袁晓 | LM0007 | 北京 | 女 | 7616 | | | |
| 9 | 赵顺花 | LM0008 | 北京 | 女 | 29147 | | | |
| 10 | 李源博 | LM0009 | 北京 | 男 | 2308 | | | |
| 11 | 闫小妮 | LM0001 | 内蒙 | 女 | 47371 | | | |

图 4-6　多条件查找

飞鱼：通过辅助列，或者数组公式，VLOOKUP 函数就可以实现多条件查找了。先来学习辅助列方法。

**Step 01** 选中 A 列后，插入一列，然后在 A2 单元格输入如下公式后向下填充，使用连接符（&）把两个条件连接为一个唯一编号，如图 4-7 所示。

```
=D2&C2
```

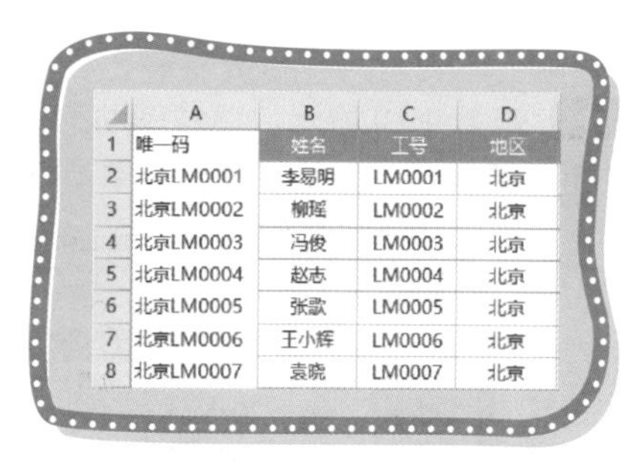

| | A | B | C | D |
|---|---|---|---|---|
| 1 | 唯一码 | 姓名 | 工号 | 地区 |
| 2 | 北京LM0001 | 李易明 | LM0001 | 北京 |
| 3 | 北京LM0002 | 柳瑶 | LM0002 | 北京 |
| 4 | 北京LM0003 | 冯俊 | LM0003 | 北京 |
| 5 | 北京LM0004 | 赵志 | LM0004 | 北京 |
| 6 | 北京LM0005 | 张歆 | LM0005 | 北京 |
| 7 | 北京LM0006 | 王小辉 | LM0006 | 北京 |
| 8 | 北京LM0007 | 袁晓 | LM0007 | 北京 |

图 4-7　唯一码

**Step 02** 使用同样的方法把查找条件也连接起来，如图 4-8 所示。

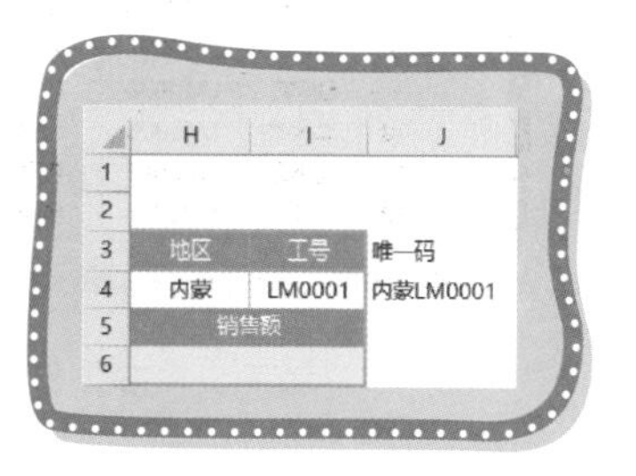

| | H | I | J |
|---|---|---|---|
| 1 | | | |
| 2 | | | |
| 3 | 地区 | 工号 | 唯一码 |
| 4 | 内蒙 | LM0001 | 内蒙LM0001 |
| 5 | 销售额 | | |
| 6 | | | |

图 4-8　连接查找条件

Step 03 如图 4-9 所示，使用 VLOOKUP 函数查找就可以了。公式如下：

```
=VLOOKUP(J4,A:F,6,0)
```

或者把 J4 单元格里面的公式作为 VLOOKUP 函数的查找值也是可以的，这样可以省略第 2 步的操作。公式如下：

```
=VLOOKUP(D2&C2,A:F,6,0)
```

| | A | B | C | D | E | F | G | H | I | J |
|---|---|---|---|---|---|---|---|---|---|---|
| 3 | 北京LM0002 | 柳瑶 | LM0002 | 北京 | 女 | 39484 | | 地区 | 工号 | 唯一码 |
| 4 | 北京LM0003 | 冯俊 | LM0003 | 北京 | 男 | 62542 | | 内蒙 | LM0001 | 内蒙LM0001 |
| 5 | 北京LM0004 | 赵志 | LM0004 | 北京 | 男 | 18657 | | 销售额 | | |
| 6 | 北京LM0005 | 张歌 | LM0005 | 北京 | 女 | 5703 | | 47371 | | |
| 7 | 北京LM0006 | 王小辉 | LM0006 | 北京 | 男 | 63488 | | | | |
| 8 | 北京LM0007 | 袁晓 | LM0007 | 北京 | 女 | 7616 | | | | |
| 9 | 北京LM0008 | 赵顺花 | LM0008 | 北京 | 女 | 29147 | | | | |
| 10 | 北京LM0009 | 李源博 | LM0009 | 北京 | 男 | 2308 | | | | |
| 11 | 内蒙LM0001 | 闫小妮 | LM0001 | 内蒙 | 女 | 47371 | | | | |

图 4-9 使用 VLOOKUP 函数查找

Step 04 如图 4-10 所示，隐藏辅助列，美化表格。虽然使用辅助列方法在操作上要比使用数组公式麻烦，但是该方法简单易懂，适合初学者。

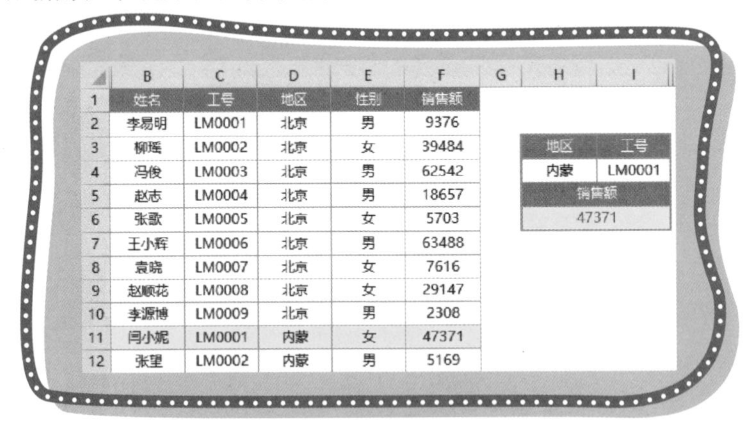

| | B | C | D | E | F | G | H | I |
|---|---|---|---|---|---|---|---|---|
| 1 | 姓名 | 工号 | 地区 | 性别 | 销售额 | | | |
| 2 | 李易明 | LM0001 | 北京 | 男 | 9376 | | | |
| 3 | 柳瑶 | LM0002 | 北京 | 女 | 39484 | | 地区 | 工号 |
| 4 | 冯俊 | LM0003 | 北京 | 男 | 62542 | | 内蒙 | LM0001 |
| 5 | 赵志 | LM0004 | 北京 | 男 | 18657 | | 销售额 | |
| 6 | 张歌 | LM0005 | 北京 | 女 | 5703 | | 47371 | |
| 7 | 王小辉 | LM0006 | 北京 | 男 | 63488 | | | |
| 8 | 袁晓 | LM0007 | 北京 | 女 | 7616 | | | |
| 9 | 赵顺花 | LM0008 | 北京 | 女 | 29147 | | | |
| 10 | 李源博 | LM0009 | 北京 | 男 | 2308 | | | |
| 11 | 闫小妮 | LM0001 | 内蒙 | 女 | 47371 | | | |
| 12 | 张望 | LM0002 | 内蒙 | 男 | 5169 | | | |

图 4-10 隐藏辅助列

如你已经有一定基础，可以使用数组公式。数组公式的多嵌套格式如图 4-11 所示。

图 4-11 多条件嵌套格式

如图 4-12 所示，在 G1 单元格输入如下公式后，数组公式要按 Ctrl+Shift+Enter 组合键结束，公式的原理和辅助列是一样。

第一个参数为查找值，使用连接符把两个条件连接为一个唯一值。

第二个参数为查找区域，使用 IF 函数生成两组数据，第 1 组是把两个区域的查找条件连接为一组唯一码，第 2 组为返回值的所在列。

第三个参数，返回第 2 组数据。

```
=VLOOKUP(H4&G4,IF({1,0},B2:B17&C2:C17,E2:E17),2,0)
```

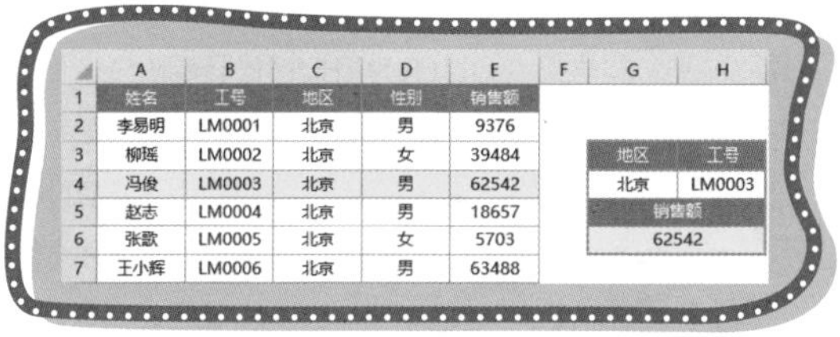

| | A | B | C | D | E | F | G | H |
|---|---|---|---|---|---|---|---|---|
| 1 | 姓名 | 工号 | 地区 | 性别 | 销售额 | | | |
| 2 | 李易明 | LM0001 | 北京 | 男 | 9376 | | | |
| 3 | 柳瑶 | LM0002 | 北京 | 女 | 39484 | | 地区 | 工号 |
| 4 | 冯俊 | LM0003 | 北京 | 男 | 62542 | | 北京 | LM0003 |
| 5 | 赵志 | LM0004 | 北京 | 男 | 18657 | | 销售额 | |
| 6 | 张歌 | LM0005 | 北京 | 女 | 5703 | | 62542 | |
| 7 | 王小辉 | LM0006 | 北京 | 男 | 63488 | | | |

图 4-12 使用 VLOOKUP 数组公式

小鱼：如图 4-13 所示，怎么提示“无法在合并的单元格中输入数组公式”，而你的却可以？

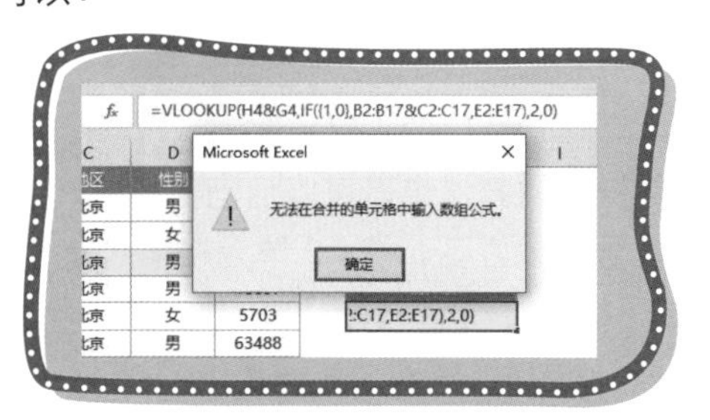


图 4-13 无法在合并单元格中使用数组公式

飞鱼：有两种办法：第一种是先输入数组公式后合并单元格，第二种方法是使用“跨列居中”功能。选中 G6:H6 单元格区域，选择“开始”选项卡，单击“对齐设置”图标，弹出“设置单元格格式”对话框，打开“水平对齐”下拉菜单，选择“跨列居中”，单击“确定”按钮完成设置，如图 4-14 所示。完成后，我们可以看到和合并单元格的效果是一样的。

图 4-14　设置“跨列居中”

小鱼：哦，原来还可以这样，又学习了。

飞鱼：利用多条件查找的方法也是可以反向查找的，如图 4-15 所示，根据添加辅助列，工号查找姓名。在 C2 单元格输入如下公式后向下填充。

```
=A2
```

在 F4 单元格输入如下公式即可。

```
=VLOOKUP(E4,B:C,2,0)
```

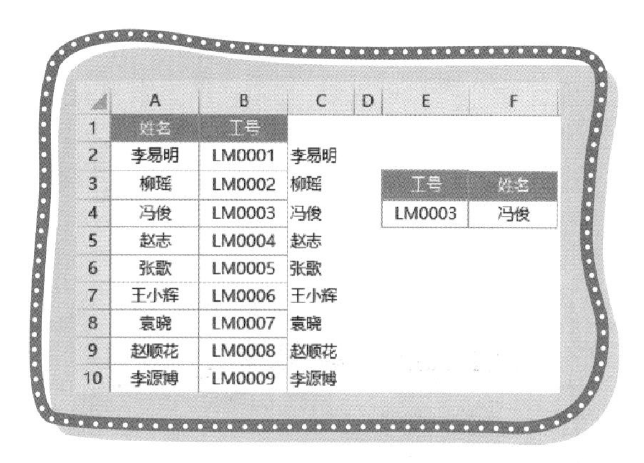

| | A | B | C | D | E | F |
|---|---|---|---|---|---|---|
| 1 | 姓名 | 工号 | | | | |
| 2 | 李易明 | LM0001 | 李易明 | | | |
| 3 | 柳瑶 | LM0002 | 柳瑶 | | 工号 | 姓名 |
| 4 | 冯俊 | LM0003 | 冯俊 | | LM0003 | 冯俊 |
| 5 | 赵志 | LM0004 | 赵志 | | | |
| 6 | 张歌 | LM0005 | 张歌 | | | |
| 7 | 王小辉 | LM0006 | 王小辉 | | | |
| 8 | 袁晓 | LM0007 | 袁晓 | | | |
| 9 | 赵顺花 | LM0008 | 赵顺花 | | | |
| 10 | 李源博 | LM0009 | 李源博 | | | |

图 4-15 反向查找辅助列法

公式嵌套格式如图 4-16 所示，使用 IF 函数来生成一个查找区域，区域第一列为查找区域，第二列为返回值区域。

VLOOKUP反向查找嵌套格式

普通公式

=VLOOKUP(查找值,IF({1,0},查找区域,返回值区域),2,0)

图 4-16 反向查找嵌套格式

如图 4-17 所示，在 F4 单元格开始编辑公式，第一个参数，引用工号所在单元格 D4，第二个参数使用 IF 函数生成一个查找区域，由于我们要查找工号，所以引用工号所在列 B 列，要返回姓名，返回值区域引用姓名所在列 A 列，第三个参数是固定的，返回第二个列，第四个参数设置为 0，即精确查找。公式如下：

```
=VLOOKUP(D4,IF({1,0},B:B,A:A),2,0)
```

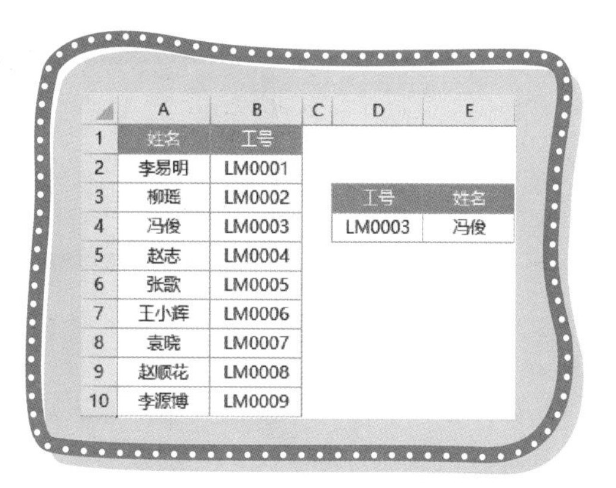

| | A | B | C | D | E |
|---|---|---|---|---|---|
| 1 | 姓名 | 工号 | | | |
| 2 | 李易明 | LM0001 | | | |
| 3 | 柳瑶 | LM0002 | | 工号 | 姓名 |
| 4 | 冯俊 | LM0003 | | LM0003 | 冯俊 |
| 5 | 赵志 | LM0004 | | | |
| 6 | 张歌 | LM0005 | | | |
| 7 | 王小辉 | LM0006 | | | |
| 8 | 袁晓 | LM0007 | | | |
| 9 | 赵顺花 | LM0008 | | | |
| 10 | 李源博 | LM0009 | | | |

图 4-17 使用嵌套公式反向查找

此外，VLOOKUP 函数还支持使用通配符。如图 4-18 所示，根据公司简称查找公司全称。在简称前后各连接一个通配符星号（*），然后在查找区域查找包含简称的公司全称，由于我们只引用 A 列这一列，所以第三个参数设置为 1，返回第 1 列，也就是 A 列的内容就可以了。第四个参数设置 0，为精确查找。公式如下：

```
=VLOOKUP("*"&C2&"*",A:A,1,0)
```

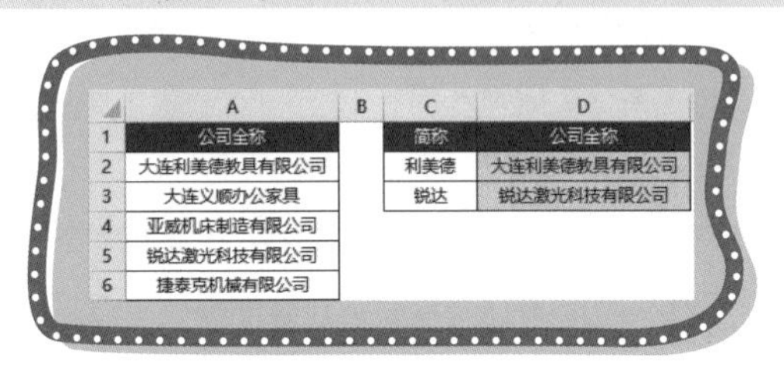

| | A | B | C | D |
|---|---|---|---|---|
| 1 | 公司全称 | | 简称 | 公司全称 |
| 2 | 大连利美德教具有限公司 | | 利美德 | 大连利美德教具有限公司 |
| 3 | 大连义顺办公家具 | | 锐达 | 锐达激光科技有限公司 |
| 4 | 亚威机床制造有限公司 | | | |
| 5 | 锐达激光科技有限公司 | | | |
| 6 | 捷泰克机械有限公司 | | | |

图 4-18　根据公司简称查找全称

VLOOKUP 函数可以代替 IF 函数进行判断，如图 4-19 所示，根据等级查找奖金，编写公式时查找区域要使用绝对引用。公式如下：

```
=VLOOKUP(B2,$E$2:$F$5,2,0)
```

| | A | B | C | D | E | F |
|---|---|---|---|---|---|---|
| 1 | 姓名 | 等级 | 奖金 | | 奖金对照表 | |
| 2 | 李易明 | B | 3000 | | A | 5000 |
| 3 | 柳瑶 | B | 3000 | | B | 3000 |
| 4 | 冯俊 | A | 5000 | | C | 2000 |
| 5 | 赵志 | D | 1000 | | D | 1000 |
| 6 | 张歆 | C | 2000 | | | |
| 7 | 王小辉 | C | 2000 | | | |
| 8 | 袁晓 | A | 5000 | | | |

图 4-19　根据等级查找奖金

如果不想在表格中使用奖金对照表，可以使用常量数组作为查找区域，使用常量数组在输入公式时，除了文本要加双引号，还要频繁输入逗号和引号，编写公式时非常添麻烦而且还易出错。下面教大家一个小技巧，首先把对照表输入到单元格内，然后使用引用单元格区域，编写好公式后选中引用区域，按快捷键 F9，就可以把单元格区域转换为常量数组了，然后就可以删除之前输入的对照表了，如图 4-20 所示。

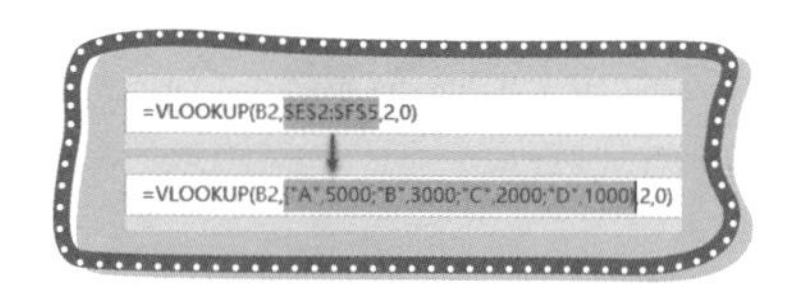


图 4-20 将单元格区域转换为常量数组

区间查找，如图 4-21 所示。使用 VOOLUP 函数进行模糊查找，根据考核分数查找等级。使用 VLOOKUP函数要比 IF 函数简洁很多，在编写公式的时候我们省略了第四个参数。当省略第四个参数后，查找模式默认为模糊查找，具体公式如下。

```
=VLOOKUP(B2,E:F,2)
```

使用 VLOOKUP 区域查找需要注意的是，对照表要等级要从小到大排序才可以，如 A-Z 或者 0-100。

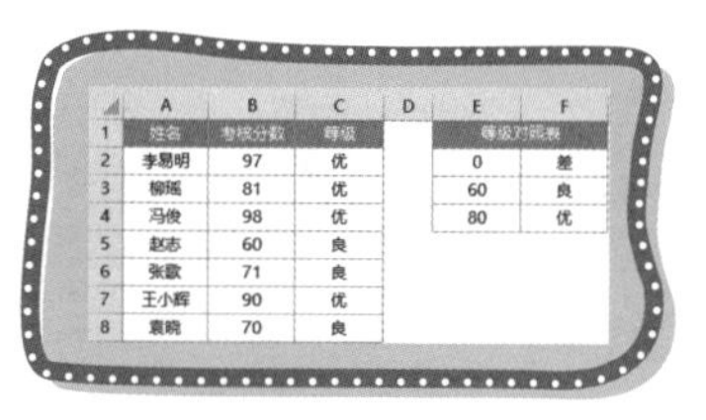

| | A | B | C | D | E | F |
|---|---|---|---|---|---|---|
| 1 | 姓名 | 考核分数 | 等级 | | 等级对照表 | |
| 2 | 李易明 | 97 | 优 | | 0 | 差 |
| 3 | 柳瑶 | 81 | 优 | | 60 | 良 |
| 4 | 马俊 | 98 | 优 | | 80 | 优 |
| 5 | 赵志 | 60 | 良 | | | |
| 6 | 张歆 | 71 | 良 | | | |
| 7 | 王小辉 | 90 | 优 | | | |
| 8 | 袁晓 | 70 | 良 | | | |

图 4-21 区间查找

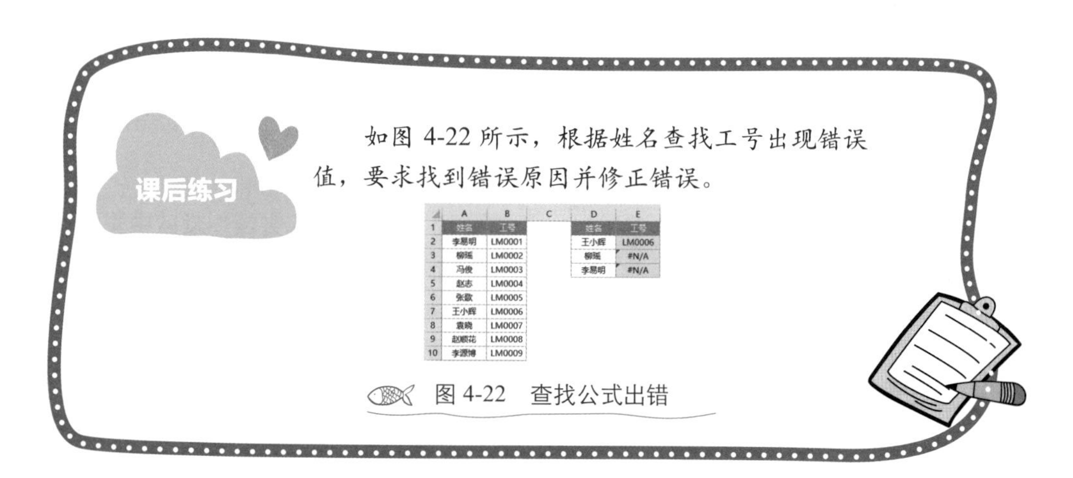

课后练习

如图 4-22 所示，根据姓名查找工号出现错误值，要求找到错误原因并修正错误。

| | A | B | C | D | E |
|---|---|---|---|---|---|
| 1 | 姓名 | 工号 | | 姓名 | 工号 |
| 2 | 李易明 | LM0001 | | 王小辉 | LM0006 |
| 3 | 柳瑶 | LM0002 | | 柳瑶 | #N/A |
| 4 | 马俊 | LM0003 | | 李易明 | #N/A |
| 5 | 赵志 | LM0004 | | | |
| 6 | 张歆 | LM0005 | | | |
| 7 | 王小辉 | LM0006 | | | |
| 8 | 袁晓 | LM0007 | | | |
| 9 | 赵顺花 | LM0008 | | | |
| 10 | 李源博 | LM0009 | | | |

图 4-22 查找公式出错

## 4.3 爱上VLOOKUP函数

小鱼：飞鱼啊，为什么我学习的时候感觉都懂了，等到自己编写公式的时候就会出现各种错误。

飞鱼：那今天我们就来学习下，当使用VLOOKUP函数出现错误后的解决方法。当出现错误后，首先要找到出错的原因，找到原因后才能对症下药。

出现错误一般有两种原因：第一种是粗心大意，忘了设置某个参数或者设置错误；第二种是数据不规范。这会导致出现三种错误。

第一种错误：公式返回错误值（#N/A），如图4-23所示。

本例公式如下：

```
=VLOOKUP(D2,A2:B10,2,0)
```

| | A | B | C | D | E |
|---|---|---|---|---|---|
| 1 | 姓名 | 工号 | | 姓名 | 工号 |
| 2 | 李易明 | LM0001 | | 飞鱼 | #N/A |
| 3 | 柳瑶 | LM0002 | | 柳瑶 | #N/A |
| 4 | 冯俊 | LM0003 | | 李易明 | #N/A |
| 5 | 赵志 | LM0004 | | | |
| 6 | 张歌 | LM0005 | | | |
| 7 | 王小辉 | LM0006 | | | |
| 8 | 袁晓 | LM0007 | | | |
| 9 | 赵顺花 | LM0008 | | | |
| 10 | 李源博 | LM0009 | | | |

图4-23　公式返回错误值（#N/A）

#N/A错误值的意思是值不可用，使用VLOOKUP函数返回这个错误值是因为查找不到查找值，通过查看公式，原因是，没有使用绝对引用锁定查找区域，在公式向下填充后，查找区域同时也向下变化，导致了查找不到值情况。解决方法是查找区域使用绝对引用，或者引用整列。修改公式如下，效果如图4-24所示。

```
=VLOOKUP(D4,$A$2:$B$10,2,0)
```

```
=VLOOKUP(D4,A:B,2,0)
```

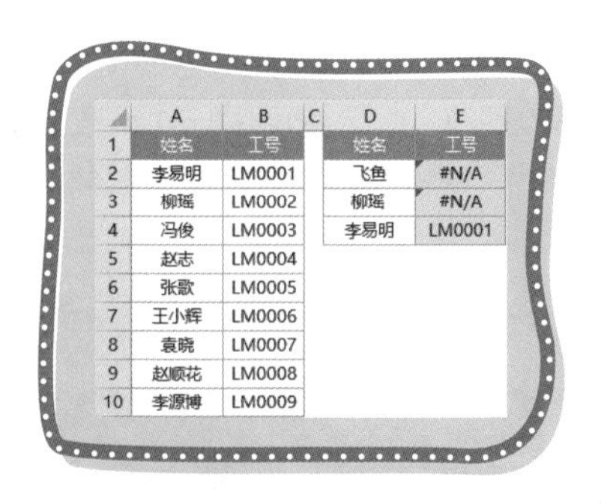

| | A | B | C | D | E |
|---|---|---|---|---|---|
| 1 | 姓名 | 工号 | | 姓名 | 工号 |
| 2 | 李易明 | LM0001 | | 飞鱼 | #N/A |
| 3 | 柳瑶 | LM0002 | | 柳瑶 | #N/A |
| 4 | 冯俊 | LM0003 | | 李易明 | LM0001 |
| 5 | 赵志 | LM0004 | | | |
| 6 | 张歌 | LM0005 | | | |
| 7 | 王小辉 | LM0006 | | | |
| 8 | 袁晓 | LM0007 | | | |
| 9 | 赵顺花 | LM0008 | | | |
| 10 | 李源博 | LM0009 | | | |

图 4-24 修改公式后

修改公式后，E2、E3单元格还是返回错误值，我们已经知道#N/A的错误类型是查找不到值。可以看到A列姓名列是包含查找值“柳瑶”的，当遇到这种情况说明两个“柳瑶”并不是完全一样。一般出现这个问题有两种情况：一种是人工录入的数据存在空格，这时候就要检查文本两端是否存在空格，可以使用替换功能把空格替换为空；另一种是从系统导出的数据包含空格或非打印字符，除了要检查空格问题，还要检查数据是否包含非打印字符。

小鱼：检查数据是否有空格，这个我会，用替换功能就可以了，那么怎么检查数据是否包含非打印字符呢？

飞鱼：把Excel表格中姓名列的内容复制到Word，如图4-25所示，就可以快速找出非打印字符了。我们可以看到“柳瑶”前后包含有换行符，在Word中删除无用字符后再复制回Excel中就可以了。

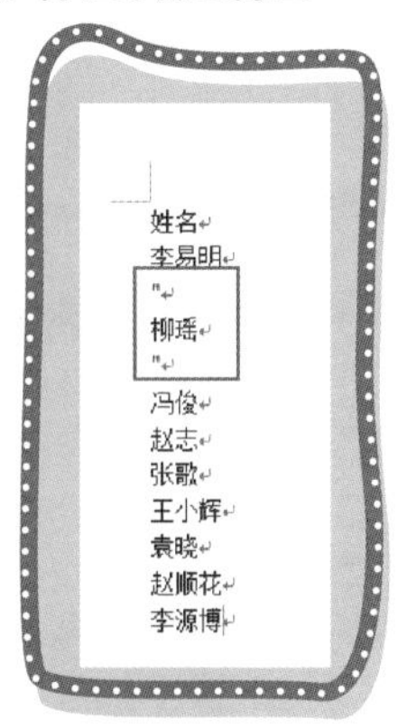


图 4-25 内容复制到 Word 中

还有一种方法是使用嵌套函数处理，输入如下公式，效果如图 4-26 所示。首先使用 CLEAN 函数可以去除非打印字符，然后使用 TRIM 函数去除两端空格。这是数组公式，要按 Ctrl+Shift+Enter 组合键结束，在使用数组公式的时候，不要引用整列，否则计算量太大，可能会导致 Excel 崩溃。

```
=VLOOKUP(TRIM(CLEAN(D2)),TRIM(CLEAN($A$1:$B$10)),2,0)
```

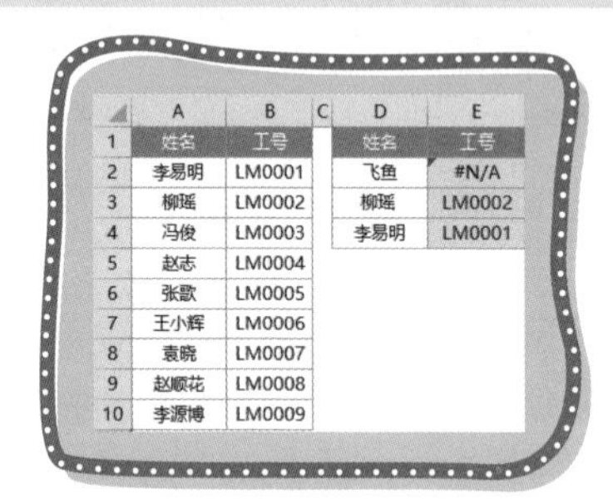

| | A | B | C | D | E |
|---|---|---|---|---|---|
| 1 | 姓名 | 工号 | | 姓名 | 工号 |
| 2 | 李易明 | LM0001 | | 飞鱼 | #N/A |
| 3 | 柳瑶 | LM0002 | | 柳瑶 | LM0002 |
| 4 | 冯俊 | LM0003 | | 李易明 | LM0001 |
| 5 | 赵志 | LM0004 | | | |
| 6 | 张歆 | LM0005 | | | |
| 7 | 王小辉 | LM0006 | | | |
| 8 | 袁晓 | LM0007 | | | |
| 9 | 赵顺花 | LM0008 | | | |
| 10 | 李源博 | LM0009 | | | |

图 4-26　使用嵌套函数处理

虽然有公式可以直接处理，但是不建议大家这么做，这个公式存在的意义只是帮助我们快速地查找到想要结果。正确的做法是，使用替换功能或者通过辅助列的转换来规范数据格式，养成一个好的制表习惯是非常重要的。

小鱼：我明白了，我一定要记住规范数据格式。

如图 4-27 所示，不同的数据类型使用 VLOOKUP 函数查找也是会出现查找不到值的情况。公式如下：

```
=VLOOKUP(D2,A:B,2,0)
```

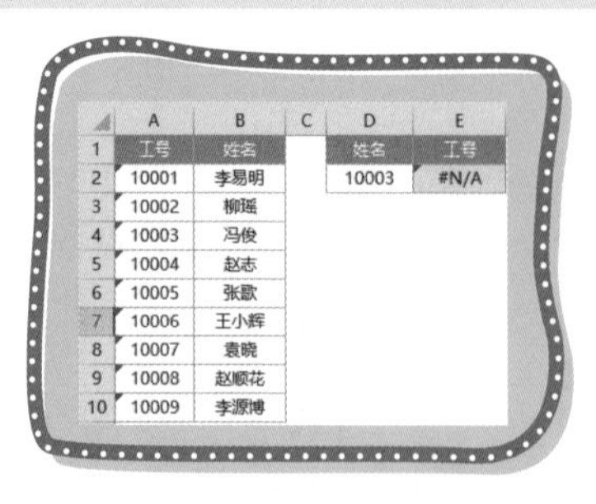

| | A | B | C | D | E |
|---|---|---|---|---|---|
| 1 | 工号 | 姓名 | | 姓名 | 工号 |
| 2 | 10001 | 李易明 | | 10003 | #N/A |
| 3 | 10002 | 柳瑶 | | | |
| 4 | 10003 | 冯俊 | | | |
| 5 | 10004 | 赵志 | | | |
| 6 | 10005 | 张歆 | | | |
| 7 | 10006 | 王小辉 | | | |
| 8 | 10007 | 袁晓 | | | |
| 9 | 10008 | 赵顺花 | | | |
| 10 | 10009 | 李源博 | | | |

图 4-27　数据类型不同

数据类型之间的转换方法参看 1.9 节。

如果查找区域的数据是文本型，查找值是数值，在查找值后使用连接符（&）连接一个空文本就可以查找到了。公式如下：

```
=VLOOKUP(D2&"",A:B,2,0)
```

如果查找区域数据是数值型，查找值是文本型，可以使用减负运算转换为数值型。公式如下：

```
=VLOOKUP(--D2,A:B,2,0)
```

飞鱼：如图 4-28 所示，查找区域设置错误。VLOOKUP 函数是在查找区域的首列查找，公式设置的查找区域是 A:C 列，A 列是“序号”，是查找不到姓名信息的。公式如下：

```
=VLOOKUP(E2,A:C,3,0)
```

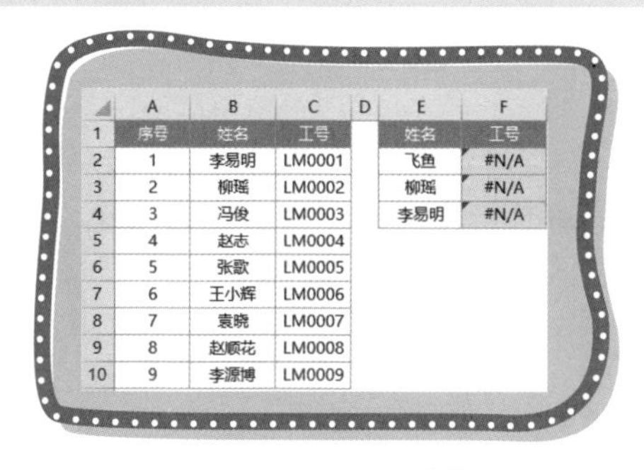

| | A | B | C | D | E | F |
|---|---|---|---|---|---|---|
| 1 | 序号 | 姓名 | 工号 | | 姓名 | 工号 |
| 2 | 1 | 李易明 | LM0001 | | 飞鱼 | #N/A |
| 3 | 2 | 柳瑶 | LM0002 | | 柳瑶 | #N/A |
| 4 | 3 | 冯俊 | LM0003 | | 李易明 | #N/A |
| 5 | 4 | 赵志 | LM0004 | | | |
| 6 | 5 | 张歌 | LM0005 | | | |
| 7 | 6 | 王小辉 | LM0006 | | | |
| 8 | 7 | 袁晓 | LM0007 | | | |
| 9 | 8 | 赵顺花 | LM0008 | | | |
| 10 | 9 | 李源博 | LM0009 | | | |

图 4-28　查找区域错误

正确的方法是从姓名所在列 B 列开始引用。引用 B:C 的区域就可以了。公式如下：

```
=VLOOKUP(E2,B:C,2,0)
```

飞鱼：最后一种情况是，查找区域真的没有查找值，我们使用 IFERROR 函数，把错误值转换为空，或者给个提示都是可以的，如图 4-29 所示，千万不要发现错误值就使用 IFERROR 函数。因为如果我们的数据存在问题，或者公式不正确，使用 IFERROR 函数后是无法发现的。公式如下：

```
=IFERROR(VLOOKUP(D2,A:B,2,0),"无信息")
```

| | A | B | C | D | E |
|---|---|---|---|---|---|
| 1 | 姓名 | 工号 | | 姓名 | 工号 |
| 2 | 李易明 | LM0001 | | 飞鱼 | 无信息 |
| 3 | 柳瑶 | LM0002 | | 柳瑶 | LM0002 |
| 4 | 冯俊 | LM0003 | | 李易明 | LM0001 |
| 5 | 赵志 | LM0004 | | | |
| 6 | 张歆 | LM0005 | | | |
| 7 | 王小辉 | LM0006 | | | |
| 8 | 袁晓 | LM0007 | | | |
| 9 | 赵顺花 | LM0008 | | | |
| 10 | 李源博 | LM0009 | | | |

图 4-29　IFERROR 函数容错

第二种错误：公式返回结果不匹配，如图 4-30 所示。

具体公式如下：

```
=VLOOKUP(D2,A:B,2,1)
```

```
=VLOOKUP(D2,A:B,2)
```

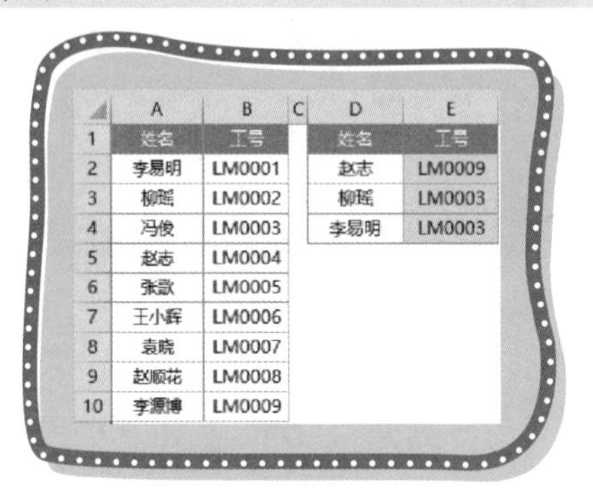

| | A | B | C | D | E |
|---|---|---|---|---|---|
| 1 | 姓名 | 工号 | | 姓名 | 工号 |
| 2 | 李易明 | LM0001 | | 赵志 | LM0009 |
| 3 | 柳瑶 | LM0002 | | 柳瑶 | LM0003 |
| 4 | 冯俊 | LM0003 | | 李易明 | LM0003 |
| 5 | 赵志 | LM0004 | | | |
| 6 | 张歆 | LM0005 | | | |
| 7 | 王小辉 | LM0006 | | | |
| 8 | 袁晓 | LM0007 | | | |
| 9 | 赵顺花 | LM0008 | | | |
| 10 | 李源博 | LM0009 | | | |

图 4-30　返回结果不匹配

以上两条公式都是错误的：第一条，第四个参数设置为 1 后，查找模式为模糊查找；第二条，省略了第四个参数，省略后查找模式同样为模糊查找，所以两条公式都不对。正确的公式应该是第四个参数设置为 0，精确查找。当你对函数非常熟悉后，可以省略第四个参数值，查找模式同样是精确查找，如图 4-31 所示。具体公式如下：

```
=VLOOKUP(D2,A:B,2,0)
```

```
=VLOOKUP(D2,A:B,2,)
```

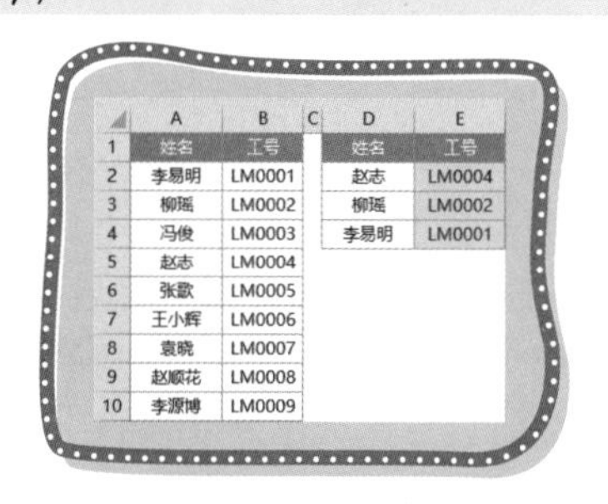

| | A | B | C | D | E |
|---|---|---|---|---|---|
| 1 | 姓名 | 工号 | | 姓名 | 工号 |
| 2 | 李易明 | LM0001 | | 赵志 | LM0004 |
| 3 | 柳瑶 | LM0002 | | 柳瑶 | LM0002 |
| 4 | 冯俊 | LM0003 | | 李易明 | LM0001 |
| 5 | 赵志 | LM0004 | | | |
| 6 | 张歆 | LM0005 | | | |
| 7 | 王小辉 | LM0006 | | | |
| 8 | 袁晓 | LM0007 | | | |
| 9 | 赵顺花 | LM0008 | | | |
| 10 | 李源博 | LM0009 | | | |

图 4-31　正确结果

小鱼：省略参数不对，省略参数值却可以啊，这里不明白呢？

飞鱼：不明白也没事，指定查找模式就可以了。还有一种情况也会导致返回结果不匹配，如图 4-32 所示。公式如下：

```
=VLOOKUP(E2,A:C,2,0)
```

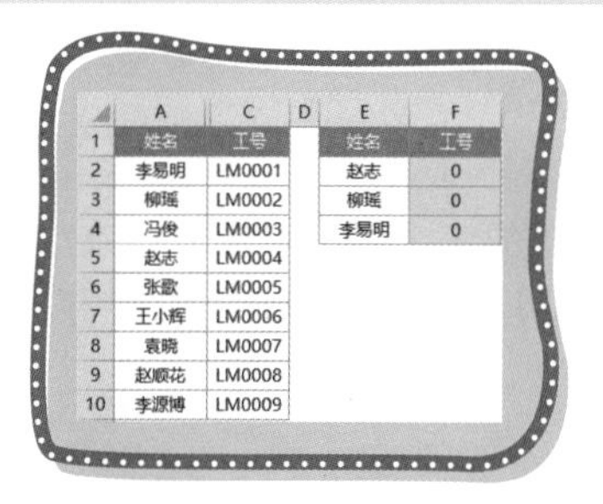

| | A | C | D | E | F |
|---|---|---|---|---|---|
| 1 | 姓名 | 工号 | | 姓名 | 工号 |
| 2 | 李易明 | LM0001 | | 赵志 | 0 |
| 3 | 柳瑶 | LM0002 | | 柳瑶 | 0 |
| 4 | 冯俊 | LM0003 | | 李易明 | 0 |
| 5 | 赵志 | LM0004 | | | |
| 6 | 张歆 | LM0005 | | | |
| 7 | 王小辉 | LM0006 | | | |
| 8 | 袁晓 | LM0007 | | | |
| 9 | 赵顺花 | LM0008 | | | |
| 10 | 李源博 | LM0009 | | | |

图 4-32　返回结果不匹配

小鱼：我看没什么问题啊，查找区域引用整列，不是绝对引用问题，一共两列数据，返回第 2 列，查找模式也设置为精确查找了，真是奇怪了。

飞鱼：如果你仔细看，B 列被隐藏了，实际查找区域共有 3 列，公式返回 2 列，实际上是返回 B 列的结果，把返回列设置为 3 才是正确的。公式如下：

```
=VLOOKUP(E2,A:C,3,0)
```

有一些小伙伴的制表习惯不是很好，无用的列，不是直接删除，而是隐藏起来，这样的习惯会给后期数据处理带来许多麻烦。还有一种情况是因为某种需求，如需要打印的时候，有些字段不需要打印，或者使用了辅助列等，只有选择隐藏列，遇到这种情况，编写公式的时候就要注意了，第三个参数不要设置错了。

在实际工作中，查找区域引用，少则几列，多则十几列，甚至几十列，第三个参数非常关键，在设置的时候也易出现错误，并且设置错误后也不易被发现。如图 4-33 所示，冯俊 9 月对应的数值是 178，因为我们第三个参数设置错了，返回的是 8 月的值 175，当数据成千上万行的时候，发生错误后是很不好发现的。公式如下：

```
=VLOOKUP(P3,B:N,9,0)
```

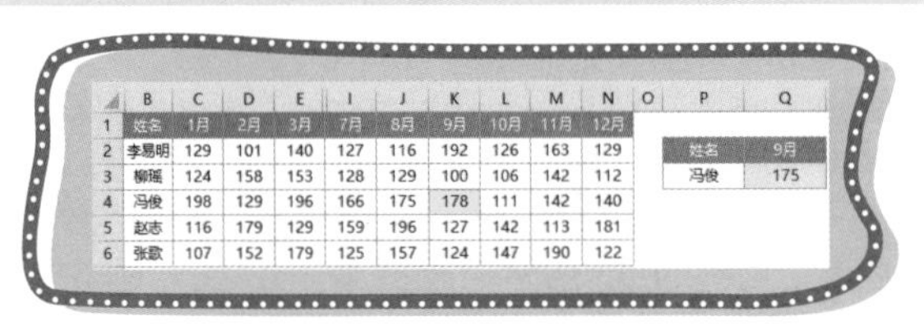

| | B | C | D | E | I | J | K | L | M | N | O | P | Q |
|---|---|---|---|---|---|---|---|---|---|---|---|---|---|
| 1 | 姓名 | 1月 | 2月 | 3月 | 7月 | 8月 | 9月 | 10月 | 11月 | 12月 | | | |
| 2 | 李易明 | 129 | 101 | 140 | 127 | 116 | 192 | 126 | 163 | 129 | | 姓名 | 9月 |
| 3 | 柳瑶 | 124 | 158 | 153 | 128 | 129 | 100 | 106 | 142 | 112 | | 冯俊 | 175 |
| 4 | 冯俊 | 198 | 129 | 196 | 166 | 175 | 178 | 111 | 142 | 140 | | | |
| 5 | 赵志 | 116 | 179 | 129 | 159 | 196 | 127 | 142 | 113 | 181 | | | |
| 6 | 张歌 | 107 | 152 | 179 | 125 | 157 | 124 | 147 | 190 | 122 | | | |

图 4-33　出错不易发现

小鱼：那有什么好方法吗？

飞鱼：可以使用 COLUMN 函数来返回查找区域对应的所在列号。如图 4-34 所示，在查找区域的第一列，在姓名所在列 B 列的 B7 单元格输入如下公式后向右填充，即可返回每一列对应的序号，这样可以有效解决隐藏列的问题。

```
=COLUMN(A1)
```

或者在 B7 单元格输入 1 后，按 Ctrl 同时，用鼠标拖动填充柄向右填充也是可以的。

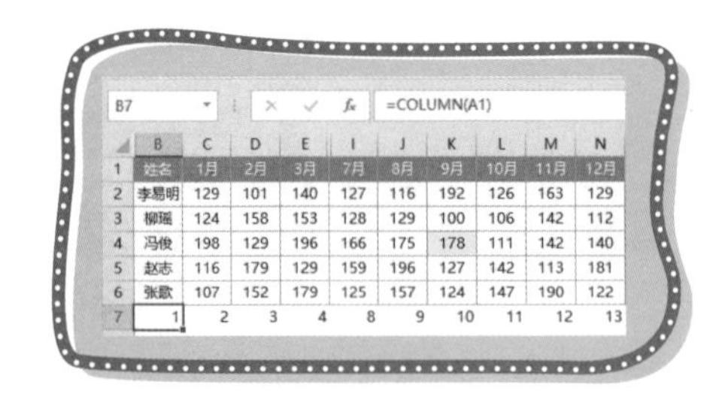

B7　=COLUMN(A1)

| | B | C | D | E | I | J | K | L | M | N |
|---|---|---|---|---|---|---|---|---|---|---|
| 1 | 姓名 | 1月 | 2月 | 3月 | 7月 | 8月 | 9月 | 10月 | 11月 | 12月 |
| 2 | 李易明 | 129 | 101 | 140 | 127 | 116 | 192 | 126 | 163 | 129 |
| 3 | 柳瑶 | 124 | 158 | 153 | 128 | 129 | 100 | 106 | 142 | 112 |
| 4 | 冯俊 | 198 | 129 | 196 | 166 | 175 | 178 | 111 | 142 | 140 |
| 5 | 赵志 | 116 | 179 | 129 | 159 | 196 | 127 | 142 | 113 | 181 |
| 6 | 张歌 | 107 | 152 | 179 | 125 | 157 | 124 | 147 | 190 | 122 |
| 7 | 1 | 2 | 3 | 4 | 8 | 9 | 10 | 11 | 12 | 13 |

图 4-34　返回应对序号

这样我们就可以清楚地看到9月是第10列，第三个参数输入10就可以了。公式如下：

```
=VLOOKUP(P3,B:N,10,0)
```

小鱼：这个方法好，使用这个方法就不担心数错了。

第三种错误：公式返回 #REF! 错误。

这个错误的意思是引用的单元格无效，通过辅助列可以看到 B:N 列共 13 列，而我们却要返回第 14 列的内容，引用区域都没有第 14 列，所以引用单元格区域无效，就返回错误值了（#REF!），如图 4-35 所示。公式如下：

```
=VLOOKUP(P3,B:N,14,0)
```

正常的设置方法是，假如我们引用区域共 13 列，第三个参数可以设置的数字是 1~13，其他范围的数字都是错误的。

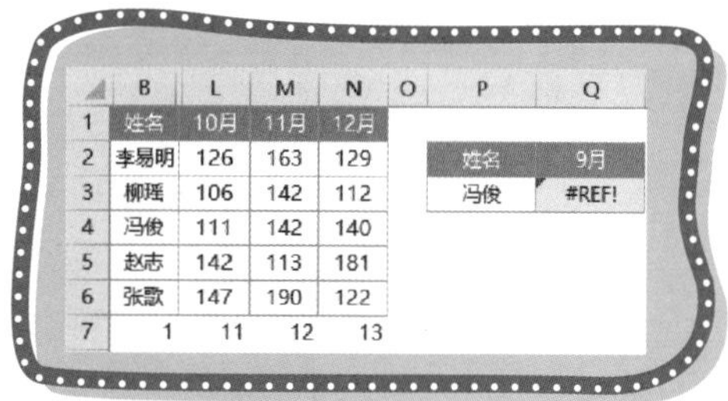

|  | B | L | M | N | O | P | Q |
|---|---|---|---|---|---|---|---|
| 1 | 姓名 | 10月 | 11月 | 12月 |  |  |  |
| 2 | 李易明 | 126 | 163 | 129 |  | 姓名 | 9月 |
| 3 | 柳瑶 | 106 | 142 | 112 |  | 冯俊 | #REF! |
| 4 | 冯俊 | 111 | 142 | 140 |  |  |  |
| 5 | 赵志 | 142 | 113 | 181 |  |  |  |
| 6 | 张歌 | 147 | 190 | 122 |  |  |  |
| 7 | 1 | 11 | 12 | 13 |  |  |  |

图 4-35　#REF! 错误

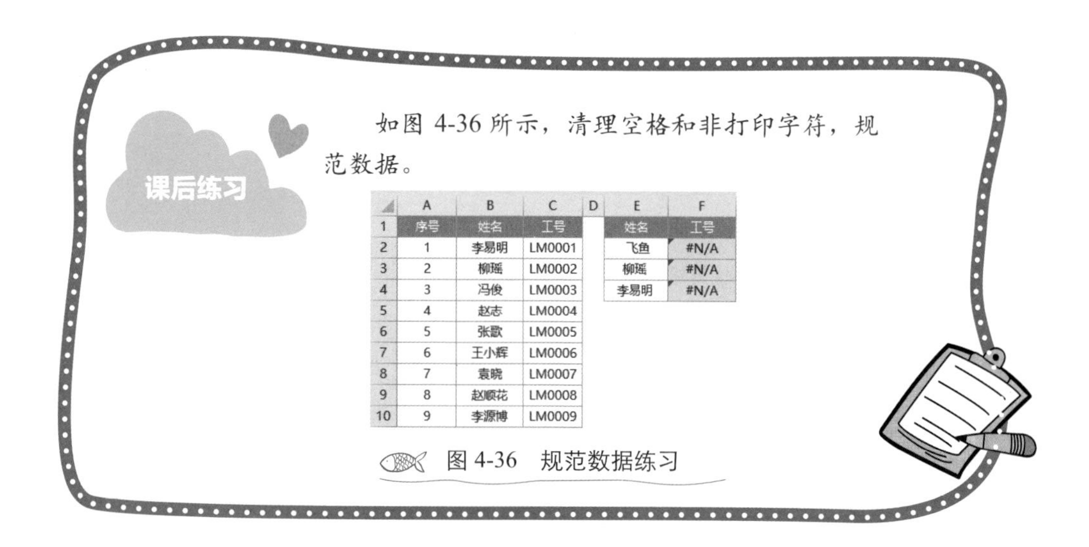


如图 4-36 所示，清理空格和非打印字符，规范数据。

|  | A | B | C | D | E | F |
|---|---|---|---|---|---|---|
| 1 | 序号 | 姓名 | 工号 |  | 姓名 | 工号 |
| 2 | 1 | 李易明 | LM0001 |  | 飞鱼 | #N/A |
| 3 | 2 | 柳瑶 | LM0002 |  | 柳瑶 | #N/A |
| 4 | 3 | 冯俊 | LM0003 |  | 李易明 | #N/A |
| 5 | 4 | 赵志 | LM0004 |  |  |  |
| 6 | 5 | 张歌 | LM0005 |  |  |  |
| 7 | 6 | 王小辉 | LM0006 |  |  |  |
| 8 | 7 | 袁晓 | LM0007 |  |  |  |
| 9 | 8 | 赵顺花 | LM0008 |  |  |  |
| 10 | 9 | 李源博 | LM0009 |  |  |  |

图 4-36　规范数据练习

## 4.4 离不开 VLOOKUP 函数

飞鱼：如图 4-37 所示，总部有所有销售代表的信息，然后每个月地区经理会提供自己地区销售代表的销售明细。现在需要我们根据销售代表所在地区到不同的工作表中查找对应的销售额。

| | A | B | C | D |
|---|---|---|---|---|
| 1 | 姓名 | 地区 | 销售额 | |
| 2 | 李易明 | 北京 | | |
| 3 | 柳瑶 | 北京 | | |
| 4 | 冯俊 | 北京 | | |
| 5 | 赵志 | 北京 | | |
| 6 | 张歌 | 北京 | | |
| 7 | 王小辉 | 内蒙 | | |
| 8 | 袁晓 | 内蒙 | | |
| 9 | 赵顺花 | 内蒙 | | |
| 10 | 李源博 | 内蒙 | | |
| 11 | 闫小妮 | 内蒙 | | |
| 12 | 张望 | 内蒙 | | |
| 13 | 冯鑫 | 新疆 | | |
| 14 | 吕俊峰 | 新疆 | | |
| 15 | 卢莉 | 新疆 | | |



图 4-37　多表查找

小鱼：我可能会把所有地区的销售明细复制到一个表中，然后使用 VLOOKUP 函数查找引用。

飞鱼：现在只有三个地区，复制、粘贴是没有问题，如果有几十个，甚至上百个地区呢？够你复制半天了，有些小伙伴甚至用到了 VBA 批量合并后查找。

下面我教你一个方法，直接使用一条公式就可以完成多表查找。想要使用这个公式的前提条件是汇总工作表要有姓名所在地区的信息。

我们看到汇总工作表是总公司所有销售代表的信息，信息中包含每位销售代表所属地区，然后每位地区经理提供的明细表又以地区命名，这样我们就有了判断依据，知道

到哪个工作表去查找信息，整体结构做得非常好。在好的基础下，后续的统计也就变得简单许多。

现在开始编写公式。

首先我们第 2 行姓名所在地区是“北京”，那么就使用 VLOOKUP 函数到“北京”工作表查找，在引用查找区域的时候，鼠标选择“北京”工作表后选择单元格区域就可以了，编写好如下公式并向下填充，效果如图 4-38 所示。

```
=VLOOKUP(A2,北京!A:B,2,0)
```

我们主要看 VLOOKUP 函数的第二个参数，跨工作表引用后，引用区域的格式，是工作表名称后加了一个感叹号（!），后面是单元格区域，如图 4-39 所示。

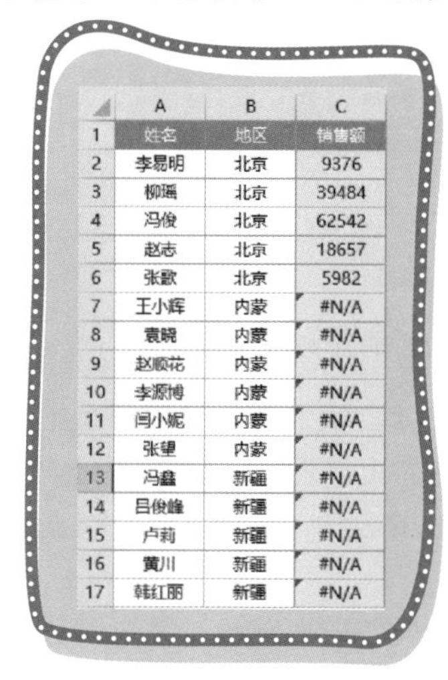

|  | A | B | C |
|---|---|---|---|
| 1 | 姓名 | 地区 | 销售额 |
| 2 | 李易明 | 北京 | 9376 |
| 3 | 柳瑶 | 北京 | 39484 |
| 4 | 冯俊 | 北京 | 62542 |
| 5 | 赵志 | 北京 | 18657 |
| 6 | 张歌 | 北京 | 5982 |
| 7 | 王小辉 | 内蒙 | #N/A |
| 8 | 袁晓 | 内蒙 | #N/A |
| 9 | 赵顺花 | 内蒙 | #N/A |
| 10 | 李源博 | 内蒙 | #N/A |
| 11 | 闫小妮 | 内蒙 | #N/A |
| 12 | 张望 | 内蒙 | #N/A |
| 13 | 冯鑫 | 新疆 | #N/A |
| 14 | 吕俊峰 | 新疆 | #N/A |
| 15 | 卢莉 | 新疆 | #N/A |
| 16 | 黄川 | 新疆 | #N/A |
| 17 | 韩红丽 | 新疆 | #N/A |

图 4-38 使用 VLOOKUP 函数查找

|  | A | B | C |
|---|---|---|---|
| 1 | 姓名 | 地区 | 销售额 |
| 2 | 李易明 | 北京 | 9376 |
| 3 | 柳瑶 | 北京 | 39484 |
| 4 | 冯俊 | 北京 | 62542 |
| 5 | 赵志 | 北京 | 18657 |
| 6 | 张歌 | 北京 | 5982 |
| 7 | 王小辉 | 内蒙 | 63488 |
| 8 | 袁晓 | 内蒙 | 7616 |
| 9 | 赵顺花 | 内蒙 | 29147 |
| 10 | 李源博 | 内蒙 | 9855 |
| 11 | 闫小妮 | 内蒙 | 25563 |
| 12 | 张望 | 内蒙 | 5169 |
| 13 | 冯鑫 | 新疆 | #N/A |
| 14 | 吕俊峰 | 新疆 | #N/A |
| 15 | 卢莉 | 新疆 | #N/A |
| 16 | 黄川 | 新疆 | #N/A |
| 17 | 韩红丽 | 新疆 | #N/A |

图 4-39 多表查找

小鱼：是不是我只要把工作名称“北京”改为“内蒙”就可以到内蒙工作表查找了？

飞鱼：验证问题最有效的方式是自己动手试，我们从第 7 行开始修改公式，输入如下公式，效果如图 4-40 所示。修改公式后可看到，可以到“内蒙”工作表查找了。

```
=VLOOKUP(A2,内蒙!A:B,2,0)
```

| | A | B | C |
|---|---|---|---|
| 1 | 姓名 | 地区 | 销售额 |
| 2 | 李易明 | 北京 | 9376 |
| 3 | 柳瑶 | 北京 | 39484 |
| 4 | 冯俊 | 北京 | 62542 |
| 5 | 赵志 | 北京 | 18657 |
| 6 | 张歌 | 北京 | 5982 |
| 7 | 王小辉 | 内蒙 | 63488 |
| 8 | 袁晓 | 内蒙 | 7616 |
| 9 | 赵顺花 | 内蒙 | 29147 |
| 10 | 李源博 | 内蒙 | 9855 |
| 11 | 闫小妮 | 内蒙 | 25563 |
| 12 | 张望 | 内蒙 | 5169 |
| 13 | 冯鑫 | 新疆 | #N/A |
| 14 | 吕俊峰 | 新疆 | #N/A |
| 15 | 卢莉 | 新疆 | #N/A |
| 16 | 黄川 | 新疆 | #N/A |
| 17 | 韩红丽 | 新疆 | #N/A |

图 4-40 修改公式

小鱼：你说的方式，不会是让我每个地区都去修改公式吧。

飞鱼：别怕，我怎么会教你那么笨的办法。我们可以看到每个地区表的格式都是一样，公式中除了查找区域中的工作表名字不同，其他是完全一样的，而 B 列刚好有姓名对应的工作表的名称，我们就可以根据 B 列的地区决定到哪个工作表中去查找。

下面来学习 INDIRECT 函数，该函数语法如图 4-41 所示。这个函数可以把文本单元格地址转为单元格地址。

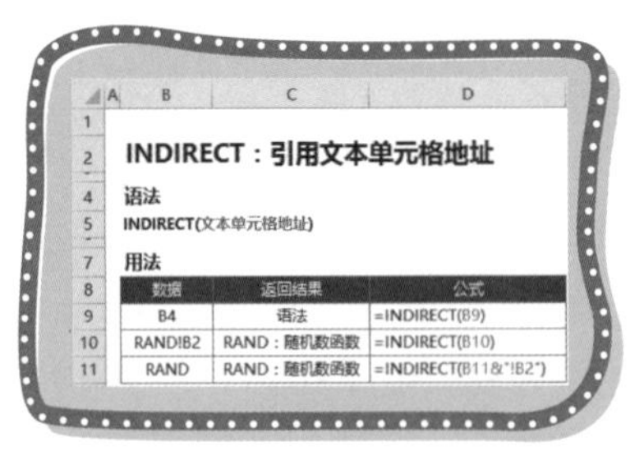
INDIRECT：引用文本单元格地址

语法

INDIRECT(文本单元格地址)

用法

| 数据 | 返回结果 | 公式 |
|---|---|---|
| B4 | 语法 | =INDIRECT(B9) |
| RAND!B2 | RAND：随机数函数 | =INDIRECT(B10) |
| RAND | RAND：随机数函数 | =INDIRECT(B11&"!B2") |

图 4-41 INDIRECT 函数语法

小鱼：Excle 还有这种函数，我明白怎么写公式了，可以使用 INDIRECT 函数根据不同的地区来动态地引用不同地区的工作表，这样可以实现多表查找引用了。输入如下公式，效果如图 4-42 所示。

```
=VLOOKUP(A2,INDIRECT(B2&"!A:B"),2,0)
```

飞鱼：完全正确，终于聪明了一次。

| | A | B | C |
|---|---|---|---|
| 1 | 姓名 | 地区 | 销售额 |
| 2 | 李易明 | 北京 | 9376 |
| 3 | 柳瑶 | 北京 | 39484 |
| 4 | 冯俊 | 北京 | 62542 |
| 5 | 赵志 | 北京 | 18657 |
| 6 | 张歌 | 北京 | 5982 |
| 7 | 王小辉 | 内蒙 | 63488 |
| 8 | 袁晓 | 内蒙 | 7616 |
| 9 | 赵顺花 | 内蒙 | 29147 |
| 10 | 李源博 | 内蒙 | 9855 |
| 11 | 闫小妮 | 内蒙 | 25563 |
| 12 | 张望 | 内蒙 | 5169 |
| 13 | 冯鑫 | 新疆 | 18802 |
| 14 | 吕俊峰 | 新疆 | 56030 |
| 15 | 卢莉 | 新疆 | 50076 |
| 16 | 黄川 | 新疆 | 33148 |
| 17 | 韩红丽 | 新疆 | 16644 |

图 4-42 嵌套 INDIRECT 函数

如图 4-43 所示，查找每个月的销售额。

| | A | B | C | D |
|---|---|---|---|---|
| 1 | 姓名 | 1月 | 2月 | 3月 |
| 2 | 李易明 | 60894 | 61103 | 48811 |
| 3 | 柳瑶 | 25566 | 32182 | 8486 |
| 4 | 冯俊 | 22270 | 22821 | 8648 |
| 5 | 赵志 | 17864 | 61607 | 8722 |
| 6 | 张歌 | 52820 | 16311 | 26596 |
| 7 | 王小辉 | 31701 | 44518 | 50177 |
| 8 | 袁晓 | 28275 | 54458 | 30378 |
| 9 | 赵顺花 | 33008 | 17232 | 58712 |
| 10 | 李源博 | 10783 | 16493 | 10053 |
| 11 | 闫小妮 | 9578 | 34732 | 41438 |
| 12 | 张望 | 10269 | 31701 | 52593 |
| 13 | 冯鑫 | 41416 | 30461 | 49093 |

汇总 | 2月 | 3月 | 1月

图 4-43 查找销售额

## 4.5 引用行列号

飞鱼：今天我们来学习两个非常强大的辅助函数，ROW函数和COLUMN函数，首先来学习ROW函数的语法，如图4-44所示。

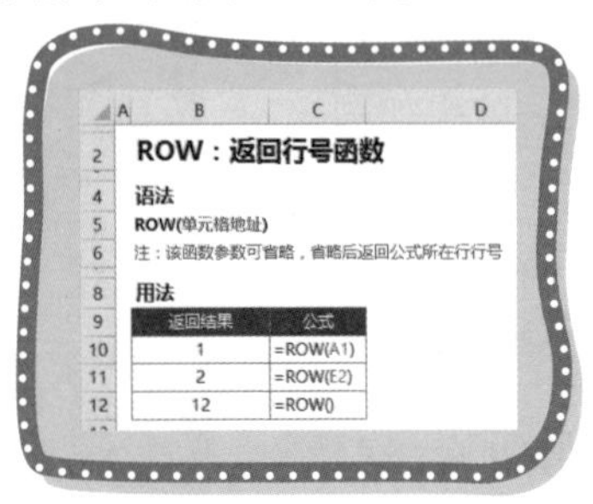


图4-44 ROW函数语法

我们知道一个单元格地址是由列号和行号组成的，ROW函数可以返回引用单元格地址的行号。

B10单元格中的公式，引用A1单元格，A1单元格在第1行，所以公式返回的结果是1。

B11单元格中的公式，引用的是E2单元格，E2单元格在第2行，所以公式返回的结果是2。

B12单元格中的公式，没有指定引用单元格，我们省略了参数，省略后返回公式所在单元格的行号，公式在B12单元格，就会返回B12单元格的行号12。

如果在C15单元格输入公式“=ROW()”，你知道会返回什么结果吗？

小鱼：当然是15了，我有那么笨吗？

飞鱼：说实话，有。

小鱼：好吧，在工作中哪些地方可以使用到这个函数呢？

飞鱼：配合表格功能可以实现动态显示序号，删除行或者插入行可以自动更新序号，

**Step 01** 如图4-45所示，选中数据区域任意单元格后，选择“插入”选项卡，单击“表格”图标，或按快捷键Ctrl+T，弹出“创建表”对话框，单击“确定”按钮即可插入表格。

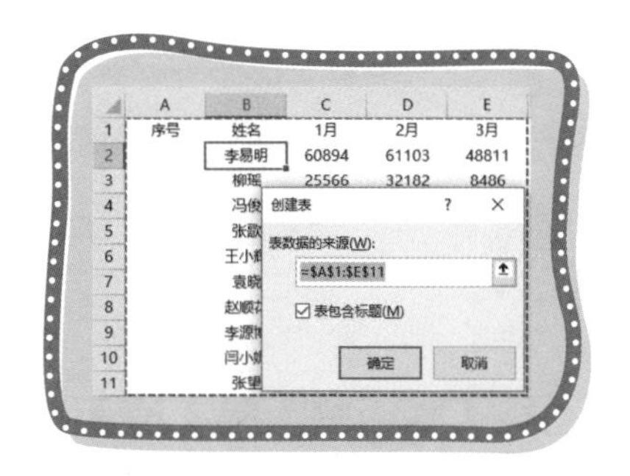


图 4-45 插入表格

Step 02 如图 4-46 所示，在 A2 单元格输入下面的公式即可。这就是插入表格后的好处，可以自动填充公式，可以自动扩展表格区域，配合 ROW 函数就可以动态显示序号了。

```
=ROW()-1
```

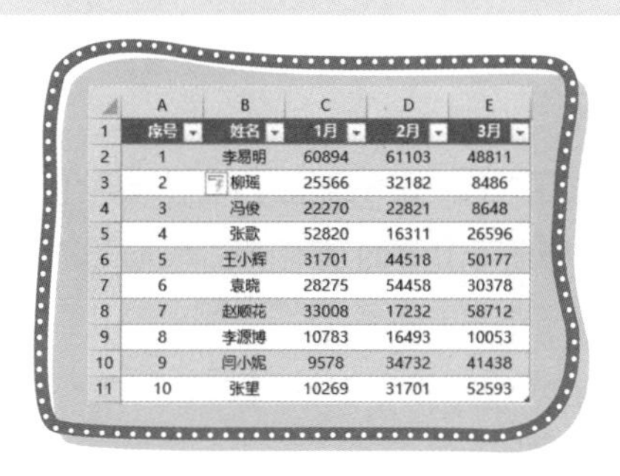

| 序号 | 姓名 | 1月 | 2月 | 3月 |
|---|---|---|---|---|
| 1 | 李易明 | 60894 | 61103 | 48811 |
| 2 | 柳瑶 | 25566 | 32182 | 8486 |
| 3 | 冯俊 | 22270 | 22821 | 8648 |
| 4 | 张歌 | 52820 | 16311 | 26596 |
| 5 | 王小辉 | 31701 | 44518 | 50177 |
| 6 | 袁晓 | 28275 | 54458 | 30378 |
| 7 | 赵顺花 | 33008 | 17232 | 58712 |
| 8 | 李源博 | 10783 | 16493 | 10053 |
| 9 | 闫小妮 | 9578 | 34732 | 41438 |
| 10 | 张望 | 10269 | 31701 | 52593 |

图 4-46 使用 ROW 函数

小鱼：公式中为什么要减 1 呢？

飞鱼：我们要从第 2 行开始生成序号，如果不减 1，序号就从 2 开始了。如果在第 8 行开始生成序号，你还会写公式吗？

小鱼：如图 4-47 所示，第 8 行 ROW 函数会返回数字 8，然后编写公式减 7 就可以了。公式如下：

```
=ROW()-7
```

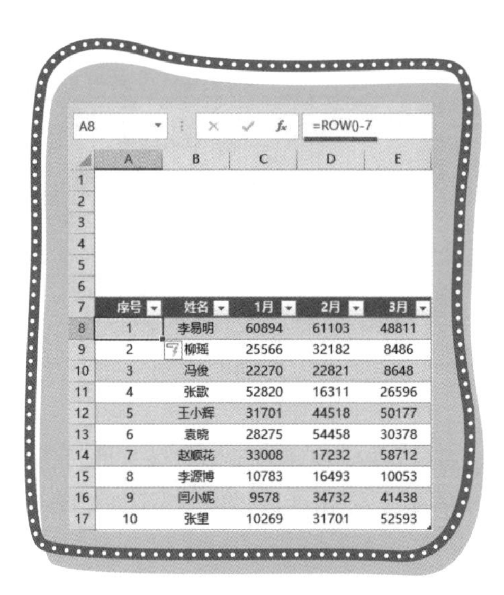
A8 =ROW()-7

| | 序号 | 姓名 | 1月 | 2月 | 3月 |
|---|---|---|---|---|---|
| 8 | 1 | 李易明 | 60894 | 61103 | 48811 |
| 9 | 2 | 柳瑶 | 25566 | 32182 | 8486 |
| 10 | 3 | 冯俊 | 22270 | 22821 | 8648 |
| 11 | 4 | 张歆 | 52820 | 16311 | 26596 |
| 12 | 5 | 王小辉 | 31701 | 44518 | 50177 |
| 13 | 6 | 袁晓 | 28275 | 54458 | 30378 |
| 14 | 7 | 赵顺花 | 33008 | 17232 | 58712 |
| 15 | 8 | 李源博 | 10783 | 16493 | 10053 |
| 16 | 9 | 闫小妮 | 9578 | 34732 | 41438 |
| 17 | 10 | 张望 | 10269 | 31701 | 52593 |

图 4-47　第 8 行开始生成序号

飞鱼：嗯，越来越聪明了。除了生成序号之外，ROW 函数一般都是要和其他函数嵌套使用的，主要的功能是生成动态的序号作为其他函数的参数。如 4-48 所示，返回前五名的销售额。

小鱼：用 LARGE 函数就可以了，编写好第一条公式后，剩下的就是改下第二个参数的值就可以了。

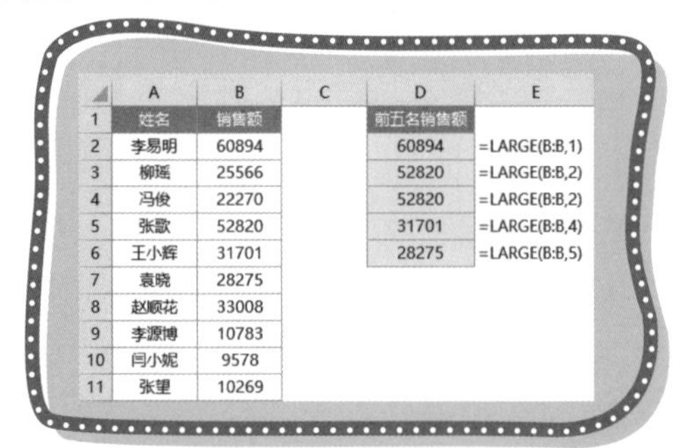

| 姓名 | 销售额 | | 前五名销售额 | |
|---|---|---|---|---|
| 李易明 | 60894 | | 60894 | =LARGE(B:B,1) |
| 柳瑶 | 25566 | | 52820 | =LARGE(B:B,2) |
| 冯俊 | 22270 | | 52820 | =LARGE(B:B,2) |
| 张歆 | 52820 | | 31701 | =LARGE(B:B,4) |
| 王小辉 | 31701 | | 28275 | =LARGE(B:B,5) |
| 袁晓 | 28275 | | | |
| 赵顺花 | 33008 | | | |
| 李源博 | 10783 | | | |
| 闫小妮 | 9578 | | | |
| 张望 | 10269 | | | |

图 4-48　使用 ALRGE 函数返回前 5 名的销售额

飞鱼：现在是返回前 5 名，一会就改好了。如果是前 50 名呢？还有，改前 5 名的参数，你手动改都改错一个，如果是前 50 名，甚至更多名次，速度慢不说，还容易出错。下面教你一个简单有效的方法。

**Step 01** 使用 ROW 函数生成序号，我们要生成的序号是从 1 开始，所以在 C2 单元格输入公式的时候，引用 A1 单元格就可以返回数字 1 了。编写好如下公式并向下填充就可以生成序号了，效果如图 4-49 所示。

```
=ROW(A1)
```

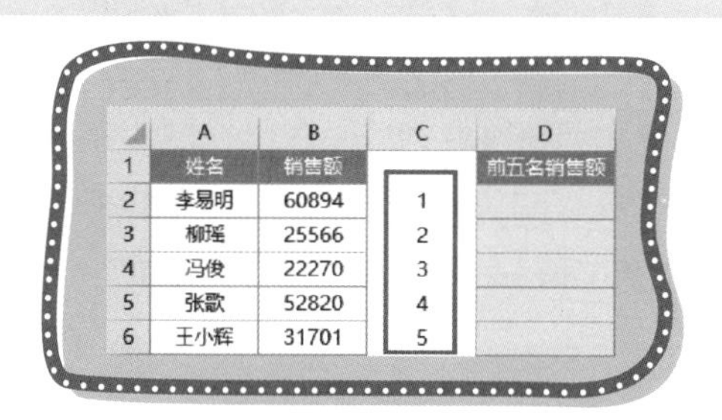

| | A | B | C | D |
|---|---|---|---|---|
| 1 | 姓名 | 销售额 | | 前五名销售额 |
| 2 | 李易明 | 60894 | 1 | |
| 3 | 柳瑶 | 25566 | 2 | |
| 4 | 冯俊 | 22270 | 3 | |
| 5 | 张歌 | 52820 | 4 | |
| 6 | 王小辉 | 31701 | 5 | |

图 4-49 生成 1~5 序号

**Step 02** 使用 ROW 函数生成的序号作为 LARGE函数的第二个参数就可以了。输入如下公式，效果如图 4-50 所示。

```
=LARGE(B:B,C2)
```

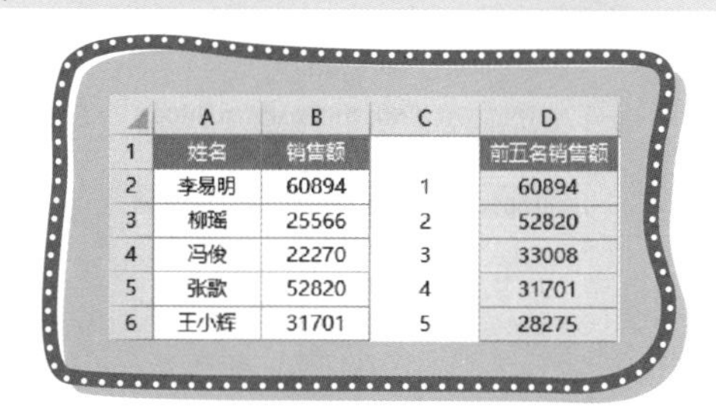

| | A | B | C | D |
|---|---|---|---|---|
| 1 | 姓名 | 销售额 | | 前五名销售额 |
| 2 | 李易明 | 60894 | 1 | 60894 |
| 3 | 柳瑶 | 25566 | 2 | 52820 |
| 4 | 冯俊 | 22270 | 3 | 33008 |
| 5 | 张歌 | 52820 | 4 | 31701 |
| 6 | 王小辉 | 31701 | 5 | 28275 |

图 4-50 使用 ROW 函数生成的序号

**Step 03** 在工作中，这么简单的公式是不需要使用辅助列的，辅助列的存在只是为了让我们更好地理解公式的原理。LARGE 函数的第三个参数引用 C2 单元格，我们也可以理解为引用的是C2单元格里面的公式，所以把ROW(A1)直接写到LARGE函数的第二个参数里也是可以的。公式如下，效果如图4-51所示。

```
=LARGE(B:B,ROW(A1))
```

| | A | B | C | D |
|---|---|---|---|---|
| 1 | 姓名 | 销售额 | | 前五名销售额 |
| 2 | 李易明 | 60894 | | 60894 |
| 3 | 柳瑶 | 25566 | | 52820 |
| 4 | 冯俊 | 22270 | | 33008 |
| 5 | 张歌 | 52820 | | 31701 |
| 6 | 王小辉 | 31701 | | 28275 |

图4-51　嵌套ROW函数公式

小鱼：原来ROW函数还可以这么用，厉害了。有时候还需要我们生成重复序号，使用ROW函数嵌套ROUNDUP函数就可以生成重复序号。

**Step 01** 使用ROW函数生成序号后，除以3，因为一个序号重复3次，在A2单元格输入如下公式后向下填充，如图4-52所示。

```
=ROW(A1)/3
```

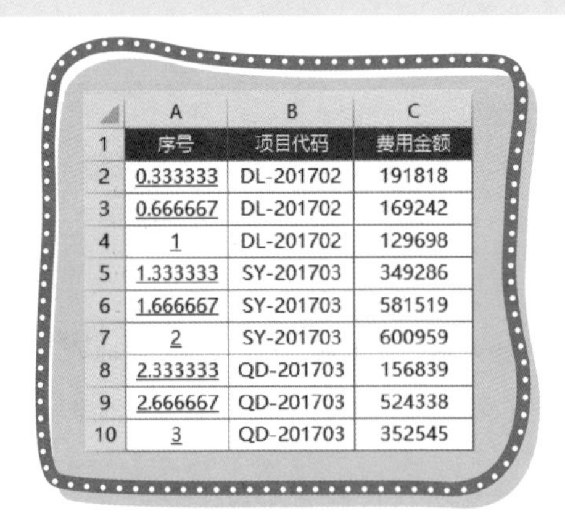

| | A | B | C |
|---|---|---|---|
| 1 | 序号 | 项目代码 | 费用金额 |
| 2 | 0.333333 | DL-201702 | 191818 |
| 3 | 0.666667 | DL-201702 | 169242 |
| 4 | 1 | DL-201702 | 129698 |
| 5 | 1.333333 | SY-201703 | 349286 |
| 6 | 1.666667 | SY-201703 | 581519 |
| 7 | 2 | SY-201703 | 600959 |
| 8 | 2.333333 | QD-201703 | 156839 |
| 9 | 2.666667 | QD-201703 | 524338 |
| 10 | 3 | QD-201703 | 352545 |

图4-52　生成序号后除3

Step 02 使用 ROUNDUP 函数可以把小数向上舍，就可以实现我们想要的效果了。修改 A2 单元格公式，输入如下公式后重新向下填充即可，如图 4-53 所示。

```
=ROUNDUP(ROW(A1)/3,0)
```

| | A | B | C |
|---|---|---|---|
| 1 | 序号 | 项目代码 | 费用金额 |
| 2 | 1 | DL-201702 | 191818 |
| 3 | 1 | DL-201702 | 169242 |
| 4 | 1 | DL-201702 | 129698 |
| 5 | 2 | SY-201703 | 349286 |
| 6 | 2 | SY-201703 | 581519 |
| 7 | 2 | SY-201703 | 600959 |
| 8 | 3 | QD-201703 | 156839 |
| 9 | 3 | QD-201703 | 524338 |
| 10 | 3 | QD-201703 | 352545 |

图 4-53 生成重复序号

学会了 ROW 函数，下面来学习 COLUMN 函数。COLUMN 和 ROW 函数使用方法一样的，只不过 COLUMN 函数返回的是列号，其函数语法如图 4-54 所示。

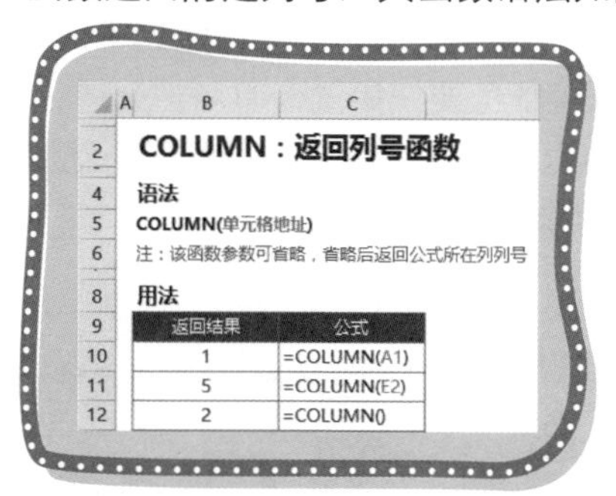
COLUMN：返回列号函数

语法

COLUMN(单元格地址)

注：该函数参数可省略，省略后返回公式所在列列号

用法

| 返回结果 | 公式 |
|---|---|
| 1 | =COLUMN(A1) |
| 5 | =COLUMN(E2) |
| 2 | =COLUMN() |

图 4-54 COLUMN 函数语法

虽然列号是英文字母，但是 COLUMN 函数返回的列号是字母对应的数字，A=1, B=2,Z=26,AA=27，以此类推。

学习 ROW 函数后，我们知道 ROW 函数纵向生成序号，同样使用 COLUMN 函数也可以生成序号，只不过生成方向是横向。有时候同样是返回前 5 名，但是想要横向排列，嵌套 COLUMN 就可以实现效果，如图 4-55 所示。在编写公式时，要使用绝对引用把计算区域锁定，否则公式向右填充后将发生成错误。

```
=LARGE($B:$B,COLUMN(A1))
```

| | A | B | C | D | E | F | G | H |
|---|---|---|---|---|---|---|---|---|
| 1 | 姓名 | 销售额 | | | | | | |
| 2 | 李易明 | 60894 | | 前五名销售额 | | | | |
| 3 | 柳瑶 | 25566 | | 第1名 | 第2名 | 第3名 | 第4名 | 第5名 |
| 4 | 冯俊 | 22270 | | 60894 | 52820 | 33008 | 31701 | 28275 |
| 5 | 张歌 | 52820 | | | | | | |
| 6 | 王小辉 | 31701 | | | | | | |
| 7 | 袁晓 | 28275 | | | | | | |
| 8 | 赵顺花 | 33008 | | | | | | |
| 9 | 李源博 | 10783 | | | | | | |
| 10 | 闫小妮 | 9578 | | | | | | |
| 11 | 张望 | 10269 | | | | | | |

图 4-55　横向生成序号

当使用 VLOOKUP 函数查找多列内容的时候，可以使用 COLUMN 函数作为 VLOOKUP 函数的第三个参数，这样我们就不用每列手动修改公式了，如图 4-56 所示。因为公式要向右填充，所以查找值要使用混合引用把列锁定，查找区域要使用绝对引用锁定，我们要从第 2 列开始返回内容，所以 COLUMN 函数引用 B 列就可以返回 2。第四个参数记得设置为精确查找。公式如下：

```
=VLOOKUP($F3,$A:$D,COLUMN(B2),0)
```

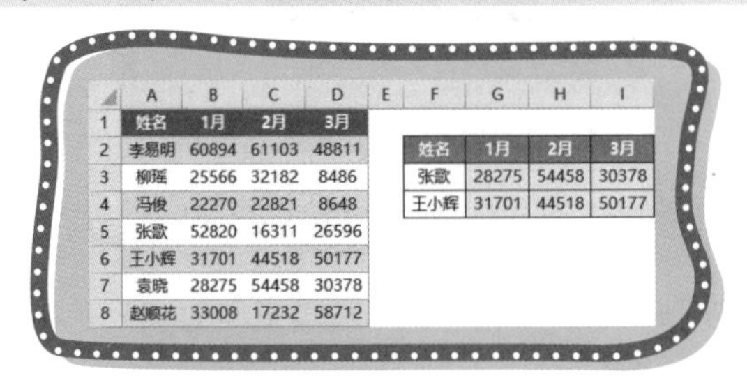

| | A | B | C | D | E | F | G | H | I |
|---|---|---|---|---|---|---|---|---|---|
| 1 | 姓名 | 1月 | 2月 | 3月 | | | | | |
| 2 | 李易明 | 60894 | 61103 | 48811 | | 姓名 | 1月 | 2月 | 3月 |
| 3 | 柳瑶 | 25566 | 32182 | 8486 | | 张歌 | 28275 | 54458 | 30378 |
| 4 | 冯俊 | 22270 | 22821 | 8648 | | 王小辉 | 31701 | 44518 | 50177 |
| 5 | 张歌 | 52820 | 16311 | 26596 | | | | | |
| 6 | 王小辉 | 31701 | 44518 | 50177 | | | | | |
| 7 | 袁晓 | 28275 | 54458 | 30378 | | | | | |
| 8 | 赵顺花 | 33008 | 17232 | 58712 | | | | | |

图 4-56　COLUMN 函数与 VLOOKUP 函数嵌套

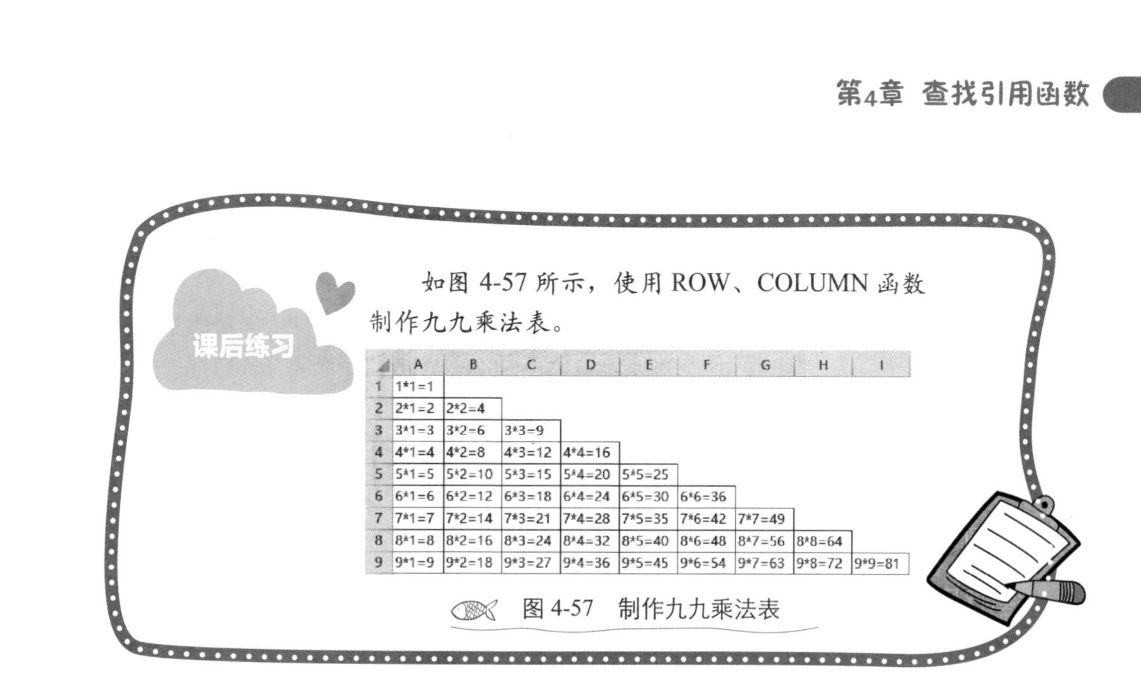

课后练习

如图 4-57 所示，使用 ROW、COLUMN 函数制作九九乘法表。

| | A | B | C | D | E | F | G | H | I |
|---|---|---|---|---|---|---|---|---|---|
| 1 | 1*1=1 | | | | | | | | |
| 2 | 2*1=2 | 2*2=4 | | | | | | | |
| 3 | 3*1=3 | 3*2=6 | 3*3=9 | | | | | | |
| 4 | 4*1=4 | 4*2=8 | 4*3=12 | 4*4=16 | | | | | |
| 5 | 5*1=5 | 5*2=10 | 5*3=15 | 5*4=20 | 5*5=25 | | | | |
| 6 | 6*1=6 | 6*2=12 | 6*3=18 | 6*4=24 | 6*5=30 | 6*6=36 | | | |
| 7 | 7*1=7 | 7*2=14 | 7*3=21 | 7*4=28 | 7*5=35 | 7*6=42 | 7*7=49 | | |
| 8 | 8*1=8 | 8*2=16 | 8*3=24 | 8*4=32 | 8*5=40 | 8*6=48 | 8*7=56 | 8*8=64 | |
| 9 | 9*1=9 | 9*2=18 | 9*3=27 | 9*4=36 | 9*5=45 | 9*6=54 | 9*7=63 | 9*8=72 | 9*9=81 |

图 4-57 制作九九乘法表

## 4.6 查找引用组合 INDEX+MATCH

MATCH 函数是位置查找函数，这个函数可以查找一个值在一组数据中出现的位置，其语法如图 4-58 所示。

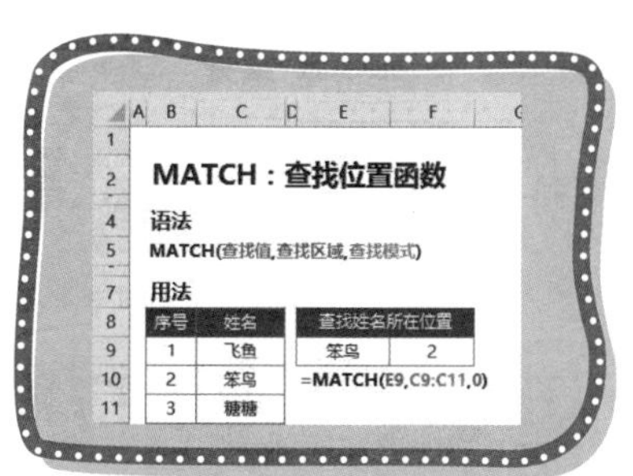


图 4-58 MATCH 函数语法

MATCH 函数共有三个参数。

第一个参数：查找值，如我们要查找姓名“李四”所在位置，那么查找值引用“李四”所在的 F9 单元格就可以了。

第二个参数：查找区域，引用姓名所在区域 C9:C11 单元格区域。查找区域只能设置单行或者单列的连接区域才可以，如 B1:B10 区域包含一列多行，A1:D1 区域包含一行多列，可以引用整行或整列。

第三个参数：查找模式，0 为精确查找，1 为查找小于或等于查找值的最大值，查找区域要升序排序，-1 为查找大于或等于查找值的最小值，查找区域要降序排序。大部分都是使用精确查找，所以第三个参数设置 0 就可以了。

某学习班开班有活动，前 5 名报名的学员送签名书一本。我们可以根据学员报名顺序表，使用 MATCH 函数来查找学员的报名顺序。输入如下公式，效果如图 4-59 所示。

```
=MATCH(D4,B2:B11,0)
```

| | A | B | C | D | E |
|---|---|---|---|---|---|
| 1 | 报名日期 | 姓名 | | | |
| 2 | 2017-12-1 | 李易明 | | | |
| 3 | 2017-12-1 | 柳瑶 | | 姓名 | 报名排名 |
| 4 | 2017-12-1 | 冯俊 | | 张歆 | 4 |
| 5 | 2017-12-1 | 张歆 | | | |
| 6 | 2017-12-1 | 王小辉 | | | |
| 7 | 2017-12-2 | 袁晓 | | | |
| 8 | 2017-12-2 | 赵顺花 | | | |
| 9 | 2017-12-2 | 李源博 | | | |
| 10 | 2017-12-2 | 闫小妮 | | | |
| 11 | 2017-12-2 | 张望 | | | |

图 4-59 查找报名排名

然后使用 IF 函数判断，如果报名排名小于 6 就满足送书条件了。输入如下公式，效果如图 4-60 所示。

```
=IF(MATCH(D4,B2:B11,0)<6,"恭喜获得签名书一本","亲，你下手慢了，书都送光了")
```

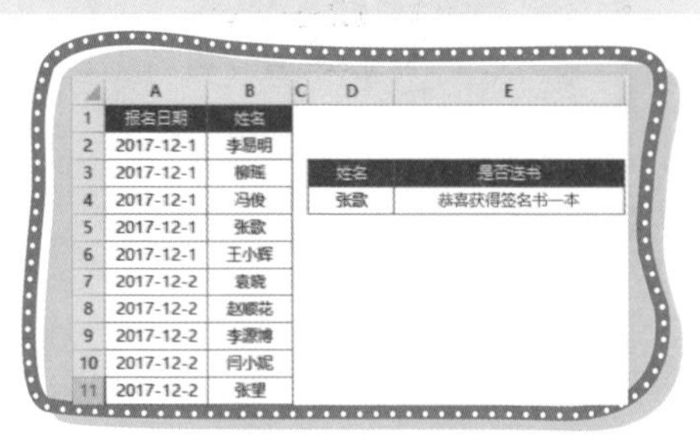

| | A | B | C | D | E |
|---|---|---|---|---|---|
| 1 | 报名日期 | 姓名 | | | |
| 2 | 2017-12-1 | 李易明 | | | |
| 3 | 2017-12-1 | 柳瑶 | | 姓名 | 是否送书 |
| 4 | 2017-12-1 | 冯俊 | | 张歆 | 恭喜获得签名书一本 |
| 5 | 2017-12-1 | 张歆 | | | |
| 6 | 2017-12-1 | 王小辉 | | | |
| 7 | 2017-12-2 | 袁晓 | | | |
| 8 | 2017-12-2 | 赵顺花 | | | |
| 9 | 2017-12-2 | 李源博 | | | |
| 10 | 2017-12-2 | 闫小妮 | | | |
| 11 | 2017-12-2 | 张望 | | | |

图 4-60 判断是否送书

大部分情况下，MATCH 函数都是要与其他函数嵌套使用，使用 MATCH 函数的返回值作为其他函数的参数。最常用的就是与 INDEX 函数嵌套使用。

INDEX 函数语法如图 4-61 所示。

第一个参数，数据区域，指定一个要返回值单元格区域。

第二个参数，返回数据区域内的第几行。

第三个参数，返回数据区域内的第几列。

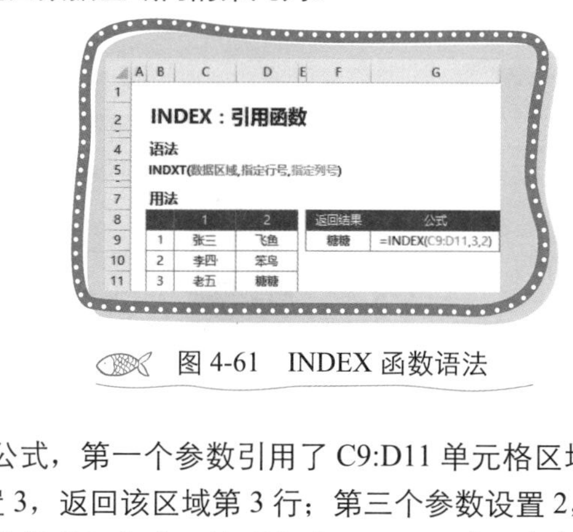

INDEX：引用函数

语法

INDXT(数据区域,指定行号,指定列号)

用法

| | 1 | 2 |
|---|---|---|
| 1 | 张三 | 飞鱼 |
| 2 | 李四 | 笨鸟 |
| 3 | 老五 | 糖糖 |

| 返回结果 | 公式 |
|---|---|
| 糖糖 | =INDEX(C9:D11,3,2) |

图 4-61　INDEX 函数语法

F9 单元格中的公式，第一个参数引用了 C9:D11 单元格区域，该区域共包含 3 行 2 列；第二个参数设置 3，返回该区域第 3 行；第三个参数设置 2，返回该区域第 2 列。

如图 4-62 所示为某公司年度工资明细表。员工工资一般都是保密的，那么我们就可以使用函数简单做一个查询功能，输入姓名、月份后自动返回对应的工资。然后就可把工资明细表隐藏了。

| 姓名 | 冯俊 |
|---|---|
| 月份 | 3月 |
| 工资 | |

| 姓名 | 1月 | 2月 | 3月 | 4月 | 5月 | 6月 | 7月 | 8月 | 9月 | 10月 | 11月 | 12月 |
|---|---|---|---|---|---|---|---|---|---|---|---|---|
| 李易明 | 5068 | 1031 | 5213 | 5441 | 1591 | 4243 | 6136 | 5388 | 6592 | 5792 | 4455 | 5292 |
| 柳琏 | 4368 | 5108 | 4837 | 3037 | 4915 | 5584 | 4166 | 4592 | 6545 | 2025 | 5444 | 3702 |
| 冯俊 | 3531 | 7259 | 5380 | 7776 | 1372 | 1227 | 3520 | 1771 | 4216 | 2394 | 2136 | 7296 |
| 张歌 | 3585 | 5625 | 3058 | 1722 | 1022 | 3486 | 7448 | 7817 | 7573 | 7888 | 4620 | 2894 |
| 王小辉 | 7663 | 5609 | 6730 | 6638 | 2043 | 7444 | 7944 | 2026 | 1516 | 4776 | 5665 | 5167 |
| 袁晓 | 5402 | 7287 | 5418 | 7151 | 6318 | 2653 | 1571 | 4285 | 5982 | 7426 | 1355 | 4503 |
| 赵顺花 | 5348 | 1640 | 5997 | 2136 | 6347 | 4862 | 4794 | 7460 | 6047 | 5861 | 3809 | 4482 |
| 李源博 | 6367 | 1926 | 5863 | 3956 | 3621 | 2432 | 6677 | 2725 | 6781 | 1666 | 3614 | 5637 |
| 闫小妮 | 6128 | 2866 | 3071 | 2053 | 7916 | 4885 | 1670 | 5471 | 5845 | 1430 | 5513 | 4033 |
| 张望 | 2453 | 1848 | 5997 | 4281 | 7568 | 6464 | 6984 | 1388 | 2784 | 2988 | 7619 | 1798 |

图 4-62　工资明细表

Step 01 如图 4-63 所示，使用 MATCH 函数查找姓名所在位置，“冯俊”在第 4 行，所以下面的公式返回数字 4。

```
=MATCH(B1,D1:D11,0)
```

| | A | B | C | D | E | F | G |
|---|---|---|---|---|---|---|---|
| 1 | 姓名 | 冯俊 | | 姓名 | 1月 | 2月 | 3月 |
| 2 | 月份 | 3月 | | 李易明 | 5068 | 1031 | 5213 |
| 3 | 工资 | | | 柳瑶 | 4368 | 5108 | 4837 |
| 4 | | | | 冯俊 | 3531 | 7259 | 5380 |
| 5 | 姓名所在位置 | 4 | | 张歆 | 3585 | 5625 | 3058 |

图 4-63 查找姓名所在位置

Step 02 如图 4-64 所示，使用 MATCL 函数查找月份所在位置，在 D1:P1 单元格区域中“3 月”在第 4 列，所以下面的公式返回数字 4。

```
=MATCH(B2,D1:P1,0)
```

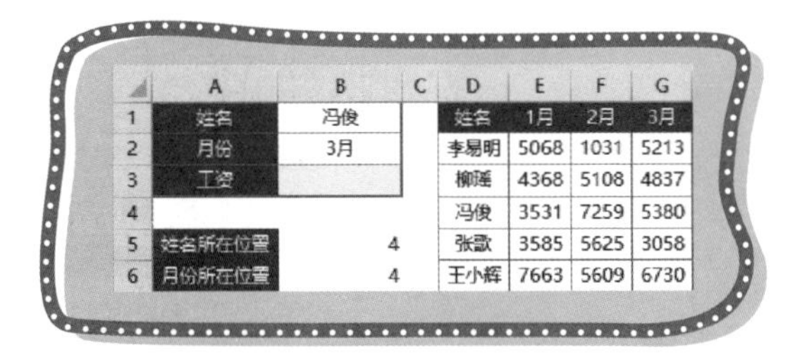

| | A | B | C | D | E | F | G |
|---|---|---|---|---|---|---|---|
| 1 | 姓名 | 冯俊 | | 姓名 | 1月 | 2月 | 3月 |
| 2 | 月份 | 3月 | | 李易明 | 5068 | 1031 | 5213 |
| 3 | 工资 | | | 柳瑶 | 4368 | 5108 | 4837 |
| 4 | | | | 冯俊 | 3531 | 7259 | 5380 |
| 5 | 姓名所在位置 | 4 | | 张歆 | 3585 | 5625 | 3058 |
| 6 | 月份所在位置 | 4 | | 王小辉 | 7663 | 5609 | 6730 |

图 4-64 查找月份所在位置

Step 03 如图 4-65 所示，现在我们已经知道了冯俊 3 月份的工资在工资表中的位置，最后使用 INDEX 函数返回工资就可以了。公式如下：

```
=INDEX(D1:P11,B5,
B6)
```

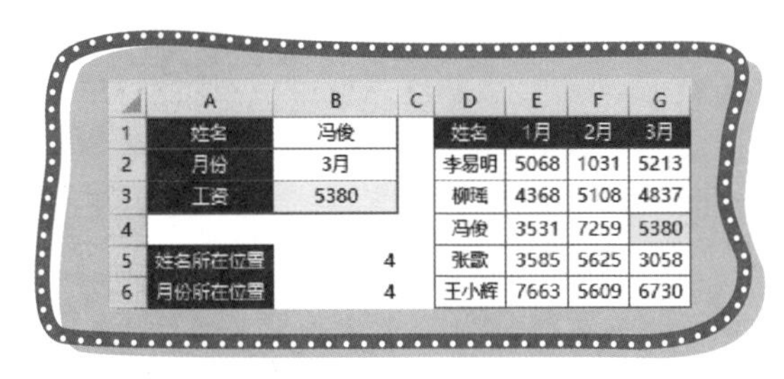

| | A | B | C | D | E | F | G |
|---|---|---|---|---|---|---|---|
| 1 | 姓名 | 冯俊 | | 姓名 | 1月 | 2月 | 3月 |
| 2 | 月份 | 3月 | | 李易明 | 5068 | 1031 | 5213 |
| 3 | 工资 | 5380 | | 柳瑶 | 4368 | 5108 | 4837 |
| 4 | | | | 冯俊 | 3531 | 7259 | 5380 |
| 5 | 姓名所在位置 | 4 | | 张歆 | 3585 | 5625 | 3058 |
| 6 | 月份所在位置 | 4 | | 王小辉 | 7663 | 5609 | 6730 |

图 4-65 INDEX 函数返回工资

可以试看把上面的公式合并到一起。公式如下：

```
=INDEX(D1:P11,MATCH(B1,D1:D11,0),MATCH(B2,D1:P11,0))
```

如果我们换位思考，使用 MATCH 函数查找到月份所在位置后，将 MATCH 函数返回结果作为 VLOOKUP 函数的第三个参数也可以。公式如下：

```
=VLOOKUP(B1,D:P,MATCH(B2,D1:P1,0),0)
```

编写好公式，检查公式返回结果正确后，可以隐藏工资明细表，再简单美化下，完成效果如图 4-66 所示。

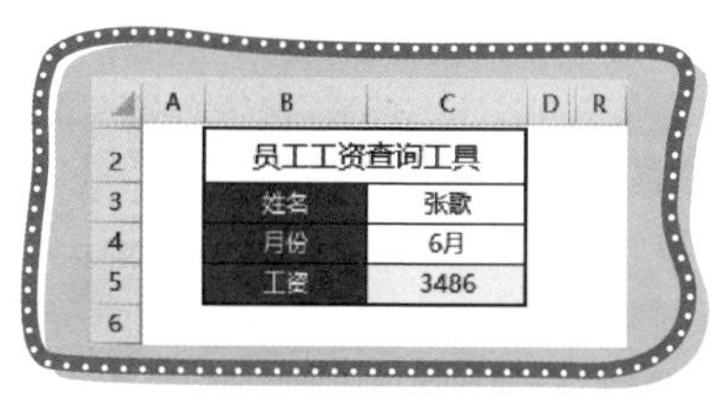

| 员工工资查询工具 | |
|---|---|
| 姓名 | 张歌 |
| 月份 | 6月 |
| 工资 | 3486 |

图 4-66　完成效果

小鱼：我之前使用 VLOOKUP 函数，当要返回多列，并且需要返回列的字段和查找区域不同时，我都是手动改公式，现在使用 MATCH 函数就可以查找到要返回列的位置了。输入如下公式，效果如图 4-67 所示。

```
=VLOOKUP($G2,$A:$E,MATCH(I$1,$A$1:$E$1,0),0)
```

| 姓名 | 工号 | 地区 | 性别 | 销售额 |
|---|---|---|---|---|
| 李易明 | D001 | 北京 | 男 | 9376 |
| 柳瑶 | D002 | 北京 | 女 | 39484 |
| 冯俊 | D003 | 北京 | 男 | 62542 |
| 赵志 | D004 | 北京 | 男 | 18657 |
| 张歌 | D005 | 北京 | 女 | 5703 |
| 王小辉 | D006 | 北京 | 男 | 63488 |
| 袁晓 | D007 | 北京 | 女 | 7616 |
| 赵顺花 | D008 | 北京 | 女 | 29147 |
| 李源博 | D009 | 北京 | 男 | 2308 |
| 闫小妮 | D010 | 内蒙 | 女 | 47371 |
| 张望 | D011 | 内蒙 | 男 | 5169 |

| 姓名 | 地区 | 销售额 |
|---|---|---|
| 李易明 | 北京 | 9376 |
| 冯俊 | 北京 | 62542 |
| 张望 | 内蒙 | 5169 |
| 王小辉 | 北京 | 63488 |

图 4-67　嵌套 VLOOKUP 函数

飞鱼：不错，都学会举一反三了，使用 MATCH 与 INDEX 函数嵌套还可以反向查找，如根据工号查找姓名，使用 MATCH 与 INDEX 函数嵌套要比 VLOOKUP 与 IF 函数嵌套更简单易懂。

Step 01 使用 MATCH 函数查找工号所在位置。输入如下公式，如图 4-68 所示，第一个参数查找值引用查找工号所在单元格 G2，第二个参数引用工号所在列 B 列，第三个参数设置为精确查找。

```
=MATCH(G2,B:B,0)
```

| | A | B | C | D | E | F | G | H |
|---|---|---|---|---|---|---|---|---|
| 1 | 姓名 | 工号 | 地区 | 性别 | 销售额 | | 工号 | 姓名 |
| 2 | 李易明 | D001 | 北京 | 男 | 9376 | | D001 | 2 |
| 3 | 柳瑶 | D002 | 北京 | 女 | 39484 | | D004 | 5 |
| 4 | 冯俊 | D003 | 北京 | 男 | 62542 | | D011 | 12 |
| 5 | 赵志 | D004 | 北京 | 男 | 18657 | | D004 | 5 |
| 6 | 张歌 | D005 | 北京 | 女 | 5703 | | | |
| 7 | 王小辉 | D006 | 北京 | 男 | 63488 | | | |
| 8 | 袁晓 | D007 | 北京 | 女 | 7616 | | | |
| 9 | 赵顺花 | D008 | 北京 | 女 | 29147 | | | |
| 10 | 李源博 | D009 | 北京 | 男 | 2308 | | | |
| 11 | 闫小妮 | D010 | 内蒙 | 女 | 47371 | | | |
| 12 | 张望 | D011 | 内蒙 | 男 | 5169 | | | |

图 4-68　查找工号所在位置

Step 02 使用 INDEX 函数返回姓名。输入如下公式，如图 4-69 所示，第一个参数引用 A 列，使用 MATCH 函数返回的数字作为第二个参数即可。

当 INDEX 函数的第一个参数，引用一行或者一列的时候，只需指定第一个数字，即可返回数字对应位置的内容。如 H2 单元格中公式的意思是返回 A 列第 2 行内容。

```
=INDEX(A:A,MATCH(G2,B:B,0))
```

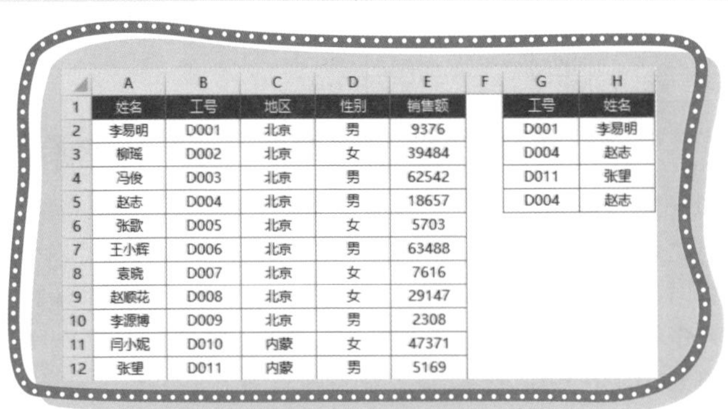

| | A | B | C | D | E | F | G | H |
|---|---|---|---|---|---|---|---|---|
| 1 | 姓名 | 工号 | 地区 | 性别 | 销售额 | | 工号 | 姓名 |
| 2 | 李易明 | D001 | 北京 | 男 | 9376 | | D001 | 李易明 |
| 3 | 柳瑶 | D002 | 北京 | 女 | 39484 | | D004 | 赵志 |
| 4 | 冯俊 | D003 | 北京 | 男 | 62542 | | D011 | 张望 |
| 5 | 赵志 | D004 | 北京 | 男 | 18657 | | D004 | 赵志 |
| 6 | 张歌 | D005 | 北京 | 女 | 5703 | | | |
| 7 | 王小辉 | D006 | 北京 | 男 | 63488 | | | |
| 8 | 袁晓 | D007 | 北京 | 女 | 7616 | | | |
| 9 | 赵顺花 | D008 | 北京 | 女 | 29147 | | | |
| 10 | 李源博 | D009 | 北京 | 男 | 2308 | | | |
| 11 | 闫小妮 | D010 | 内蒙 | 女 | 47371 | | | |
| 12 | 张望 | D011 | 内蒙 | 男 | 5169 | | | |

图 4-69　使用 INDEX 函数返回姓名

小鱼：这个公式好简单啊，为什么之前不教我这个简单的公式呢？

飞鱼：没有对比就没有伤害，你如果没学习难的，怎么会感觉到这个公式的简单。

小鱼：对，你厉害，你说的都对。

飞鱼：除此之外，MATCH 与 INDEX 函数嵌套还可以实现区间查找。例如商场减免活动，会有消费满多少元就减免多少元的活动，这时就可以使用该嵌套组合来计算减免金额，如图 4-70 所示，当 MATCH 函数查找模式设置为 1 时，查找效果和 VLOOKUP 函数的模糊查找一样。公式如下：

```
=INDEX($E$3:$E$7,MATCH(A2,$D$3:$D$7,1))
```

| | A | B | C | D | E |
|---|---|---|---|---|---|
| 1 | 消费金额 | 减免金额 | | 减免对照表 | |
| 2 | 7097 | 400 | | 消费金额 | 减免金额 |
| 3 | 607 | 0 | | 0 | 0 |
| 4 | 7232 | 400 | | 1000 | 50 |
| 5 | 9483 | 400 | | 3000 | 200 |
| 6 | 1013 | 50 | | 5000 | 400 |
| 7 | 4080 | 200 | | 10000 | 1000 |
| 8 | 3367 | 200 | | | |
| 9 | 12237 | 1000 | | | |
| 10 | 12442 | 1000 | | | |
| 11 | 3821 | 200 | | | |
| 12 | 5974 | 400 | | | |
| 13 | 715 | 0 | | | |

图 4-70　查找减免金额

小鱼：对照表的消费金额为 0 元，减免金额为 0 元，这行不是没有用吗？为什么消费金额不直接从 1000 开始呢？

飞鱼：对照表如果从 1000 元开始设置，当消费金额不足 1000 元时公式会返回错误值，从 0 元开始是为了防止公式出现错误。当然了，如果你从 1000 元开始设置，在编写公式的时候使用 IFERROR 函数容错也是可以的。之前教的你两种区间查找公式，你还记得吗？

小鱼：是下面这两个公式吧，分别是 VLOOKUP 函数和 LOOKUP 函数。这两个公式要比 MATCH 函数与 NIDEX 函数嵌套写法简单点。

```
=VLOOKUP(A2,$D$3:$E$7,2)
```

```
=LOOKUP(A2,$D$3:$E$7)
```

飞鱼：是的，使用 VLOOKUP 函数或 LOOKUP 函数的公式要简洁些。

小鱼：我好像记得 INDEX 函数还有第四个参数吧，这个参数是干嘛的呢？

飞鱼：还挺细心的。是这样，其实 INDEX 函数第一个参数可以引用多个区域，当第一个参数引用了多个区域后，可以使用第四个参数指定返回第几个区域。其语法如图 4-71 所示。

用法
INDEX((单元格区域1,单元格区域2,单元格区域n...),返回哪行,返回哪列,返回哪个区域)

图 4-71 INDEX 函数语法

如图 4-72 所示，每个季度的指标与完成情况分为四个单元格区域存放，现在我们要根据姓名、季度查找指标、完成情况计算完成率。

**Step 01** 在 R5 单元格输入如下公式，如图 4-72 所示。

```
=INDEX((A1:C8,E1:G8,I1:K8,M1:O8),MATCH(R3,A1:A8,0),2,R4)
```

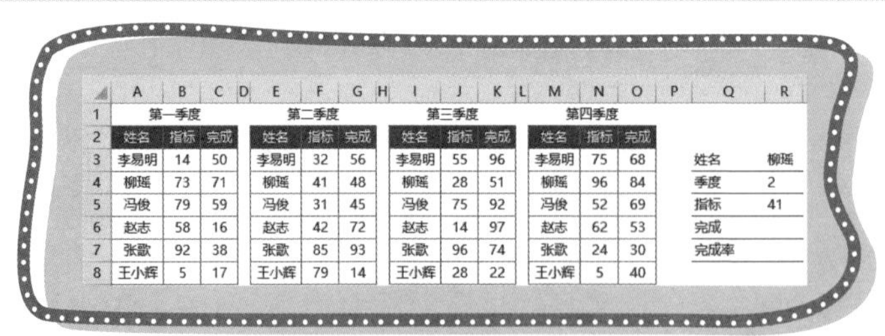

| | A | B | C | D | E | F | G | H | I | J | K | L | M | N | O | P | Q | R |
|---|---|---|---|---|---|---|---|---|---|---|---|---|---|---|---|---|---|---|
| 1 | 第一季度 | | | | 第二季度 | | | | 第三季度 | | | | 第四季度 | | | | | |
| 2 | 姓名 | 指标 | 完成 | | 姓名 | 指标 | 完成 | | 姓名 | 指标 | 完成 | | 姓名 | 指标 | 完成 | | | |
| 3 | 李易明 | 14 | 50 | | 李易明 | 32 | 56 | | 李易明 | 55 | 96 | | 李易明 | 75 | 68 | | 姓名 | 柳瑶 |
| 4 | 柳瑶 | 73 | 71 | | 柳瑶 | 41 | 48 | | 柳瑶 | 28 | 51 | | 柳瑶 | 96 | 84 | | 季度 | 2 |
| 5 | 冯俊 | 79 | 59 | | 冯俊 | 31 | 45 | | 冯俊 | 75 | 92 | | 冯俊 | 52 | 69 | | 指标 | 41 |
| 6 | 赵志 | 58 | 16 | | 赵志 | 42 | 72 | | 赵志 | 14 | 97 | | 赵志 | 62 | 53 | | 完成 | |
| 7 | 张歌 | 92 | 38 | | 张歌 | 85 | 93 | | 张歌 | 96 | 74 | | 张歌 | 24 | 30 | | 完成率 | |
| 8 | 王小辉 | 5 | 17 | | 王小辉 | 79 | 14 | | 王小辉 | 28 | 22 | | 王小辉 | 5 | 40 | | | |

图 4-72 查找“指标”

第一个参数分别引用了 4 个季度的所在区域“(A1:C8,E1:G8,I1:K8,M1:O8)”。

第二个参数使用 MATCH 函数查找姓名所在位置“MATCH(R3,A1:A8,0)”

第三个参数指定引用第 2 列的值。

第四个参数指定引用第一个参数中哪个单元格区域。

**Step 02** 如图 4-73 所示，复制 R5 单元格公式到 R6 单元格，修改第三个参数，引用第 3 列的值。公式如下：

```
=INDEX((A1:C8,E1:G8,I1:K8,M1:O8),MATCH(R3,A1:A8,0),3,R4)
```

| | A | B | C | D | E | F | G | H | I | J | K | L | M | N | O | P | Q | R |
|---|---|---|---|---|---|---|---|---|---|---|---|---|---|---|---|---|---|---|
| 1 | 第一季度 | | | | 第二季度 | | | | 第三季度 | | | | 第四季度 | | | | | |
| 2 | 姓名 | 指标 | 完成 | | 姓名 | 指标 | 完成 | | 姓名 | 指标 | 完成 | | 姓名 | 指标 | 完成 | | | |
| 3 | 李易明 | 14 | 50 | | 李易明 | 32 | 56 | | 李易明 | 55 | 96 | | 李易明 | 75 | 68 | | 姓名 | 柳瑶 |
| 4 | 柳瑶 | 73 | 71 | | 柳瑶 | 41 | 48 | | 柳瑶 | 28 | 51 | | 柳瑶 | 96 | 84 | | 季度 | 2 |
| 5 | 冯俊 | 79 | 59 | | 冯俊 | 31 | 45 | | 冯俊 | 75 | 92 | | 冯俊 | 52 | 69 | | 指标 | 41 |
| 6 | 赵志 | 58 | 16 | | 赵志 | 42 | 72 | | 赵志 | 14 | 97 | | 赵志 | 62 | 53 | | 完成 | 48 |
| 7 | 张歌 | 92 | 38 | | 张歌 | 85 | 93 | | 张歌 | 96 | 74 | | 张歌 | 24 | 30 | | 完成率 | |
| 8 | 王小辉 | 5 | 17 | | 王小辉 | 79 | 14 | | 王小辉 | 28 | 22 | | 王小辉 | 5 | 40 | | | |

图 4-73 查找“完成”

在复制公式的时候，在编辑栏全选公式后复制公式内容，不要直接复制单元格，如图 4-74 所示。

图 4-74 复制公式

小鱼：IDNEX 函数的第三个参数怎么不使用 MATCH 函数查找位置，这样的话，使用一条公式向下填充是不是就可以了呢？

飞鱼：使用一条公式是可以的，不过在编写公式的时候要考虑引用问题。第三个参数使用 MATCH 函数查找位置也是可以的，不过我们只需要查找两个值，还是直接改下公式方便，也不用考虑单元格引用问题了。在实际工作中，只要采用能快速有效达到目的的方法就可以了。

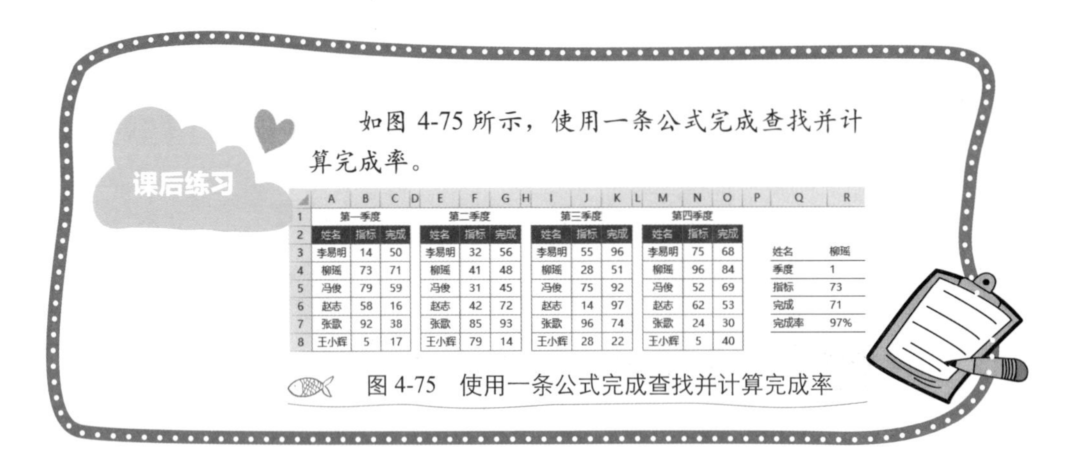

课后练习

如图 4-75 所示，使用一条公式完成查找并计算完成率。

| | A | B | C | D | E | F | G | H | I | J | K | L | M | N | O | P | Q | R |
|---|---|---|---|---|---|---|---|---|---|---|---|---|---|---|---|---|---|---|
| 1 | 第一季度 | | | | 第二季度 | | | | 第三季度 | | | | 第四季度 | | | | | |
| 2 | 姓名 | 指标 | 完成 | | 姓名 | 指标 | 完成 | | 姓名 | 指标 | 完成 | | 姓名 | 指标 | 完成 | | | |
| 3 | 李易明 | 14 | 50 | | 李易明 | 32 | 56 | | 李易明 | 55 | 96 | | 李易明 | 75 | 68 | | 姓名 | 柳瑶 |
| 4 | 柳瑶 | 73 | 71 | | 柳瑶 | 41 | 48 | | 柳瑶 | 28 | 51 | | 柳瑶 | 96 | 84 | | 季度 | 1 |
| 5 | 冯俊 | 79 | 59 | | 冯俊 | 31 | 45 | | 冯俊 | 75 | 92 | | 冯俊 | 52 | 69 | | 指标 | 73 |
| 6 | 赵志 | 58 | 16 | | 赵志 | 42 | 72 | | 赵志 | 14 | 97 | | 赵志 | 62 | 53 | | 完成 | 71 |
| 7 | 张歆 | 92 | 38 | | 张歆 | 85 | 93 | | 张歆 | 96 | 74 | | 张歆 | 24 | 30 | | 完成率 | 97% |
| 8 | 王小辉 | 5 | 17 | | 王小辉 | 79 | 14 | | 王小辉 | 28 | 22 | | 王小辉 | 5 | 40 | | | |

图 4-75 使用一条公式完成查找并计算完成率

## 4.7 OFFSET 函数偏移应用

飞鱼：今天我们来学习 OFFSET 函数。该函数共有五个参数，是 Excel 函数中参数最多的一个函数，其函数语法如图 4-76 所示。

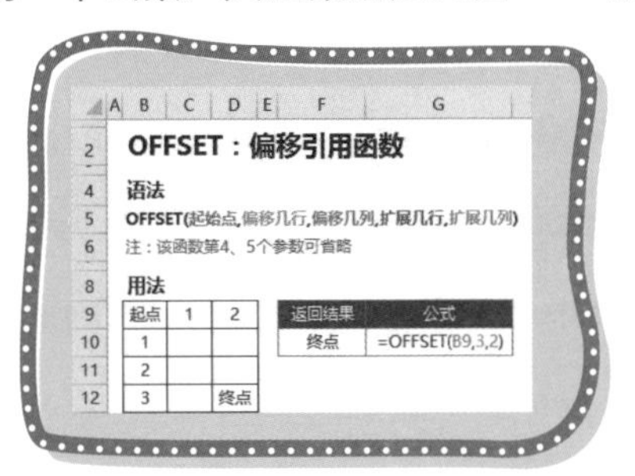


图 4-76 OFFSET 函数语法

我们来看 F9 单元格公式。

第一个参数：起点，必须是单元格或者单元格区域。这里引用了 B9 单元格作为起点。

第二个参数：指定偏移几行，公式设置为 3，B9 单元格向下偏移 3 行后是 B12 单元格。

第三个参数：指定偏移几列，公式设置为 2，B9 单元格向右偏移 2 行后是 D12 单元格。

OFFSET 函数返回的结果是一个单元格或者是一个单元格区域，虽然我们看到 F9 单元格返回的结果是 D12 单元格的内容“终点”，实际上公式 OFFSET 函数返回的是 D12 单元格地址，然后公式引用单元格地址才返回对应单元格的内容。

小鱼：可是这有什么区别吗？我感觉都是一样的啊。

飞鱼：不一样的，我们看下面的案例，如图 4-77 所示，统计累计发生金额。

|  | A | B | C | D | E | F |
|---|---|---|---|---|---|---|
| 1 | 会计年度 | 期间 | 发生金额 |  |  |  |
| 2 | 2017 | 1 | 30 |  | 累计期间 | 累计发生金额 |
| 3 | 2017 | 2 | 26 |  | 5 |  |
| 4 | 2017 | 3 | 10 |  |  |  |
| 5 | 2017 | 4 | 89 |  |  |  |
| 6 | 2017 | 5 | 29 |  |  |  |
| 7 | 2017 | 6 | 47 |  |  |  |
| 8 | 2017 | 7 | 84 |  |  |  |
| 9 | 2017 | 8 | 73 |  |  |  |
| 10 | 2017 | 9 | 55 |  |  |  |
| 11 | 2017 | 10 | 72 |  |  |  |
| 12 | 2017 | 11 | 53 |  |  |  |
| 13 | 2017 | 12 | 2 |  |  |  |

图 4-77　统计累计发生金额

公司要根据不同期间计算累计发生金额，如果是累计期间 5，公式为 1~5 期间发生金额的总计。公式如下：

```
=SUM(C2:C6)
```

如果是累计期间 8，公式为 1~8 期间发生金额的总计。公式如下：

```
=SUM(C2:C9)
```

我们可以看到一个规律，因为累计期间从 1 月开始累计的，所以求和公式都是从 C2 单元格开始，只是求和的结束单元格不同，那么我们就可以使用 OFFSET 函数来返回结束单元格地址就可以了。有了解决问题的思路，我们才能开始编写公式。

**Step 01** 如图 4-78 所示，使用 OFFSET 函数，根据累计期间，返回对应的单元格地址。公式中第一个参数引用 C1 单元格作为起点；第二个参数引用累计期间 E3 单元格，统计期间为 5，C1 单元格向下偏移 5 行为 C6 单元格；我们不想向右偏移，那么第三个参数设置为 0 就可以了。

| | A | B | C | D | E | F |
|---|---|---|---|---|---|---|
| 1 | 会计年度 | 期间 | 发生金额 | | | |
| 2 | 2017 | 1 | 30 | | 累计期间 | 累计发生金额 |
| 3 | 2017 | 2 | 26 | | 5 | 29 |
| 4 | 2017 | 3 | 10 | | | |
| 5 | 2017 | 4 | 89 | | | |
| 6 | 2017 | 5 | 29 | | | |
| 7 | 2017 | 6 | 47 | | | |
| 8 | 2017 | 7 | 84 | | | |
| 9 | 2017 | 8 | 73 | | | |
| 10 | 2017 | 9 | 55 | | | |
| 11 | 2017 | 10 | 72 | | | |
| 12 | 2017 | 11 | 53 | | | |
| 13 | 2017 | 12 | 2 | | | |

图 4-78　使用 OFFSET 返回累计期间位置

Step 02 前面说过 OFFSET 函数的返回结果是单元格地址，虽然我们看到的返回结果是单元格内容，但是首先函数返回的是单元格地址，然后公式引用了 OFFSET 函数返回的单元格地址才得到 29，这是两个步骤。下面我们再嵌套 SUM 函数，你马上就能明白了。输入如下公式，效果如图 4-79 所示。

```
=SUM(C2:OFFSET(C1,E3,0))
```

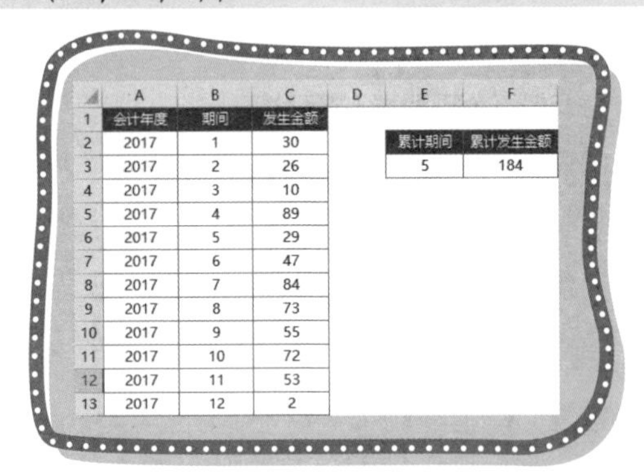

| | A | B | C | D | E | F |
|---|---|---|---|---|---|---|
| 1 | 会计年度 | 期间 | 发生金额 | | | |
| 2 | 2017 | 1 | 30 | | 累计期间 | 累计发生金额 |
| 3 | 2017 | 2 | 26 | | 5 | 184 |
| 4 | 2017 | 3 | 10 | | | |
| 5 | 2017 | 4 | 89 | | | |
| 6 | 2017 | 5 | 29 | | | |
| 7 | 2017 | 6 | 47 | | | |
| 8 | 2017 | 7 | 84 | | | |
| 9 | 2017 | 8 | 73 | | | |
| 10 | 2017 | 9 | 55 | | | |
| 11 | 2017 | 10 | 72 | | | |
| 12 | 2017 | 11 | 53 | | | |
| 13 | 2017 | 12 | 2 | | | |

图 4-79　嵌套 SUM 函数

Step 03 嵌套 SUM 函数后，选中 F3 单元格，选择“公式”选项卡，单击“公式求值”图标，弹出“公式求值”对话框，单击“求值 (E)”按钮，可以看到公式的计算过程，如图 4-80 所示。

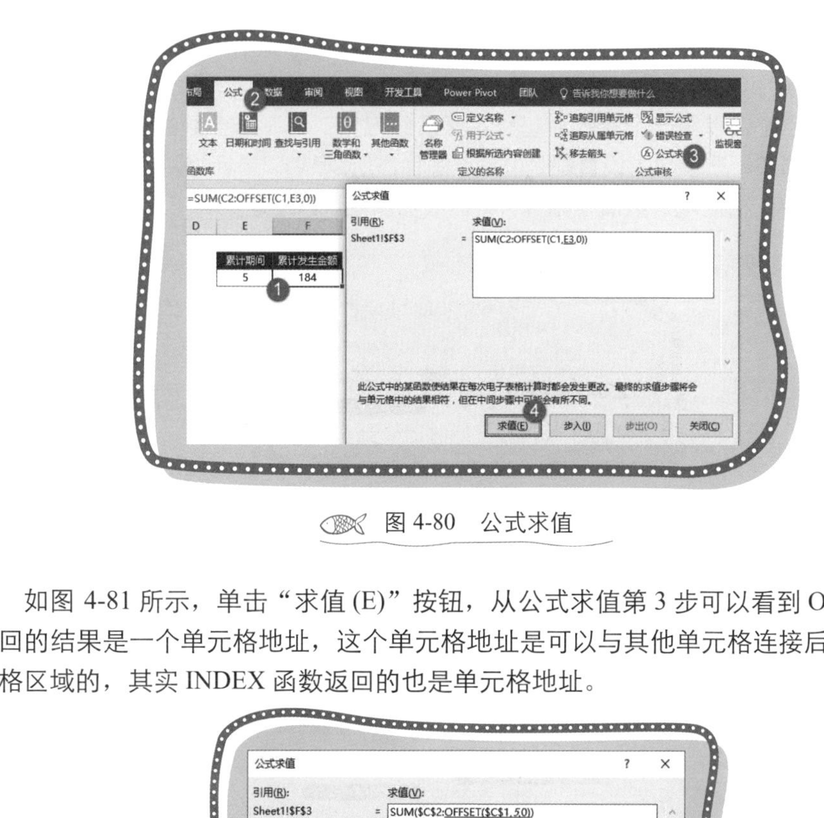


图 4-80 公式求值

如图 4-81 所示，单击“求值 (E)”按钮，从公式求值第 3 步可以看到 OFFSET 函数返回的结果是一个单元格地址，这个单元格地址是可以与其他单元格连接后生成一个单元格区域的，其实 INDEX 函数返回的也是单元格地址。

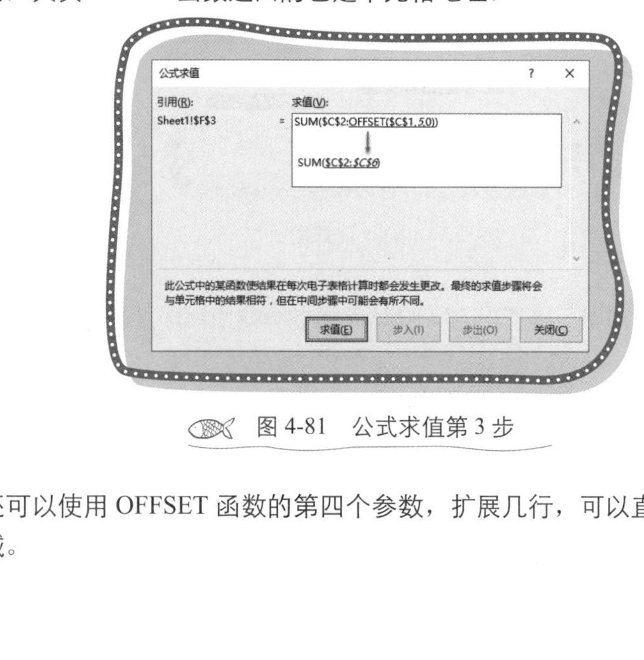


图 4-81 公式求值第 3 步

我们还可以使用 OFFSET 函数的第四个参数，扩展几行，可以直接把单元格转换为单元格区域。

输入如下公式，如图 4-82 所示。第一个参数引用 C2 单元格作为起点，第二个、第三个参数都设置为 0，不偏移，第四个参数，扩展几行，引用了 E3 单元格，扩展 5 行。扩展 5 行的起点是，以第一个参数为起点，然后经过第二、三个参数的计算后的单元格地址为起点，第二、三参数的设置都是 0，不偏移，所以从 C2单元格，向下扩展 5 行，变成了 C2:C6 单元格区域，然后使用 SUM 函数求和就可以了。

```
=SUM(OFFSET(C2,0,0,E3))
```

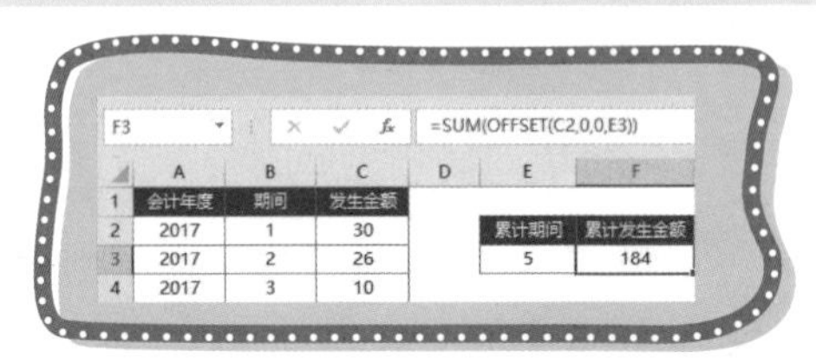

F3 =SUM(OFFSET(C2,0,0,E3))

| | A | B | C | D | E | F |
|---|---|---|---|---|---|---|
| 1 | 会计年度 | 期间 | 发生金额 | | | |
| 2 | 2017 | 1 | 30 | | 累计期间 | 累计发生金额 |
| 3 | 2017 | 2 | 26 | | 5 | 184 |
| 4 | 2017 | 3 | 10 | | | |

图 4-82　使用 OFFSET 函数的第 4 个参数

其实同样的问题，换一种思路，即使不使用 OFFSET 函数也是可以计算出来的。

**Step 01** 首先使用辅助列计算出每个期间的累计，输入如下公式，如图 4-83 所示。

```
=C1+D1
```

| | A | B | C | D | E | F |
|---|---|---|---|---|---|---|
| 1 | 会计年度 | 期间 | 发生金额 | | | |
| 2 | 2017 | 1 | 30 | 30 | 累计期间 | 累计发生金额 |
| 3 | 2017 | 2 | 26 | 56 | 5 | |
| 4 | 2017 | 3 | 10 | 66 | | |
| 5 | 2017 | 4 | 89 | 155 | | |
| 6 | 2017 | 5 | 29 | 184 | | |

图 4-83　计算累计

**Step 02** 如图 4-84 所示，再使用 VLOOKUP 函数查找引用即可。

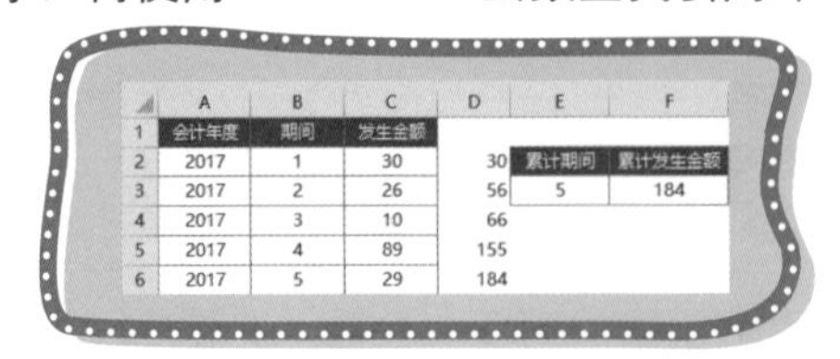

| | A | B | C | D | E | F |
|---|---|---|---|---|---|---|
| 1 | 会计年度 | 期间 | 发生金额 | | | |
| 2 | 2017 | 1 | 30 | 30 | 累计期间 | 累计发生金额 |
| 3 | 2017 | 2 | 26 | 56 | 5 | 184 |
| 4 | 2017 | 3 | 10 | 66 | | |
| 5 | 2017 | 4 | 89 | 155 | | |
| 6 | 2017 | 5 | 29 | 184 | | |

图 4-84　使用 VLOOKUP 函数查找

如果公式数据结构简单，大家使用这种方法就可以了。

OFFSET 函数的第一个参数不只可以引用单元格，还可以引用单元格区域。如图 4-85 所示，根据起始、结束年度汇总求和。公式如下：

```
=SUM(OFFSET(1:1,C10-2010,0,C11-C10+1))
```

|  | A | B | C | D | E | F | G | H | I | J | K | L | M |
|---|---|---|---|---|---|---|---|---|---|---|---|---|---|
| 1 | 年度 | 1月 | 2月 | 3月 | 4月 | 5月 | 6月 | 7月 | 8月 | 9月 | 10月 | 11月 | 12月 |
| 2 | 2011年 | 24 | 52 | 74 | 69 | 48 | 10 | 29 | 17 | 50 | 93 | 99 | 19 |
| 3 | 2012年 | 42 | 35 | 55 | 42 | 96 | 94 | 44 | 66 | 15 | 92 | 14 | 30 |
| 4 | 2013年 | 20 | 71 | 27 | 49 | 57 | 56 | 68 | 30 | 61 | 70 | 85 | 24 |
| 5 | 2014年 | 99 | 32 | 71 | 23 | 45 | 40 | 39 | 44 | 36 | 84 | 30 | 95 |
| 6 | 2015年 | 59 | 44 | 79 | 67 | 20 | 34 | 99 | 27 | 24 | 79 | 48 | 51 |
| 7 | 2016年 | 33 | 12 | 22 | 13 | 25 | 10 | 98 | 13 | 36 | 29 | 70 | 11 |
| 8 | 2017年 | 88 | 71 | 16 | 66 | 40 | 76 | 62 | 96 | 48 | 83 | 83 | 73 |
| 9 |  |  |  |  |  |  |  |  |  |  |  |  |  |
| 10 |  | 开始年度 | 2011 |  |  |  |  |  |  |  |  |  |  |
| 11 |  | 结束年度 | 2015 |  |  |  |  |  |  |  |  |  |  |
| 12 |  | 合计 | 3096 |  |  |  |  |  |  |  |  |  |  |

图 4-85 计算年度合计

第一个参数，引用了第 1 行整行作为起点。

第二个参数，正常是需要使用 MATCH 函数来查找年度所在位置的，这里我们进行了取巧，设置开始年度和结束年度为数字，然后我们的数据是从 2011 年开始，我们用开始年度减 2010 为 1，刚好可以和年度所在位置对上，第一个参数引用了第 1 行，向下偏移 1 行后为行 2，刚好是 2011 年所在行位置。

第三个参数，由于我们引用了整行，引用整行后就包含所有列了，所以就不需要列偏移，参数设置为 0 就可以了。

第四个参数，用结束年度减开始年度可以算出，年度之间的跨度，跨度是 4 年，但是这个区间实际包含 5 年，所以最后就要加 1。

通过上面的内容，我们已经了解 OFFSET 函数的作用，可以动态地返回一个单元格区域。我们知道通过 Excel 的“插入表格”功能可以创建数据透视表，在数据透视表刷新的时候可以自动扩展区域。这个功能非常好用，用 OFFSET 函数也可以实现动态区域功能。

某公司销售明细表如图 4-86 所示，表中字段都是固定，行数是不定的，每天都有很多新信息被录入。

| | A | B | C |
|---|---|---|---|
| 1 | 姓名 | 产品 | 数量 |
| 2 | 李易明 | 操作台 | 10 |
| 3 | 柳瑶 | 工作椅 | 10 |
| 4 | 黄川 | 操作台 | 10 |
| 5 | 冯俊 | 工作椅 | 10 |
| 6 | 赵志 | 工作椅 | 10 |
| 7 | 张歌 | 操作台 | 10 |
| 8 | 韩红丽 | 工作椅 | 10 |
| 9 | 袁晓 | 工作椅 | 10 |
| 10 | 赵顺花 | 操作台 | 10 |
| 11 | 李源博 | 操作台 | 10 |
| 12 | 闫小妮 | 工作椅 | 10 |

图 4-86　透视表源数据

Step 01 在单元格中编写公式，使用 OFFSET 函数返回当前已使用区域，如图 4-87 所示。

先看下面的公式，OFFSET 第一个参数引用了 A1:C1 单元格区域，第二、三个参数设置为 0，不偏移，第四个参数使用了 COUNTA 函数，计算 A 列非空单元格数量，可以看到 A 列共使用 12 个非空单元格，所以 COUNTA 返回数字 12，A1:C1 向下扩展 12 行为 A1:C12，最外层的 COUNTA 函数只是为了显示已使用单元格个数。

```
=COUNTA(OFFSET(A1:C1,0,0,COUNTA(A:A)))
```

再看下面的公式，OFFSET 第一个参数引用了 A1 单元格，第二、三、四个参数都是一样的，当公式计算到第四个参数时，当前单元格区域是 A1:A12，只有一列，然后使用第五个参数，扩展 3 列，使单元格区域变成 A1:C12。两条公式的返回结果是一样的。

```
=COUNTA(OFFSET(A1,0,0,COUNTA(A:A),3))
```

| | A | B | C | D | E |
|---|---|---|---|---|---|
| 1 | 姓名 | 产品 | 数量 | | |
| 2 | 李易明 | 操作台 | 10 | | |
| 3 | 柳瑶 | 工作椅 | 10 | | |
| 4 | 黄川 | 操作台 | 10 | | 计算已使用区域 |
| 5 | 冯俊 | 工作椅 | 10 | | 36 |
| 6 | 赵志 | 工作椅 | 10 | | |
| 7 | 张歌 | 操作台 | 10 | | |
| 8 | 韩红丽 | 工作椅 | 10 | | |
| 9 | 袁晓 | 工作椅 | 10 | | |
| 10 | 赵顺花 | 操作台 | 10 | | |
| 11 | 李源博 | 操作台 | 10 | | |
| 12 | 闫小妮 | 工作椅 | 10 | | |

图 4-87　统计已使用区域

Step 02 如图 4-88 所示，选中 A1 单元格，选择“公式”选择卡，单击“定义名称”图标，弹出“新建名称”对话框，输入一个名称，如“区域”，输入名称的时候不能以数字和标点符号开头，在“引用位置”处输入公式，单击“确定”按钮即可完成定义名称。需要注意的是，其中的公式要使用绝对引用。公式如下：

```
=OFFSET($A$1:$C$1,0,0,COUNTA($A:$A))
```

```
=OFFSET($A$1,0,0,COUNTA($A:$A),3)
```

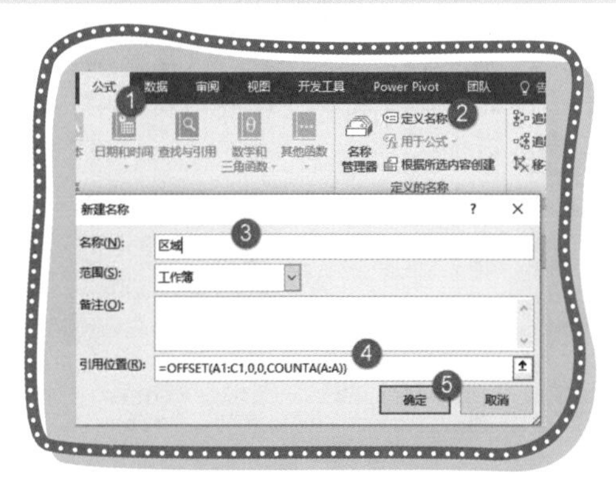


图 4-88　定义名称

**Step 03** 如图 4-89 所示，选中数据区域任意单元格后，选择“插入”选项卡，单击“数据透视表”图标，弹出“创建数据透视表”对话框，在“表 / 区域 (T):”输入框内输入我们定义的名称“区域”，选中“现有工作表 (E)”单选按钮，在“位置 (L):”输入框输入 Sheet2!$E$1，单击“确定”按钮即可插入数据透视表。

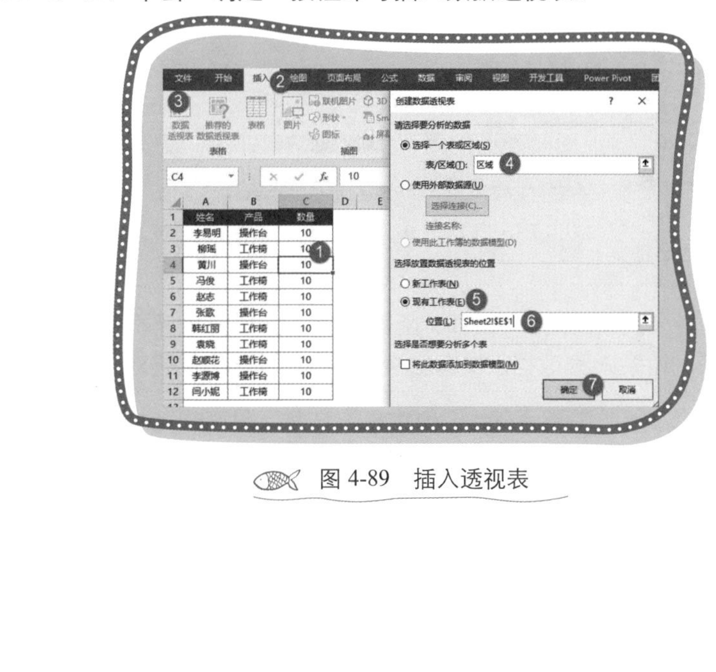


图 4-89　插入透视表

Step 04 如图 4-90 所示，调整数据透视表格式。

| | A | B | C | D | E | F | G |
|---|---|---|---|---|---|---|---|
| 1 | 姓名 | 产品 | 数量 | | 产品 | 姓名 | 数量 |
| 2 | 李易明 | 操作台 | 10 | | 操作台 | 黄川 | 10 |
| 3 | 柳瑶 | 工作椅 | 10 | | | 李易明 | 10 |
| 4 | 黄川 | 操作台 | 10 | | | 李源博 | 10 |
| 5 | 冯俊 | 工作椅 | 10 | | | 张歆 | 10 |
| 6 | 赵志 | 工作椅 | 10 | | | 赵顺花 | 10 |
| 7 | 张歆 | 操作台 | 10 | | 工作椅 | 柳瑶 | 10 |
| 8 | 韩红丽 | 工作椅 | 10 | | | 冯俊 | 10 |
| 9 | 袁晓 | 工作椅 | 10 | | | 韩红丽 | 10 |
| 10 | 赵顺花 | 操作台 | 10 | | | 闫小妮 | 10 |
| 11 | 李源博 | 操作台 | 10 | | | 袁晓 | 10 |
| 12 | 闫小妮 | 工作椅 | 10 | | | 赵志 | 10 |
| 13 | | | | | 总计 | | 110 |

图 4-90 调整数据透视表格式

Step 05 如图 4-91 所示，现在我们新增加两行，刷新后新增加的内容已经统计到数据透视表了，说明我们设置的动态区域是没有问题的。

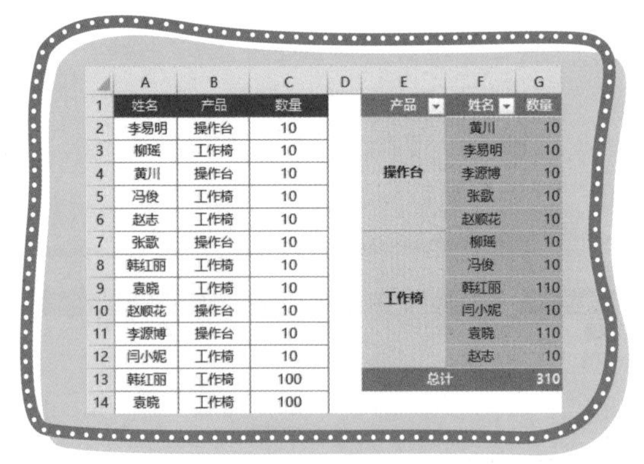

| | A | B | C | D | E | F | G |
|---|---|---|---|---|---|---|---|
| 1 | 姓名 | 产品 | 数量 | | 产品 | 姓名 | 数量 |
| 2 | 李易明 | 操作台 | 10 | | 操作台 | 黄川 | 10 |
| 3 | 柳瑶 | 工作椅 | 10 | | | 李易明 | 10 |
| 4 | 黄川 | 操作台 | 10 | | | 李源博 | 10 |
| 5 | 冯俊 | 工作椅 | 10 | | | 张歆 | 10 |
| 6 | 赵志 | 工作椅 | 10 | | | 赵顺花 | 10 |
| 7 | 张歆 | 操作台 | 10 | | 工作椅 | 柳瑶 | 10 |
| 8 | 韩红丽 | 工作椅 | 10 | | | 冯俊 | 10 |
| 9 | 袁晓 | 工作椅 | 10 | | | 韩红丽 | 110 |
| 10 | 赵顺花 | 操作台 | 10 | | | 闫小妮 | 10 |
| 11 | 李源博 | 操作台 | 10 | | | 袁晓 | 110 |
| 12 | 闫小妮 | 工作椅 | 10 | | | 赵志 | 10 |
| 13 | 韩红丽 | 工作椅 | 100 | | 总计 | | 310 |
| 14 | 袁晓 | 工作椅 | 100 | | | | |

图 4-91 测试动态区域

小鱼：我看公式中使用 COUNTA 函数计算 A 列非空单元格作为动态区域的根据，如果 A 列数据区域有空格，那么动态区域就不对了。

飞鱼：是的，所以说无论在什么时候都要注意，只有规范地录入基础数据，后期的统计才会快速、精准。

**课后练习**

如图 4-92 所示，这是某公司项目费用分析模版的一部分需求，根据产品代码、开始月份、结束月份汇总求和。

| 开始月份 | 1 | 6159 |
| --- | --- | --- |
| 结束月份 | 12 | |
| 产品代码 | D5-0323 | |

| 产品代码 | 1月 | 2月 | 3月 | 4月 | 5月 | 6月 | 7月 | 8月 | 9月 | 10月 | 11月 | 12月 |
| --- | --- | --- | --- | --- | --- | --- | --- | --- | --- | --- | --- | --- |
| D2-0301 | 551 | 139 | 656 | 150 | 816 | 932 | 419 | 388 | 700 | 335 | 198 | 813 |
| LM-0203 | 548 | 913 | 590 | 553 | 174 | 661 | 711 | 570 | 252 | 927 | 225 | 142 |
| D5-0323 | 997 | 476 | 527 | 264 | 145 | 898 | 514 | 697 | 278 | 513 | 118 | 732 |
| LM-0102 | 259 | 643 | 127 | 591 | 137 | 633 | 431 | 943 | 959 | 404 | 676 | 287 |
| D3-0355 | 667 | 489 | 184 | 310 | 251 | 608 | 871 | 625 | 373 | 304 | 334 | 663 |
| D3-0356 | 354 | 134 | 230 | 308 | 762 | 725 | 514 | 236 | 150 | 985 | 442 | 172 |
| LM-0217 | 978 | 494 | 533 | 216 | 343 | 758 | 997 | 683 | 698 | 562 | 734 | 398 |
| LM-0328 | 476 | 352 | 777 | 930 | 281 | 257 | 714 | 416 | 825 | 452 | 259 | 853 |
| D2-0309 | 498 | 489 | 625 | 229 | 446 | 779 | 958 | 355 | 604 | 500 | 970 | 700 |

图 4-92　多条件求和

## 4.8　引用文本单元格 INDIRECT 函数

小鱼：飞鱼啊，今天教什么函数呢？

飞鱼：今天我们来学习 INDIRECT 函数吧。

小鱼：你之前有教过我的啊，这是 INDIRECT 函数的语法，如图 4-93 所示。C9 单元格的公式，引用了 B9 单元格的内容。INDIRECT 函数可以引用单元格的内容作为单元格地址引用。由于 B9 单元格的内容是 B4，所以 INDIRECT 函数返回的结果是 B4 单元格地址，然后公式引用 B4 单元格地址，返回了 B4 单元格的内容。C10、C11 单元格返回的结果是一样的，只是写法不同而已。

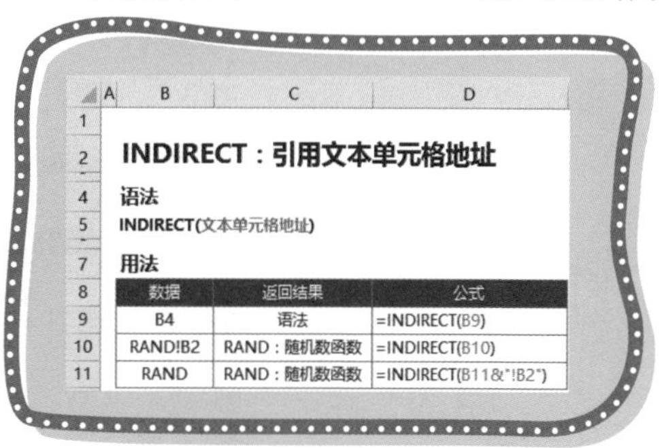

**INDIRECT：引用文本单元格地址**

**语法**

**INDIRECT(文本单元格地址)**

**用法**

| 数据 | 返回结果 | 公式 |
| --- | --- | --- |
| B4 | 语法 | =INDIRECT(B9) |
| RAND!B2 | RAND：随机数函数 | =INDIRECT(B10) |
| RAND | RAND：随机数函数 | =INDIRECT(B11&"!B2") |

图 4-93　INDIRECT 函数语法

INDIRECT 函数可以嵌套 VLOOKUP 函数进行多表查找，输入如下公式，效果如图 4-94 所示。

```
=VLOOKUP(A2,INDIRECT(B2&"!A:B"),2,0)
```

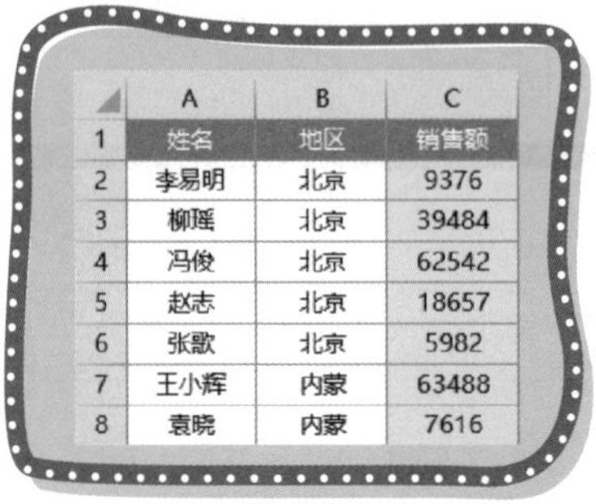

| | A | B | C |
|---|---|---|---|
| 1 | 姓名 | 地区 | 销售额 |
| 2 | 李易明 | 北京 | 9376 |
| 3 | 柳瑶 | 北京 | 39484 |
| 4 | 冯俊 | 北京 | 62542 |
| 5 | 赵志 | 北京 | 18657 |
| 6 | 张歆 | 北京 | 5982 |
| 7 | 王小辉 | 内蒙 | 63488 |
| 8 | 袁晓 | 内蒙 | 7616 |

图 4-94　多表查找

飞鱼：挺好的，学习过的知识还记得。可是你知道 INDIRECT 函数除了可以多表查找还可以干什么吗？

小鱼：这我就不知道了。

飞鱼：其实 INDIRECT 函数不只是可以实现多表查找，嵌套 SUM 函数就可以进行多表汇总求和了。如图 4-95 所示，每一月使用一个工作表在 B 列存放当月销售金额，现在需要统计每个月的总销售额，这个时候我们就可能使用 INDIRECT 函数嵌套 SUM 函数进行汇总。公式如下：

```
=SUM(INDIRECT(A2&"!B:B"))
```

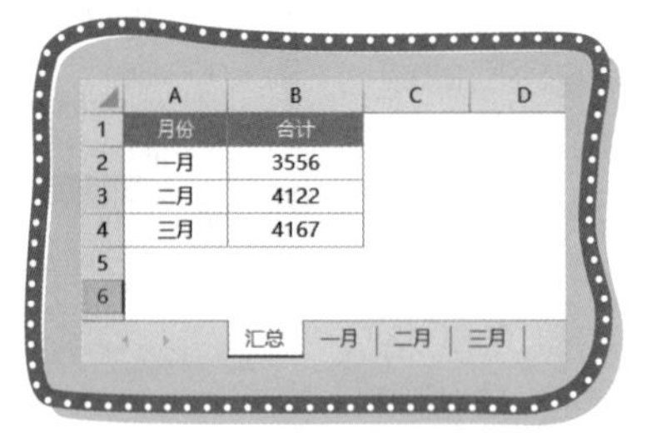

| | A | B | C | D |
|---|---|---|---|---|
| 1 | 月份 | 合计 | | |
| 2 | 一月 | 3556 | | |
| 3 | 二月 | 4122 | | |
| 4 | 三月 | 4167 | | |
| 5 | | | | |
| 6 | | | | |

汇总　一月　二月　三月

图 4-95　多表求和

INDIRECT 函数还有可以代替 OFFSET 函数进行动态区域。输入如下公式，效果如图 4-96 所示。

```
=COUNTA(INDIRECT("a1:c"&COUNTA(A:A)))
```

E6 =COUNTA(INDIRECT("a1:c"&COUNTA(A:A)))

| | A | B | C | D | E |
|---|---|---|---|---|---|
| 1 | 姓名 | 产品 | 数量 | | |
| 2 | 李易明 | 操作台 | 10 | | |
| 3 | 柳瑶 | 工作椅 | 10 | | |
| 4 | 黄川 | 操作台 | 10 | | |
| 5 | 冯俊 | 工作椅 | 10 | | 已使用单元格 |
| 6 | 赵志 | 工作椅 | 10 | | 42 |
| 7 | 张歌 | 操作台 | 10 | | |
| 8 | 韩红丽 | 工作椅 | 10 | | |
| 9 | 袁晓 | 工作椅 | 10 | | |
| 10 | 赵顺花 | 操作台 | 10 | | |
| 11 | 李源博 | 操作台 | 10 | | |
| 12 | 闫小妮 | 工作椅 | 10 | | |
| 13 | 韩红丽 | 工作椅 | 100 | | |
| 14 | 袁晓 | 工作椅 | 100 | | |

图 4-96　动态区域

使用 INDIRECT 函数也可以实现动态区域的，写法要比 OFFSET 函数直观，但是没有 OFFSET 函数灵活，并且如果要将公式定义为名称，引用文本要加上区域所在工作表名字，因为 INDIRECT 引用的是文本，所以 Excel 不会自动为引用区域添加所在工作表名称的，由于 OFFSET函数引用是单元格区域，Excel 就会自动添加工作表名称的。

定义名称的公式如下：

```
INDIRECT("动态区域!a1:c"&COUNTA(A:A))
```

飞鱼：小鱼啊，你会制作下拉菜单吗？

小鱼：这个我还真会，上次我看你做的表格中有下拉菜单，然后我自己百度了下，就学会了，很好用的功能。

如图 4-97 所示，选中要设置下拉菜单的单元格，选择“数据”选项卡，单击“数据验证”图标，弹出“数据验证”对话框，在“允许 (A):”处选择“序列”，在“来源 (S):”处引用姓名区域，如 $D$2:$D$8，然后单击“确定”按钮就可以了。

Excel 2010 版本以下这种功能称为“数据有效性”。

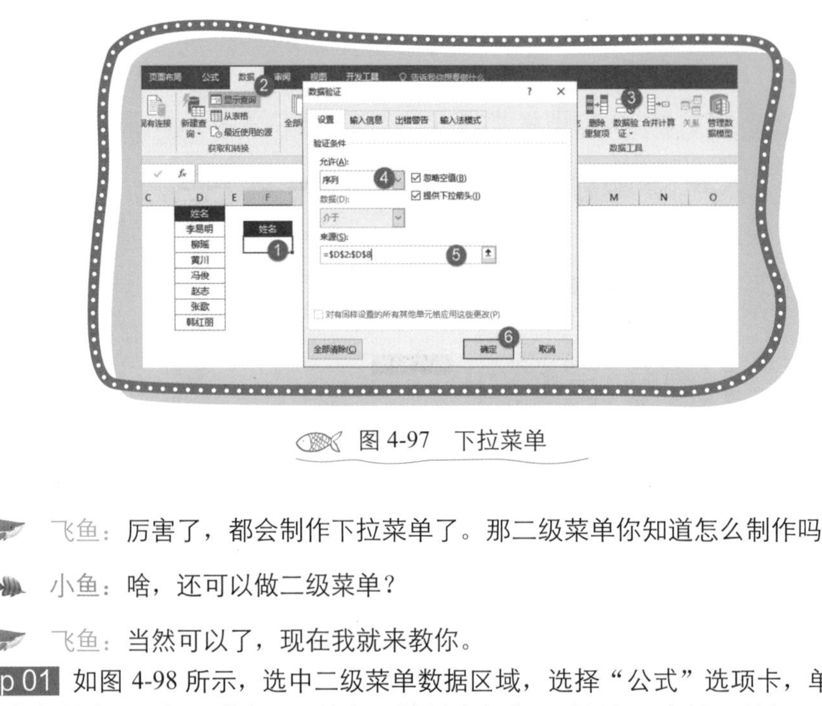

图 4-97　下拉菜单

飞鱼：厉害了，都会制作下拉菜单了。那二级菜单你知道怎么制作吗？

小鱼：啥，还可以做二级菜单？

飞鱼：当然可以了，现在我就来教你。

Step 01 如图 4-98 所示，选中二级菜单数据区域，选择“公式”选项卡，单击“根据所选内容创建”图标，弹出“以选定区域创建名称”对话框，勾选“首行 (T)”选项，单击“确定”按钮完成创建名称。

创建名称的时候，一级菜单内容的第一个字不能是数字，并且不能包含符号，名称不能和函数一样等。

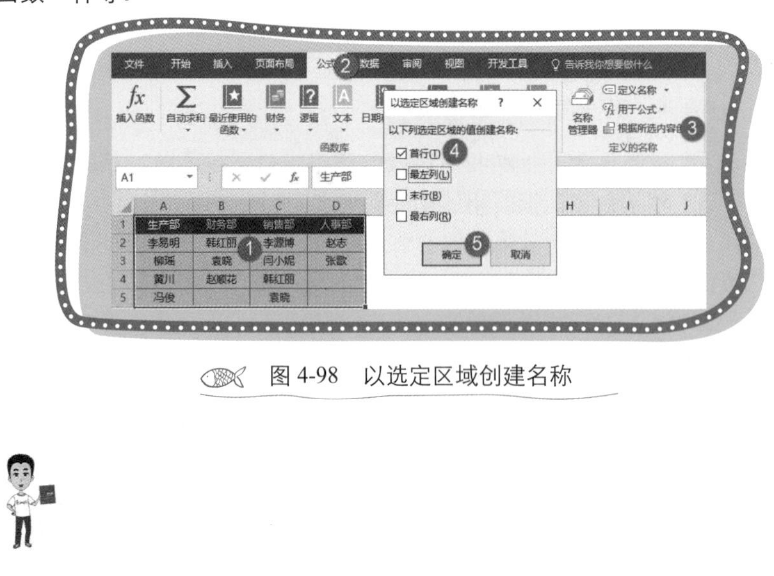

图 4-98　以选定区域创建名称

**Step 02** 如图 4-99 所示，选中 A8:A15 单元格区域，选择“数据”选项卡，单击“数据验证”图标，弹出“数据验证”对话框，在“允许 (A):”处选择“序列”，在“来源 (S):”处引用姓名区域 \$A\$1:\$D\$1，然后单击“确定”按钮完成一级菜单制作。

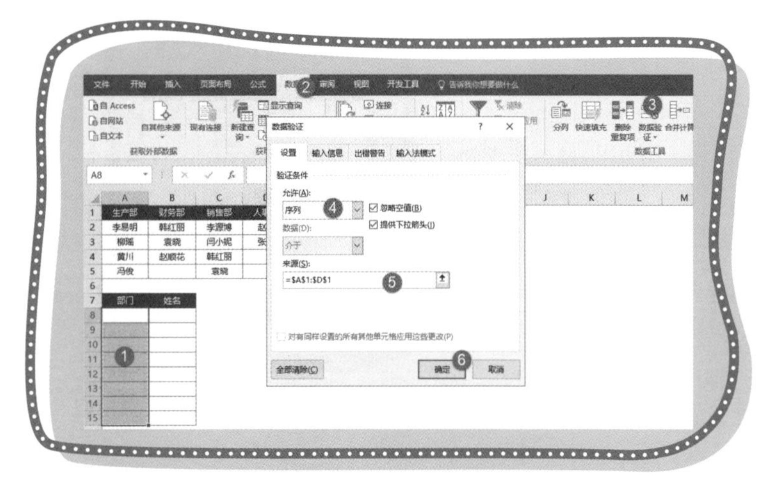

图 4-99　制作一级菜单

**Step 03** 如图 4-100 所示，选中 B8:B15 单元格区域，选择“数据”选项卡，单击“数据验证”图标，弹出“数据验证”对话框，在“允许 (A):”处选择“序列”，在“来源 (S):”处输入公式，然后单击“确定”按钮，会弹出“源当前包含错误，是否继续？”的提示，单击“是 (Y)”按钮。公式如下：

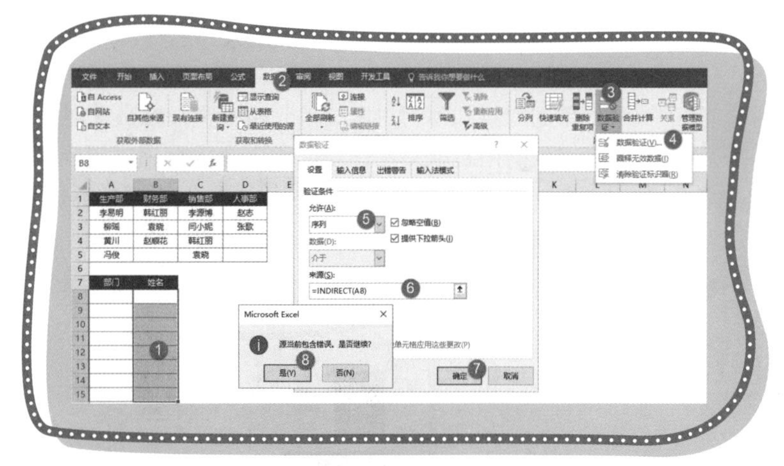

图 4-100　二级菜单

```
=INDIRECT(A8)
```

通过以上 3 步，二级菜单就制作完成，可以选择对应的单元格测试一下，如图 4-101 所示，可以看到我们制作的二级菜单是可以正常使用的。

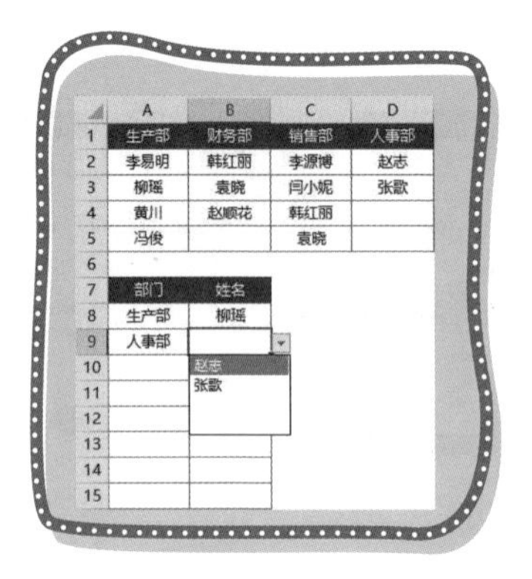

| | A | B | C | D |
|---|---|---|---|---|
| 1 | 生产部 | 财务部 | 销售部 | 人事部 |
| 2 | 李易明 | 韩红丽 | 李源博 | 赵志 |
| 3 | 柳瑶 | 袁晓 | 闫小妮 | 张歆 |
| 4 | 黄川 | 赵顺花 | 韩红丽 | |
| 5 | 冯俊 | | 袁晓 | |
| 6 | | | | |
| 7 | 部门 | 姓名 | | |
| 8 | 生产部 | 柳瑶 | | |
| 9 | 人事部 | | | |
| 10 | | 赵志 | | |
| 11 | | 张歆 | | |
| 12 | | | | |
| 13 | | | | |
| 14 | | | | |
| 15 | | | | |

图 4-101　二级菜单可以正常使用

小鱼：原来二级菜单也这么简单啊，只是最后一点为什么会提示“源当前包含错误”呢？

飞鱼：首先我们把一级菜单的内容定义为名称，然后 B 列使用 INDIRECT 函数引用 A 列对应单元格的内容来引用名称，因为我们在设置 B 列二级菜单的时候，A 列对应的单元格为空，那么此时使用 INDIRECT 函数引用 A 列的内容就会出错了，所以会出现错误提示。同时也正是因为这个功能，如果 A 列一级菜单不输入数据，那么 B 列的二级菜单也是无法输入数据的，这样就可以规范数据的录入。

飞鱼：如图 4-102 所示，如果二级菜单的数据格式不同，你还会制作二级菜单吗？

| | A | B | C | D | E |
|---|---|---|---|---|---|
| 1 | 生产部 | 李易明 | 柳瑶 | 黄川 | 冯俊 |
| 2 | 财务部 | 韩红丽 | 袁晓 | 赵顺花 | |
| 3 | 销售部 | 李源博 | 闫小妮 | 韩红丽 | 袁晓 |
| 4 | 人事部 | 赵志 | 张歆 | | |
| 5 | | | | | |
| 6 | 部门 | 姓名 | | | |
| 7 | 生产部 | 李易明 | | | |
| 8 | 财务部 | 袁晓 | | | |
| 9 | | | | | |
| 10 | | | | | |
| 11 | | | | | |
| 12 | | | | | |
| 13 | | | | | |
| 14 | | | | | |

图 4-102　二级菜单练习

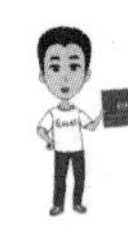

## 4.9 神秘莫测的LOOKUP函数

小鱼：好像还有个LOOKUP函数吧，这个不带V的函数是什么函数啊？

飞鱼：LOOKUP函数也是一个查找引用函数，我们之前学习过，可以使用LOOKUP函数进行区间查找。例如输入如下公式，效果如图4-103所示。

```
=LOOKUP(B2,$E$2:$F$4)
```

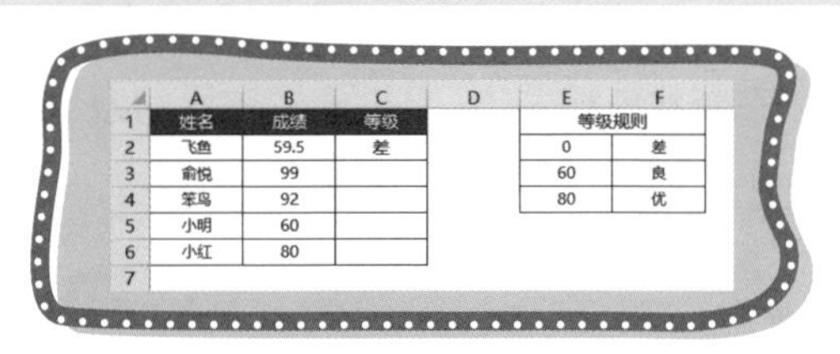

| | A | B | C | D | E | F |
|---|---|---|---|---|---|---|
| 1 | 姓名 | 成绩 | 等级 | | 等级规则 | |
| 2 | 飞鱼 | 59.5 | 差 | | 0 | 差 |
| 3 | 俞悦 | 99 | | | 60 | 良 |
| 4 | 笨鸟 | 92 | | | 80 | 优 |
| 5 | 小明 | 60 | | | | |
| 6 | 小红 | 80 | | | | |
| 7 | | | | | | |

图4-103 区间查找

LOOKUP函数是使用二分法查找，这个原理初学函数的你是一定不懂的，我也不建议一开始就去学习二分法查找的原理，我们只需要简单学习LOOKUP函数的查找规律就可以了。下面开始学习LOOKUP函数。

LOOKUP查找函数的语法有两种格式。第1种格式使用三个参数，其语法如图4-104所示。

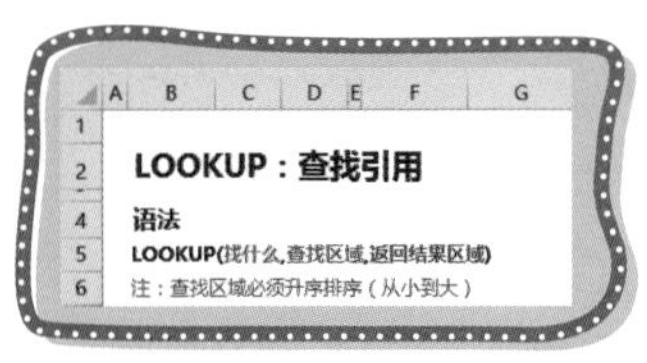


图4-104 LOOKUP函数语法1

第一个参数，指定一个查找值。

第二个参数，查找区域，查找区域必须升序排序。那什么是升序排序呢，从小到大，如数字1~100、字母A~Z，这些都是升序排序。

第三个参数，返回结果区域，返回结果区域可以在查找区域右边，从左向右查找，如图4-105所示。

```
=LOOKUP(F10,C10:C12,D10:D12)
```

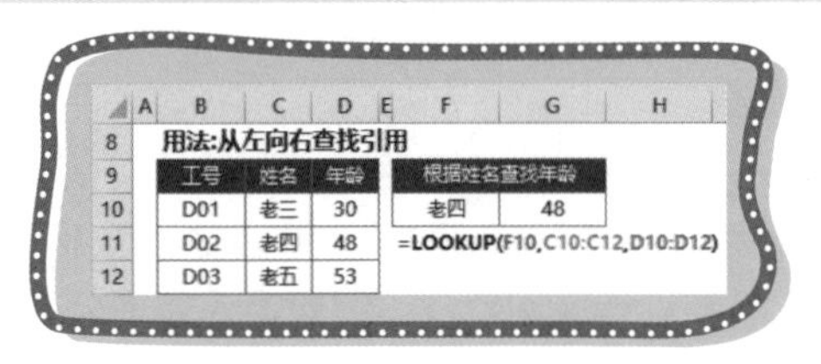


图 4-105　从左向右查找引用

返回结果区域还可以在查找区域左边，从右向左查找（反向查找），如图 4-106 所示。

```
=LOOKUP(F16,C6:C18,B16:B18)
```

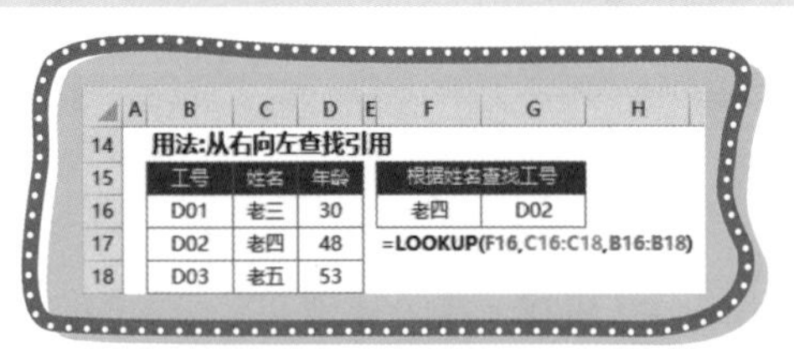


图 4-106　从右向左查找引用

LOOKUP 函数第 2 种格式使用两个参数，其语法如图 4-107 所示。

图 4-107　LOOKUP 函数语法 2

第一个参数，指定一个查找值。

第二个参数，查找区域，和 VLOOKUP 函数一样，查找区域可以是多列，同样是从左向右查找，查找到最后返回最后一列的值。如图 4-108 所示，根据工号分别查找指标、完成。可以看到，LOOKUP 函数会在查找区域的第一列查找，然后返回查找区域最后一列的值。

G28 单元格公式如下：

```
=LOOKUP(F28,B28:C30)
```

G33 单元格公式如下：

```
=LOOKUP(F33,B33:D35)
```

| | A | B | C | D | E | F | G |
|---|---|---|---|---|---|---|---|
| 26 | | 用法 | | | | | |
| 27 | | 工号 | 指标 | 完成 | | 根据工号查找指标 | |
| 28 | | D01 | 20 | 30 | | D02 | 40 |
| 29 | | D02 | 40 | 48 | | =LOOKUP(F28,B28:C30) | |
| 30 | | D03 | 60 | 53 | | | |
| 32 | | 工号 | 指标 | 完成 | | 根据工号查找完成 | |
| 33 | | D01 | 20 | 30 | | D02 | 48 |
| 34 | | D02 | 40 | 48 | | =LOOKUP(F33,B33:D35) | |
| 35 | | D03 | 60 | 53 | | | |

图 4-108 根据工号查找指标、完成

如果查找区域只有一列，那么函数会在这一列查找，然后返回这一列的值，如图 4-109 所示。公式如下：

```
=LOOKUP(D1,A:A)
```

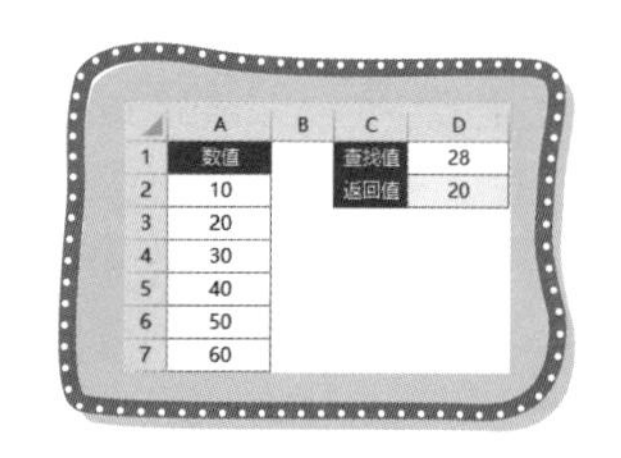

| | A | B | C | D |
|---|---|---|---|---|
| 1 | 数值 | | 查找值 | 28 |
| 2 | 10 | | 返回值 | 20 |
| 3 | 20 | | | |
| 4 | 30 | | | |
| 5 | 40 | | | |
| 6 | 50 | | | |
| 7 | 60 | | | |

图 4-109 单列查找

使用 LOOKUP 函数时，查找区域要进行升序排序（从小到大排序），LOOKUP 函数没有精确查找模式，如果查找不到值，函数会返回一个小于查找值的最大值。

小鱼：小于查找值的最大值是什么意思呢？

飞鱼：我们看图 4-109 中 D2 单元格公式，LOOKUP 函数的第一个参数引用了 D1 单元格，查找值为 28，第二参数引用了 A 列整列，在 A 列查找 28，由于 A 列没有 28 这个值，所以函数返回一个小于 28 的值，A 列小于 28 的值有两个分别是 10、20，函数会返回这两个值之中的最大值，最后返回 20。区间查找就是基于这个原理实现的。

即使我们的查找区域没有进行升序排序，LOOKUP 函数也会傻傻地按着升序排序查找，当查找不到值时，函数会返回查找区域最后一行的值。也就是说，我们的查找区域没有按升序排序，LOOKUP 函数也会认为最后一行的值是最大的。基于这个原理，我们可以查找到最后一行的值。

如图 4-110 所示，查找最后一位报名学员。在 D3 单元格输入如下公式，“座”在汉字排序里是非常靠后的，使用“座”作为查找值，LOOKUP 查找不到后会返回最后一行的值。

```
=LOOKUP("座",B:B)
```

查找最后报名日期，在D6单元格输入如下公式，日期的本质是数字，查找最后日期，使用一个很大的数字查找就可以了，9E+307是一个很大的数字，使用9E+307作为查找值，LOOKUP函数查找不到后同样会返回最后一行的日期了。

```
=LOOKUP(9E+307,A:A)
```

| | A | B | C | D |
|---|---|---|---|---|
| 1 | 报名日期 | 学员姓名 | | |
| 2 | 2017-12-25 | 李易明 | | 最后一位报名学员 |
| 3 | 2017-12-25 | 柳瑶 | | 韩红丽 |
| 4 | 2017-12-25 | 冯俊 | | |
| 5 | 2017-12-25 | 赵志 | | 最后报名日期 |
| 6 | 2017-12-25 | 赵顺花 | | 2017-12-26 |
| 7 | 2017-12-25 | 李源博 | | |
| 8 | 2017-12-25 | 闫小妮 | | |
| 9 | 2017-12-26 | 张望 | | |
| 10 | 2017-12-26 | 冯鑫 | | |
| 11 | 2017-12-26 | 吕俊峰 | | |
| 12 | 2017-12-26 | 卢莉 | | |
| 13 | 2017-12-26 | 黄川 | | |
| 14 | 2017-12-26 | 韩红丽 | | |

图4-110　返回最后一行数据

如果记不住9E+307的写法，用9^99作为查找值也是可以的，如果9^99也忘了，随便写多个9也是可以的，如999999999，只要大于查找区域里最大的值就可以了。例如：

```
=LOOKUP(9^99,A:A)
```

```
=LOOKUP(999999999,A:A)
```

当查找区域出现重复值后，使用LOOKUP函数会返回最后一个符合条件的值。如图4-111所示，根据日期查找当日最后报名的学员姓名。公式如下：

```
=LOOKUP(E2,A:B)
```

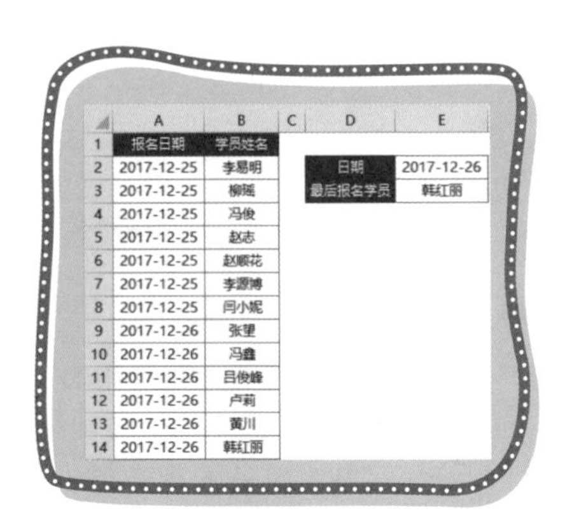

| | A | B | C | D | E |
|---|---|---|---|---|---|
| 1 | 报名日期 | 学员姓名 | | | |
| 2 | 2017-12-25 | 李易明 | | 日期 | 2017-12-26 |
| 3 | 2017-12-25 | 柳瑶 | | 最后报名学员 | 韩红丽 |
| 4 | 2017-12-25 | 冯俊 | | | |
| 5 | 2017-12-25 | 赵志 | | | |
| 6 | 2017-12-25 | 赵顺花 | | | |
| 7 | 2017-12-25 | 李源博 | | | |
| 8 | 2017-12-25 | 闫小妮 | | | |
| 9 | 2017-12-26 | 张望 | | | |
| 10 | 2017-12-26 | 冯鑫 | | | |
| 11 | 2017-12-26 | 吕俊峰 | | | |
| 12 | 2017-12-26 | 卢莉 | | | |
| 13 | 2017-12-26 | 黄川 | | | |
| 14 | 2017-12-26 | 韩红丽 | | | |

图4-111　根据日期查找最后报名姓名

我们知道LOOKUP函数本身是不支持精确查找的，但是我们可以使用一些办法来间接实现精确查找。其公式格式如图4-112所示。

下面通过一个案例来深入学习LOOKUP函数精确查找的原理。如图4-113所示，根据地区、工号查找对应销售额。公式如下：

```
=LOOKUP(1,0/(($C$1:$C$17=G4)*($B$1:$B$17=H4)),$E$1:$E$17)
```

LOOKUP精确查找嵌套格式

**单条件查找**

=LOOKUP(1,0/(查找区域=查找值),返回值区域)

**多条件查找**

=LOOKUP(1,0/((查找区域1=查找值1)*(条件区域2=查找值2)),返回值区域)

图 4-112　LOOKUP 函数精确查找嵌套格式

| | A | B | C | D | E |
|---|---|---|---|---|---|
| 1 | 姓名 | 工号 | 地区 | 性别 | 销售额 |
| 2 | 李易明 | LM0001 | 北京 | 男 | 9376 |
| 3 | 柳瑶 | LM0002 | 北京 | 女 | 39484 |
| 4 | 冯俊 | LM0003 | 北京 | 男 | 62542 |
| 5 | 赵志 | LM0004 | 北京 | 男 | 18657 |
| 6 | 张歌 | LM0005 | 北京 | 女 | 5703 |
| 7 | 王小辉 | LM0006 | 北京 | 男 | 63488 |
| 8 | 袁晓 | LM0007 | 北京 | 女 | 7616 |
| 9 | 赵顺花 | LM0008 | 北京 | 女 | 29147 |
| 10 | 李源博 | LM0009 | 北京 | 男 | 2308 |
| 11 | 闫小妮 | LM0001 | 内蒙 | 女 | 47371 |
| 12 | 张望 | LM0002 | 内蒙 | 男 | 5169 |
| 13 | 冯鑫 | LM0003 | 内蒙 | 女 | 23472 |
| 14 | 吕俊峰 | LM0004 | 内蒙 | 男 | 56030 |
| 15 | 卢莉 | LM0005 | 内蒙 | 女 | 50076 |
| 16 | 黄川 | LM0006 | 内蒙 | 男 | 33148 |
| 17 | 韩红丽 | LM0007 | 内蒙 | 女 | 16644 |

| G | H |
|---|---|
| 地区 | 工号 |
| 北京 | LM0005 |
| 销售额 | |
| 5703 | |

图 4-113　根据地区、工号查找销售额

公式的原理是首先判断查找区域的值是否等于查找值，判断后会返回一组逻辑值，在数组中多条件要使用了乘号来代替 AND 函数，判断后我们得到了一组等同于逻辑值的数字（0 和 1），如图 4-114 所示。公式如下：

```
=(C2=$G$4)*(B2=$H$4)
```

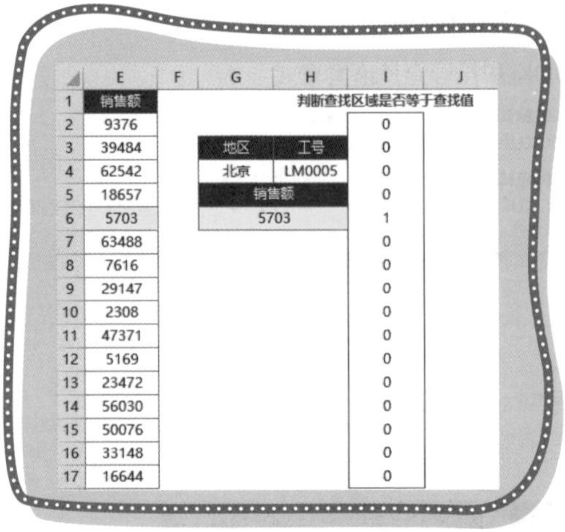

| | E | F | G | H | I | J |
|---|---|---|---|---|---|---|
| 1 | 销售额 | | | | 判断查找区域是否等于查找值 | |
| 2 | 9376 | | | | 0 | |
| 3 | 39484 | | 地区 | 工号 | 0 | |
| 4 | 62542 | | 北京 | LM0005 | 0 | |
| 5 | 18657 | | 销售额 | | 0 | |
| 6 | 5703 | | 5703 | | 1 | |
| 7 | 63488 | | | | 0 | |
| 8 | 7616 | | | | 0 | |
| 9 | 29147 | | | | 0 | |
| 10 | 2308 | | | | 0 | |
| 11 | 47371 | | | | 0 | |
| 12 | 5169 | | | | 0 | |
| 13 | 23472 | | | | 0 | |
| 14 | 56030 | | | | 0 | |
| 15 | 50076 | | | | 0 | |
| 16 | 33148 | | | | 0 | |
| 17 | 16644 | | | | 0 | |

图 4-114 判断查找区域是否等于查找值

用 0 除逻辑值后，可以将逻辑值 FALSE 转换为错误值，逻辑值 TRUE 将转为 0。需要注意的是，这里是通过“0/”转换，否则 TRUE 是等于 1 的。输入如下公式，如图 4-115 所示。

```
=0/I2
```

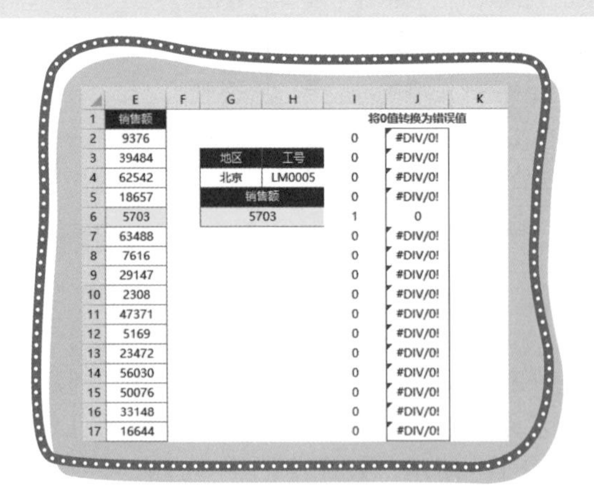

| | E | F | G | H | I | J | K |
|---|---|---|---|---|---|---|---|
| 1 | 销售额 | | | | | 将0值转换为错误值 | |
| 2 | 9376 | | | | 0 | #DIV/0! | |
| 3 | 39484 | | 地区 | 工号 | 0 | #DIV/0! | |
| 4 | 62542 | | 北京 | LM0005 | 0 | #DIV/0! | |
| 5 | 18657 | | 销售额 | | 0 | #DIV/0! | |
| 6 | 5703 | | 5703 | | 1 | 0 | |
| 7 | 63488 | | | | 0 | #DIV/0! | |
| 8 | 7616 | | | | 0 | #DIV/0! | |
| 9 | 29147 | | | | 0 | #DIV/0! | |
| 10 | 2308 | | | | 0 | #DIV/0! | |
| 11 | 47371 | | | | 0 | #DIV/0! | |
| 12 | 5169 | | | | 0 | #DIV/0! | |
| 13 | 23472 | | | | 0 | #DIV/0! | |
| 14 | 56030 | | | | 0 | #DIV/0! | |
| 15 | 50076 | | | | 0 | #DIV/0! | |
| 16 | 33148 | | | | 0 | #DIV/0! | |
| 17 | 16644 | | | | 0 | #DIV/0! | |

图 4-115 将 0 值转换为错误值

经过转换后，这组数据里只有零值和错误值两种，LOOKUP 函数在查找时会忽略错误值，所以零值的位置就是符合查找地区和工号所对应的销售额了，最后我们使用 1 作为查找值就可以查找到对应的销售额了，如图 4-116 所示。公式如下：

```
=LOOKUP(1,J:J,E:E)
```

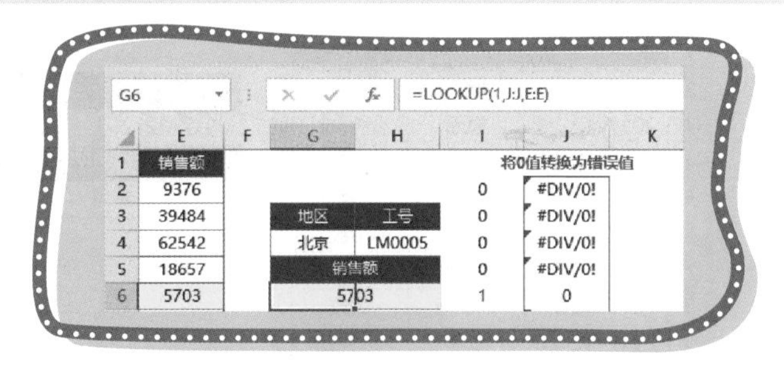


| | E | F | G | H | I | J | K |
|---|---|---|---|---|---|---|---|
| 1 | 销售额 | | | | | 将0值转换为错误值 | |
| 2 | 9376 | | | | 0 | #DIV/0! | |
| 3 | 39484 | | 地区 | 工号 | 0 | #DIV/0! | |
| 4 | 62542 | | 北京 | LM0005 | 0 | #DIV/0! | |
| 5 | 18657 | | 销售额 | | 0 | #DIV/0! | |
| 6 | 5703 | | 5703 | | 1 | 0 | |

图 4-116　使用 1 作为查找值，查找零值对应销售额

如果查找区域内有多条符合条件的值，使用 LOOKUP 函数查找会返回最一行符合条件的对应值，如图 4-117 所示。

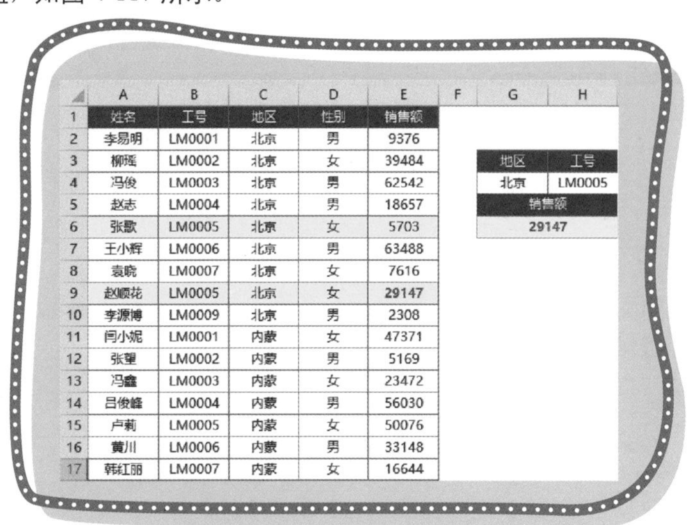

| | A | B | C | D | E | F | G | H |
|---|---|---|---|---|---|---|---|---|
| 1 | 姓名 | 工号 | 地区 | 性别 | 销售额 | | | |
| 2 | 李易明 | LM0001 | 北京 | 男 | 9376 | | | |
| 3 | 柳瑶 | LM0002 | 北京 | 女 | 39484 | | 地区 | 工号 |
| 4 | 冯俊 | LM0003 | 北京 | 男 | 62542 | | 北京 | LM0005 |
| 5 | 赵志 | LM0004 | 北京 | 男 | 18657 | | 销售额 | |
| 6 | 张歌 | LM0005 | 北京 | 女 | 5703 | | 29147 | |
| 7 | 王小辉 | LM0006 | 北京 | 男 | 63488 | | | |
| 8 | 袁晓 | LM0007 | 北京 | 女 | 7616 | | | |
| 9 | 赵顺花 | LM0005 | 北京 | 女 | 29147 | | | |
| 10 | 李源博 | LM0009 | 北京 | 男 | 2308 | | | |
| 11 | 闫小妮 | LM0001 | 内蒙 | 女 | 47371 | | | |
| 12 | 张望 | LM0002 | 内蒙 | 男 | 5169 | | | |
| 13 | 冯鑫 | LM0003 | 内蒙 | 女 | 23472 | | | |
| 14 | 吕俊峰 | LM0004 | 内蒙 | 男 | 56030 | | | |
| 15 | 卢莉 | LM0005 | 内蒙 | 女 | 50076 | | | |
| 16 | 黄川 | LM0006 | 内蒙 | 男 | 33148 | | | |
| 17 | 韩红丽 | LM0007 | 内蒙 | 女 | 16644 | | | |

图 4-117　返回最后一行符合条件的对应值

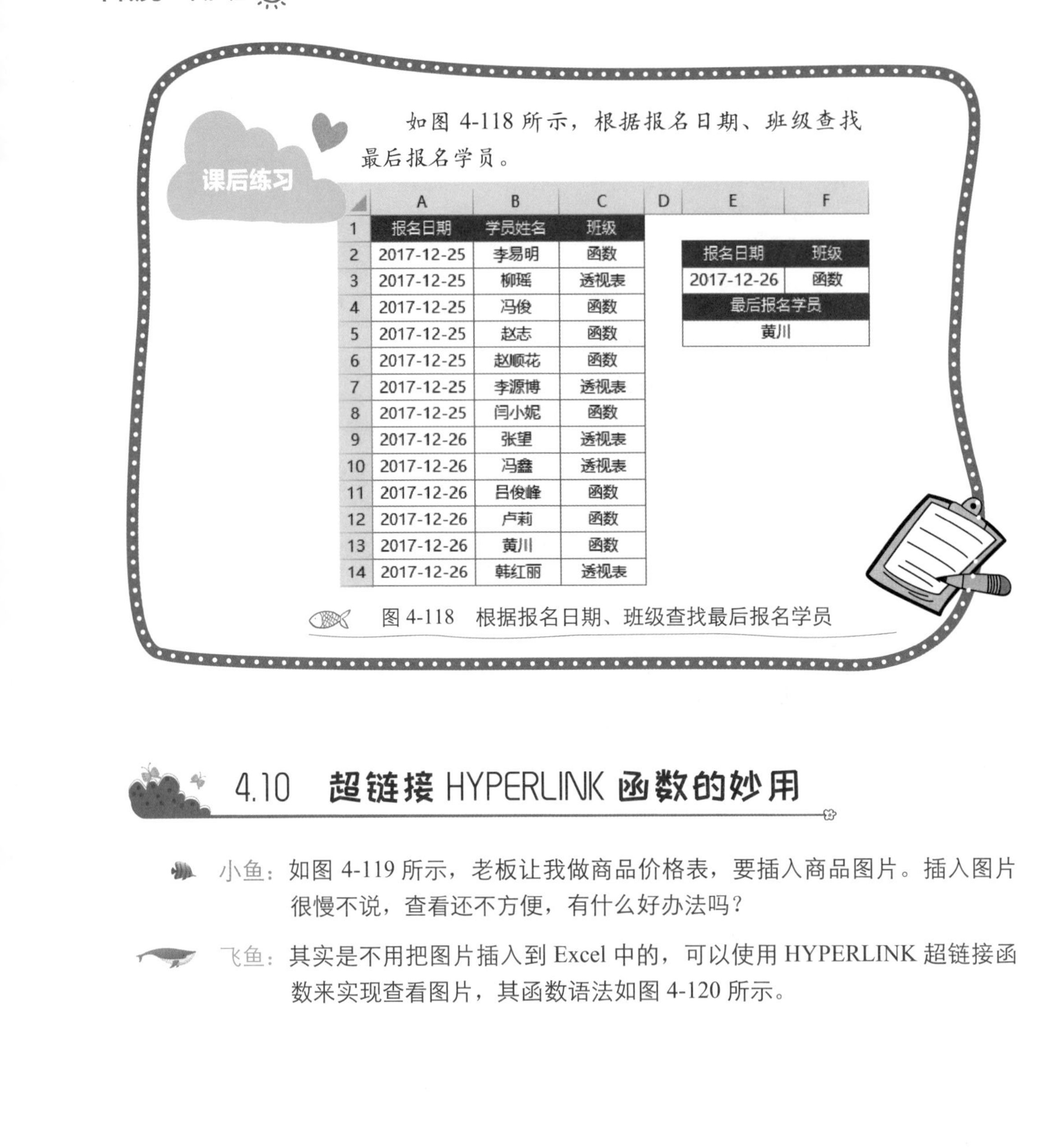


如图 4-118 所示，根据报名日期、班级查找最后报名学员。

| | A | B | C | D | E | F |
|---|---|---|---|---|---|---|
| 1 | 报名日期 | 学员姓名 | 班级 | | | |
| 2 | 2017-12-25 | 李易明 | 函数 | | 报名日期 | 班级 |
| 3 | 2017-12-25 | 柳瑶 | 透视表 | | 2017-12-26 | 函数 |
| 4 | 2017-12-25 | 冯俊 | 函数 | | 最后报名学员 | |
| 5 | 2017-12-25 | 赵志 | 函数 | | 黄川 | |
| 6 | 2017-12-25 | 赵顺花 | 函数 | | | |
| 7 | 2017-12-25 | 李源博 | 透视表 | | | |
| 8 | 2017-12-25 | 闫小妮 | 函数 | | | |
| 9 | 2017-12-26 | 张望 | 透视表 | | | |
| 10 | 2017-12-26 | 冯鑫 | 透视表 | | | |
| 11 | 2017-12-26 | 吕俊峰 | 函数 | | | |
| 12 | 2017-12-26 | 卢莉 | 函数 | | | |
| 13 | 2017-12-26 | 黄川 | 函数 | | | |
| 14 | 2017-12-26 | 韩红丽 | 透视表 | | | |

图 4-118 根据报名日期、班级查找最后报名学员

## 4.10 超链接 HYPERLINK 函数的妙用

小鱼：如图 4-119 所示，老板让我做商品价格表，要插入商品图片。插入图片很慢不说，查看还不方便，有什么好办法吗？

飞鱼：其实是不用把图片插入到 Excel 中的，可以使用 HYPERLINK 超链接函数来实现查看图片，其函数语法如图 4-120 所示。

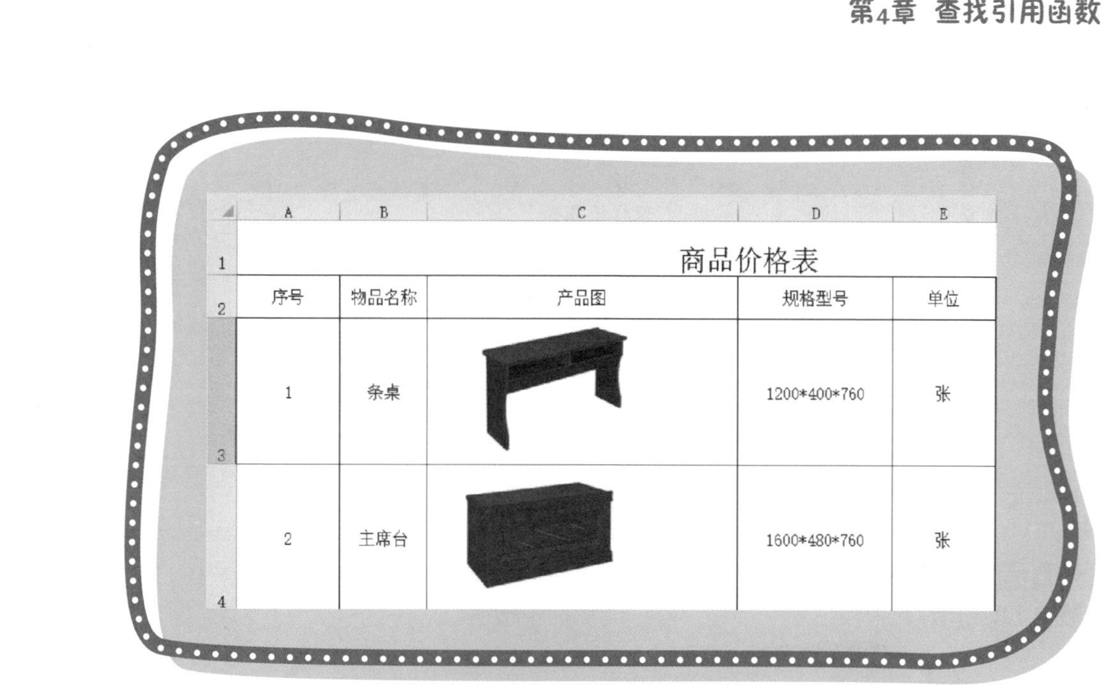

商品价格表

| 序号 | 物品名称 | 产品图 | 规格型号 | 单位 |
|---|---|---|---|---|
| 1 | 条桌 | | 1200*400*760 | 张 |
| 2 | 主席台 | | 1600*480*760 | 张 |

图 4-119 商品价格表

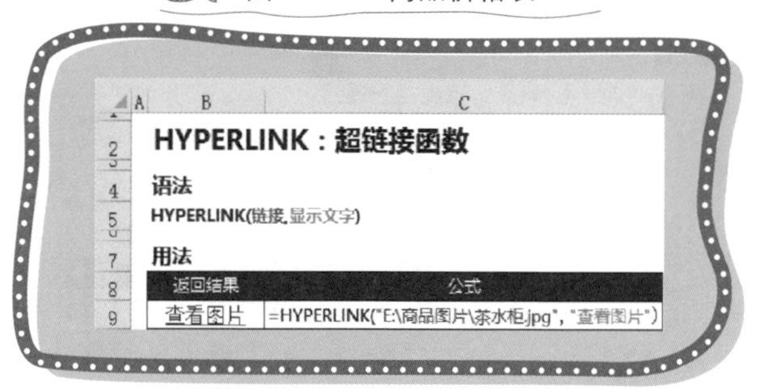

**HYPERLINK：超链接函数**

**语法**

HYPERLINK(链接,显示文字)

**用法**

| 返回结果 | 公式 |
|---|---|
| 查看图片 | =HYPERLINK("E:\商品图片\茶水柜.jpg", "查看图片") |

图 4-120 HYPERLINK 函数语法

了解了函数的用法后，我们开始制作超链接。

Step 01 删除已插入图片，调整单元格行高，如图 4-121 所示。

| | A | B | C | D | E | F | G |
|---|---|---|---|---|---|---|---|
| 1 | 商品价格表 | | | | | | |
| 2 | 序号 | 物品名称 | 产品图 | 规格型号 | 单位 | 材质 | 单价 |
| 3 | 1 | 条桌 | | 1200*400*760 | 张 | 贴木皮中纤板 | 420 |
| 4 | 2 | 主席台 | | 1600*480*760 | 张 | 贴木皮中纤板 | 870 |
| 5 | 3 | 主席椅 | | 640*670*990 | 张 | 西皮 | 425 |
| 6 | 4 | 会议桌 | | 8000*2100*760 | 张 | 贴木皮中纤板 | 9500 |
| 7 | 6 | 茶水柜 | | 1600*450*830 | 张 | 贴木皮中纤板 | 970 |
| 8 | 7 | 沙发 | | 1020*950*950 | 张 | 西皮 | 1020 |

图 4-121　修改格式

Step 02 打开商品图片文件夹，在地址栏右击鼠标，选择“将地址复制为文本 (O)”，如图 4-122 所示。

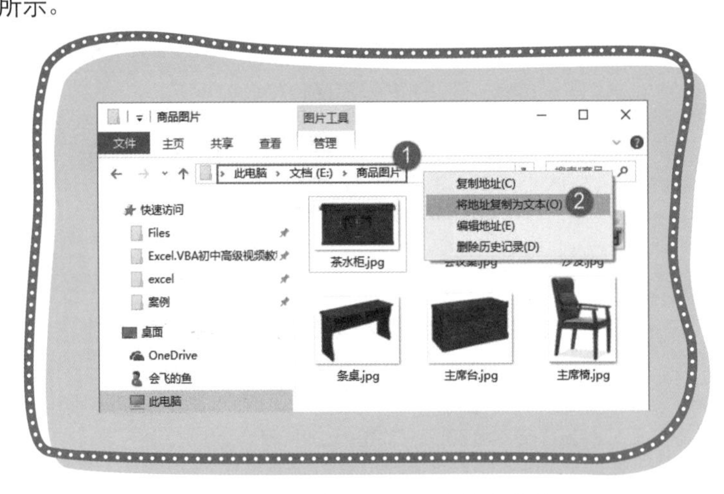


图 4-122　复制商品图片文件夹地址

Step 03 在 C3 单元格输入如下公式后向下填充即可，HYPERLINK 函数的第一个参数使用的是我复制的文件夹地址，然后使用连接符 (&) 连接文件名和后缀，学习的时候一定要细心，看清楚图中地址的格式，文件后缀名要与商品图片文件夹中文件后缀名一致，如图 4-123 所示。

```
=HYPERLINK("E:\ 商品图片 \"&B3&".jpg"," 点击查看 ")
```

| | A | B | C | D | E | F | G |
|---|---|---|---|---|---|---|---|
| 1 | 商品价格表 | | | | | | |
| 2 | 序号 | 物品名称 | 产品图 | 规格型号 | 单位 | 材质 | 单价 |
| 3 | 1 | 条桌 | 点击查看 | 1200*400*760 | 张 | 贴木皮中纤板 | 420 |
| 4 | 2 | 主席台 | 点击查看 | 1600*480*760 | 张 | 贴木皮中纤板 | 870 |
| 5 | 3 | 主席椅 | 点击查看 | 640*670*990 | 张 | 西皮 | 425 |
| 6 | 4 | 会议桌 | 点击查看 | 8000*2100*760 | 张 | 贴木皮中纤板 | 9500 |
| 7 | 6 | 茶水柜 | 点击查看 | 1600*450*830 | 张 | 贴木皮中纤板 | 970 |
| 8 | 7 | 沙发 | 点击查看 | 1020*950*950 | 张 | 西皮 | 1020 |

图 4-123 使用 HYPERLINK 函数

图片地址只是众多文件中的一种，任何文件的路径都可以作为 HYPERLINK 函数的第一个参数，也就是说使用 Excel 可以实现打开各种类型的文件，如常用 Word、Excel 文件等。如图 4-124 所示，根据不同月份打开对应的 Excel 文件。

| | A | B | C |
|---|---|---|---|
| 1 | 年份 | 月份 | 查看文件 |
| 2 | 2017 | 1月 | 查看文件 |
| 3 | 2017 | 2月 | 查看文件 |
| 4 | 2017 | 3月 | 查看文件 |

图 4-124 打开 Excel 文件

除了可以打开计算机本地文件，还可以使用 HYPERLINK 函数打开网页链接，甚至可以直接搜索相关宝贝，如图 4-125 所示。

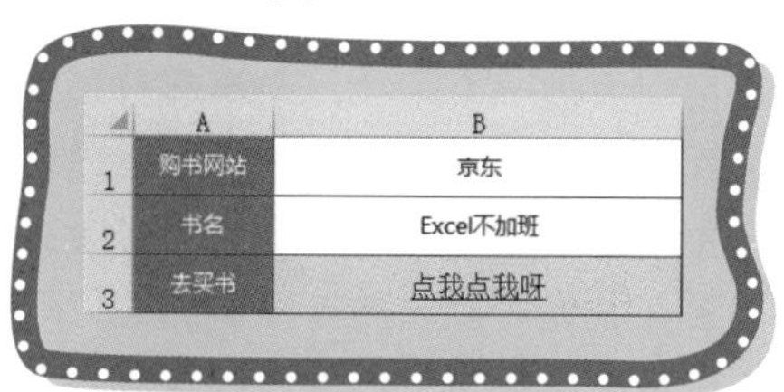

| | A | B |
|---|---|---|
| 1 | 购书网站 | 京东 |
| 2 | 书名 | Excel不加班 |
| 3 | 去买书 | 点我点我呀 |

图 4-125 购书工具

小鱼：HYPERLINK 函数这么厉害啊，这个功能好，输入一次商品就可以快速比较几个平台的价格了。快教我这是怎么制作的，不会很难吧？

飞鱼：这个一点都不难，用到的知识我们前面都已经学习过了。下面就来看这个购书工具是怎样制作出来的。

**Step 01** 使用辅助列，输入购书网站名称，然后在 B 单元格制作下拉菜单，如图 4-126 所示。

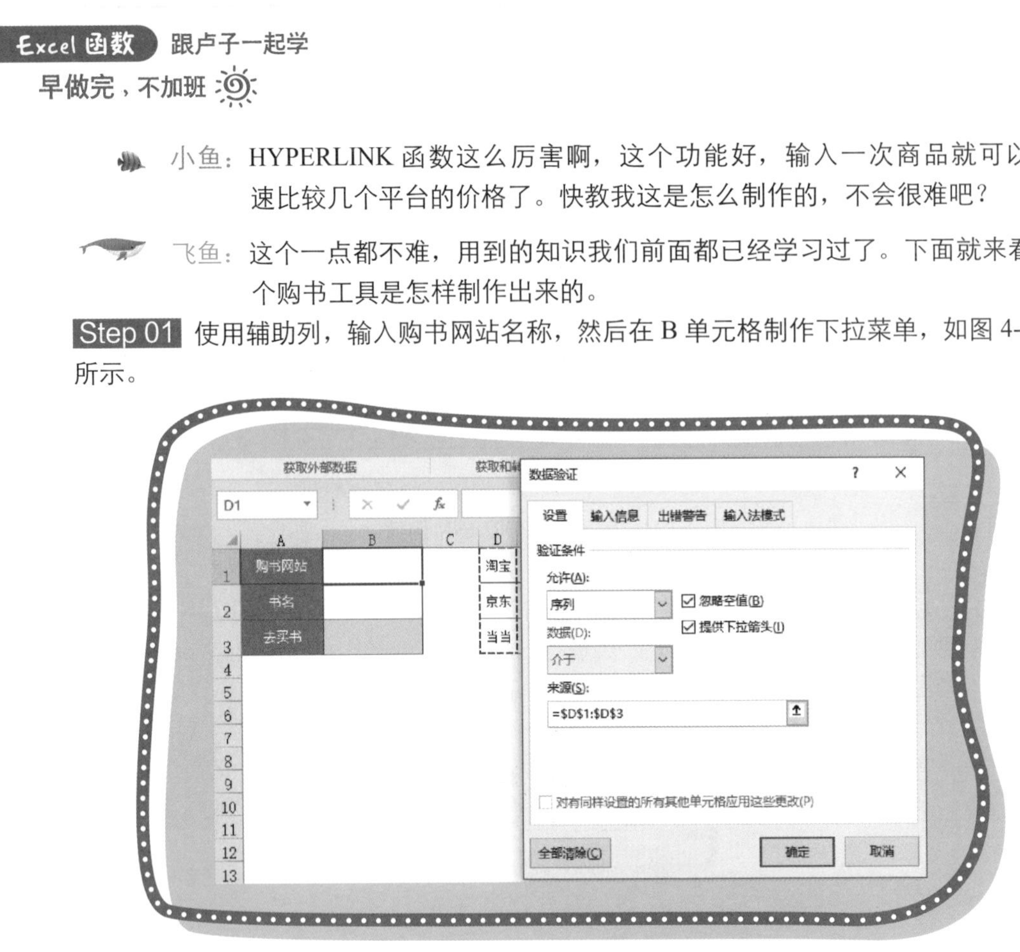


图 4-126　制作下拉菜单

**Step 02** 用浏览器分别打开京东、淘宝、当当三大网站，搜索“Excel 不加班”，然后复制浏览器地址栏的链接，可以发现一个规律，前半部分是网站的网址，中间部分等号后连接我们搜索的内容，后面部分是一些我们看不懂的代码，我们可以先把看不懂的代码删除，测试发现除了京东不可以搜索到，淘宝和当当是没有问题的，京东的可以打开搜索页面，但是没有搜索内容，我们可以试着多保留一些代码，其实网页链接也与函数一样，网站域名可以理解为函数名称，每个等号可以理解为参数，第一个等号后设置的是搜索内容，京东第二个等号后设置的是编码方式 uft-8，我们把编码方式保留就可以了，如图 4-127 所示。

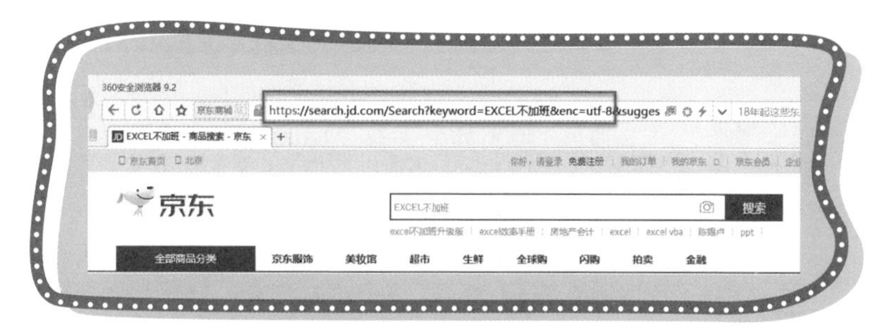


图 4-127　测试搜索链接

**Step 03** 将三个网站的搜索链接复制到 Excel 中，然后删除搜索内容。到这里我们发现，京东的链接格式有些不同，其实在指定搜索内容和指定编码方式上是可以相互换位置的，可以先指定编码方式，后指定搜索内容，修改后的搜索链接如图 4-128 所示。

| | A | B | C | D | E |
|---|---|---|---|---|---|
| 1 | 购书网站 | 京东 | | 淘宝 | https://s.taobao.com/search?q= |
| 2 | 书名 | EXCEL不加班 | | 京东 | https://search.jd.com/Search?enc=utf-8&keyword= |
| 3 | 去买书 | | | 当当 | http://search.dangdang.com/?key= |

图 4-128　修改后的搜索链接

**Step 04** 在 B3 单元格输入如下公式，如图 4-129 所示。第一个参数使用 VLOOKUP 函数根据 B1 的网站返回对应的搜索网址，然后使用连接符（&）连接搜索内容就可以了。第二个参数只是显示的文字，任意文字都可以。设置好公式后隐藏 D 列和 E 列就可以了。

```
=HYPERLINK(VLOOKUP(B1,D:E,2,0)&B2,"点我点我呀")
```

| | A | B |
|---|---|---|
| 1 | 购书网站 | 京东 |
| 2 | 书名 | EXCEL |
| 3 | 去买书 | 点我点我呀 |

图 4-129　完成制作

如图 4-130 所示，关注“Excel 不加班”公众号后，查看历史文章，将自己喜欢的文章制作成收藏目录，方便自己随时学习。

| | A | B | C | D |
|---|---|---|---|---|
| 1 | 文章名 | 分类 | 查看按钮 | 链接 |
| 2 | Excel中的“GPS定位系统”函数 | 函数 | 点击查看 | http://mp.weixin.qq.com/s/WaOVMITfVa_NIKtCI4wSzA |
| 3 | 插入思维的翅膀，让透视表自由翱翔！ | 透视表 | 点击查看 | https://mp.weixin.qq.com/s/-pdZI38HbjlHcQh5O99d4w |
| 4 | 爽！一键批量生成企业（单位）询征函 | VBA | 点击查看 | http://mp.weixin.qq.com/s/S2zs84FnKyp-QXRSmEeUYQ |
| 5 | 与VLOOKUP函数相爱，你的小情绪我都懂 | 函数 | 点击查看 | http://mp.weixin.qq.com/s/9Q47iLjabABdM54NltmY |

图 4-130　学习目录

# 第5章

## 文本处理函数

在实际工作中，如果从系统中导出的数据不规范，则会造成数据统计难度加大的问题。如果学会使用文本函数，可以轻松应对此类问题。

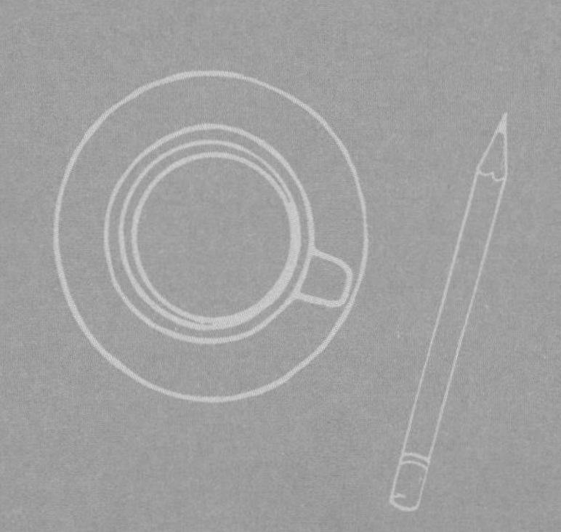

## 5.1 文本截取“三兄弟”

小鱼：如图 5-1 所示，这是一份包括学生专业、班级、学号信息的表格。在原表格中这三种信息是在一个单元格中的，现在想将每种信息分开，我该怎么做呢？

| | A | B | C | D | E |
|---|---|---|---|---|---|
| 1 | 姓名 | 专业&班级&学号 | 专业 | 班级 | 学号 |
| 2 | 张珏 | 导游-01班-D302 | | | |
| 3 | 张云深 | 电会-02班-D270 | | | |
| 4 | 邱露露 | 电气-01班-D814 | | | |
| 5 | 董彩 | 建管-01班-D232 | | | |
| 6 | 曾雪峰 | 广告-03班-D863 | | | |
| 7 | 余珍文 | 出版-01班-D576 | | | |
| 8 | 温芳 | 电商-01班-D225 | | | |
| 9 | 邱优 | 家具-01班-D287 | | | |
| 10 | 张明明 | 建筑-02班-D675 | | | |
| 11 | 林佳容 | 金融-03班-D185 | | | |
| 12 | 冼玲 | 服装-02班-D620 | | | |

图 5-1　提取专业、班级、学号

飞鱼：这个可以用 Excel 的分列功能实现。

Step 01　如图 5-2 所示，选中要分列的数据区域，选择“数据”选项卡，单击“分列”图标，弹出“文本分列向导”对话框。在“文本分列向导 - 第 1 步，共 3 步”对话框中选择“分隔符号 (D)”，单击“下一步 (N)”按钮。

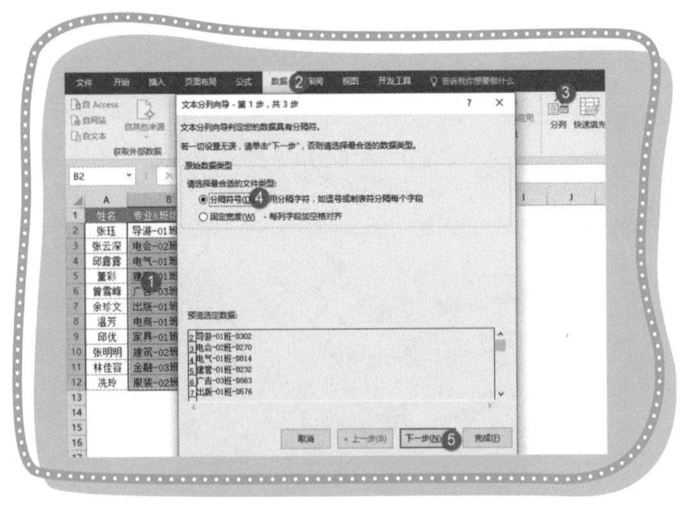


图 5-2　文本分列向导 - 第 1 步

Step 02 如图 5-3 所示，在“文本分列向导 - 第 2 步，共 3 步”页面，分隔符号选择“其他 (O):”，并输入减号 (-)，单击“下一步 (N)”按钮。

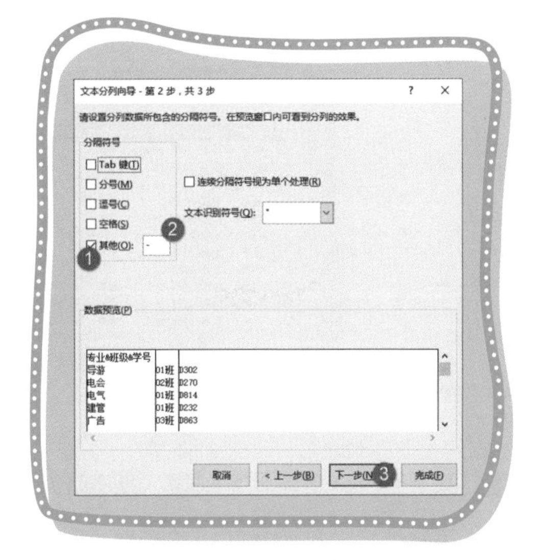


图 5-3 文本分列向导 - 第 2 步

Step 03 打开“文本分列向导 - 第 3 步，共 3 步”页面，目标区域设置为 C2 单元格，单击“完成 (F)”按钮，如图 5-4 所示。如果“目标区域”已经有数据或者设置过单元格格式会提示“此处已有数据，是否替换它？”单击“确定”按钮就可以了。

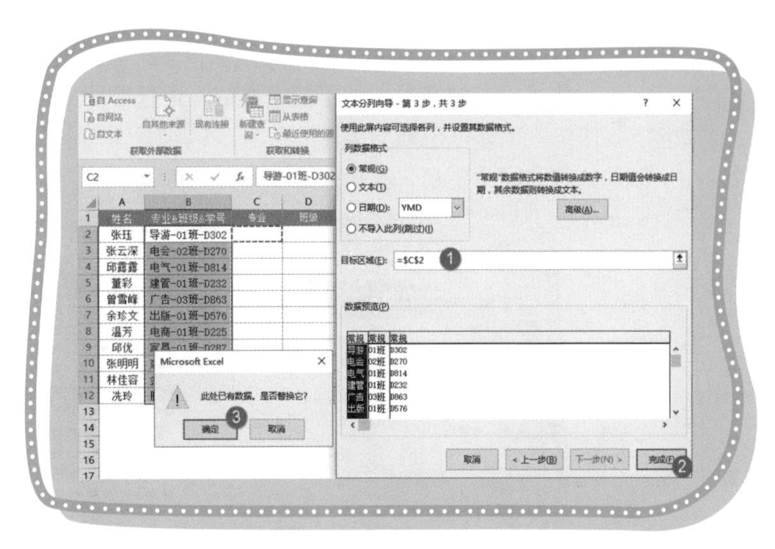


图 5-4 文本分列向导 - 第 3 步

分列后效果如图 5-5 所示。

| | A | B | C | D | E |
|---|---|---|---|---|---|
| 1 | 姓名 | 专业&班级&学号 | 专业 | 班级 | 学号 |
| 2 | 张珏 | 导游-01班-D302 | 导游 | 01班 | D302 |
| 3 | 张云深 | 电会-02班-D270 | 电会 | 02班 | D270 |
| 4 | 邱露露 | 电气-01班-D814 | 电气 | 01班 | D814 |
| 5 | 董彩 | 建管-01班-D232 | 建管 | 01班 | D232 |
| 6 | 曾雪峰 | 广告-03班-D863 | 广告 | 03班 | D863 |
| 7 | 余珍文 | 出版-01班-D576 | 出版 | 01班 | D576 |
| 8 | 温芳 | 电商-01班-D225 | 电商 | 01班 | D225 |
| 9 | 邱优 | 家具-01班-D287 | 家具 | 01班 | D287 |
| 10 | 张明明 | 建筑-02班-D675 | 建筑 | 02班 | D675 |
| 11 | 林佳容 | 金融-03班-D185 | 金融 | 03班 | D185 |
| 12 | 冼玲 | 服装-02班-D620 | 服装 | 02班 | D620 |

图 5-5　分列后效果

小鱼：原来用分列功能就可以啊，我还以为又要让我学习函数呢？

飞鱼：虽然使用分列功能可以实现要求，操作也简单，但是其缺点是无法自动更新，无法对公式返回的结果进行分列，需要对公式返回的数据复制粘贴为值后才可以分列，修改数据后还要重新重复上述操作。所以虽然分列功能简单易学，但是同时限制也多。如果偶尔操作一次，使用分列功能是没有问题的；如果频繁提取，还是要使用公式来解决的。

如图 5-6 所示，这是一份包含姓名、专业、班级、学号的信息表。现在学校举办一个活动，要录入报名学生信息，想输入姓名后自动查找到对应的专业、班级、学号信息。

| | A | B | C | D | E | F | G |
|---|---|---|---|---|---|---|---|
| 1 | xxxx活动报名学生信息 | | | | | 姓名 | 专业&班级&学号 |
| 2 | 姓名 | 专业 | 班级 | 学号 | | 张珏 | 导游-01班-D302 |
| 3 | 张云深 | | | | | 张云深 | 电会-02班-D270 |
| 4 | 张珏 | | | | | 邱露露 | 电气-01班-D814 |
| 5 | 余珍文 | | | | | 董彩 | 建管-01班-D232 |
| 6 | 邱露露 | | | | | 曾雪峰 | 广告-03班-D863 |
| 7 | 董彩 | | | | | 余珍文 | 出版-01班-D576 |
| 8 | 曾雪峰 | | | | | 温芳 | 电商-01班-D225 |
| 9 | | | | | | 邱优 | 家具-01班-D287 |
| 10 | | | | | | 张明明 | 建筑-02班-D675 |
| 11 | | | | | | 林佳容 | 金融-03班-D185 |
| 12 | | | | | | 冼玲 | 服装-02班-D620 |

图 5-6　提取报名学生信息

Step 01 首先使用辅助列，用 VLOOKUP 函数查找到姓名对应的信息。输入如下公式，如图 5-7所示。

```
=VLOOKUP(A3,G:H,2,0)
```

| | A | B | C | D | E |
|---|---|---|---|---|---|
| 1 | xxxx活动报名学生信息 | | | | |
| 2 | 姓名 | 专业 | 班级 | 学号 | 专业&班级&学号 |
| 3 | 张云深 | | | | 电会-02班-D270 |
| 4 | 张珏 | | | | 导游-01班-D302 |
| 5 | 余珍文 | | | | 出版-01班-D576 |
| 6 | 邱露露 | | | | 电气-01班-D814 |
| 7 | 董彩 | | | | 建管-01班-D232 |
| 8 | 曾雪峰 | | | | 广告-03班-D863 |

图 5-7　查找姓名对应信息

Step 02 提取“专业”信息，可以使用 LEFT 函数，其语法如图 5-8 所示。

**LEFT：从左边截取函数**

**语法**

LEFT(原文本,截取几个)

注：截取几个参数可以省略，省略后截取1个

**用法**

| 数据 | 返回结果 | 公式 |
|---|---|---|
| EXCEL不加班 | EXCEL | =LEFT(B10,5) |
| 要加要加 | 要 | =LEFT(B11) |

图 5-8　LEFT 函数语法

如图 5-9 所示，在 B3 单元格输入如下公式，LEFT 函数可以从左边截取内容。

第一个参数为要截取的文本内容。我们引用辅助列的 E2 单元格。

第二个参数是截取几位。通过观察“专业”为 2 位，所以第二个参数设置为 2，截取 2 位。

```
=LEFT(E3,2)
```

| | A | B | C | D | E |
|---|---|---|---|---|---|
| 1 | xxxx活动报名学生信息 | | | | |
| 2 | 姓名 | 专业 | 班级 | 学号 | 专业&班级&学号 |
| 3 | 张云深 | 电会 | | | 电会-02班-D270 |
| 4 | 张珏 | | | | 导游-01班-D302 |
| 5 | 余珍文 | | | | 出版-01班-D576 |
| 6 | 邱露露 | | | | 电气-01班-D814 |
| 7 | 董彩 | | | | 建管-01班-D232 |
| 8 | 曾雪峰 | | | | 广告-03班-D863 |

图 5-9　使用 LEFT 函数从左边截取 2 位

Step 03 提取“班级”信息可以使用 MID 函数，其语法如图 5-10 所示。

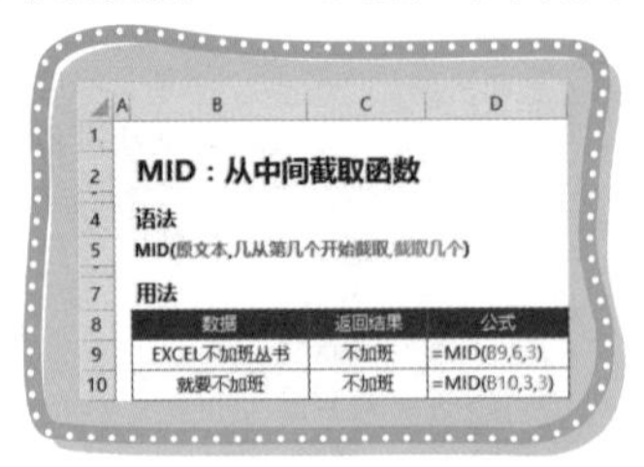

MID：从中间截取函数

语法

MID(原文本,几从第几个开始截取,截取几个)

用法

| 数据 | 返回结果 | 公式 |
| --- | --- | --- |
| EXCEL不加班丛书 | 不加班 | =MID(B9,6,3) |
| 就要不加班 | 不加班 | =MID(B10,3,3) |

图 5-10　MID 函数语法

如图 5-11 所示，在 C3 单元格输入如下公式，MID 函数可以从中间截取内容。

第一个参数为要截取的文本内容，引用 E3 单元格。

第二个参数为从第几位开始截取。通过观察“班级”是从第四个字开始的，所以第二个参数设置为 4。

第三个参数为截取几个。通过观察“班级”为三位，所以第三个参数设置为 3，截取 3 个。

```
=MID(E3,4,3)
```

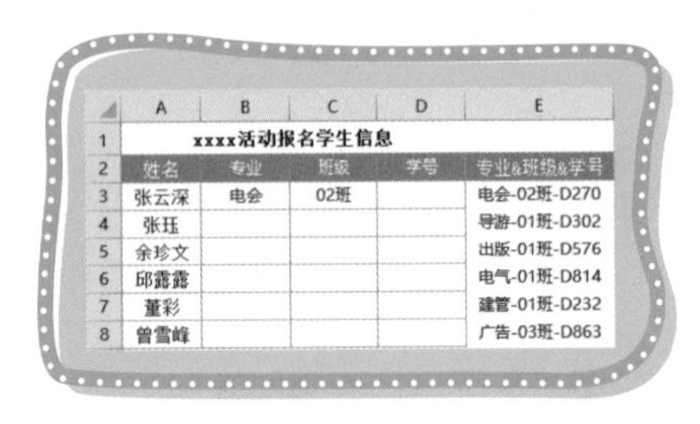

xxxx活动报名学生信息

| 姓名 | 专业 | 班级 | 学号 | 专业&班级&学号 |
| --- | --- | --- | --- | --- |
| 张云深 | 电会 | 02班 |  | 电会-02班-D270 |
| 张珏 |  |  |  | 导游-01班-D302 |
| 余珍文 |  |  |  | 出版-01班-D576 |
| 邱露露 |  |  |  | 电气-01班-D814 |
| 董彩 |  |  |  | 建管-01班-D232 |
| 曾雪峰 |  |  |  | 广告-03班-D863 |

图 5-11　使用 MID 函数从中间截取内容

Step 04 提取“学号”信息可以使用 RIGHT 函数，其语法如图 5-12 所示。

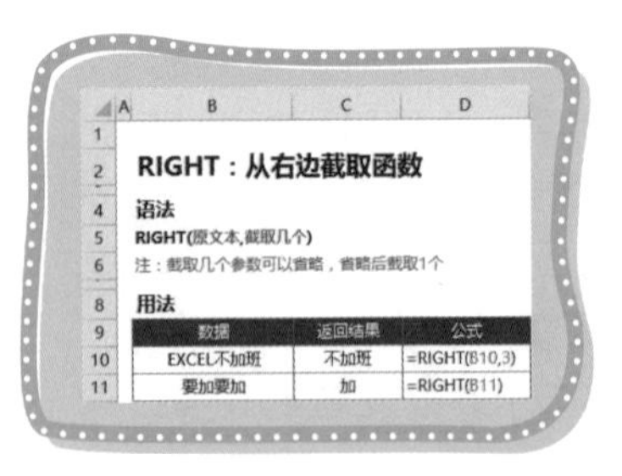

RIGHT：从右边截取函数

语法

RIGHT(原文本,截取几个)

注：截取几个参数可以省略，省略后截取1个

用法

| 数据 | 返回结果 | 公式 |
| --- | --- | --- |
| EXCEL不加班 | 不加班 | =RIGHT(B10,3) |
| 要加要加 | 加 | =RIGHT(B11) |

图 5-12　RIGHT 函数语法

如图 5-13 所示，在 D3 单元格输入如下公式，RIGHT 函数可以从右边截取内容。

第一个参数为要截取的文本内容，我们引用辅助列的 E3 单元格。

第二个参数是截取几位。通过观察“学号”为 4 位，所以第二个参数设置为 4，截取 4 位。

| | A | B | C | D | E |
|---|---|---|---|---|---|
| 1 | xxxx活动报名学生信息 | | | | |
| 2 | 姓名 | 专业 | 班级 | 学号 | 专业&班级&学号 |
| 3 | 张云深 | 电会 | 02班 | D270 | 电会-02班-D270 |
| 4 | 张珏 | | | | 导游-01班-D302 |
| 5 | 余珍文 | | | | 出版-01班-D576 |
| 6 | 邱露露 | | | | 电气-01班-D814 |
| 7 | 董彩 | | | | 建管-01班-D232 |
| 8 | 曾雪峰 | | | | 广告-03班-D863 |

图 5-13 使用 RIGHT 函数从右边截取

```
=RIGHT(E3,4)
```

现在我们已经把三种信息都截取出来了。开始学习公式的时候可以使用辅助列来分步完成，有一些基础后就可以直接使用嵌套公式来完成了。

B3:D3 单元格公式分别为：

```
=LEFT(E3,2)
=MID(E3,4,3)
=RIGHT(E3,4)
```

通过观察可以看到，三个函数中的第一个参数都是引用 E3 单元格，我们知道 E3 单元格是通过 VLOOKUP 函数返回的值，那么可以理解为引用 E3 单元格其实就是引用 E3 单元格里的公式。

那么就可以直接把 VLOOKUP 函数写到三个文本截取函数的第一个参数里，修改公式后就可以删除辅助列了。输入如下公式并向下填充，如图 5-14 所示。

```
=LEFT(VLOOKUP(A3,G:H,2,
0),2)
=MID(VLOOKUP(A3,G:H,2,0),
4,3)
=RIGHT(VLOOKUP(A3,G:H,2,
0),4)
```

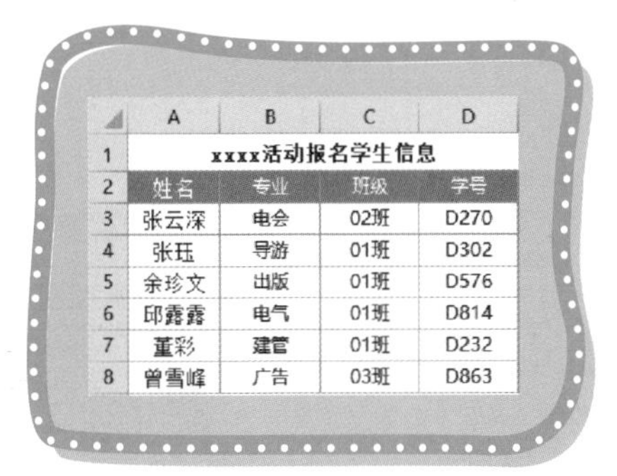

| | A | B | C | D |
|---|---|---|---|---|
| 1 | xxxx活动报名学生信息 | | | |
| 2 | 姓名 | 专业 | 班级 | 学号 |
| 3 | 张云深 | 电会 | 02班 | D270 |
| 4 | 张珏 | 导游 | 01班 | D302 |
| 5 | 余珍文 | 出版 | 01班 | D576 |
| 6 | 邱露露 | 电气 | 01班 | D814 |
| 7 | 董彩 | 建管 | 01班 | D232 |
| 8 | 曾雪峰 | 广告 | 03班 | D863 |

图 5-14 嵌套 VLOOKUP 函数查找对应信息

其实如果我们换种思路，处理下数据源，使用分列功能把信息表中专业、班级、学号先拆分开，然后使用 VLOOKUP 函数查找也是可以的。编写公式时要注意单元格的引用方式，在 B3 单元格输入如下公式并向下、向右填充即可，如图 5-15 所示。

```
=VLOOKUP($A3,$F:$J,COLUMN(C1),0)
```

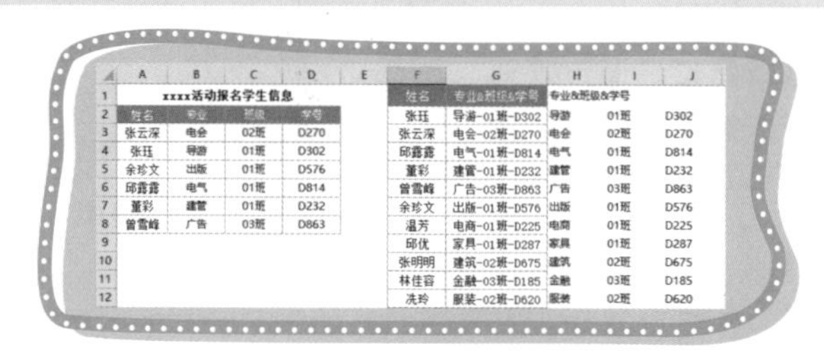

| | A | B | C | D | E | F | G | H | I | J |
|---|---|---|---|---|---|---|---|---|---|---|
| 1 | xxxx活动报名学生信息 | | | | | 姓名 | 专业&班级&学号 | 专业&班级&学号 | | |
| 2 | 姓名 | 专业 | 班级 | 学号 | | 张珏 | 导游-01班-D302 | 导游 | 01班 | D302 |
| 3 | 张云深 | 电会 | 02班 | D270 | | 张云深 | 电会-02班-D270 | 电会 | 02班 | D270 |
| 4 | 张珏 | 导游 | 01班 | D302 | | 邱露露 | 电气-01班-D814 | 电气 | 01班 | D814 |
| 5 | 余珍文 | 出版 | 01班 | D576 | | 董彩 | 建管-01班-D232 | 建管 | 01班 | D232 |
| 6 | 邱露露 | 电气 | 01班 | D814 | | 曾雪峰 | 广告-03班-D863 | 广告 | 03班 | D863 |
| 7 | 董彩 | 建管 | 01班 | D232 | | 余珍文 | 出版-01班-D576 | 出版 | 01班 | D576 |
| 8 | 曾雪峰 | 广告 | 03班 | D863 | | 温芳 | 电商-01班-D225 | 电商 | 01班 | D225 |
| 9 | | | | | | 邱优 | 家具-01班-D287 | 家具 | 01班 | D287 |
| 10 | | | | | | 张明明 | 建筑-02班-D675 | 建筑 | 02班 | D675 |
| 11 | | | | | | 林佳容 | 金融-03班-D185 | 金融 | 03班 | D185 |
| 12 | | | | | | 冼玲 | 服装-02班-D620 | 服装 | 02班 | D620 |

图 5-15　使用 VLOOKUP 函数查找姓名对应信息

飞鱼：我们知道身份证号包含各种信息，现在二代身份证号码共 18 位，前 2 位代表省份，3~6 位代表地区，7~14 位代表出生日期，第 17 位代表性别。那么我们就可以通过 MID 函数来提取我们想要的信息了。

如图 5-16 所示，根据身份证号码提取出生日期。文本类函数返回的结果都是文本型，所以要使用减负运算把文本型转换为数值型，然后选中 B 列，设置单元格格式为“0-00-00”即可。公式如下：

```
=--MID(A2,7,8)
```

```
=TEXT(--MID(A2,7,8), "0-00-00")
```

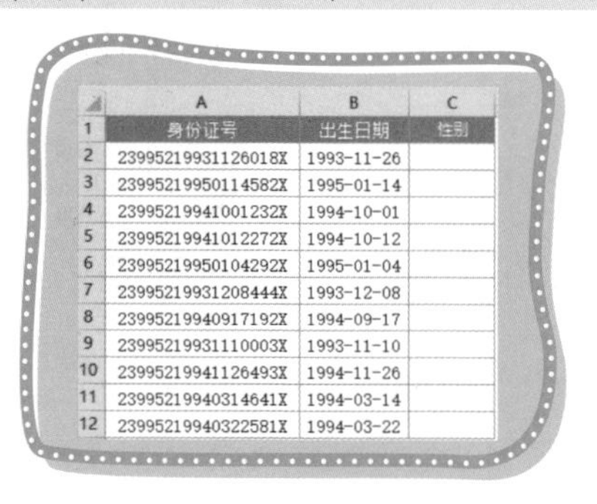

| | A | B | C |
|---|---|---|---|
| 1 | 身份证号 | 出生日期 | 性别 |
| 2 | 23995219931126018X | 1993-11-26 | |
| 3 | 23995219950114582X | 1995-01-14 | |
| 4 | 23995219941001232X | 1994-10-01 | |
| 5 | 23995219941012272X | 1994-10-12 | |
| 6 | 23995219950104292X | 1995-01-04 | |
| 7 | 23995219931208444X | 1993-12-08 | |
| 8 | 23995219940917192X | 1994-09-17 | |
| 9 | 23995219931110003X | 1993-11-10 | |
| 10 | 23995219941126493X | 1994-11-26 | |
| 11 | 23995219940314641X | 1994-03-14 | |
| 12 | 23995219940322581X | 1994-03-22 | |

图 5-16　提取出生日期

如图 5-17 所示，根据身份证号码提取性别信息。公式使用 MID 函数截取身份证号第 17 位，使用 ISODD 函数判断是否是奇数，使用 IF 函数返回性别。公式如下：

```
=IF(ISODD(MID(A2,17,1)),"男","女")
```

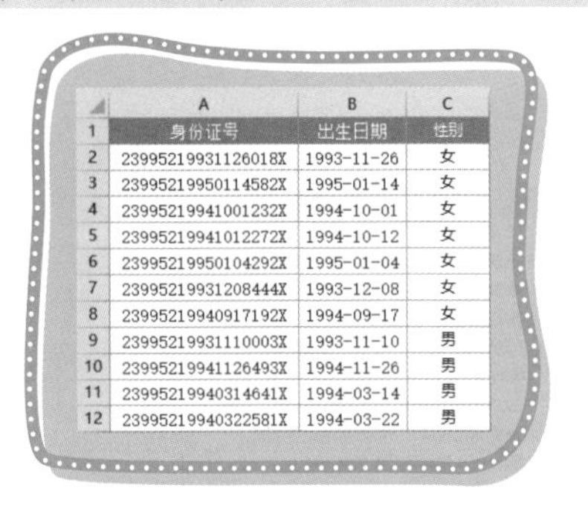

| | A | B | C |
|---|---|---|---|
| 1 | 身份证号 | 出生日期 | 性别 |
| 2 | 23995219931126018X | 1993-11-26 | 女 |
| 3 | 23995219950114582X | 1995-01-14 | 女 |
| 4 | 23995219941001232X | 1994-10-01 | 女 |
| 5 | 23995219941012272X | 1994-10-12 | 女 |
| 6 | 23995219950104292X | 1995-01-04 | 女 |
| 7 | 23995219931208444X | 1993-12-08 | 女 |
| 8 | 23995219940917192X | 1994-09-17 | 女 |
| 9 | 23995219931110003X | 1993-11-10 | 男 |
| 10 | 23995219941126493X | 1994-11-26 | 男 |
| 11 | 23995219940314641X | 1994-03-14 | 男 |
| 12 | 23995219940322581X | 1994-03-22 | 男 |

图 5-17　提取性别

**课后练习**

如图 5-18 所示，提取商品编码。

| | A | B |
|---|---|---|
| 1 | 商品编码&颜色 | 商品编码 |
| 2 | 18116317黑 | 18116317 |
| 3 | 18116317红 | 18116317 |
| 4 | 18116317灰 | 18116317 |
| 5 | 18116397灰 | 18116397 |
| 6 | 18315605黑白 | 18315605 |
| 7 | 18315605红黑 | 18315605 |
| 8 | 18315605灰红 | 18315605 |
| 9 | 19116317白色 | 19116317 |
| 10 | 19116317灰 | 19116317 |
| 11 | 19116317浅灰 | 19116317 |
| 12 | 19315605黑白 | 19315605 |
| 13 | 19315605灰兰 | 19315605 |

图 5-18　提取商品编码

## 5.2 文本位置查找

小鱼：飞鱼啊，我又遇到问题了。如图 5-19 所示，我要提示省份和市，该怎么办呢？

| | A | B | C |
|---|---|---|---|
| 1 | 地址 | 省 | 市 |
| 2 | 四川省成都市武侯区锦东路 | | |
| 3 | 广东省东莞市东城街道火炼树村金树路 | | |
| 4 | 浙江省湖州市吴兴区龙泉街道白鱼潭路 | | |
| 5 | 山东省临沂市兰山区兰山区通达路 | | |
| 6 | 黑龙江省牡丹江市东宁市东宁镇学府小区 | | |
| 7 | 辽宁省大连市西岗区北京街道新开路 | | |
| 8 | 广东省广州市白云区松洲街道松北金花工业园 | | |
| 9 | 山东省聊城市东昌府区柳园街道金鼎商厦 | | |
| 10 | 辽宁省大连市甘井子区凌海路一号 | | |

图 5-19 提取省份

飞鱼：在解决这个问题的时候，首先要想办法判断出“省”的位置，判断出“省”的位置后，我们就可以计算出要截取的长度了。FIND（文本查找）函数可以指定一个要查找的文本，到另一个文本里查找所在位置。其函数语法如图 5-20 所示。

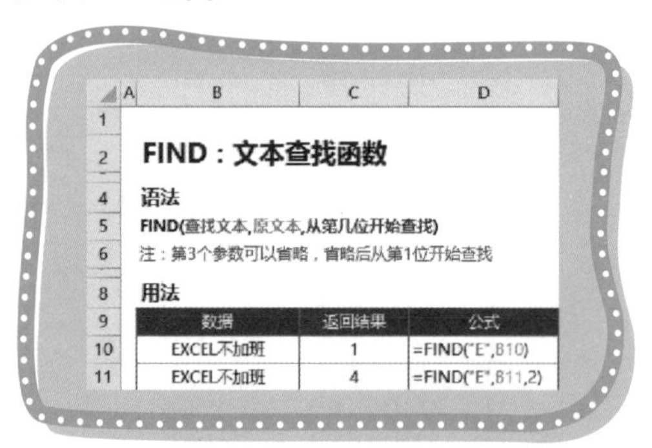

**FIND：文本查找函数**

**语法**

**FIND(查找文本,原文本,从第几位开始查找)**

注：第3个参数可以省略，省略后从第1位开始查找

**用法**

| 数据 | 返回结果 | 公式 |
|---|---|---|
| EXCEL不加班 | 1 | =FIND("E",B10) |
| EXCEL不加班 | 4 | =FIND("E",B11,2) |

图 5-20 FIND 函数语法

Step 01 在 B2 单元格编写公式，查找“省”字在地址中的位置，如图 5-21 所示。

第一个参数为查找文本，输入“省”字，参数如果是文本要加英文半角的双引号。

第二个参数为原文本，引用 A2 单元格。

第三个参数可以省略，省略后从第一位开始查找。

下面的公式可以解读为在 A2 单元格从第一位开始查找“省”字出现的位置。

```
=FIND("省",A2)
```

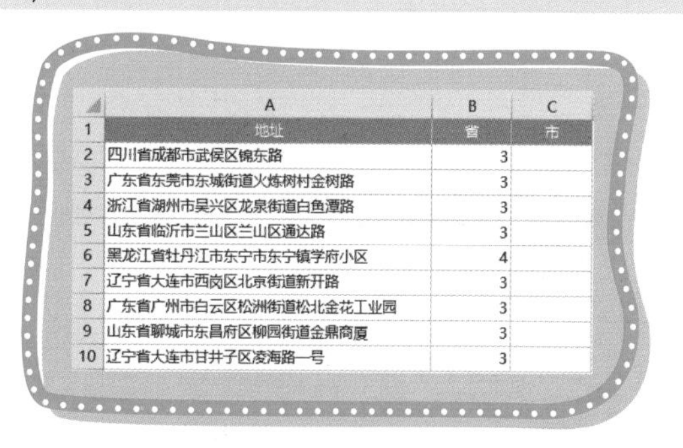

| | A | B | C |
|---|---|---|---|
| 1 | 地址 | 省 | 市 |
| 2 | 四川省成都市武侯区锦东路 | 3 | |
| 3 | 广东省东莞市东城街道火炼树村金树路 | 3 | |
| 4 | 浙江省湖州市吴兴区龙泉街道白鱼潭路 | 3 | |
| 5 | 山东省临沂市兰山区兰山区通达路 | 3 | |
| 6 | 黑龙江省牡丹江市东宁市东宁镇学府小区 | 4 | |
| 7 | 辽宁省大连市西岗区北京街道新开路 | 3 | |
| 8 | 广东省广州市白云区松洲街道松北金花工业园 | 3 | |
| 9 | 山东省聊城市东昌府区柳园街道金鼎商厦 | 3 | |
| 10 | 辽宁省大连市甘井子区凌海路一号 | 3 | |

图 5-21　查找“省”字的位置

Step 02 如图 5-22 所示，可以看到每行“省”字出现的位置，我们已经找到，然后将 FIND 函数的返回值作为 LEFT 函数的第二个参数就可以了。

| | A | B | C |
|---|---|---|---|
| 1 | 地址 | 省 | 市 |
| 2 | 四川省成都市武侯区锦东路 | 四川省 | |
| 3 | 广东省东莞市东城街道火炼树村金树路 | 广东省 | |
| 4 | 浙江省湖州市吴兴区龙泉街道白鱼潭路 | 浙江省 | |
| 5 | 山东省临沂市兰山区兰山区通达路 | 山东省 | |
| 6 | 黑龙江省牡丹江市东宁市东宁镇学府小区 | 黑龙江省 | |
| 7 | 辽宁省大连市西岗区北京街道新开路 | 辽宁省 | |
| 8 | 广东省广州市白云区松洲街道松北金花工业园 | 广东省 | |
| 9 | 山东省聊城市东昌府区柳园街道金鼎商厦 | 山东省 | |
| 10 | 辽宁省大连市甘井子区凌海路一号 | 辽宁省 | |

图 5-22　嵌套 LEFT 函数截取省份

Step 03 下面为提取“市”做准备。

如图 5-23 所示，使用辅助列分别查找到“省”“市”的位置后，可以计算出市的长度。

在 D2 单元格输入如下公式，查找“省”字所在位置。

```
=FIND("省",A2)
```

在 E2 单元格输入如下公式，查找“市”字所在位置。

```
=FIND("市",A2)
```

在 F2 单元格输入如下公式，用“市”字所在位置减“省”字所在位置可以计算出来市的长度。

```
=E2-D2
```

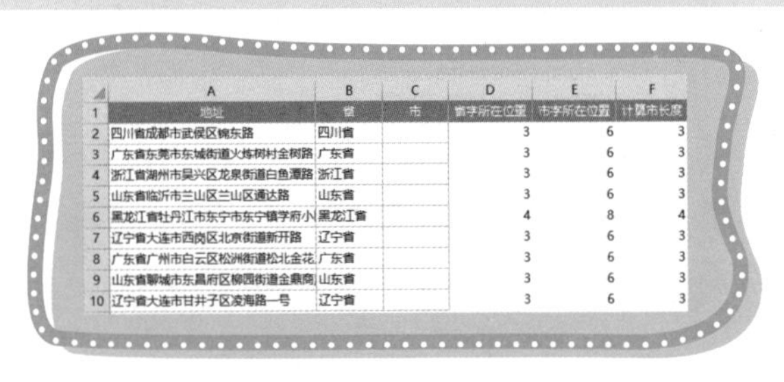

| | A | B | C | D | E | F |
|---|---|---|---|---|---|---|
| 1 | 地址 | 省 | 市 | 省字所在位置 | 市字所在位置 | 计算市长度 |
| 2 | 四川省成都市武侯区锦东路 | 四川省 | | 3 | 6 | 3 |
| 3 | 广东省东莞市东城街道火炼树村金树路 | 广东省 | | 3 | 6 | 3 |
| 4 | 浙江省湖州市吴兴区龙泉街道白鱼潭路 | 浙江省 | | 3 | 6 | 3 |
| 5 | 山东省临沂市兰山区兰山区通达路 | 山东省 | | 3 | 6 | 3 |
| 6 | 黑龙江省牡丹江市东宁市东宁镇学府小 | 黑龙江省 | | 4 | 8 | 4 |
| 7 | 辽宁省大连市西岗区北京街道新开路 | 辽宁省 | | 3 | 6 | 3 |
| 8 | 广东省广州市白云区松洲街道松北金花 | 广东省 | | 3 | 6 | 3 |
| 9 | 山东省聊城市东昌府区柳园街道金鼎商 | 山东省 | | 3 | 6 | 3 |
| 10 | 辽宁省大连市甘井子区凌海路一号 | 辽宁省 | | 3 | 6 | 3 |

图 5-23　使用辅助列

Step 01 使用 MID 函数就可以截取到市了，输入如下公式，如图 5-24 所示。

第一个参数，引用 A2 单元格。

第二个参数，“D2+1”，我们已经知道了“省”字的位置，那么我们需要从“省”字后一位开始截取，所以在“省”字所在位置加 1 就是“市”了，

第三个参数，引用 F2 单元格，市的长度。

```
=MID(A2,D2+1,F2)
```

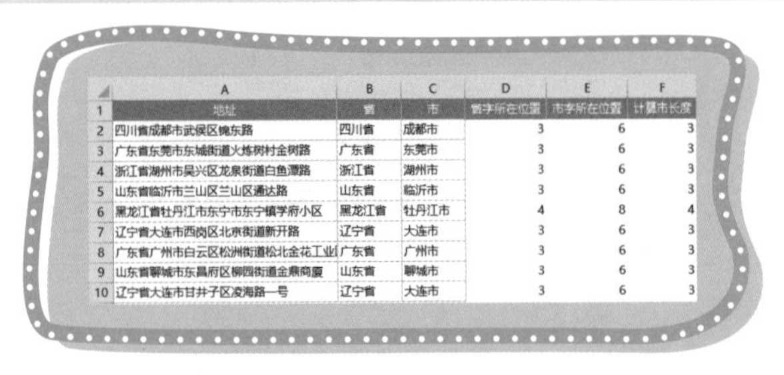

| | A | B | C | D | E | F |
|---|---|---|---|---|---|---|
| 1 | 地址 | 省 | 市 | 省字所在位置 | 市字所在位置 | 计算市长度 |
| 2 | 四川省成都市武侯区锦东路 | 四川省 | 成都市 | 3 | 6 | 3 |
| 3 | 广东省东莞市东城街道火炼树村金树路 | 广东省 | 东莞市 | 3 | 6 | 3 |
| 4 | 浙江省湖州市吴兴区龙泉街道白鱼潭路 | 浙江省 | 湖州市 | 3 | 6 | 3 |
| 5 | 山东省临沂市兰山区兰山区通达路 | 山东省 | 临沂市 | 3 | 6 | 3 |
| 6 | 黑龙江省牡丹江市东宁市东宁镇学府小区 | 黑龙江省 | 牡丹江市 | 4 | 8 | 4 |
| 7 | 辽宁省大连市西岗区北京街道新开路 | 辽宁省 | 大连市 | 3 | 6 | 3 |
| 8 | 广东省广州市白云区松洲街道松北金花工业 | 广东省 | 广州市 | 3 | 6 | 3 |
| 9 | 山东省聊城市东昌府区柳园街道金鼎商厦 | 山东省 | 聊城市 | 3 | 6 | 3 |
| 10 | 辽宁省大连市甘井子区凌海路一号 | 辽宁省 | 大连市 | 3 | 6 | 3 |

图 5-24　提取市

辅助列只是为了初学者理解公式原理，当理解原理后可以把辅助列的公式直接写到MID 函数的参数里，使用嵌套公式更快捷。输入如下公式，如图 5-25 所示。

```
=MID(A2,FIND("省",A2)+1,FIND("市",A2)-FIND("省",A2))
```

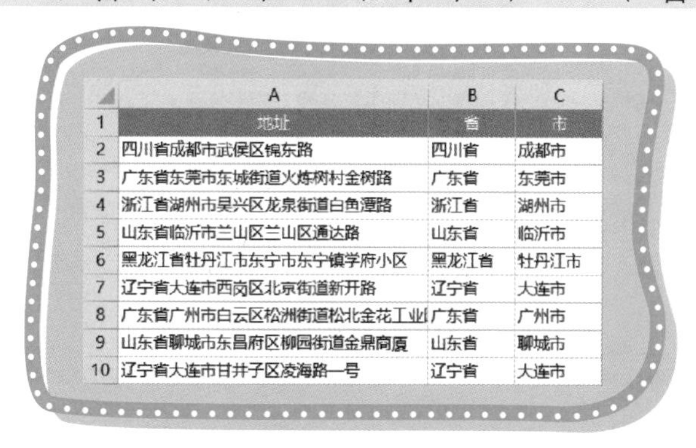

| | A | B | C |
|---|---|---|---|
| 1 | 地址 | 省 | 市 |
| 2 | 四川省成都市武侯区锦东路 | 四川省 | 成都市 |
| 3 | 广东省东莞市东城街道火炼树村金树路 | 广东省 | 东莞市 |
| 4 | 浙江省湖州市吴兴区龙泉街道白鱼潭路 | 浙江省 | 湖州市 |
| 5 | 山东省临沂市兰山区兰山区通达路 | 山东省 | 临沂市 |
| 6 | 黑龙江省牡丹江市东宁市东宁镇学府小区 | 黑龙江省 | 牡丹江市 |
| 7 | 辽宁省大连市西岗区北京街道新开路 | 辽宁省 | 大连市 |
| 8 | 广东省广州市白云区松洲街道松北金花工业 | 广东省 | 广州市 |
| 9 | 山东省聊城市东昌府区柳园街道金鼎商厦 | 山东省 | 聊城市 |
| 10 | 辽宁省大连市甘井子区凌海路一号 | 辽宁省 | 大连市 |

图 5-25 使用嵌套公式

Step 02 使用 MID 函数还可以提取详细地址，输入如下公式，如图 5-26 所示。

第一个参数，引用 A2 单元格。

第二个参数，使用 FIND 函数查找到“市”字的位置，加 1 后就是详细地址的位置。

第三个参数，当截取位置数量不确定时，如果截取内容在一侧可以设置一个比较大的数字，如 99，因为正常的话一个地址是不会大于 99 个字的。

```
=MID(A2,FIND("市",A2)+1,99)
```

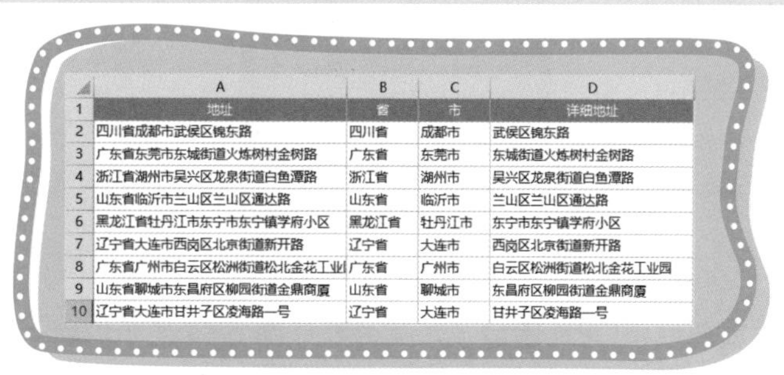

| | A | B | C | D |
|---|---|---|---|---|
| 1 | 地址 | 省 | 市 | 详细地址 |
| 2 | 四川省成都市武侯区锦东路 | 四川省 | 成都市 | 武侯区锦东路 |
| 3 | 广东省东莞市东城街道火炼树村金树路 | 广东省 | 东莞市 | 东城街道火炼树村金树路 |
| 4 | 浙江省湖州市吴兴区龙泉街道白鱼潭路 | 浙江省 | 湖州市 | 吴兴区龙泉街道白鱼潭路 |
| 5 | 山东省临沂市兰山区兰山区通达路 | 山东省 | 临沂市 | 兰山区兰山区通达路 |
| 6 | 黑龙江省牡丹江市东宁市东宁镇学府小区 | 黑龙江省 | 牡丹江市 | 东宁市东宁镇学府小区 |
| 7 | 辽宁省大连市西岗区北京街道新开路 | 辽宁省 | 大连市 | 西岗区北京街道新开路 |
| 8 | 广东省广州市白云区松洲街道松北金花工业 | 广东省 | 广州市 | 白云区松洲街道松北金花工业园 |
| 9 | 山东省聊城市东昌府区柳园街道金鼎商厦 | 山东省 | 聊城市 | 东昌府区柳园街道金鼎商厦 |
| 10 | 辽宁省大连市甘井子区凌海路一号 | 辽宁省 | 大连市 | 甘井子区凌海路一号 |

图 5-26 提取详细地址

课后练习

如图 5-27 所示，提取科目代码。

| | A | B | C |
|---|---|---|---|
| 1 | 科目代码 | 一级代码 | 二级代码 |
| 2 | 83022-64363 | 83022 | 64363 |
| 3 | 830-2264363 | 830 | 2264363 |
| 4 | 1602-648453 | 1602 | 648453 |
| 5 | 160-26484553 | 160 | 26484553 |
| 6 | 0802-4054956 | 0802 | 4054956 |
| 7 | 08024-049561 | 08024 | 049561 |
| 8 | 8302-2765988 | 8302 | 2765988 |
| 9 | 8302-276598 | 8302 | 276598 |

图 5-27　提取科目代码

## 5.3 计算文本长度函数

小鱼：如图 5-28 所示，现在我想筛选“一级代码”为 3 位的数，该怎么做呢？

| | A | B |
|---|---|---|
| 1 | 科目代码 | 一级代码 |
| 2 | 83022-64363 | 83022 |
| 3 | 830-2264363 | 830 |
| 4 | 1602-648453 | 1602 |
| 5 | 160-26484553 | 160 |
| 6 | 0802-4054956 | 0802 |
| 7 | 08024-049561 | 08024 |
| 8 | 8302-2765988 | 8302 |
| 9 | 8302-276598 | 8302 |

图 5-28　筛选 3 位的“一级代码”

飞鱼：这就要使用 LEN 函数了，其语法如图 5-29 所示。LEN 函数可以计算出一个字符串长度，语法也很简单，该函数只有一个参数，只需要指定一个字符串就可以，函数会返回该字符串的长度。

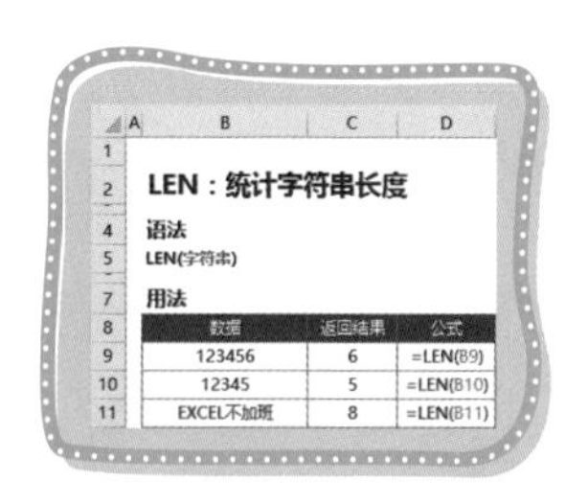

LEN：统计字符串长度

语法

LEN(字符串)

用法

| 数据 | 返回结果 | 公式 |
|---|---|---|
| 123456 | 6 | =LEN(B9) |
| 12345 | 5 | =LEN(B10) |
| EXCEL不加班 | 8 | =LEN(B11) |

图 5-29　LEN 函数语法

知道了 LEN 函数的语法，使用 LEN 函数就可以计算出“一级代码”的长度了，如图 5-30 所示，然后筛选长度为 3 的就可以了。

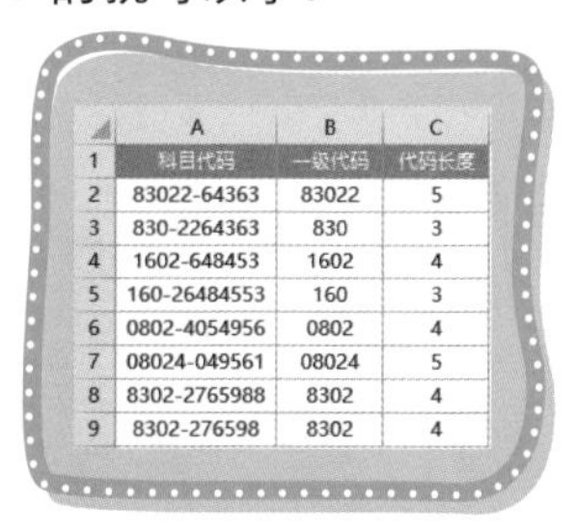

| 科目代码 | 一级代码 | 代码长度 |
|---|---|---|
| 83022-64363 | 83022 | 5 |
| 830-2264363 | 830 | 3 |
| 1602-648453 | 1602 | 4 |
| 160-26484553 | 160 | 3 |
| 0802-4054956 | 0802 | 4 |
| 08024-049561 | 08024 | 5 |
| 8302-2765988 | 8302 | 4 |
| 8302-276598 | 8302 | 4 |

图 5-30　计算代码长度

小鱼：原来这么简单啊，我还以为要多复杂呢。

飞鱼：其实 LEN 函数更多的是嵌套其他函数使用，如从不固定的编码提取信息。如图 5-31 所示，从商品编码提取颜色信息。

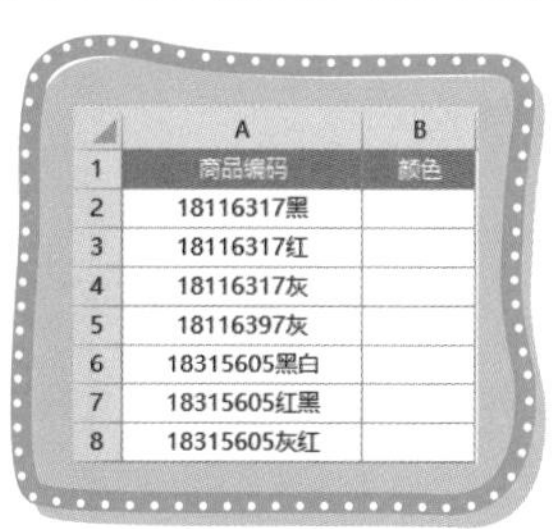

| 商品编码 | 颜色 |
|---|---|
| 18116317黑 | |
| 18116317红 | |
| 18116317灰 | |
| 18116397灰 | |
| 18315605黑白 | |
| 18315605红黑 | |
| 18315605灰红 | |

图 5-31　提取颜色信息

Step 01 通过观察我们可以发现，编码数字部分是固定长度的，都是 8 位，使用 LEN 函数计算出编码长度，减去数字部分固定的长度 8 位，就可以计算出颜色的长度了，如图 5-32 所示。

| | A | B |
|---|---|---|
| 1 | 商品编码 | 颜色 |
| 2 | 18116317黑 | 1 |
| 3 | 18116317红 | 1 |
| 4 | 18116317灰 | 1 |
| 5 | 18116397灰 | 1 |
| 6 | 18315605黑白 | 2 |
| 7 | 18315605红黑 | 2 |
| 8 | 18315605灰红 | 2 |

图 5-32　计算颜色长度

Step 02 计算出颜色的长度后，使用 RIGTH 函数从右边提取就可以了。输入如下公式，如图 5-33 所示。

```
=RIGHT(A2,LEN(A2)-8)
```

| | A | B |
|---|---|---|
| 1 | 商品编码 | 颜色 |
| 2 | 18116317黑 | 黑 |
| 3 | 18116317红 | 红 |
| 4 | 18116317灰 | 灰 |
| 5 | 18116397灰 | 灰 |
| 6 | 18315605黑白 | 黑白 |
| 7 | 18315605红黑 | 红黑 |
| 8 | 18315605灰红 | 灰红 |

图 5-33　使用 RIGHT 函数从右边截取

小鱼：如图 5-34 所示，商品编码中数字部分的位数不固定，那该怎么办呢？

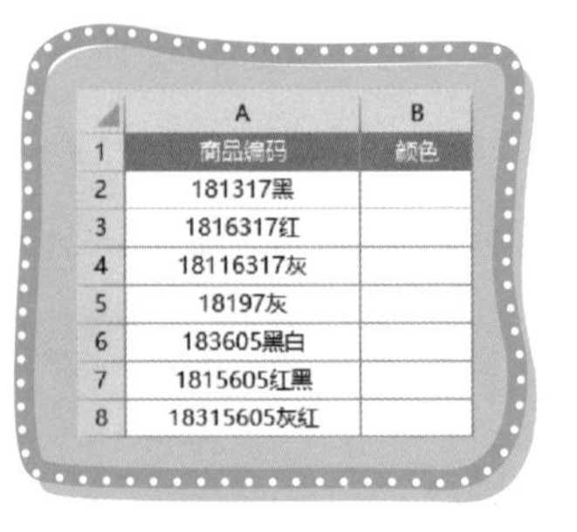

| | A | B |
|---|---|---|
| 1 | 商品编码 | 颜色 |
| 2 | 181317黑 | |
| 3 | 1816317红 | |
| 4 | 18116317灰 | |
| 5 | 18197灰 | |
| 6 | 183605黑白 | |
| 7 | 1815605红黑 | |
| 8 | 18315605灰红 | |

图 5-34　商品编码数字部分不确定

飞鱼：如果编码数字部分长度不固定，那我们就通过一些方法来计算出数字部分的位数。首先要学习 LENB 函数，LENB 函数可以计算字符串的字节长度。其语法如图 5-35 所示。

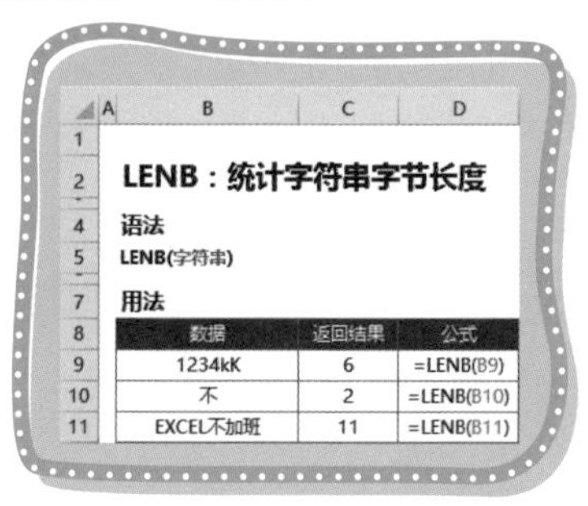

**LENB：统计字符串字节长度**

**语法**

LENB(字符串)

**用法**

| 数据 | 返回结果 | 公式 |
| --- | --- | --- |
| 1234kK | 6 | =LENB(B9) |
| 不 | 2 | =LENB(B10) |
| EXCEL不加班 | 11 | =LENB(B11) |

图 5-35　LENB 函数语法

小鱼：计算字节长度是什么意思啊？LEN 函数可以理解，LENB 函数和 LEN 函数有什么区别呢？

飞鱼：LEN 函数，准确来说是计算字符长度，无论汉字、数字、字母都算一个字符。LENB 函数是计算字节长度，数字、字母、英文符号算一个字节，汉字和中文符号算两个字节。

小鱼：我好像明白点了，可是使用 LENB 函数也无法计算出商品编码中数字部分的长度啊？

飞鱼：别急，一会你就明白是怎么回事了，单独使用 LENB函数是无法计算出来的，但是与 LEN 函数一起使用就可以计算数字或者汉字的长度了。

如图 5-36 所示，首先分别使用 LEN 和 LENB 函数计算出来字符与字节的数量。

B2 单元格公式如下：

```
=LEN(A2)
```

C2 单元格公式如下：

```
=LENB(A2)
```

| | A | B | C |
|---|---|---|---|
| 1 | 商品编码 | 字符（LEN) | 字节（LENB） |
| 2 | 181317黑 | 7 | 8 |
| 3 | 1816317红 | 8 | 9 |
| 4 | 18116317灰 | 9 | 10 |
| 5 | 18197灰 | 6 | 7 |
| 6 | 183605黑白 | 8 | 10 |
| 7 | 1815605红黑 | 9 | 11 |
| 8 | 18315605灰红 | 10 | 12 |

图 5-36　计算字符与字节

商品编码是数字和汉字组成，数字部分使用 LEN 和 LENB 函数计算返回的结果是相同，但是汉字不同了，一个汉字是 1 个字符，却是占 2 个字节，然后通过计算字节与字符的差可以计算出汉字的数量，如图 5-37 所示。

D2 单元格公式如下：

```
=C2-B2
```

了解计算过程后，可以直接编写如下公式：

```
=LENB(A2)-LEN(A2)
```

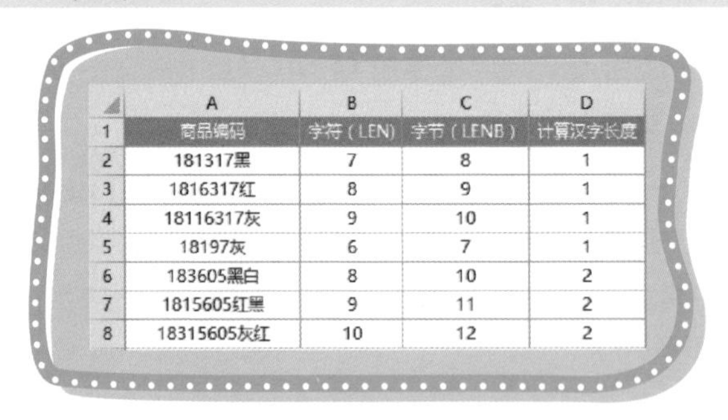

| | A | B | C | D |
|---|---|---|---|---|
| 1 | 商品编码 | 字符（LEN) | 字节（LENB） | 计算汉字长度 |
| 2 | 181317黑 | 7 | 8 | 1 |
| 3 | 1816317红 | 8 | 9 | 1 |
| 4 | 18116317灰 | 9 | 10 | 1 |
| 5 | 18197灰 | 6 | 7 | 1 |
| 6 | 183605黑白 | 8 | 10 | 2 |
| 7 | 1815605红黑 | 9 | 11 | 2 |
| 8 | 18315605灰红 | 10 | 12 | 2 |

图 5-37　计算汉字长度

然后使用 RIGHT 函数从右边截取就可以了，输入如下公式，如图 5-38 所示。

```
=RIGHT(A2,LENB(A2)-LEN(A2))
```

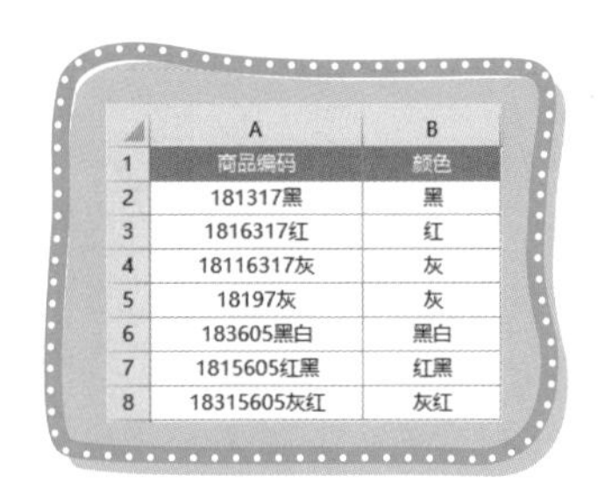

| | A | B |
|---|---|---|
| 1 | 商品编码 | 颜色 |
| 2 | 181317黑 | 黑 |
| 3 | 1816317红 | 红 |
| 4 | 18116317灰 | 灰 |
| 5 | 18197灰 | 灰 |
| 6 | 183605黑白 | 黑白 |
| 7 | 1815605红黑 | 红黑 |
| 8 | 18315605灰红 | 灰红 |

图 5-38 提取颜色

小鱼：如果我还想提取数字编码呢？

飞鱼：现在我们们已经知道使用 LENB、LEN 函数可以计算出汉字的长度，那么使用 LEN 计算出编码总长度减去汉字长度，就是数字部分的长度了。输入如下公式，效果如图 5-39 所示。

```
=LEN(A2)-(LENB(A2)-LEN(A2))
```

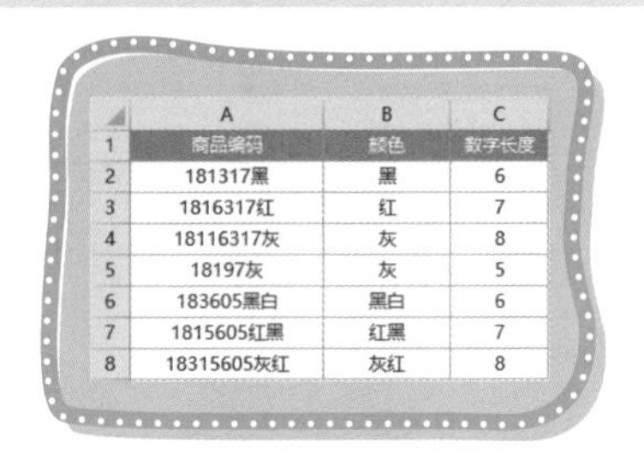

| | A | B | C |
|---|---|---|---|
| 1 | 商品编码 | 颜色 | 数字长度 |
| 2 | 181317黑 | 黑 | 6 |
| 3 | 1816317红 | 红 | 7 |
| 4 | 18116317灰 | 灰 | 8 |
| 5 | 18197灰 | 灰 | 5 |
| 6 | 183605黑白 | 黑白 | 6 |
| 7 | 1815605红黑 | 红黑 | 7 |
| 8 | 18315605灰红 | 灰红 | 8 |

图 5-39 计算数字长度

还有一种计算方法，使用 LEN 函数计算出字符后乘 2，然后减去 LENB 函数计算的字节，剩下的就是数字部分的位数。公式如下：

```
=LEN(A2)*2-LENB(A2)
```

然后使用 LEFT 函数截取就可以了，输入如下公式，如图 5-40 所示。

```
=LEFT(A2,LEN(A2)-(LENB(A2)-LEN(A2)))
```

```
=LEFT(A2,LEN(A2)*2-LENB(A2))
```

| | A | B | C |
|---|---|---|---|
| 1 | 商品编码 | 颜色 | 数字编码 |
| 2 | 181317黑 | 黑 | 181317 |
| 3 | 1816317红 | 红 | 1816317 |
| 4 | 18116317灰 | 灰 | 18116317 |
| 5 | 18197灰 | 灰 | 18197 |
| 6 | 183605黑白 | 黑白 | 183605 |
| 7 | 1815605红黑 | 红黑 | 1815605 |
| 8 | 18315605灰红 | 灰红 | 18315605 |

图 5-40　提取数字编码

如图 5-41 所示，提取姓名、电话号码。

| | A | B | C |
|---|---|---|---|
| 1 | 通讯信息 | 姓名 | 电话号码 |
| 2 | 柳瑶13533809999 | 柳瑶 | 13533809999 |
| 3 | 冯俊041122334455 | 冯俊 | 041122334455 |
| 4 | 赵志13525589999 | 赵志 | 13525589999 |
| 5 | 张歌13450259999 | 张歌 | 13450259999 |
| 6 | 王小辉76769797 | 王小辉 | 76769797 |
| 7 | 袁晓13545059999 | 袁晓 | 13545059999 |
| 8 | 赵顺花13103839999 | 赵顺花 | 13103839999 |
| 9 | 李源博041112341234 | 李源博 | 041112341234 |

图 5-41　提取姓名、电话号码

## 5.4　文本替换函数 SUBSTITUTE

飞鱼：今天我们来学习 SUBSTITUTE（文本替换）函数，其函数语法如图 5-42 所示。

小鱼：文本替换函数能做什么呢？如果有替换需求使用替换功能就可以了啊。

飞鱼：常规需求可以使用替换功能，但是有一些特殊需求，使用替换功能就很麻烦了，远没有使用函数方便。如图 5-43 所示，对带有单位的金额求和。

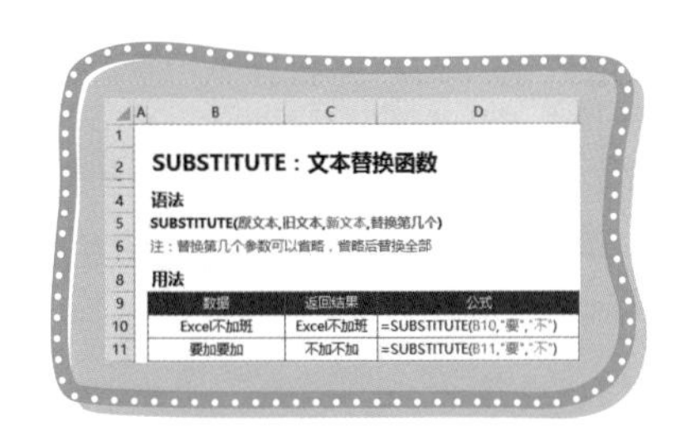

SUBSTITUTE：文本替换函数

语法

SUBSTITUTE(原文本,旧文本,新文本,替换第几个)

注：替换第几个参数可以省略，省略后替换全部

用法

| 数据 | 返回结果 | 公式 |
| --- | --- | --- |
| Excel不加班 | Excel不加班 | =SUBSTITUTE(B10,"要","不") |
| 要加要加 | 不加不加 | =SUBSTITUTE(B11,"要","不") |

图 5-42　SUBSTITUTE 函数语法

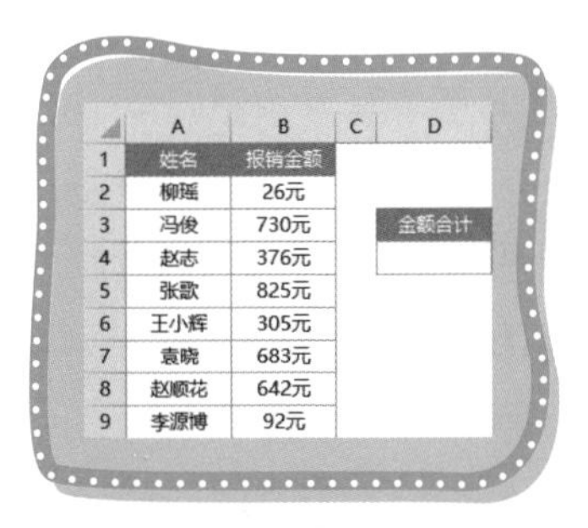

| 姓名 | 报销金额 |
| --- | --- |
| 柳瑶 | 26元 |
| 冯俊 | 730元 |
| 赵志 | 376元 |
| 张歆 | 825元 |
| 王小辉 | 305元 |
| 袁晓 | 683元 |
| 赵顺花 | 642元 |
| 李源博 | 92元 |

| 金额合计 |
| --- |
| |

图 5-43　对带有单位的金额求和

如果使用替换功能，首先要把“元”字替换为空，然后设置自定义单元格为“G/通用格式元”，然后才可以使用 SUM 函数求和。

如果使用 SUBSTITUTE 函数把“元”字替换为空后，嵌套 SUM 函数或者 SUMPRODUCT 函数，直接就可以计算出合计，如图 5-44 所示。

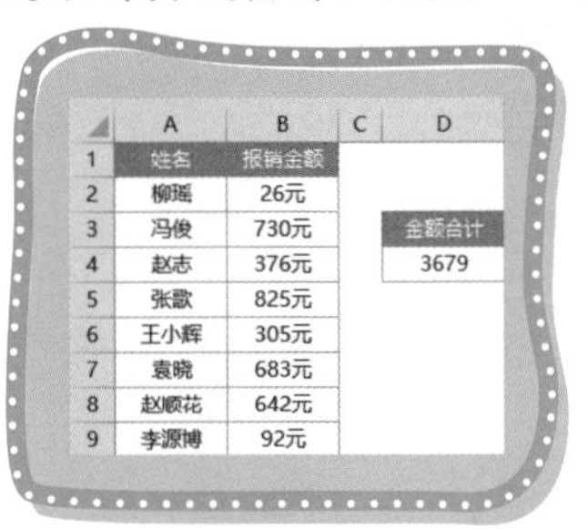

| 姓名 | 报销金额 |
| --- | --- |
| 柳瑶 | 26元 |
| 冯俊 | 730元 |
| 赵志 | 376元 |
| 张歆 | 825元 |
| 王小辉 | 305元 |
| 袁晓 | 683元 |
| 赵顺花 | 642元 |
| 李源博 | 92元 |

| 金额合计 |
| --- |
| 3679 |

图 5-44　使用嵌套公式求和

嵌套如下 SUM 函数，这是数组公式，需要按 Ctrl+Shift+Enter 组合键结束公式。

```
=SUM(--SUBSTITUTE(B2:B9,"元",""))
```

如果不想使用数组公式，嵌套如下 SUMPRODUCT 函数就是普通公式了。不需要按 Ctrl+Shift+Enter 组合键结束。

```
=SUMPRODUCT(--SUBSTITUTE(B2:B9,"元",""))
```

小鱼：SUBSTITUTE 函数前两个减号是什么意思啊？

飞鱼：使用 SUBSTITUTE 函数替换后，函数返回的结果是文本型数值，需要通过四则运算把文本型数值转换为数字。两个减号（--）就是四则运算的一种。

小鱼：哦，明白了，那可不可以求和后的合计金额也带单位呢？

飞鱼：使用连接符（&）在公式后连接一个“元”字就可以了。输入如下公式，效果如图 5-45 所示。

```
=SUMPRODUCT(--SUBSTITUTE(B2:B9,"元",""))&"元"
```

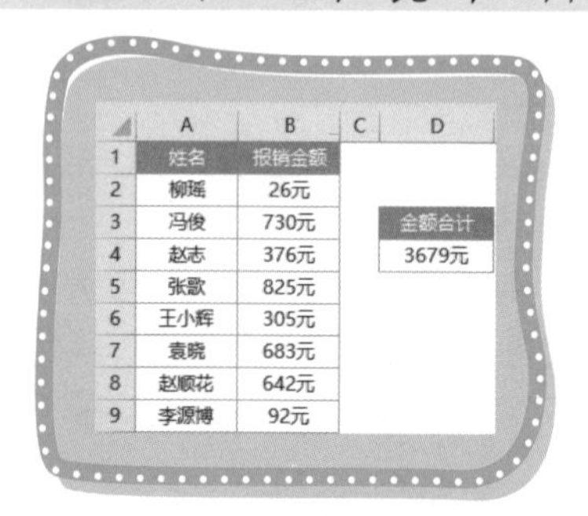

| | A | B | C | D |
|---|---|---|---|---|
| 1 | 姓名 | 报销金额 | | |
| 2 | 柳瑶 | 26元 | | |
| 3 | 冯俊 | 730元 | | 金额合计 |
| 4 | 赵志 | 376元 | | 3679元 |
| 5 | 张歌 | 825元 | | |
| 6 | 王小辉 | 305元 | | |
| 7 | 袁晓 | 683元 | | |
| 8 | 赵顺花 | 642元 | | |
| 9 | 李源博 | 92元 | | |

图 5-45　显示单位

小鱼：哦，可是我感觉虽然比使用替换功能快捷，但是这个公式比替换功能要难很多啊。

飞鱼：上面的案例使用替换功能虽然步骤多点，但也是可以实现的。下面的案例就不同，使用替换功能是无法实现的，必须要使用 SUBSTITUTE 函数了。如图 5-46 所示，替换最新报销金额。

| | A | B | C |
|---|---|---|---|
| 1 | 姓名 | 最新报销金额 | 报销详情 |
| 2 | 袁晓 | 708元 | 12月3日袁晓报销414元 |
| 3 | 赵顺花 | 681元 | 12月3日赵顺花报销662元 |
| 4 | 王小辉 | 361元 | 12月7日王小辉报销290元 |
| 5 | 张歌 | 914元 | 12月8日张歌报销142元 |
| 6 | 赵志 | 419元 | 12月8日赵志报销705元 |
| 7 | 柳瑶 | 84元 | 12月10日柳瑶报销666元 |
| 8 | 冯俊 | 783元 | 12月10日冯俊报销248元 |
| 9 | 李源博 | 162元 | 12月11日李源博报销635元 |

图 5-46 替换最新报销金额

Step 01 首先我们要把原报销金额提取出来，可以使用 RIGHT、LEN、FIND 函数嵌套，如图 5-47 所示。

在 D2 单元格输入如下公式。

```
=RIGHT(C2,LEN(C2)-FIND("销",C2))
```

| | A | B | C | D |
|---|---|---|---|---|
| 1 | 姓名 | 最新报销金额 | 报销详情 | 原报销金额 |
| 2 | 袁晓 | 708元 | 12月3日袁晓报销414元 | 414元 |
| 3 | 赵顺花 | 681元 | 12月3日赵顺花报销662元 | 662元 |
| 4 | 王小辉 | 361元 | 12月7日王小辉报销290元 | 290元 |
| 5 | 张歌 | 914元 | 12月8日张歌报销142元 | 142元 |
| 6 | 赵志 | 419元 | 12月8日赵志报销705元 | 705元 |
| 7 | 柳瑶 | 84元 | 12月10日柳瑶报销666元 | 666元 |
| 8 | 冯俊 | 783元 | 12月10日冯俊报销248元 | 248元 |
| 9 | 李源博 | 162元 | 12月11日李源博报销635元 | 635元 |

图 5-47 提取原报销金额

Step 02 使用 SUBSTITUTE 函数把原报销金额替换为最新报销金额就可以了。输入如下公式，如图 5-48 所示。

```
=SUBSTITUTE(C2,D2,B2)
```

| | A | B | C | D | E |
|---|---|---|---|---|---|
| 1 | 姓名 | 最新报销金额 | 报销详情 | 原报销金额 | 替换后报销详情 |
| 2 | 袁晓 | 708元 | 12月3日袁晓报销414元 | 414元 | 12月3日袁晓报销708元 |
| 3 | 赵顺花 | 681元 | 12月3日赵顺花报销662元 | 662元 | 12月3日赵顺花报销681元 |
| 4 | 王小辉 | 361元 | 12月7日王小辉报销290元 | 290元 | 12月7日王小辉报销361元 |
| 5 | 张歌 | 914元 | 12月8日张歌报销142元 | 142元 | 12月8日张歌报销914元 |
| 6 | 赵志 | 419元 | 12月8日赵志报销705元 | 705元 | 12月8日赵志报销419元 |
| 7 | 柳瑶 | 84元 | 12月10日柳瑶报销666元 | 666元 | 12月10日柳瑶报销84元 |
| 8 | 冯俊 | 783元 | 12月10日冯俊报销248元 | 248元 | 12月10日冯俊报销783元 |
| 9 | 李源博 | 162元 | 12月11日李源博报销635元 | 635元 | 12月11日李源博报销162元 |

图 5-48 替换最新报销金额

飞鱼：下面我们再来看一个案例，如图 5-49 所示，计算报销人数。

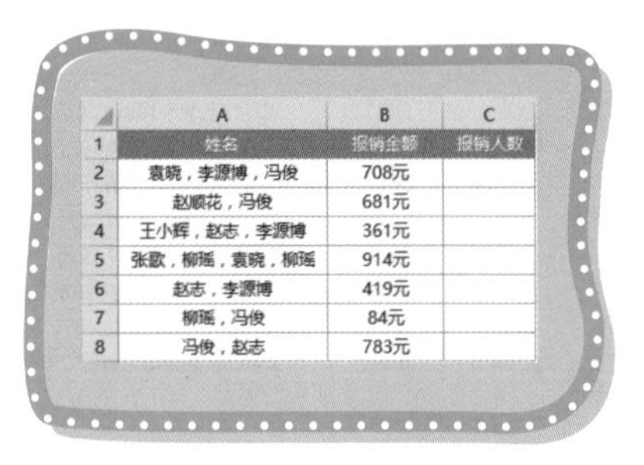

| | A | B | C |
|---|---|---|---|
| 1 | 姓名 | 报销金额 | 报销人数 |
| 2 | 袁晓，李源博，冯俊 | 708元 | |
| 3 | 赵顺花，冯俊 | 681元 | |
| 4 | 王小辉，赵志，李源博 | 361元 | |
| 5 | 张歌，柳瑶，袁晓，柳瑶 | 914元 | |
| 6 | 赵志，李源博 | 419元 | |
| 7 | 柳瑶，冯俊 | 84元 | |
| 8 | 冯俊，赵志 | 783元 | |

图 5-49　计算报销人数

通过观察发现，每个姓名用逗号分隔，逗号数量加 1 就是姓名的数量，找到规律后，我们只要计算出逗号的数量就可以算出报销人数了。

Step 01 使用 SUBSTITUTE 函数把逗号替换为空。输入如下公式，效果如图 5-50 所示。

```
=SUBSTITUTE(A2,"，","")
```

| | A | B | C | D |
|---|---|---|---|---|
| 1 | 姓名 | 报销金额 | 报销人数 | 逗号替换为空 |
| 2 | 袁晓，李源博，冯俊 | 708元 | | 袁晓李源博冯俊 |
| 3 | 赵顺花，冯俊 | 681元 | | 赵顺花冯俊 |
| 4 | 王小辉，赵志，李源博 | 361元 | | 王小辉赵志李源博 |
| 5 | 张歌，柳瑶，袁晓，柳瑶 | 914元 | | 张歌柳瑶袁晓柳瑶 |
| 6 | 赵志，李源博 | 419元 | | 赵志李源博 |
| 7 | 柳瑶，冯俊 | 84元 | | 柳瑶冯俊 |
| 8 | 冯俊，赵志 | 783元 | | 冯俊赵志 |

图 5-50　逗号替换为空

Step 02 使用 LEN 函数计算替换前和替换后的字串符长度就可以计算出有多个逗号了。然后加 1 就可以计算出报销人数。输入如下公式，效果如图 5-51 所示。

```
=LEN(A2)-LEN(D2)+1
```

学习原理后，可以把公式合并到一起，公式如下：

```
=LEN(A2)-LEN(SUBSTITUTE(A2,"，",""))+1
```

| | A | B | C | D |
|---|---|---|---|---|
| 1 | 姓名 | 报销金额 | 报销人数 | 逗号替换为空 |
| 2 | 袁晓，李源博，冯俊 | 708元 | 3 | 袁晓李源博冯俊 |
| 3 | 赵顺花，冯俊 | 681元 | 2 | 赵顺花冯俊 |
| 4 | 王小辉，赵志，李源博 | 361元 | 3 | 王小辉赵志李源博 |
| 5 | 张歆，柳瑶，袁晓，柳瑶 | 914元 | 4 | 张歆柳瑶袁晓柳瑶 |
| 6 | 赵志，李源博 | 419元 | 2 | 赵志李源博 |
| 7 | 柳瑶，冯俊 | 84元 | 2 | 柳瑶冯俊 |
| 8 | 冯俊，赵志 | 783元 | 2 | 冯俊赵志 |

图 5-51 计算报销人数

课后练习

如图 5-52 所示，报销金额录入不规范，单位不统一，这时候你还会编写公式计算带单位的报销金额合计吗？

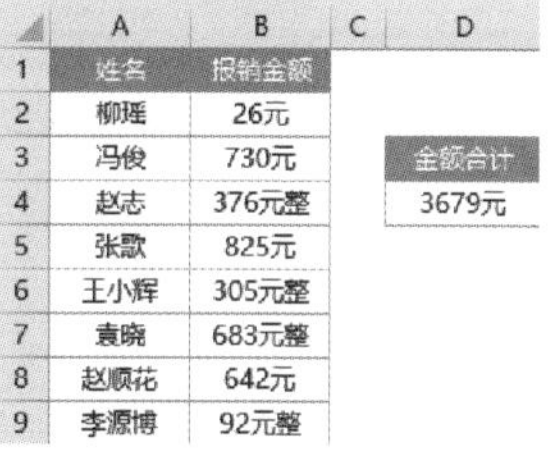

| | A | B | C | D |
|---|---|---|---|---|
| 1 | 姓名 | 报销金额 | | |
| 2 | 柳瑶 | 26元 | | |
| 3 | 冯俊 | 730元 | | 金额合计 |
| 4 | 赵志 | 376元整 | | 3679元 |
| 5 | 张歆 | 825元 | | |
| 6 | 王小辉 | 305元整 | | |
| 7 | 袁晓 | 683元整 | | |
| 8 | 赵顺花 | 642元 | | |
| 9 | 李源博 | 92元整 | | |

图 5-52 计算带单位的报销金额合计

## 5.5 文本替换函数 REPLACE

飞鱼：SUBSTITUTE 函数还有个好兄弟，REPLACE（文本替换）函数，该函数也是替换函数，和 SUBSTITUTE 函数不同的是，REPLACE 函数是按位置替换。其语法如图 5-53 所示。

REPLACE：文本替换函数

语法

REPLACE(原文本,从第几个开始替换,替换几个,替换内容)

用法

| 数据 | 返回结果 | 公式 |
|---|---|---|
| EXCEL要加班 | EXCEL不加班 | =REPLACE(B10,6,3,"不加班") |

图 5-53 REPLACE 函数语法

小鱼：这个函数可以干什么？

飞鱼：REPLACE 函数主要有两种应用场景。第一种应用是隐藏某些号码信息，如身份证号、手机号等。如图 5-54 所示，某机构公布报考学员的信息，就要把身份证号的出生日期隐藏。公式如下：

```
=REPLACE(B4,7,8,"********")
```

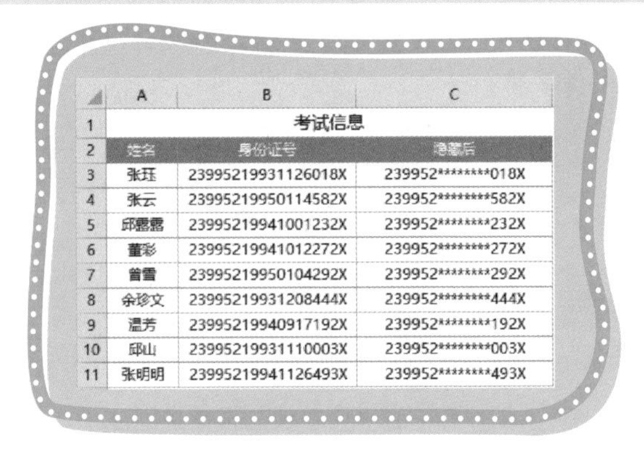

考试信息

| 姓名 | 身份证号 | 隐藏后 |
|---|---|---|
| 张珏 | 23995219931126018X | 239952********018X |
| 张云 | 23995219950114582X | 239952********582X |
| 邱露露 | 23995219941001232X | 239952********232X |
| 董彩 | 23995219941012272X | 239952********272X |
| 曾雪 | 23995219950104292X | 239952********292X |
| 余珍文 | 23995219931208444X | 239952********444X |
| 温芳 | 23995219940917192X | 239952********192X |
| 邱山 | 23995219931110003X | 239952********003X |
| 张明明 | 23995219941126493X | 239952********493X |

图 5-54 隐藏身份证号

第一个参数为要替换的目标文本，引用 B3 单元格。

第二个参数为从第几个开始替换，身份证号的出生日期是从第七位开始的，所以第二个参数设置数字 7。

第三个参数为替换几个，出生日期共 8 位，所以第三个参数设置为数字 8。

第四个参数为替换后的内容，我们设置了 8 个星号。替换后的内容大都用星号，但是不是必须的，我们也可以指定其他的内容，如“Excel 不加班”，如图 5-55 所示。

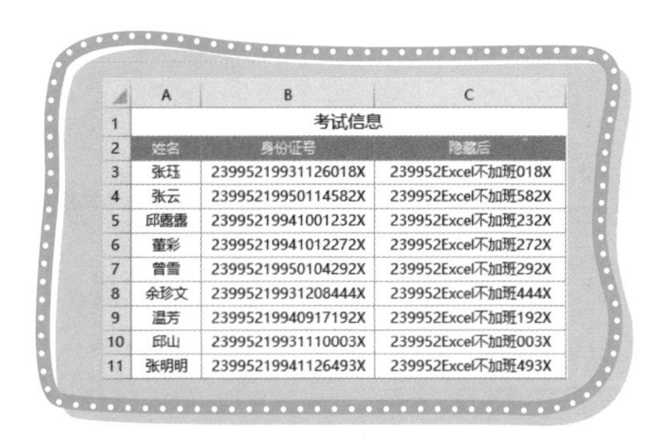

| 考试信息 | | |
|---|---|---|
| 姓名 | 身份证号 | 隐藏后 |
| 张珏 | 23995219931126018X | 239952Excel不加班018X |
| 张云 | 23995219950114582X | 239952Excel不加班582X |
| 邱露露 | 23995219941001232X | 239952Excel不加班232X |
| 董彩 | 23995219941012272X | 239952Excel不加班272X |
| 曾雪 | 23995219950104292X | 239952Excel不加班292X |
| 余珍文 | 23995219931208444X | 239952Excel不加班444X |
| 温芳 | 23995219940917192X | 239952Excel不加班192X |
| 邱山 | 23995219931110003X | 239952Excel不加班003X |
| 张明明 | 23995219941126493X | 239952Excel不加班493X |

图 5-55 指定替换内容

小鱼：原来号码信息都是这么隐藏的啊，挺简单的。

飞鱼：第二种应用是在指定位置插入分隔符号，如图 5-56 所示。将部门与姓名分隔。公式如下：

```
=REPLACE(A2,4,0,"-")
```

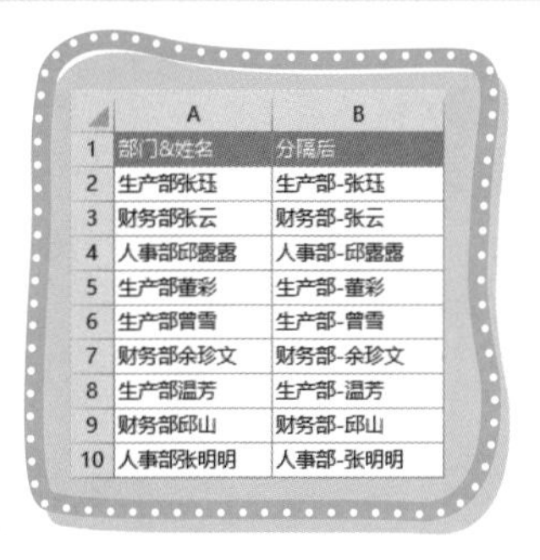

| 部门&姓名 | 分隔后 |
|---|---|
| 生产部张珏 | 生产部-张珏 |
| 财务部张云 | 财务部-张云 |
| 人事部邱露露 | 人事部-邱露露 |
| 生产部董彩 | 生产部-董彩 |
| 生产部曾雪 | 生产部-曾雪 |
| 财务部余珍文 | 财务部-余珍文 |
| 生产部温芳 | 生产部-温芳 |
| 财务部邱山 | 财务部-邱山 |
| 人事部张明明 | 人事部-张明明 |

图 5-56 将部门与姓名分隔

第一个参数为要替换的目标文本，引用 A2 单元格。

第二个参数为从第几个开始替换，通过观察部门都是 3 位，所以我们要从第四位开始替换。参数设置为数字 4。

第三个参数为替换几个，由于我们要插入符号，把第三个参数设置为数字 0 就可以实现插入的效果。

第四个参数为替换后的内容，本次设置为减号 (-)。

小鱼：原来还可以这样，厉害呀！

飞鱼：那如果部门位数不固定（如图 5-57 所示），你还能写出公式吗？

小鱼：现在你可难不倒我了，首先使用 FIND 函数查找到“部”字的位置，如图 5-58 所示，在 B2 单元格输入如下公式并向下填充即可。

```
=FIND("部",A2)
```

然后部门长度加 1 作为 REPLACE 函数第二个参数就可以了，如图 5-59 所示。

在 B2 单元格输入如下公式并向下填充。

```
=REPLACE(A2,FIND("部",A2)+1,0,"-")
```

| | A | B |
|---|---|---|
| 1 | 部门&姓名 | 分隔后 |
| 2 | 移动事业部张珏 | |
| 3 | 财务部张云 | |
| 4 | 移动事业部邱露露 | |
| 5 | 生产部董彩 | |
| 6 | 生产部曾雪 | |
| 7 | 财务部余珍文 | |
| 8 | 移动事业部温芳 | |
| 9 | 财务部邱山 | |
| 10 | 人事部张明明 | |

图 5-57　部门位数不固定

| | A | B |
|---|---|---|
| 1 | 部门&姓名 | 部门长度 |
| 2 | 移动事业部张珏 | 5 |
| 3 | 财务部张云 | 3 |
| 4 | 移动事业部邱露露 | 5 |
| 5 | 生产部董彩 | 3 |
| 6 | 生产部曾雪 | 3 |
| 7 | 财务部余珍文 | 3 |
| 8 | 移动事业部温芳 | 5 |
| 9 | 财务部邱山 | 3 |
| 10 | 人事部张明明 | 3 |

图 5-58　计算部门长度

| | A | B |
|---|---|---|
| 1 | 部门&姓名 | 分隔后 |
| 2 | 移动事业部张珏 | 移动事业部-张珏 |
| 3 | 财务部张云 | 财务部-张云 |
| 4 | 移动事业部邱露露 | 移动事业部-邱露露 |
| 5 | 生产部董彩 | 生产部-董彩 |
| 6 | 生产部曾雪 | 生产部-曾雪 |
| 7 | 财务部余珍文 | 财务部-余珍文 |
| 8 | 移动事业部温芳 | 移动事业部-温芳 |
| 9 | 财务部邱山 | 财务部-邱山 |
| 10 | 人事部张明明 | 人事部-张明明 |

图 5-59　插入分隔符号

飞鱼：厉害了，都可以灵活运用了。

课后练习

如图 5-60 所示，A 列联系方式，姓名与手机号之间是没有分隔，要求在姓名与手机号码之间插入冒号进行分隔。

| | A | B |
|---|---|---|
| 1 | 联系方式 | 分隔后 |
| 2 | 张珏1325292737A | 张珏：1325292737A |
| 3 | 张云1325292738A | 张云：1325292738A |
| 4 | 邱露露1325292739A | 邱露露：1325292739A |
| 5 | 董彩1325292740A | 董彩：1325292740A |
| 6 | 曾雪1325292741A | 曾雪：1325292741A |
| 7 | 余珍文1325292742A | 余珍文：1325292742A |
| 8 | 温芳1325292743A | 温芳：1325292743A |
| 9 | 邱山1325292744A | 邱山：1325292744A |
| 10 | 张明明1325292745A | 张明明：1325292745A |

图 5-60　联系方式分隔

## 5.6　文本重复函数 REPT

飞鱼：公司每个月要对员工进行服务等级评比，每个等级用对应的心形符号代表，如图 5-61 所示。

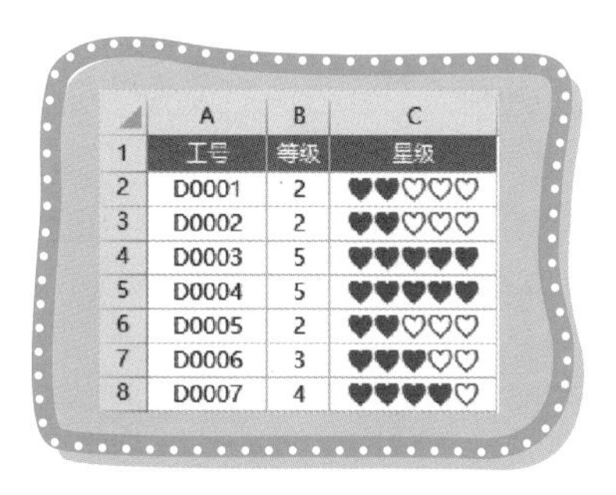

| | A | B | C |
|---|---|---|---|
| 1 | 工号 | 等级 | 星级 |
| 2 | D0001 | 2 | ♥♥♡♡♡ |
| 3 | D0002 | 2 | ♥♥♡♡♡ |
| 4 | D0003 | 5 | ♥♥♥♥♥ |
| 5 | D0004 | 5 | ♥♥♥♥♥ |
| 6 | D0005 | 2 | ♥♥♡♡♡ |
| 7 | D0006 | 3 | ♥♥♥♡♡ |
| 8 | D0007 | 4 | ♥♥♥♥♡ |

图 5-61　员工服务等级评比

小鱼：好漂亮啊，快教教我，这是怎么做出来的。

飞鱼：首先我们要学习 REPT（文本重复）函数。其函数语法如图 5-62 所示。

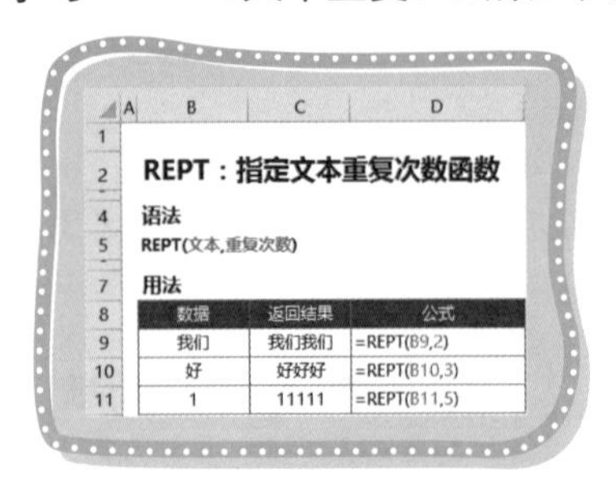

**REPT：指定文本重复次数函数**

**语法**

REPT(文本,重复次数)

**用法**

| 数据 | 返回结果 | 公式 |
|---|---|---|
| 我们 | 我们我们 | =REPT(B9,2) |
| 好 | 好好好 | =REPT(B10,3) |
| 1 | 11111 | =REPT(B11,5) |

图 5-62　REPT 函数语法

Step 01 选中 B 列，选择“数据”选项卡，单击“数据验证”图标，弹出“数据验证”对话框，在“允许 (A):”处选择“整数”，在“数据 (D):”处选择“介于”，在“最小值 (M)”输入框中输入 1，“最大值 (X)”输入框中输入 5，单击“确定”按钮完成设置，如图 5-63 所示。

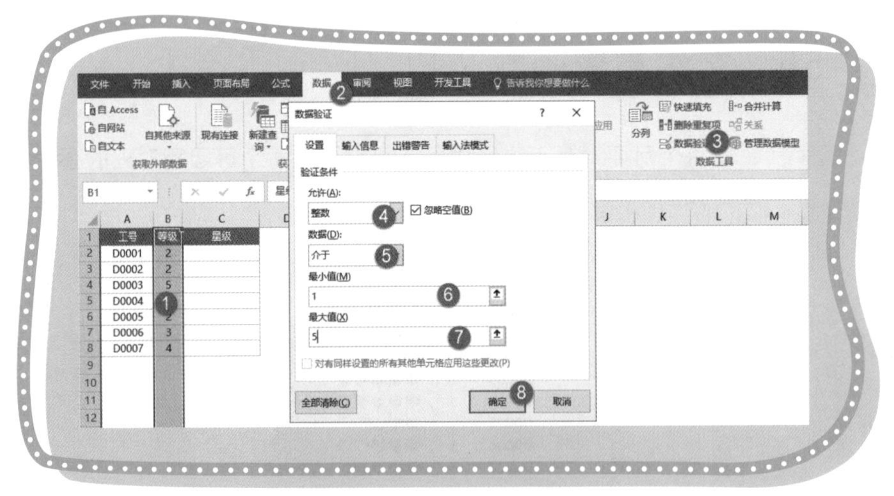


图 5-63　设置数据验证

Step 02 制作实心的心形符号，可以使用 REPT 函数生成，如图 5-64 所示。

在 C2 单元格输入如下公式后，向下填充。

```
=REPT("♥",B2)
```

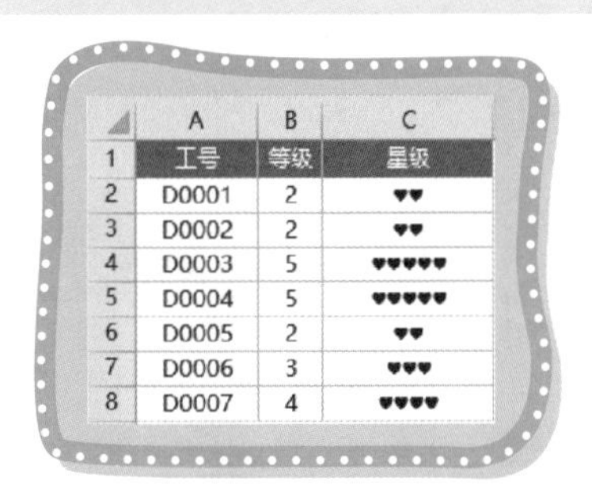

| | A | B | C |
|---|---|---|---|
| 1 | 工号 | 等级 | 星级 |
| 2 | D0001 | 2 | ♥♥ |
| 3 | D0002 | 2 | ♥♥ |
| 4 | D0003 | 5 | ♥♥♥♥♥ |
| 5 | D0004 | 5 | ♥♥♥♥♥ |
| 6 | D0005 | 2 | ♥♥ |
| 7 | D0006 | 3 | ♥♥♥ |
| 8 | D0007 | 4 | ♥♥♥♥ |

图 5-64　制作实心心形符号的星级

第一个参数为重复文本，输入实心的心形符号。

第二个参数为重复次数，引用 B2 单元格的内容。

小鱼：你的心形符号是怎么输入的啊？我怎么找不到呢？

飞鱼：其实我也找不到，用百度搜索“心形符号”，复制到 Excel 中就可以了。

Step 03 用同样的方法，搜索空心心形符号后复制，制作空心的心形符号，如图 5-65 所示。

在 D2 单元格输入如下公式，向下填充。

```
=REPT("♡",5-B2)
```

第一个参数，粘贴复制的心形符号。

第二个参数，星级最高为 5 星，用 5 减去等级就是空心心形符号的数量。

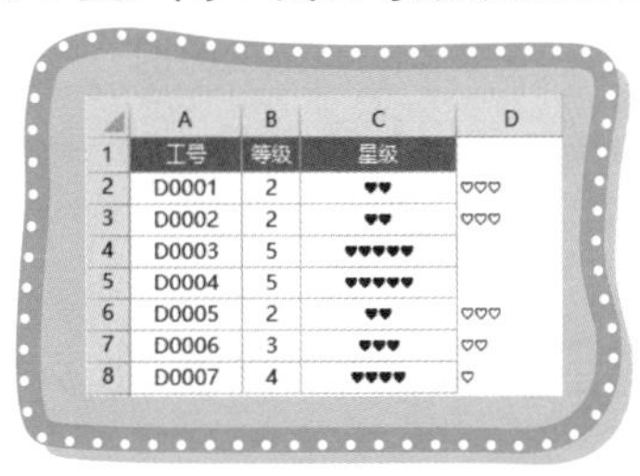

| | A | B | C | D |
|---|---|---|---|---|
| 1 | 工号 | 等级 | 星级 | |
| 2 | D0001 | 2 | ♥♥ | ♡♡♡ |
| 3 | D0002 | 2 | ♥♥ | ♡♡♡ |
| 4 | D0003 | 5 | ♥♥♥♥♥ | |
| 5 | D0004 | 5 | ♥♥♥♥♥ | |
| 6 | D0005 | 2 | ♥♥ | ♡♡♡ |
| 7 | D0006 | 3 | ♥♥♥ | ♡♡ |
| 8 | D0007 | 4 | ♥♥♥♥ | ♡ |

图 5-65　制作空心心形符号

Step 04 将两个单元格的公式使用接连符（&）接连，合并为一条公式，设置字号，设置文字颜色为红色，如图 5-66 所示。

C2 单元格输入如下公式后，向下填充。

```
=REPT("♥",B2)&REPT("♡",5-B2)
```

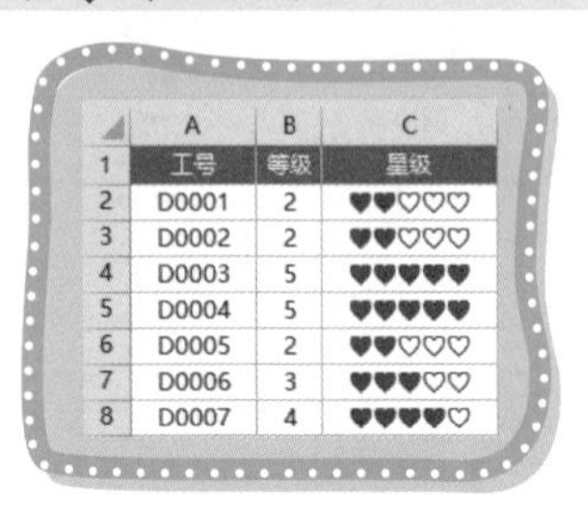

| | A | B | C |
|---|---|---|---|
| 1 | 工号 | 等级 | 星级 |
| 2 | D0001 | 2 | ♥♥♡♡♡ |
| 3 | D0002 | 2 | ♥♥♡♡♡ |
| 4 | D0003 | 5 | ♥♥♥♥♥ |
| 5 | D0004 | 5 | ♥♥♥♥♥ |
| 6 | D0005 | 2 | ♥♥♡♡♡ |
| 7 | D0006 | 3 | ♥♥♥♡♡ |
| 8 | D0007 | 4 | ♥♥♥♥♡ |

图 5-66 设置格式

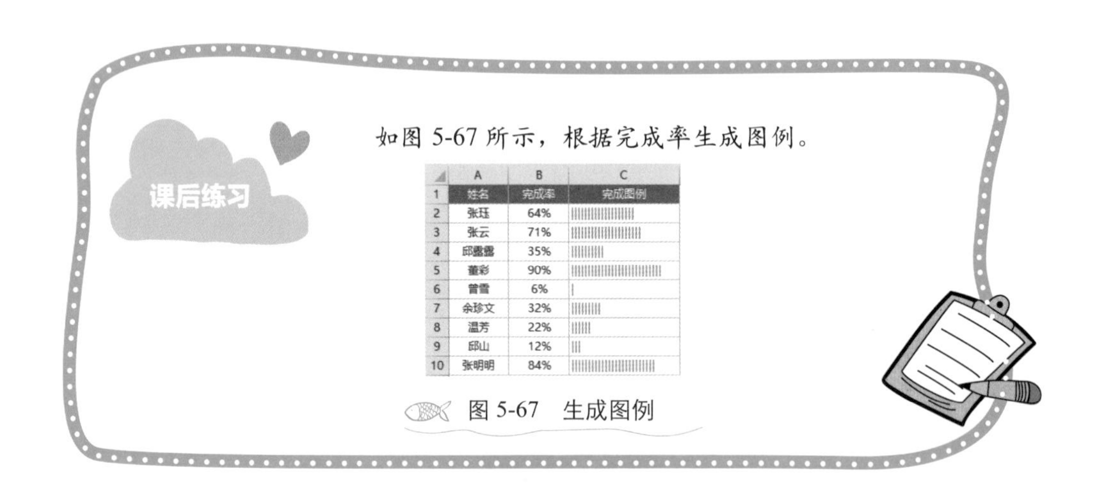


如图 5-67 所示，根据完成率生成图例。

<table>
<tr><th></th><th>A</th><th>B</th><th>C</th></tr>
<tr><td>1</td><td>姓名</td><td>完成率</td><td>完成图例</td></tr>
<tr><td>2</td><td>张珏</td><td>64%</td><td>||||||||||||||||</td></tr>
<tr><td>3</td><td>张云</td><td>71%</td><td>|||||||||||||||||</td></tr>
<tr><td>4</td><td>邱露露</td><td>35%</td><td>||||||||</td></tr>
<tr><td>5</td><td>董彩</td><td>90%</td><td>||||||||||||||||||||||</td></tr>
<tr><td>6</td><td>曾雪</td><td>6%</td><td>|</td></tr>
<tr><td>7</td><td>余珍文</td><td>32%</td><td>||||||||</td></tr>
<tr><td>8</td><td>温芳</td><td>22%</td><td>|||||</td></tr>
<tr><td>9</td><td>邱山</td><td>12%</td><td>|||</td></tr>
<tr><td>10</td><td>张明明</td><td>84%</td><td>|||||||||||||||||||||</td></tr>
</table>

图 5-67 生成图例

## 5.7 文本连接函数 PHONETIC

飞鱼：如图 5-68 所示，将小区、楼号、单元号、层号、房间号连接到一个单元格中。

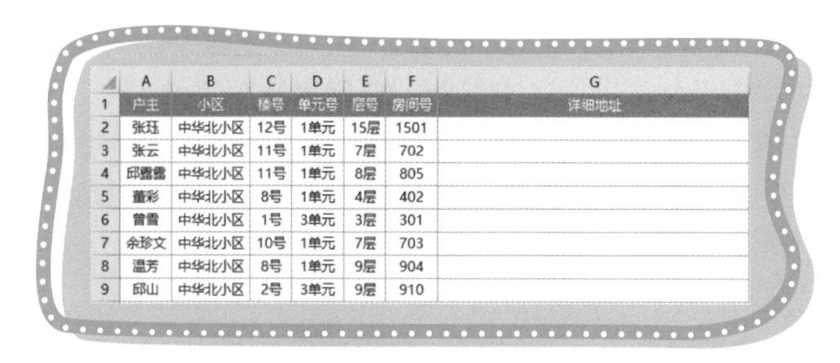

| | A | B | C | D | E | F | G |
|---|---|---|---|---|---|---|---|
| 1 | 户主 | 小区 | 楼号 | 单元号 | 层号 | 房间号 | 详细地址 |
| 2 | 张珏 | 中华北小区 | 12号 | 1单元 | 15层 | 1501 | |
| 3 | 张云 | 中华北小区 | 11号 | 1单元 | 7层 | 702 | |
| 4 | 邱露露 | 中华北小区 | 11号 | 1单元 | 8层 | 805 | |
| 5 | 董彩 | 中华北小区 | 8号 | 1单元 | 4层 | 402 | |
| 6 | 曾雪 | 中华北小区 | 1号 | 3单元 | 3层 | 301 | |
| 7 | 余珍文 | 中华北小区 | 10号 | 1单元 | 7层 | 703 | |
| 8 | 温芳 | 中华北小区 | 8号 | 1单元 | 9层 | 904 | |
| 9 | 邱山 | 中华北小区 | 2号 | 3单元 | 9层 | 910 | |

图 5-68 文本连接

小鱼：使用连接符（&）就可以了啊，输入如下公式，如图 5-69 所示。

```
=B2&C2&D2&E2&F2
```

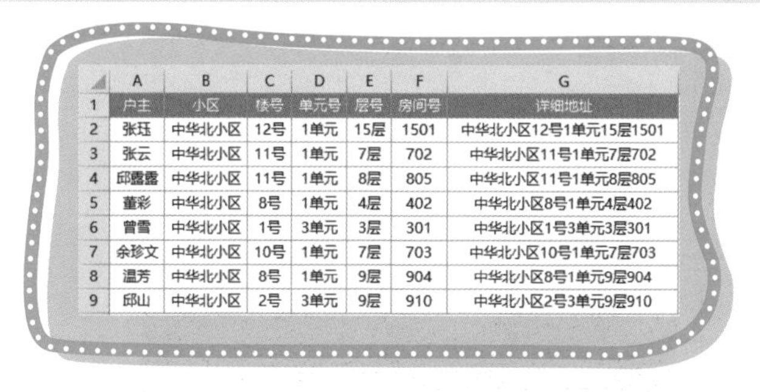

| | A | B | C | D | E | F | G |
|---|---|---|---|---|---|---|---|
| 1 | 户主 | 小区 | 楼号 | 单元号 | 层号 | 房间号 | 详细地址 |
| 2 | 张珏 | 中华北小区 | 12号 | 1单元 | 15层 | 1501 | 中华北小区12号1单元15层1501 |
| 3 | 张云 | 中华北小区 | 11号 | 1单元 | 7层 | 702 | 中华北小区11号1单元7层702 |
| 4 | 邱露露 | 中华北小区 | 11号 | 1单元 | 8层 | 805 | 中华北小区11号1单元8层805 |
| 5 | 董彩 | 中华北小区 | 8号 | 1单元 | 4层 | 402 | 中华北小区8号1单元4层402 |
| 6 | 曾雪 | 中华北小区 | 1号 | 3单元 | 3层 | 301 | 中华北小区1号3单元3层301 |
| 7 | 余珍文 | 中华北小区 | 10号 | 1单元 | 7层 | 703 | 中华北小区10号1单元7层703 |
| 8 | 温芳 | 中华北小区 | 8号 | 1单元 | 9层 | 904 | 中华北小区8号1单元9层904 |
| 9 | 邱山 | 中华北小区 | 2号 | 3单元 | 9层 | 910 | 中华北小区2号3单元9层910 |

图 5-69 使用连接符连接

飞鱼：如果需要连接的内容少，可以使用连接符连接；如果内容多，我们可以使用 PHONETIC（文本连接）函数，其语法如图 5-70 所示。

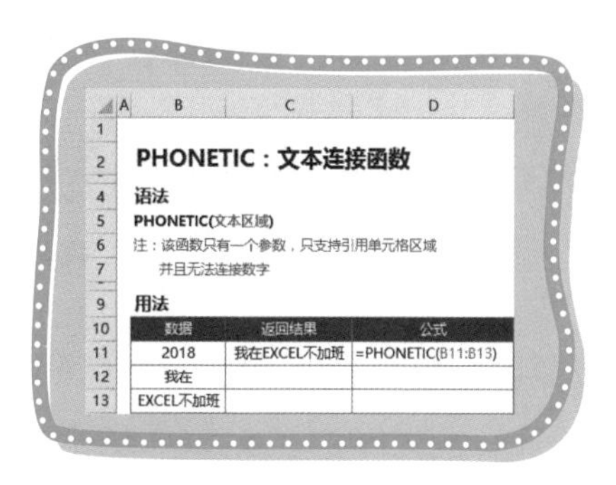

**PHONETIC：文本连接函数**

**语法**

**PHONETIC(文本区域)**

注：该函数只有一个参数，只支持引用单元格区域

并且无法连接数字

**用法**

| 数据 | 返回结果 | 公式 |
|---|---|---|
| 2018 | 我在EXCEL不加班 | =PHONETIC(B11:B13) |
| 我在 | | |
| EXCEL不加班 | | |

图 5-70 PHONETIC 函数语法

由于 PHONETIC 函数只能连接文本内容，房间号是数字，无法连接，我们可以使用分列功能，将数字转换为文本。选中 F 列，选择“数据”选项卡，单击“分列”按钮标，弹出“文本分列向导”对话框。在“文本分列向导 - 第 3 步，共 3 步”对话框中，选择“列数据格式”为“文本”，单击“完成 (F)”按钮，完成转换，如图 5-71 所示。

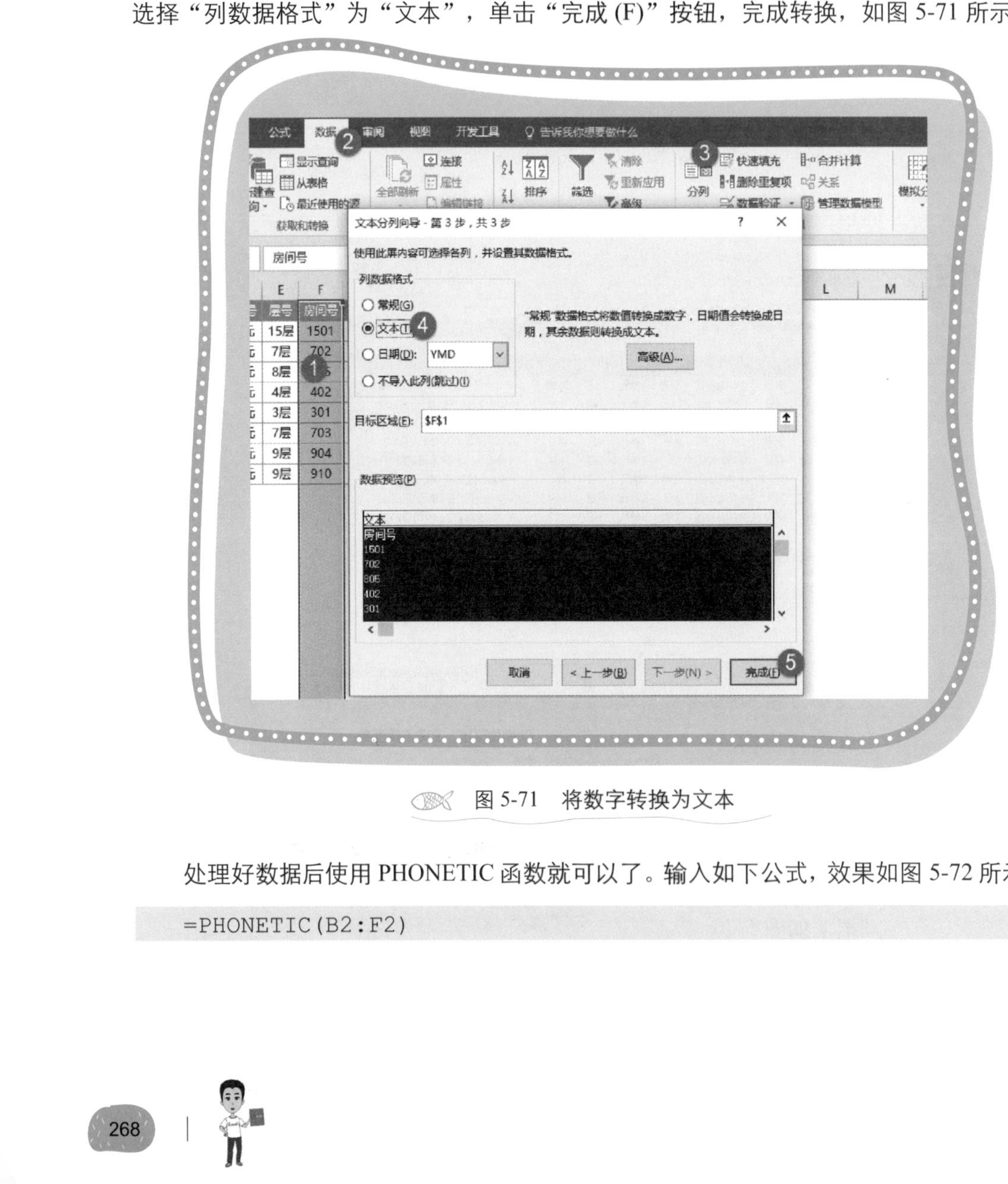


图 5-71　将数字转换为文本

处理好数据后使用 PHONETIC 函数就可以了。输入如下公式，效果如图 5-72 所示。

```
=PHONETIC(B2:F2)
```

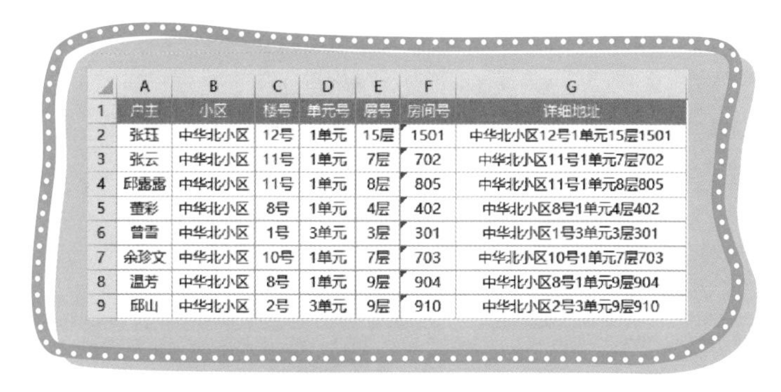

| | A | B | C | D | E | F | G |
|---|---|---|---|---|---|---|---|
| 1 | 户主 | 小区 | 楼号 | 单元号 | 层号 | 房间号 | 详细地址 |
| 2 | 张珏 | 中华北小区 | 12号 | 1单元 | 15层 | 1501 | 中华北小区12号1单元15层1501 |
| 3 | 张云 | 中华北小区 | 11号 | 1单元 | 7层 | 702 | 中华北小区11号1单元7层702 |
| 4 | 邱露露 | 中华北小区 | 11号 | 1单元 | 8层 | 805 | 中华北小区11号1单元8层805 |
| 5 | 董彩 | 中华北小区 | 8号 | 1单元 | 4层 | 402 | 中华北小区8号1单元4层402 |
| 6 | 曾雪 | 中华北小区 | 1号 | 3单元 | 3层 | 301 | 中华北小区1号3单元3层301 |
| 7 | 余珍文 | 中华北小区 | 10号 | 1单元 | 7层 | 703 | 中华北小区10号1单元7层703 |
| 8 | 温芳 | 中华北小区 | 8号 | 1单元 | 9层 | 904 | 中华北小区8号1单元9层904 |
| 9 | 邱山 | 中华北小区 | 2号 | 3单元 | 9层 | 910 | 中华北小区2号3单元9层910 |

图 5-72 使用 PHONETIC 函数

从事财务工作的小伙伴常会遇到这种支付证明单，如图 5-73 所示。

| | A | B | C | D | E | F | G | H | I | J | K | L |
|---|---|---|---|---|---|---|---|---|---|---|---|---|
| 1 | 支付证明单 | | | | | | | | | | | |
| 2 | 科目名称 | 金额 | | | | | | | | | | |
| 3 | | 万 | 千 | 百 | 十 | 万 | 千 | 百 | 十 | 元 | 角 | 分 |
| 4 | A公司 | | | | | | 9 | 7 | 9 | 9 | 0 | 0 |
| 5 | B公司 | | | | | | | 6 | 5 | 2 | 0 | 0 |
| 6 | C公司 | | | | | 1 | 2 | 5 | 6 | 2 | 0 | 0 |
| 7 | 合计 | | | | | | | | | | | |

图 5-73 支付证明单

现在需要对所有科目名称的金额进行合计。

小鱼：我知道了，可以使用 PHONETIC 函数把金额连接，然后就可以求和了。不过需要事先把单元格格式设置为文本，如果之前已经有数据了，需要用 Excel 的分列功能转换下，然后 PHONETIC 函数才可以连接。合并后，我们发现合计后的金额大了 100 倍，这是因为在合并的时候，我们没有在元和角之间插入小数点，所以合并后的金额大了 100 倍，合并后除 100 就可以了。输入如下公式，如图 5-74 所示。

```
=PHONETIC(B4:L4)/100
```

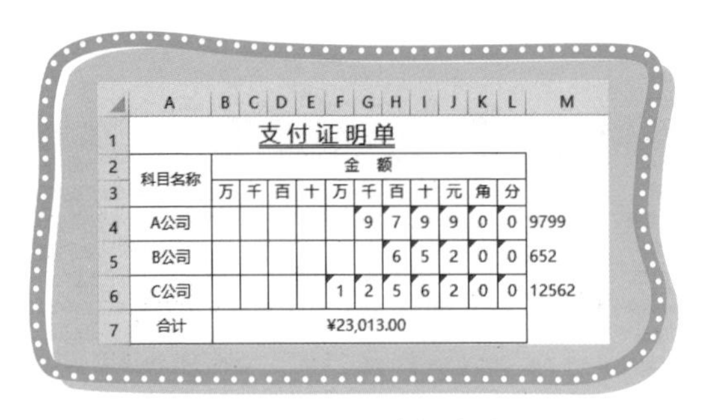

| | A | B | C | D | E | F | G | H | I | J | K | L | M |
|---|---|---|---|---|---|---|---|---|---|---|---|---|---|
| 1 | 支付证明单 | | | | | | | | | | | | |
| 2 | 科目名称 | 金额 | | | | | | | | | | | |
| 3 | | 万 | 千 | 百 | 十 | 万 | 千 | 百 | 十 | 元 | 角 | 分 | |
| 4 | A公司 | | | | | | 9 | 7 | 9 | 9 | 0 | 0 | 9799 |
| 5 | B公司 | | | | | | | 6 | 5 | 2 | 0 | 0 | 652 |
| 6 | C公司 | | | | | 1 | 2 | 5 | 6 | 2 | 0 | 0 | 12562 |
| 7 | 合计 | ¥23,013.00 | | | | | | | | | | | |

图 5-74　将金额合并

飞鱼：如果是 Office 365 用户可以使用 365 专属函数，CONCAT 函数。CONCAT 函数是 PHONETIC 函数的升级版，这个函数支持数字的连接，同时支持多个区域，并且支持数组。输入如下公式，如图 5-75 所示。

```
=CONCAT(B4:L4)/100
```

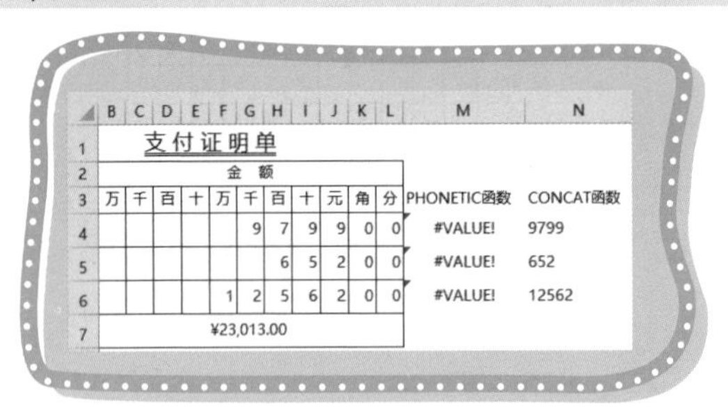

| | B | C | D | E | F | G | H | I | J | K | L | M | N |
|---|---|---|---|---|---|---|---|---|---|---|---|---|---|
| 1 | 支付证明单 | | | | | | | | | | | | |
| 2 | 金额 | | | | | | | | | | | | |
| 3 | 万 | 千 | 百 | 十 | 万 | 千 | 百 | 十 | 元 | 角 | 分 | PHONETIC函数 | CONCAT函数 |
| 4 | | | | | | 9 | 7 | 9 | 9 | 0 | 0 | #VALUE! | 9799 |
| 5 | | | | | | | 6 | 5 | 2 | 0 | 0 | #VALUE! | 652 |
| 6 | | | | | 1 | 2 | 5 | 6 | 2 | 0 | 0 | #VALUE! | 12562 |
| 7 | ¥23,013.00 | | | | | | | | | | | | |

图 5-75　使用 CONCAT 函数

可以看到当数据为数值时，使用 PHONETIC 函数就无法使用了，这就是 CONCAT 函数的优势。

小鱼：我的 Excel 没有 CONCAT 函数啊，除了 CONCAT 函数，还有别的函数可以直接合并吗？

飞鱼：办法倒是也有，只是这种公式是非常难理解的，学习成本很高。所以你就乖乖地使用 PHONETIC 函数就好。为了满足你的好奇心，给你看下面的公式，这是数组公式，效果如图 5-76 所示。

```
=SUM(B4:L4*10^(11-COLUMN(A:K)))/100
```

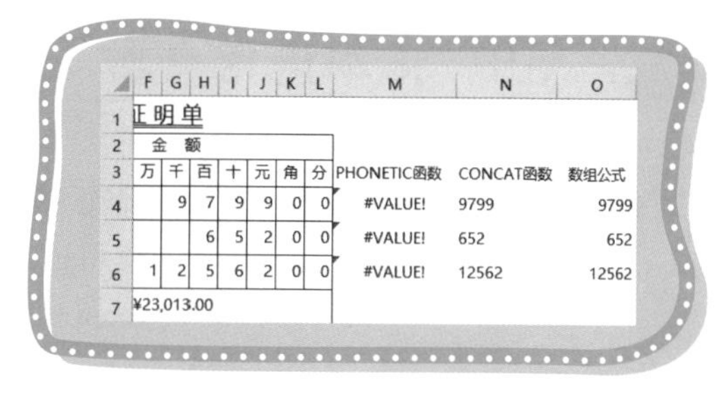

| | F | G | H | I | J | K | L | M | N | O |
|---|---|---|---|---|---|---|---|---|---|---|
| 1 | 证明单 | | | | | | | | | |
| 2 | 金额 | | | | | | | | | |
| 3 | 万 | 千 | 百 | 十 | 元 | 角 | 分 | PHONETIC函数 | CONCAT函数 | 数组公式 |
| 4 | | 9 | 7 | 9 | 9 | 0 | 0 | #VALUE! | 9799 | 9799 |
| 5 | | | 6 | 5 | 2 | 0 | 0 | #VALUE! | 652 | 652 |
| 6 | 1 | 2 | 5 | 6 | 2 | 0 | 0 | #VALUE! | 12562 | 12562 |
| 7 | ¥23,013.00 | | | | | | | | | |

图 5-76 数组公式

有时候看似最笨的办法，往往却是最简单，也是最高效的办法，输入如下公式，直接使用连接符连接，如图 5-77 所示。

```
=(B4&C4&D4&E4&F4&G4&H4&I4&J4&K4&L4)/100
```

飞鱼：在无法使用 CONCAT 函数的情况下，你感觉哪种方法最好？

小鱼：当然是使用连接符了，不用思考，简单明了。

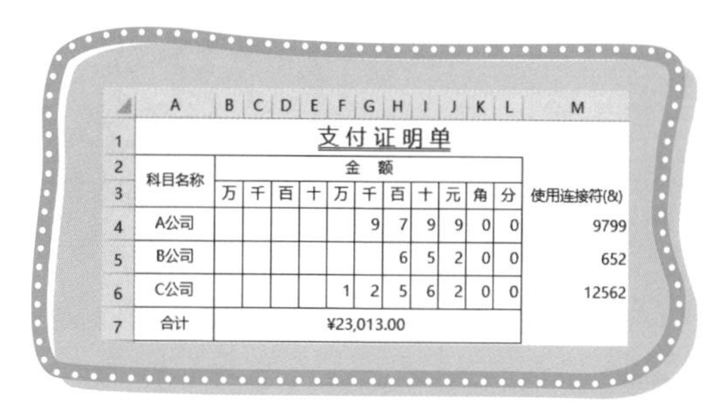

| | A | B | C | D | E | F | G | H | I | J | K | L | M |
|---|---|---|---|---|---|---|---|---|---|---|---|---|---|
| 1 | 支付证明单 | | | | | | | | | | | | |
| 2 | 科目名称 | 金额 | | | | | | | | | | | |
| 3 | | 万 | 千 | 百 | 十 | 万 | 千 | 百 | 十 | 元 | 角 | 分 | 使用连接符(&) |
| 4 | A公司 | | | | | | 9 | 7 | 9 | 9 | 0 | 0 | 9799 |
| 5 | B公司 | | | | | | | 6 | 5 | 2 | 0 | 0 | 652 |
| 6 | C公司 | | | | | 1 | 2 | 5 | 6 | 2 | 0 | 0 | 12562 |
| 7 | 合计 | ¥23,013.00 | | | | | | | | | | | |

图 5-77 使用连接符连接

**课后练习**

如图 5-78 所示，将小区、楼号、单元号、层号、房间号连接到一个单元格中。

| | A | B | C | D | E | F | G |
|---|---|---|---|---|---|---|---|
| 1 | 户主 | 小区 | 楼号 | 单元号 | 层号 | 房间号 | 详细地址 |
| 2 | 张珏 | 中华北小区 | 12 | 1 | 15 | 1501 | 中华北小区12号1单元15层1501 |
| 3 | 张云 | 中华北小区 | 11 | 1 | 7 | 702 | 中华北小区11号1单元7层702 |
| 4 | 邱露露 | 中华北小区 | 11 | 1 | 8 | 805 | 中华北小区11号1单元8层805 |
| 5 | 董彩 | 中华北小区 | 8 | 1 | 4 | 402 | 中华北小区8号1单元4层402 |
| 6 | 曾雪 | 中华北小区 | 1 | 3 | 3 | 301 | 中华北小区1号3单元3层301 |
| 7 | 余珍文 | 中华北小区 | 10 | 1 | 7 | 703 | 中华北小区10号1单元7层703 |
| 8 | 温芳 | 中华北小区 | 8 | 1 | 9 | 904 | 中华北小区8号1单元9层904 |
| 9 | 邱山 | 中华北小区 | 2 | 3 | 9 | 910 | 中华北小区2号3单元9层910 |

图 5-78 文本连接

# 5.8 文本连接函数 TEXTJOIN

小鱼：如图 5-79 所示，公司有很多部门，现在想根据部门查找该部门的所有员工姓名，查找到后，使用逗号连接到一个单元格中。

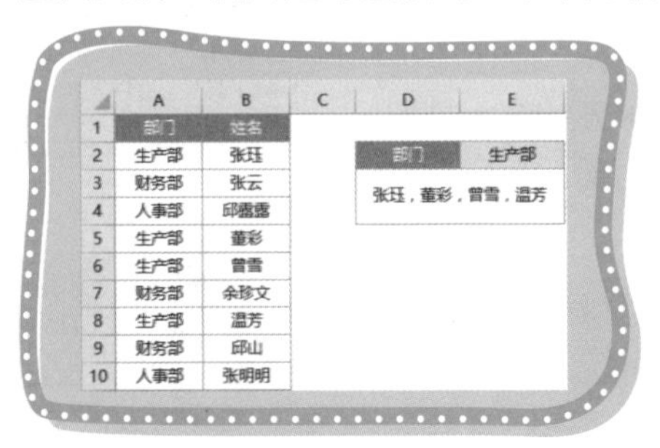

| 部门 | 姓名 |
|---|---|
| 生产部 | 张珏 |
| 财务部 | 张云 |
| 人事部 | 邱露露 |
| 生产部 | 董彩 |
| 生产部 | 曾雪 |
| 财务部 | 余珍文 |
| 生产部 | 温芳 |
| 财务部 | 邱山 |
| 人事部 | 张明明 |

| 部门 | 生产部 |
|---|---|
| 张珏，董彩，曾雪，温芳 | |

图 5-79 一对多查找

飞鱼：这个问题其实很简单。有点麻烦的是，需要用到 Office 365 版本的专属函数，TEXTJOIN（带分隔符的文本连接）函数。其语法如图 5-80 所示。

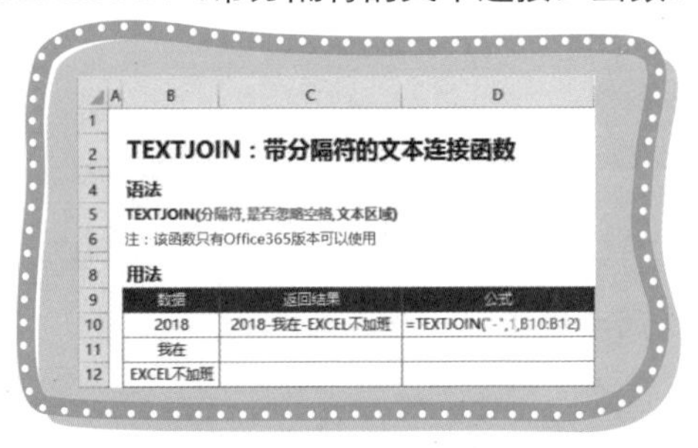

TEXTJOIN：带分隔符的文本连接函数

语法

TEXTJOIN(分隔符,是否忽略空格,文本区域)

注：该函数只有Office365版本可以使用

用法

| 数据 | 返回结果 | 公式 |
|---|---|---|
| 2018 | 2018-我在-EXCEL不加班 | =TEXTJOIN("-",1,B10:B12) |
| 我在 | | |
| EXCEL不加班 | | |

图 5-80 TEXTJOIN 函数语法

TEXTJOIN 函数共有三个参数。

第一个参数，分隔符，指定连接文本的分隔符号。

第二个参数，是否忽略空格，1 为忽略空格，0 为包含空格，99% 都要忽略空格，所以第二个参数设置为 1 就可以了。

第三个参数，文本区域，指定需要连接的区域，区域支持常量数组。

Step 01 首先我们添加一列辅助列，使用 IF 函数判断 A 列部门是否等于 E2 单元格要查找的部门。如果等于，则返回对应的姓名；不等于，则返回一个空文本，输入如下公式，效果如图 5-81 所示。

```
=IF(A2=$E$2,B2,"")
```

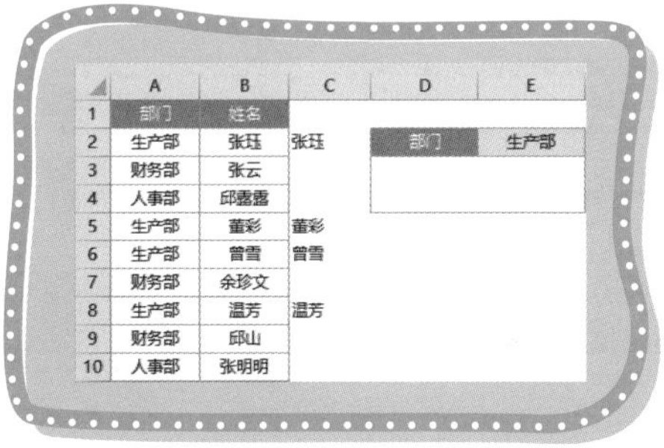

| | A | B | C | D | E |
|---|---|---|---|---|---|
| 1 | 部门 | 姓名 | | | |
| 2 | 生产部 | 张珏 | 张珏 | 部门 | 生产部 |
| 3 | 财务部 | 张云 | | | |
| 4 | 人事部 | 邱露露 | | | |
| 5 | 生产部 | 董彩 | 董彩 | | |
| 6 | 生产部 | 曾雪 | 曾雪 | | |
| 7 | 财务部 | 余珍文 | | | |
| 8 | 生产部 | 温芳 | 温芳 | | |
| 9 | 财务部 | 邱山 | | | |
| 10 | 人事部 | 张明明 | | | |

图 5-81 添加辅助列后使用 IF 判断

Step 02 使用 TEXTJOIN 函数连接辅助列即可，如图 5-82 所示。

```
=TEXTJOIN(", ",1,C2:C10)
```

如果不想使用辅助列可以使用数组公式，要记得按 Ctrl+Shift+Enter 组合键结束公式。

```
=TEXTJOIN(", ",1,IF(A2:A10=E2,B2:B10,""))
```

需要注意的是，合并单元格是无法输入数组公式的，可以先输入数组公式，确认公式没问题后再合并单元格就可以了。

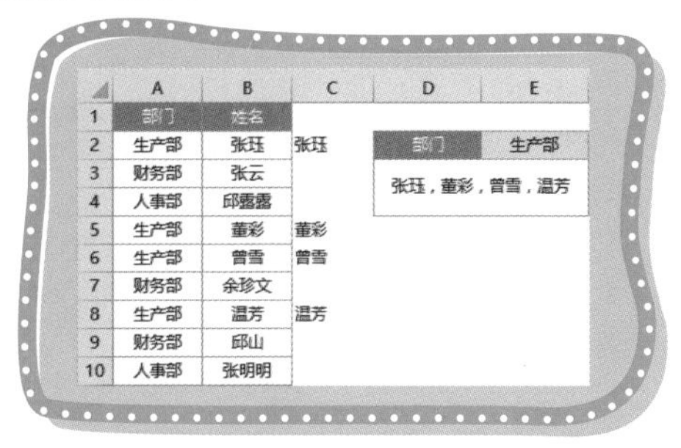

| | A | B | C | D | E |
|---|---|---|---|---|---|
| 1 | 部门 | 姓名 | | | |
| 2 | 生产部 | 张珏 | 张珏 | 部门 | 生产部 |
| 3 | 财务部 | 张云 | | 张珏，董彩，曾雪，温芳 | |
| 4 | 人事部 | 邱露露 | | | |
| 5 | 生产部 | 董彩 | 董彩 | | |
| 6 | 生产部 | 曾雪 | 曾雪 | | |
| 7 | 财务部 | 余珍文 | | | |
| 8 | 生产部 | 温芳 | 温芳 | | |
| 9 | 财务部 | 邱山 | | | |
| 10 | 人事部 | 张明明 | | | |

图 5-82 使用 TEXTJOIN 函数连接

小鱼：可是我的 Excel 没有 TEXTJOIN 函数，怎么办呢？

飞鱼：不使用 Office 365 版本，没有 TEXTJOIN 函数的小伙伴也不要急。我写了一个自定义函数，和 TEXTJOIN 函数的功能是一样的，现在就教你把自定义函数安装到 Excel。

Step 01 新建一个工作表，按 Alt+F11 组合键打开 VBE 窗口，选择“插入”选项卡，单击“模块 (M)”图标，插入模块，如图 5-83 所示。

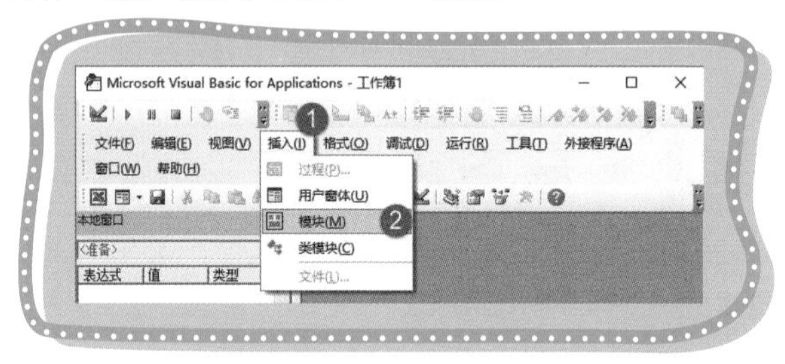


图 5-83　插入模块

自定义函数代码如下：

```
Function TEXTJOINA(Dilimitetr As String, ignore_empty As
Boolean, ParamArray text1())
    Application.Volatile
    For i = 0 To UBound(text1)
        If Not IsMissing(text1(i)) Then
            Select Case Right(TypeName(text1(i)), 1)
            Case "e"
                For Each ra In text1(i)
                    If ignore_empty Then
                           If ra <> "" Then texts = texts &
Dilimitetr & ra
                    Else
                        texts = texts & Dilimitetr & ra
                    End If
                Next
            Case ")"
                For Each arr In text1(i)
```

```
                    If ignore_empty Then
                        If arr <> "" Then texts = texts &
Dilimitetr & arr
                    Else
                        texts = texts & Dilimitetr & arr
                    End If
                Next
            Case Else
                    If text1(i) <> "" Then texts = texts &
Dilimitetr & text1(i)
            End Select
        End If
    Next i
    TEXTJOINA = Mid(texts, 2)
End Function
```

Step 02 复制自定义函数代码，粘贴到代码窗口，如图 5-84 所示。

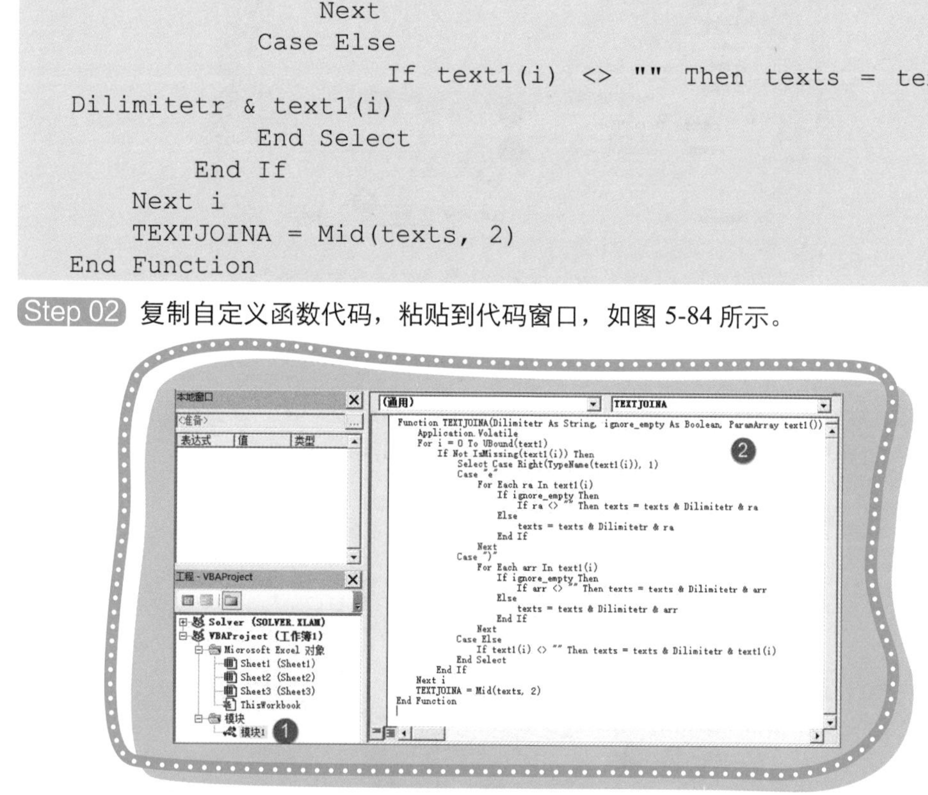


图 5-84 粘贴代码

Step 03 关闭 VBE 窗口，按快捷键 F12，弹出“另存为”对话框，保存类型设置为“Excel 加载宏 (*.xlam) 格式”，文件名和保存路径随意设置，单击“保存 (S)”按钮保存文件，如图 5-85 所示。

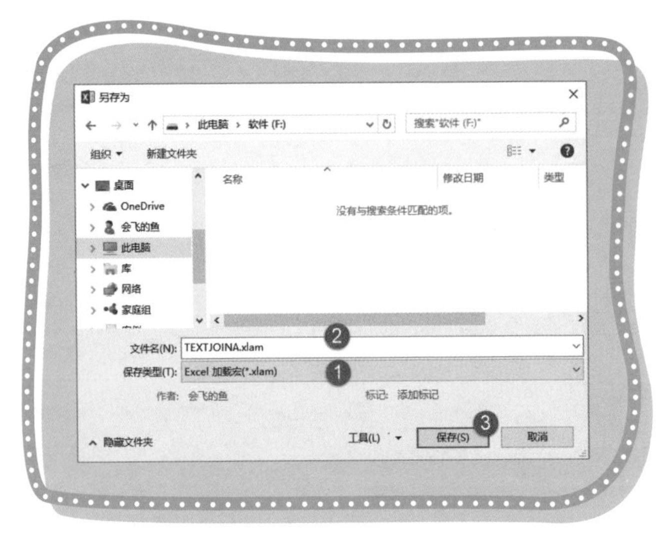


图 5-85　另存为 Excel 加载宏格式文件

Step 04 依次选择“文件”→“选项”→“加载项”命令，在“管理 (A):”下拉列表框中选择“Excel 加载项，单击“转到 (G)…”按钮，如图 5-86 所示。

图 5-86　打开“加载宏”对话框

Step 05 在弹出的“加载项”对话框中单击“浏览 (B)…”按钮，找到刚刚保存的自定义函数加载宏文件，单击“确定”按钮，如图 5-87 所示。

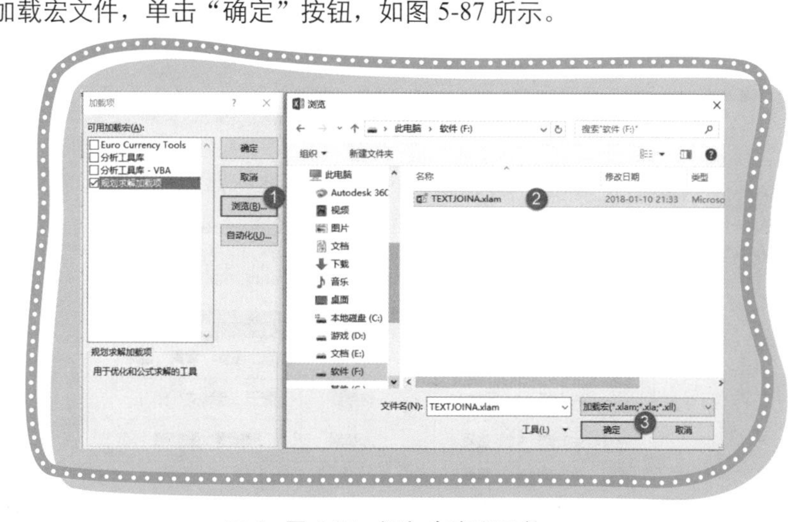


图 5-87 添加自定义函数

Step 06 勾选“Textjoina”，单击“确定”按钮，就可以愉快地使用 TEXTJOINA 函数了，如图 5-88 所示。

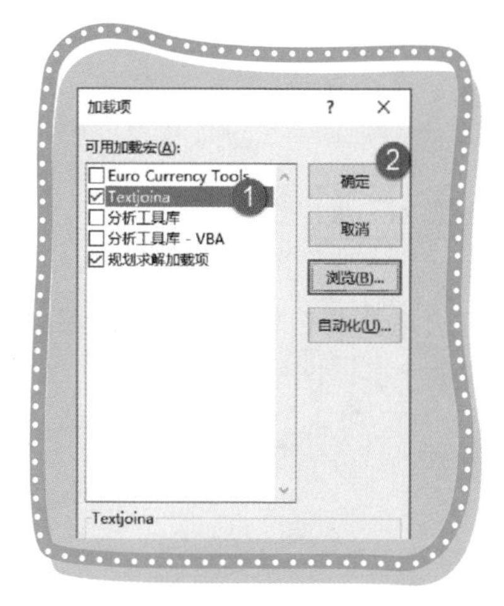


图 5-88 勾选 Textjoina 后单击“确定”按钮

为了和 Office 365 的 TEXTJOIN 函数区分，故函数名称定义为 Textjoina，使用方法和 TEXTJOIN 函数是一样的。

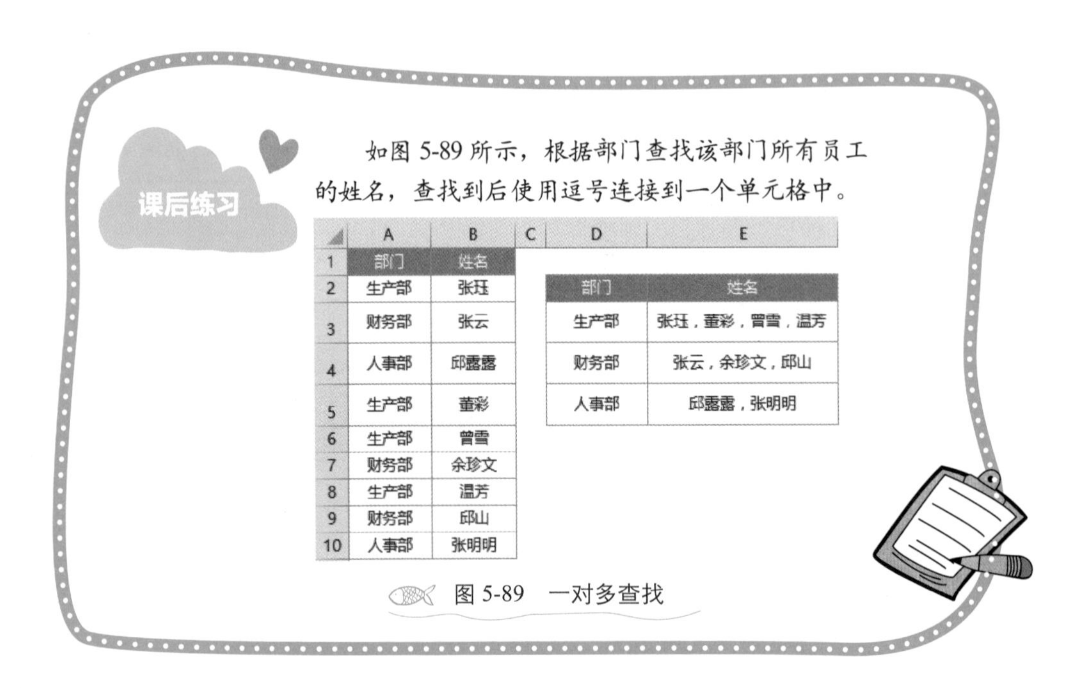


如图 5-89 所示，根据部门查找该部门所有员工的姓名，查找到后使用逗号连接到一个单元格中。

| | A | B | C | D | E |
|---|---|---|---|---|---|
| 1 | 部门 | 姓名 | | | |
| 2 | 生产部 | 张珏 | | 部门 | 姓名 |
| 3 | 财务部 | 张云 | | 生产部 | 张珏，董彩，曾雪，温芳 |
| 4 | 人事部 | 邱露露 | | 财务部 | 张云，余珍文，邱山 |
| 5 | 生产部 | 董彩 | | 人事部 | 邱露露，张明明 |
| 6 | 生产部 | 曾雪 | | | |
| 7 | 财务部 | 余珍文 | | | |
| 8 | 生产部 | 温芳 | | | |
| 9 | 财务部 | 邱山 | | | |
| 10 | 人事部 | 张明明 | | | |

图 5-89　一对多查找

## 5.9 百变之王 TEXT 函数

小鱼：如图 5-90 所示，我想将日期、报销人、报销金额连接到一起，可是连接后日期就变成数字了，这是怎么回事呢？具体公式如下：

```
=A2&B2&"报销"&C2&"元"
```

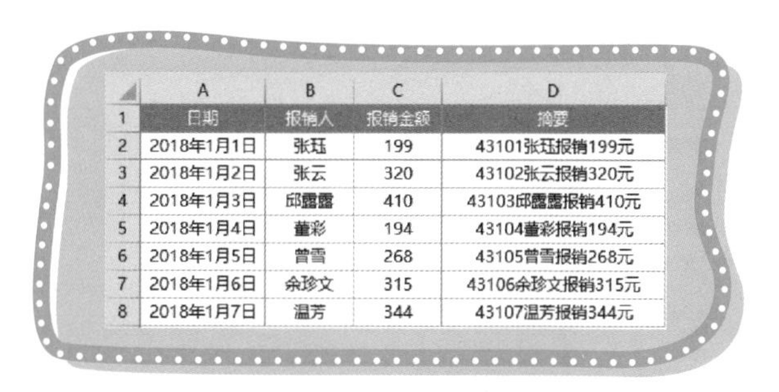

| 日期 | 报销人 | 报销金额 | 摘要 |
|---|---|---|---|
| 2018年1月1日 | 张珏 | 199 | 43101张珏报销199元 |
| 2018年1月2日 | 张云 | 320 | 43102张云报销320元 |
| 2018年1月3日 | 邱露露 | 410 | 43103邱露露报销410元 |
| 2018年1月4日 | 董彩 | 194 | 43104董彩报销194元 |
| 2018年1月5日 | 曾雪 | 268 | 43105曾雪报销268元 |
| 2018年1月6日 | 余珍文 | 315 | 43106余珍文报销315元 |
| 2018年1月7日 | 温芳 | 344 | 43107温芳报销344元 |

图 5-90 摘要连接

飞鱼：在输入标准的日期后，将单元格格式设置为常规，你会发现日期会变成数字，日期的本质是数字，只是通过单元格格式设置显示为日期。所以当使用连接符（&）连接后，日期变成数字也就不奇怪了。

小鱼：那有办法解决这个问题吗？

飞鱼：当然有，使用 TEXT 函数就可以解决这个问题。先来看 TEXT 函数语法，如图 5-91 所示。

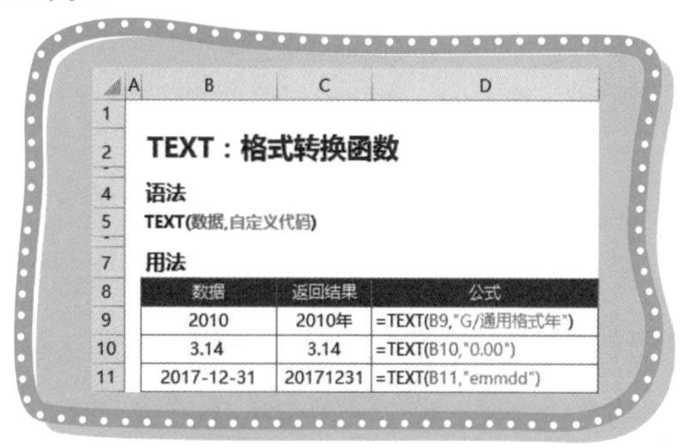

TEXT：格式转换函数

语法

TEXT(数据,自定义代码)

用法

| 数据 | 返回结果 | 公式 |
|---|---|---|
| 2010 | 2010年 | =TEXT(B9,"G/通用格式年") |
| 3.14 | 3.14 | =TEXT(B10,"0.00") |
| 2017-12-31 | 20171231 | =TEXT(B11,"emmdd") |

图 5-91 TEXT 函数语法

小鱼：第二个参数自定义代码怎么写呢？

飞鱼：自定义代码与设置单元格格式中的代码几乎一样，如果不知道 TEXT 函数的第二个参数怎么写，先设置单元格格式，然后复制单元格格式中的代码就可以了，如图 5-92 所示。

图 5-92　复制单元格格式代码

如图 5-93 所示，在 E2 单元格输入如下公式。

```
=TEXT(A2,"yyyy年m月d日")
```

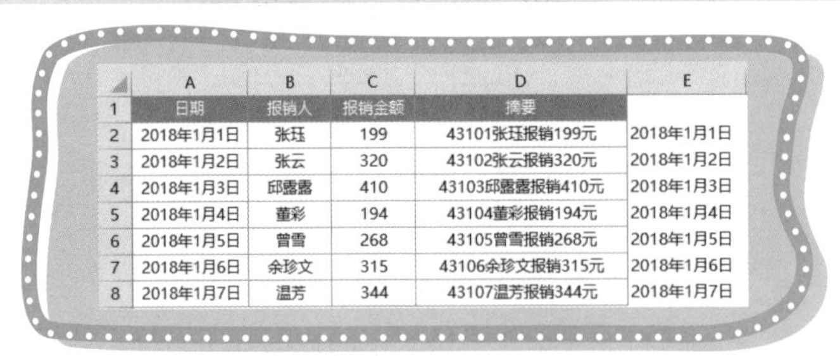

| | A | B | C | D | E |
|---|---|---|---|---|---|
| 1 | 日期 | 报销人 | 报销金额 | 摘要 | |
| 2 | 2018年1月1日 | 张珏 | 199 | 43101张珏报销199元 | 2018年1月1日 |
| 3 | 2018年1月2日 | 张云 | 320 | 43102张云报销320元 | 2018年1月2日 |
| 4 | 2018年1月3日 | 邱露露 | 410 | 43103邱露露报销410元 | 2018年1月3日 |
| 5 | 2018年1月4日 | 董彩 | 194 | 43104董彩报销194元 | 2018年1月4日 |
| 6 | 2018年1月5日 | 曾雪 | 268 | 43105曾雪报销268元 | 2018年1月5日 |
| 7 | 2018年1月6日 | 余珍文 | 315 | 43106余珍文报销315元 | 2018年1月6日 |
| 8 | 2018年1月7日 | 温芳 | 344 | 43107温芳报销344元 | 2018年1月7日 |

图 5-93　使用 TEXT 函数

可以看到 TEXT 函数第二个参数的代码和设置单元格格式中的代码几乎是一样的，只是写法略有不同而已。

小鱼：我看使用 TEXT 函数和设置单元格格式的结果不是一样的吗？没有什么区别啊。

飞鱼：是的，表面来看 TEXT 函数返回的结果，和设置单元格格式的结果并没有什么区别，如果只是为了显示日期，这两种方法是无区别的，但是如果要对日期进行连接可就不同了，A 列的日期本质是数字，E 列在使用 TEXT 函数处理过后就变成文本型了。选中 A 列、E 列将单元格格式设置为常规就可以看到区别了，如图 5-94 所示。

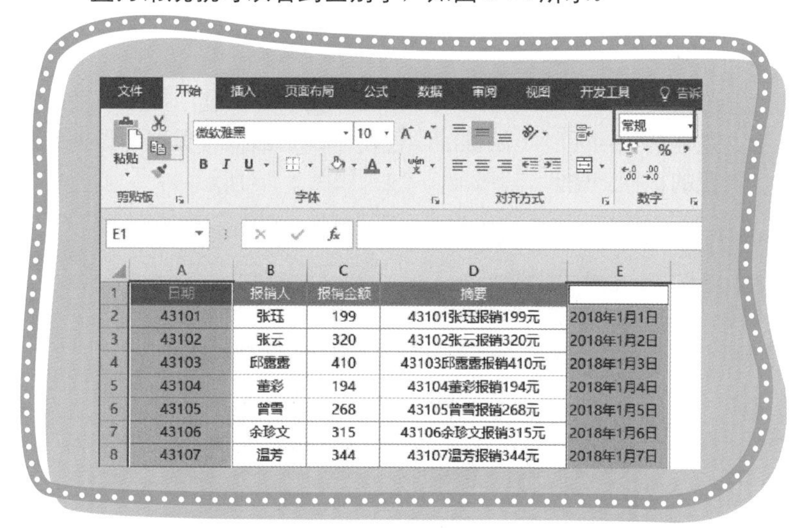

| | A | B | C | D | E |
|---|---|---|---|---|---|
| 1 | 日期 | 报销人 | 报销金额 | 摘要 | |
| 2 | 43101 | 张珏 | 199 | 43101张珏报销199元 | 2018年1月1日 |
| 3 | 43102 | 张云 | 320 | 43102张云报销320元 | 2018年1月2日 |
| 4 | 43103 | 邱露露 | 410 | 43103邱露露报销410元 | 2018年1月3日 |
| 5 | 43104 | 董彩 | 194 | 43104董彩报销194元 | 2018年1月4日 |
| 6 | 43105 | 曾雪 | 268 | 43105曾雪报销268元 | 2018年1月5日 |
| 7 | 43106 | 余珍文 | 315 | 43106余珍文报销315元 | 2018年1月6日 |
| 8 | 43107 | 温芳 | 344 | 43107温芳报销344元 | 2018年1月7日 |

图 5-94 设置单元格格式与 TEXT 函数的区别

如图 5-95 所示，输入如下公式，使用连接符（&），连接 E 列的日期就可以了。

```
=E2&B2&"报销"&C2&"元"
```

连接日期变成数字的简单问题是不需要辅助列的，所以用原公式使用 TEXT 函数处理下 A 列的日期就可以了。公式如下：

```
=TEXT(A2,"yyyy年m月d日")&B2&"报销"&C2&"元"
```

| | A | B | C | D | E |
|---|---|---|---|---|---|
| 1 | 日期 | 报销人 | 报销金额 | 摘要 | |
| 2 | 43101 | 张珏 | 199 | 2018年1月1日张珏报销199元 | 2018年1月1日 |
| 3 | 43102 | 张云 | 320 | 2018年1月2日张云报销320元 | 2018年1月2日 |
| 4 | 43103 | 邱露露 | 410 | 2018年1月3日邱露露报销410元 | 2018年1月3日 |
| 5 | 43104 | 董彩 | 194 | 2018年1月4日董彩报销194元 | 2018年1月4日 |
| 6 | 43105 | 曾雪 | 268 | 2018年1月5日曾雪报销268元 | 2018年1月5日 |
| 7 | 43106 | 余珍文 | 315 | 2018年1月6日余珍文报销315元 | 2018年1月6日 |
| 8 | 43107 | 温芳 | 344 | 2018年1月7日温芳报销344元 | 2018年1月7日 |

图 5-95　摘要连接

小鱼：真的可以，这个函数好厉害。

飞鱼：这只是 TEXT 函数中的一种用法，在从身份证中提取日期的例子中，也是需要使用 TEXT 函数的。使用 TEXT 函数将提取的日期编码转换为真正的日期。输入如下公式，效果如图 5-96 所示。

```
=TEXT(MID(B2,7,8),"0-00-00")
```

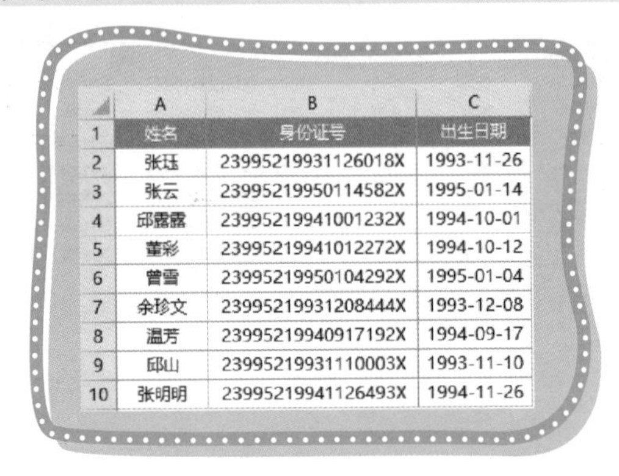

| | A | B | C |
|---|---|---|---|
| 1 | 姓名 | 身份证号 | 出生日期 |
| 2 | 张珏 | 23995219931126018X | 1993-11-26 |
| 3 | 张云 | 23995219950114582X | 1995-01-14 |
| 4 | 邱露露 | 23995219941001232X | 1994-10-01 |
| 5 | 董彩 | 23995219941012272X | 1994-10-12 |
| 6 | 曾雪 | 23995219950104292X | 1995-01-04 |
| 7 | 余珍文 | 23995219931208444X | 1993-12-08 |
| 8 | 温芳 | 23995219940917192X | 1994-09-17 |
| 9 | 邱山 | 23995219931110003X | 1993-11-10 |
| 10 | 张明明 | 23995219941126493X | 1994-11-26 |

图 5-96　提取出生日期

还可以反过来，将日期转换为日期编码，输入如下公式，如图 5-97 所示。

```
=TEXT(B2,"emmdd")
```

```
=TEXT(B2,"yyyymmdd")
```

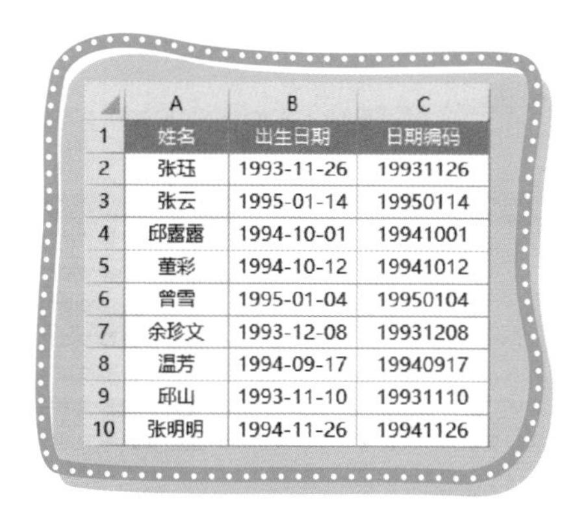

| | A | B | C |
|---|---|---|---|
| 1 | 姓名 | 出生日期 | 日期编码 |
| 2 | 张珏 | 1993-11-26 | 19931126 |
| 3 | 张云 | 1995-01-14 | 19950114 |
| 4 | 邱露露 | 1994-10-01 | 19941001 |
| 5 | 董彩 | 1994-10-12 | 19941012 |
| 6 | 曾雪 | 1995-01-04 | 19950104 |
| 7 | 余珍文 | 1993-12-08 | 19931208 |
| 8 | 温芳 | 1994-09-17 | 19940917 |
| 9 | 邱山 | 1993-11-10 | 19931110 |
| 10 | 张明明 | 1994-11-26 | 19941126 |

图 5-97 日期转换为编码

上面公式中 e、yyyy 都是代表年，mm 代表月份，dd 代表日，还可以换种格式，年份使用简写。输入如下公式，如图 5-98 所示。

```
=TEXT(B2,"yymmdd")
```

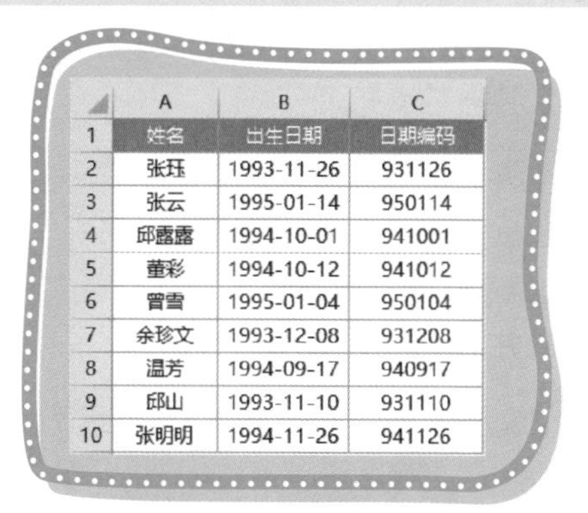

| | A | B | C |
|---|---|---|---|
| 1 | 姓名 | 出生日期 | 日期编码 |
| 2 | 张珏 | 1993-11-26 | 931126 |
| 3 | 张云 | 1995-01-14 | 950114 |
| 4 | 邱露露 | 1994-10-01 | 941001 |
| 5 | 董彩 | 1994-10-12 | 941012 |
| 6 | 曾雪 | 1995-01-04 | 950104 |
| 7 | 余珍文 | 1993-12-08 | 931208 |
| 8 | 温芳 | 1994-09-17 | 940917 |
| 9 | 邱山 | 1993-11-10 | 931110 |
| 10 | 张明明 | 1994-11-26 | 941126 |

图 5-98 年份使用简写

还可以将月份、日分隔，并且有日期之间加上自己想要的分隔符号，可以自己试下效果，这里不一一展示了。

除了格式转换，TEXT 函数还可以判断四种数据类型，分别是正数、负数、零、文本，之间用分号（;）分隔，输入如下公式，如图 5-99 所示。

```
=TEXT(A2,"正数;负数;零;文本")
```

| | A | B | C |
|---|---|---|---|
| 1 | 姓名 | 返回值 | 公式 |
| 2 | 10 | 正数 | =TEXT(A2,"正数;负数;零;文本") |
| 3 | 50 | 正数 | =TEXT(A3,"正数;负数;零;文本") |
| 4 | -13 | 负数 | =TEXT(A4,"正数;负数;零;文本") |
| 5 | 0 | 零 | =TEXT(A5,"正数;负数;零;文本") |
| 6 | -1.3 | 负数 | =TEXT(A6,"正数;负数;零;文本") |
| 7 | 无 | 文本 | =TEXT(A7,"正数;负数;零;文本") |
| 8 | 文本 | 文本 | =TEXT(A8,"正数;负数;零;文本") |

图 5-99 数据类型判断

这种方法有 IF 函数的功能，其优点是写法简洁，可以判断四种数据类型，缺点是判断出数据类型后，只能返回对应的格式，无法嵌套函数或者进行复杂的计算。下面我们通过几个案例来深入学习。

如图 5-100 所示，根据版块流量判断升降情况，且添加简单的图例。

B2 单元格输入如下公式并向下填充。

```
=TEXT(A2,"上升;下降;持平;")
```

公式的意思是，判断 A2 单元格，如果是正数返回“上升”，如果是负数返回“下降”，如果是零返回“持平”，如果是文本则返回空。

C2 单元格输入如下公式并向下填充。

```
=TEXT(A2,"↑;↓;-;")
```

| | A | B | C |
|---|---|---|---|
| 1 | 版块流量 | 升降情况 | 图例 |
| 2 | 0% | 持平 | - |
| 3 | -12% | 下降 | ↓ |
| 4 | 12% | 上升 | ↑ |
| 5 | -60% | 下降 | ↓ |
| 6 | 122% | 上升 | ↑ |
| 7 | 0% | 持平 | - |
| 8 | -12% | 下降 | ↓ |

图 5-100 判断升降情况

小鱼：箭头的颜色是怎么添加的？

飞鱼：使用条件格式就可以了。选中 C 列，选中“开始”选项卡，依次选择“条件格式”→“突出显示单元格规则 (H)”→“等于 (E)…”命令，打开“等于”对话框。在“为了等于以下值的单元格设置格式”输入框中输入对应的箭头，在“设置为”下拉列表框中可以选择自带格式，如“红色文本”，设置好格式后，单击“确定”按钮完成设置，如图 5-101 所示。

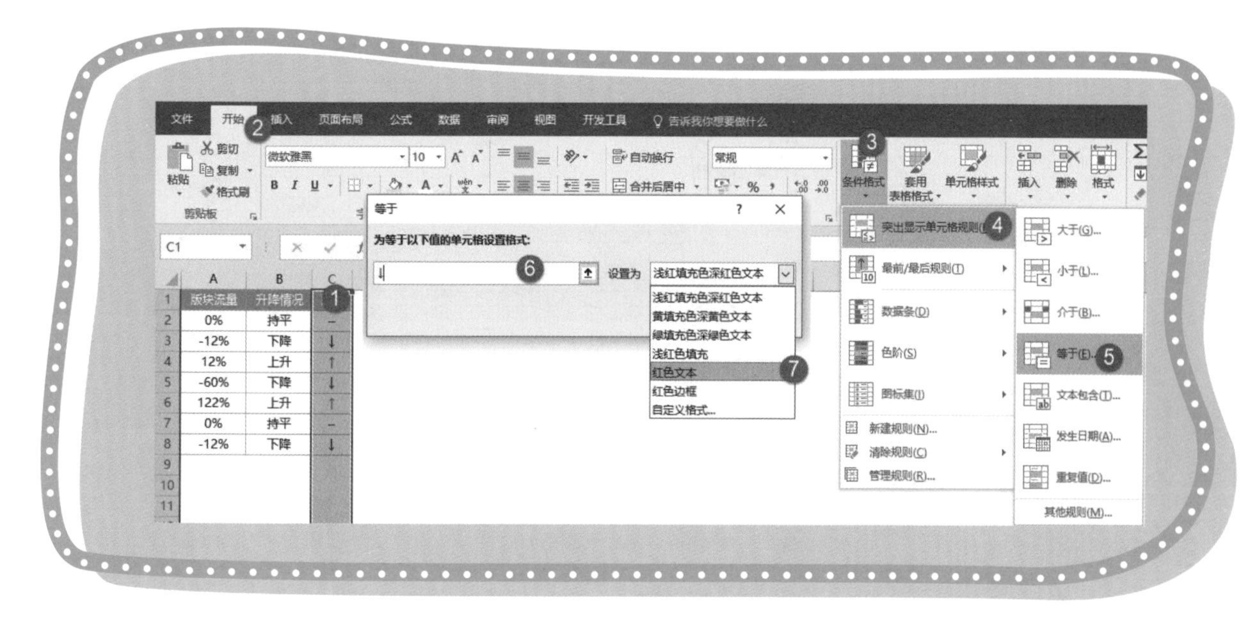


图 5-101　设置条件格式

如果自带格式中没有想要的格式，可以选择“自定义格式”，在弹出的“设置单元格式”对话框中选择“字体”选项卡，颜色选择“绿色”，单击“确定”按钮完成设置，如图 5-102 所示。

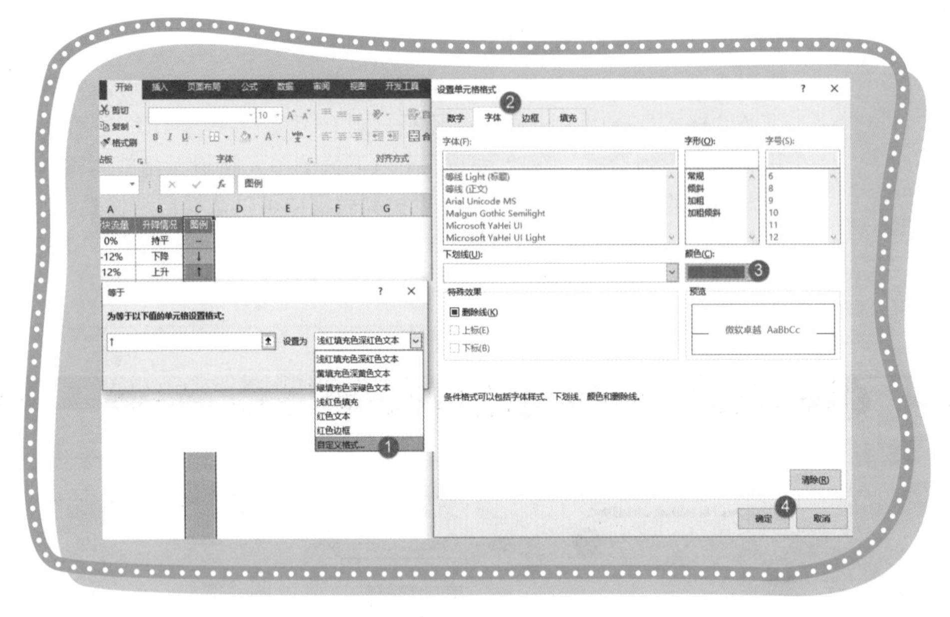


图 5-102　自定义格式

如图 5-103 所示，根据版块流量判断升降情况，版块流量为 0 时显示空白。

| | A | B | C |
|---|---|---|---|
| 1 | 版块流量 | 升降情况 | 图例 |
| 2 | 0% | | |
| 3 | -12% | 下降 | ↓ |
| 4 | 12% | 上升 | ↑ |
| 5 | -60% | 下降 | ↓ |
| 6 | 122% | 上升 | ↑ |
| 7 | 0% | | |
| 8 | -12% | 下降 | ↓ |

图 5-103　判断升降情况

# 第6章 日期和时间函数

每次做表格，“日期”这个要素都如影随行。转正怎么算？工龄是多少？本月迟到了多少次？小伙伴们会使用 Excel 函数计算吗？

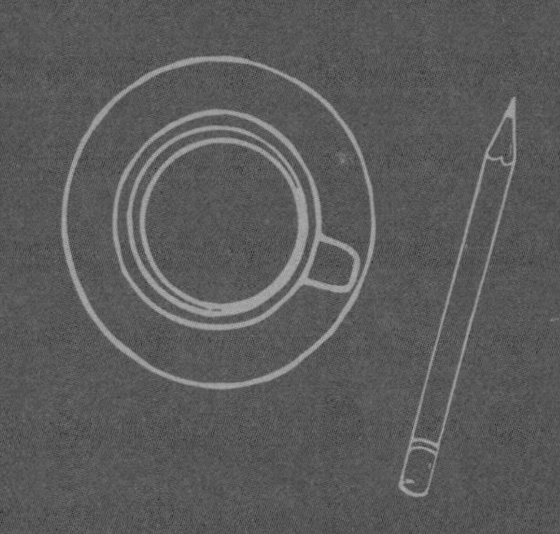

## 6.1 Excel中的标准日期

飞鱼：今天我们就开始学习日期和时间函数了。在学习这些函数前我们首先要知道如何来输入标准日期，如何把不规范的日期格式转换为标准日期格式。

小鱼：日期还分标准的和不标准的啊？那什么才是标准日期呢？

飞鱼：输入标准日期一共有三种方法。以输入 2017 年 12 月 31 日为例，第 1 种方法是在单元格中直接输入“2017 年 12 月 31 日”，第 2 种方法是以减号 (-) 作为分隔符，输入“2017-12-31”，第三种方法是以斜杠（/）作为分隔符，输入“2017/12/31”，如图 6-1 所示。

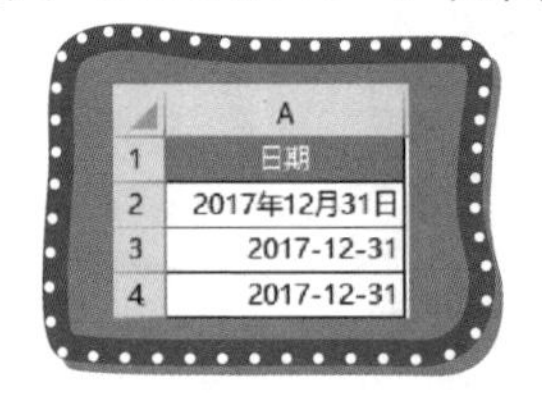

|  | A |
|---|---|
| 1 | 日期 |
| 2 | 2017年12月31日 |
| 3 | 2017-12-31 |
| 4 | 2017-12-31 |

图 6-1　输入标准日期

如果输入当年日期，在输入日期的时候可以省略年份，直接输入月和日就可以了。如图 6-2 所示。同样以输入 2018 年 12 月 31 日为例，三种方法任意一种都可以。第 1 种方法是直接输入 12 月 31 日；第二种方法是直接输入 12-31；第三种方法是直接输入 12/31。

|  | A | B |
|---|---|---|
| 1 | 日期 | 当年日期 |
| 2 | 2017年12月31日 | 2018年12月31日 |
| 3 | 2017-12-31 | 2018-12-31 |
| 4 | 2017-12-31 | 2018-12-31 |

图 6-2　输入当年日期

在学习 TEXT 函数的时候，我们有说过，日期的本质是数字。输入标准日期后，可以通过设置单元格格式来改变日期的显示格式。如图 6-3 所示，选中 A、B 两列，选择“开始”选项卡，设置单元格格式为“短日期”。

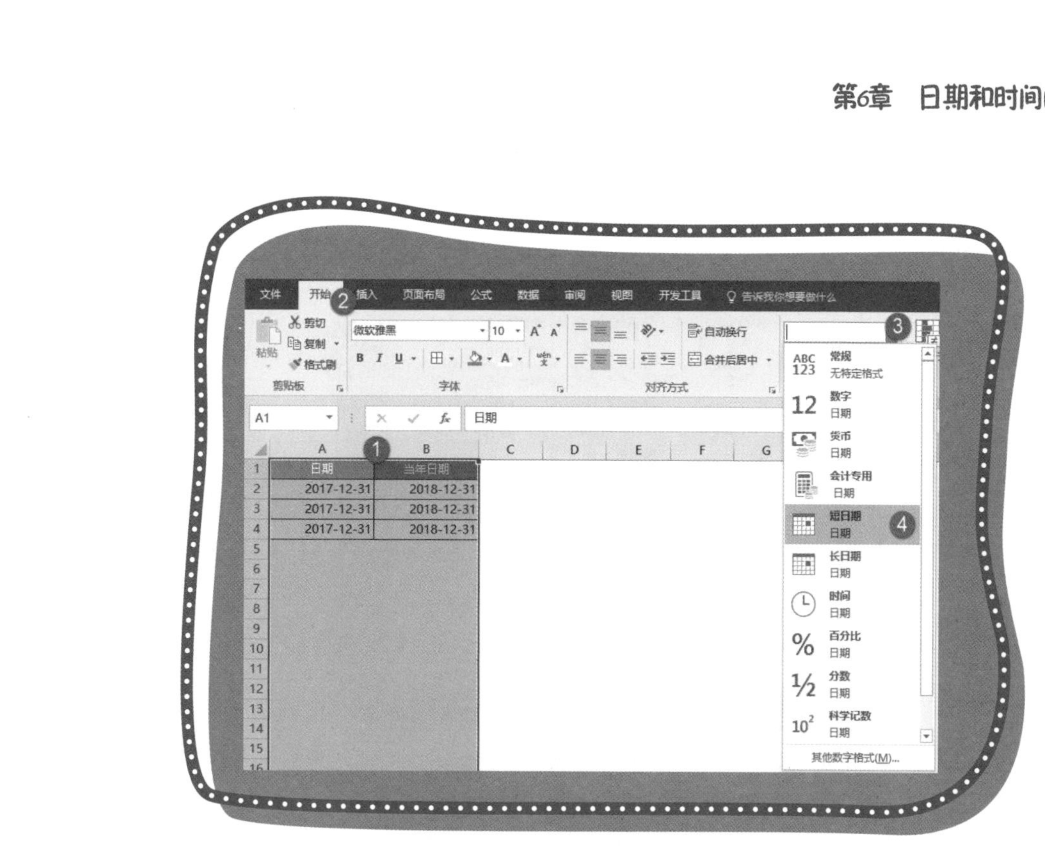


图 6-3 设置单元格格式为短日期

把单元格格式设置为“短日期”后，我们输入的“2017 年 12 月 31 日”就会显示为“2017-12-31”了。

同理，将单元格格式设置为“长日期”，我们之前输入的“2017-12-31”则会显示为“2017 年 12 月 31 日”，如图 6-4 所示。

|  | A | B |
|---|---|---|
| 1 | 日期 | 当年日期 |
| 2 | 2017年12月31日 | 2018年12月31日 |
| 3 | 2017年12月31日 | 2018年12月31日 |
| 4 | 2017年12月31日 | 2018年12月31日 |

图 6-4 单元格格式设置为长日期

除这两种显示格式之外，我们还可以通过自定义函数格式，随意改变日期的显示方式，如图 6-5 所示。

| | A | B | C |
|---|---|---|---|
| 1 | 日期 | 显示效果 | 自定义格式代码 |
| 2 | 2018-1-1 | 2018年01月01日 | e年mm月dd日 |
| 3 | 2018-1-1 | 2018-01-01 | yyyy-mm-dd |
| 4 | 2018-1-1 | 2018-1-1 | yyyy-m-d |
| 5 | 2018-1-1 | 20180101 | yyyymmdd |
| 6 | 2018-1-1 | 星期一 | aaaa |
| 7 | 2018-1-1 | 一 | aaa |
| 8 | 2018-1-1 | 2018年 | e年 |
| 9 | 2018-1-1 | 01月 | mm月 |
| 10 | 2018-1-1 | 1日 | d日 |
| 11 | 2018-1-1 | 1月1日 | m月d日 |
| 12 | 2018-1-2 | 01月02日 | mm月dd日 |

图 6-5　自定义日期显示格式

TEXT 函数也可以使用这些自定义格式的代码来转换格式哦。图 6-5 所示就是使用 TEXT 函数来实现的。

小鱼：还可以这样啊，可真是长知识了。我之前还输入过“2017.12.31”“12.31”这样的日期呢。

飞鱼：没有关系的，即使你之前不了解，输入的日期格式不规范，也可以通过一些方法来补救的。如果使用了小数点作为分隔符，或者直接输入了长度为 8 位的日期编码（如图 6-6 所示），只要不错得离谱，都可以通过 Excel“分列”功能把不规范的日期转换为标准日期。选中 A 列，选择“数据”选项卡，单击“分列”图标，弹出“文本分列向导”对话框，在“文本分列向导 - 第 1 步，共 3 步”对话框中选择“分隔符号 (D)”，单击“下一步 (N)”按钮；在“文本分列向导 - 第 3 步，共 3 步”对话框中选择列数据格式为“日期 (D):”，格式选择“YMD”（Y= 年，M= 月，D= 日），单击“完成”按钮完成转换，如图 6-7 所示。

| | A |
|---|---|
| 1 | 日期 |
| 2 | 2017.12.31 |
| 3 | 12.31 |
| 4 | 2017.12.5 |
| 5 | 12.5 |
| 6 | 2015.6.12 |
| 7 | 20171203 |
| 8 | 20170603 |

图 6-6 不规范日期格式

图 6-7 通过“分列”功能转换为标准日期

选中 A 列，设置单元格格式，统一日期显示格式，效果如图 6-8 所示。

| | A |
|---|---|
| 1 | 日期 |
| 2 | 2017-12-31 |
| 3 | 2018-12-31 |
| 4 | 2017-12-5 |
| 5 | 2018-12-5 |
| 6 | 2015-6-12 |
| 7 | 2017-12-3 |
| 8 | 2017-6-3 |

图 6-8 转换后效果

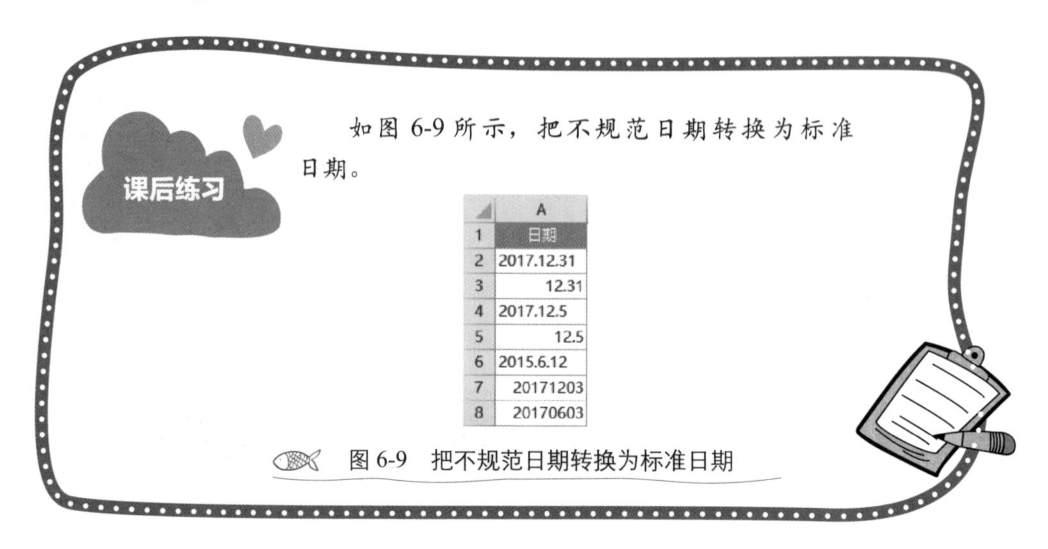


如图 6-9 所示，把不规范日期转换为标准日期。

| | A |
|---|---|
| 1 | 日期 |
| 2 | 2017.12.31 |
| 3 | 12.31 |
| 4 | 2017.12.5 |
| 5 | 12.5 |
| 6 | 2015.6.12 |
| 7 | 20171203 |
| 8 | 20170603 |

图 6-9　把不规范日期转换为标准日期

## 6.2 返回当前日期、时间

小鱼：如图 6-10 所示，这是一个支付证明单的模版。我每天使用该支付证明单的时候，都手动输入日期，有没有办法自动更新日期？

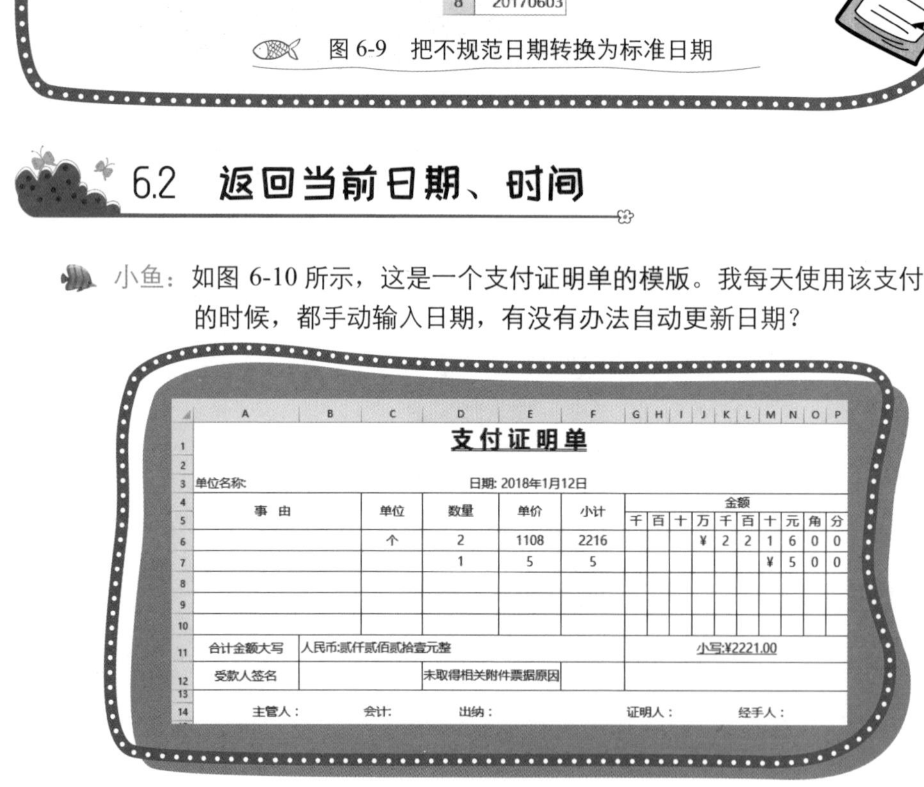

**支付证明单**

单位名称:　　　　日期: 2018年1月12日

| 事由 | 单位 | 数量 | 单价 | 小计 | 千 | 百 | 十 | 万 | 千 | 百 | 十 | 元 | 角 | 分 |
|---|---|---|---|---|---|---|---|---|---|---|---|---|---|---|
| | 个 | 2 | 1108 | 2216 | | | | ¥ | 2 | 2 | 1 | 6 | 0 | 0 |
| | | 1 | 5 | 5 | | | | | | | ¥ | 5 | 0 | 0 |
| | | | | | | | | | | | | | | |
| | | | | | | | | | | | | | | |
| | | | | | | | | | | | | | | |

合计金额大写　人民币:贰仟贰佰贰拾壹元整　　小写:¥2221.00

受款人签名　　未取得相关附件票据原因

主管人：　会计:　出纳：　证明人：　经手人：

图 6-10　支付证明单动态日期

飞鱼：使用 TODAY 或 NOW 函数就可以。这两个函数使用方法非常简单，都没有参数，输入函数名称后加一对括号就可以了，如图 6-11 所示。

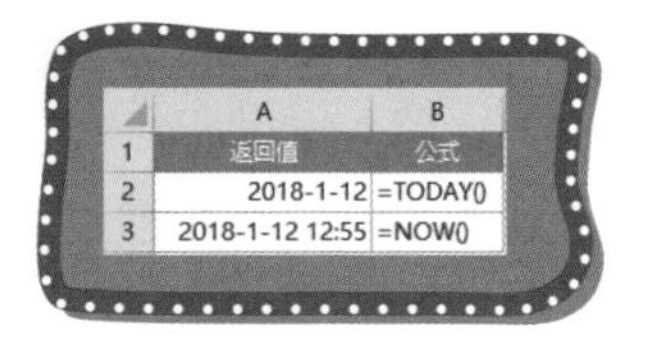

| | A | B |
|---|---|---|
| 1 | 返回值 | 公式 |
| 2 | 2018-1-12 | =TODAY() |
| 3 | 2018-1-12 12:55 | =NOW() |

图 6-11 TODAY 和 NOW 函数用法

分别在单元格输入两个函数，可以发现，TODAY 函数可以返回当前日期，NOW 函数可以返回当前日期和时间。

需要注意的是，函数返回的是计算机本地时间，所以在使用这两个函数的时候，首先要确认计算机本地时间是正确的。

在实际工作中，大部分的需求都是返回当前日期，所以使用 TODAY 和 NOW 两个函数中任意一个就可以，函数返回结果后，可以通过设置单元格格式来显示自己想要的效果，如图 6-12 所示。

| | A | B |
|---|---|---|
| 1 | 返回值 | 公式 |
| 2 | 2018年1月12日 | =TODAY() |
| 3 | 2018年1月12日 | =NOW() |

图 6-12 单元格格式设置为“长日期”

小鱼：我知道了，我感觉还是使用 NOW 函数好，既有日期，还有时间，函数名称还好记，然后设置下单元格格式就可以了。

飞鱼：更多的时候使用函数返回当前日期是为了进行计算，日期的本质是数字，那么日期之间也是可以直接进行加减计算的，如图 6-13 所示。

第 2 行公式在“2018-1-5”加 3 天返回了“2018-1-8”。

第 3 行公式在“2018-1-5”减 3 天返回了“2018-1-2”。

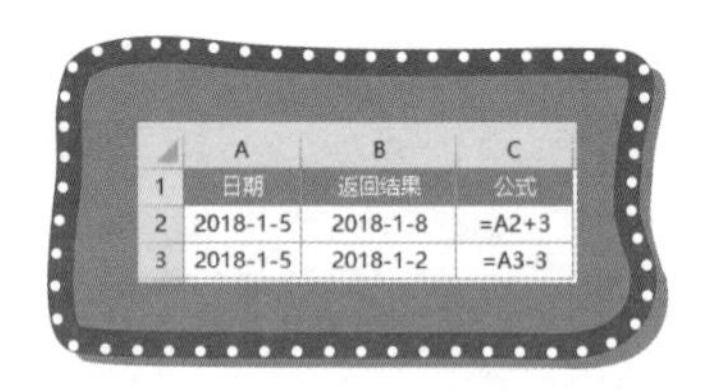

| | A | B | C |
|---|---|---|---|
| 1 | 日期 | 返回结果 | 公式 |
| 2 | 2018-1-5 | 2018-1-8 | =A2+3 |
| 3 | 2018-1-5 | 2018-1-2 | =A3-3 |

图 6-13　日期加减

还可以用结束日期减开始日期，计算两个日期的间隔天数，如图 6-14 所示。

结束日期使用了 TODAY 函数，以当前日期作为结束日期，在 B2 单元格输入如下公式后并向下填充。

```
=TODAY()
```

C2 单元格输入如下公式后并向下填充。

```
=B2-A2
```

| | A | B | C |
|---|---|---|---|
| 1 | 开始日期 | 结束日期 | 间隔天数 |
| 2 | 2018-1-1 | 2018-1-12 | 11 |
| 3 | 2017-1-5 | 2018-1-12 | 372 |

图 6-14　计算间隔天数

可以使用 TODAY 函数制作倒计时，如 2018 年春节是 2 月 16 日，我们可以计算出距离春节还有多少天，如图 6-15 所示。

在 B2 单元格输入如下公式：

```
="2018-2-16"-TODAY()
```

| | A | B | C |
|---|---|---|---|
| 1 | 春节倒计时 | | |
| 2 | 距2018年春节还有 | 35 | 天 |

图 6-15　春节倒计时

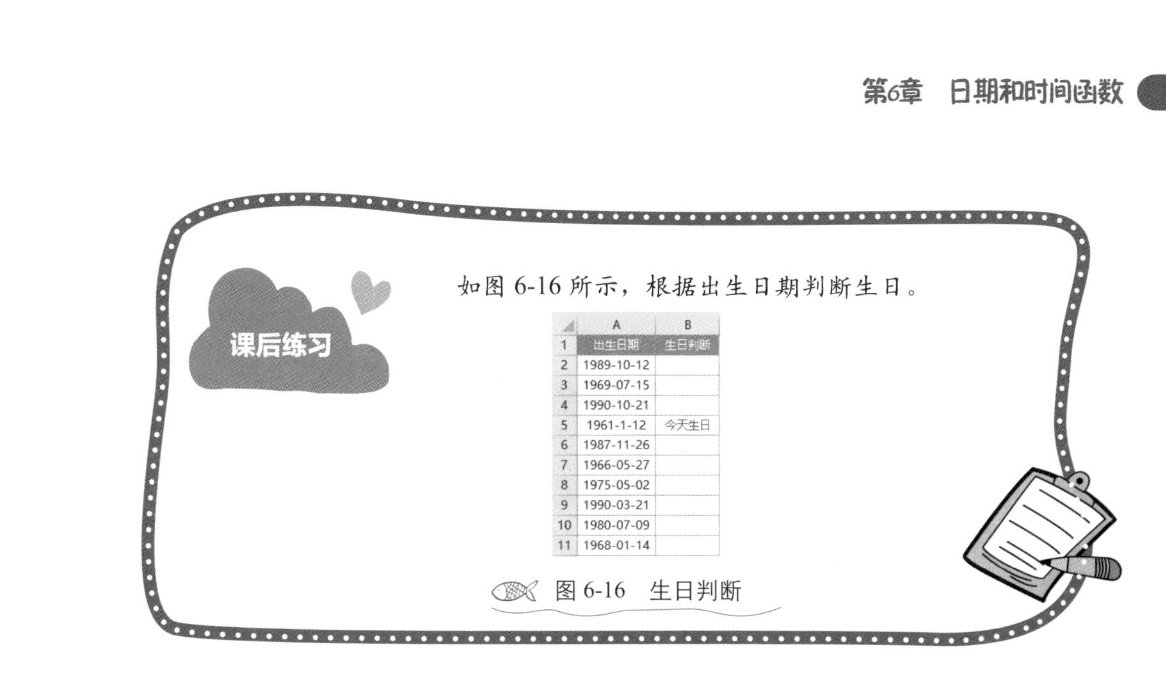

如图 6-16 所示，根据出生日期判断生日。

| | A | B |
|---|---|---|
| 1 | 出生日期 | 生日判断 |
| 2 | 1989-10-12 | |
| 3 | 1969-07-15 | |
| 4 | 1990-10-21 | |
| 5 | 1961-1-12 | 今天生日 |
| 6 | 1987-11-26 | |
| 7 | 1966-05-27 | |
| 8 | 1975-05-02 | |
| 9 | 1990-03-21 | |
| 10 | 1980-07-09 | |
| 11 | 1968-01-14 | |

图 6-16　生日判断

## 6.3　提取日期中的年、月、日

飞鱼：今天我们来学习如何从日期中提示年、月、日。

YEAR 函数可以从日期中提取年，其语法如图 6-17 所示。

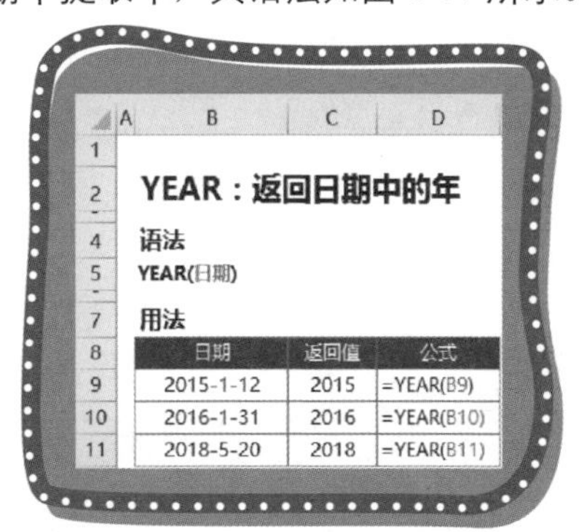

**YEAR：返回日期中的年**

**语法**

**YEAR(日期)**

**用法**

| 日期 | 返回值 | 公式 |
|---|---|---|
| 2015-1-12 | 2015 | =YEAR(B9) |
| 2016-1-31 | 2016 | =YEAR(B10) |
| 2018-5-20 | 2018 | =YEAR(B11) |

图 6-17　YEAR 函数语法

MONTH 函数可以从日期中提取月，其语法如图 6-18 所示。

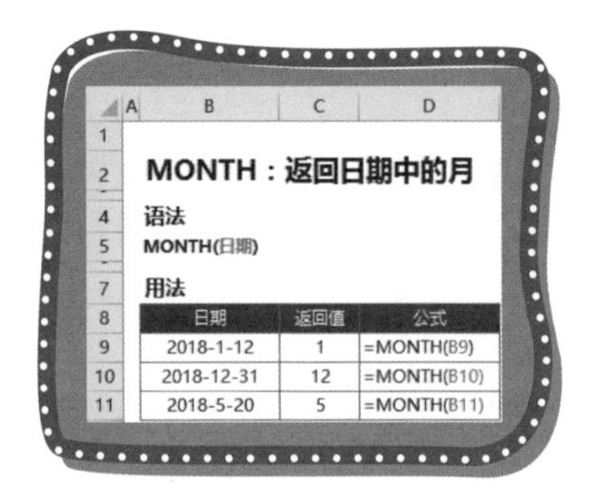

MONTH：返回日期中的月

语法

MONTH(日期)

用法

| 日期 | 返回值 | 公式 |
|---|---|---|
| 2018-1-12 | 1 | =MONTH(B9) |
| 2018-12-31 | 12 | =MONTH(B10) |
| 2018-5-20 | 5 | =MONTH(B11) |

图 6-18　MONTH 函数语法

DAY 函数可以从日期中提取日，其语法如图 6-19 所示。

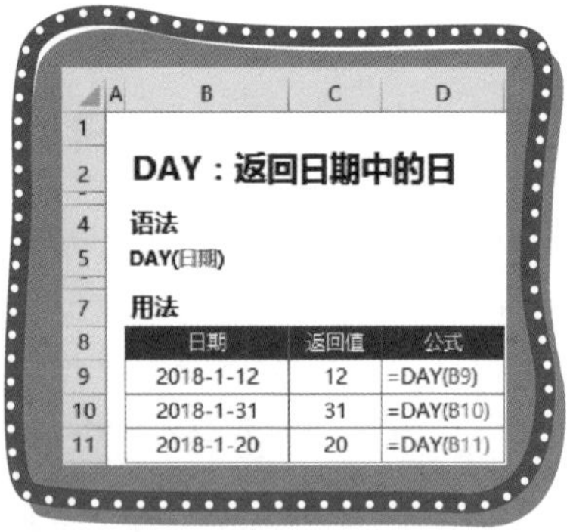

DAY：返回日期中的日

语法

DAY(日期)

用法

| 日期 | 返回值 | 公式 |
|---|---|---|
| 2018-1-12 | 12 | =DAY(B9) |
| 2018-1-31 | 31 | =DAY(B10) |
| 2018-1-20 | 20 | =DAY(B11) |

图 6-19　DAY 函数语法

如图 6-20 所示，从日期中提取月份后判断季度。

在 B2 单元格输入如下公式后，向下填充，提取月份。

```
=MONTH(A2)
```

在 C2 单元格输入如下公式后，向下填充，计算季度，原理是月份除 3 后使用 ROUNDUP 函数向上舍入就可以计算出季度了。

```
=ROUNDUP(B2/3,0)
```

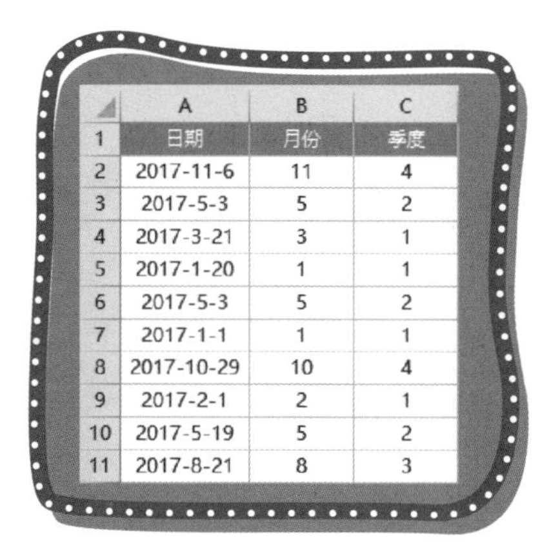

|  | A | B | C |
|---|---|---|---|
| 1 | 日期 | 月份 | 季度 |
| 2 | 2017-11-6 | 11 | 4 |
| 3 | 2017-5-3 | 5 | 2 |
| 4 | 2017-3-21 | 3 | 1 |
| 5 | 2017-1-20 | 1 | 1 |
| 6 | 2017-5-3 | 5 | 2 |
| 7 | 2017-1-1 | 1 | 1 |
| 8 | 2017-10-29 | 10 | 4 |
| 9 | 2017-2-1 | 2 | 1 |
| 10 | 2017-5-19 | 5 | 2 |
| 11 | 2017-8-21 | 8 | 3 |

图 6-20 判断季度

如图 6-21 所示，根据年份汇总全年销售额。

D 列为辅助列，使用 YEAR 函数从日期中提取年份。在 D2 单元格输入如下公式并向下填充。

```
=YEAR(A2)
```

然后使用 SUMIFS 函数进行条件求和。在 G2 单元格输入如下公式后向下填充。

```
=SUMIFS(C:C,D:D,F2)
```

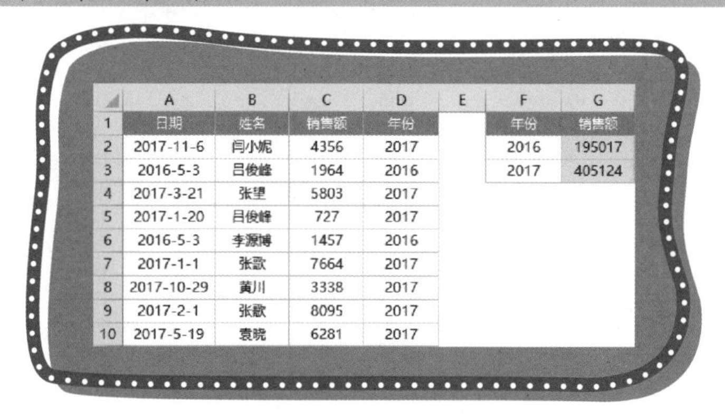

|  | A | B | C | D | E | F | G |
|---|---|---|---|---|---|---|---|
| 1 | 日期 | 姓名 | 销售额 | 年份 |  | 年份 | 销售额 |
| 2 | 2017-11-6 | 闫小妮 | 4356 | 2017 |  | 2016 | 195017 |
| 3 | 2016-5-3 | 吕俊峰 | 1964 | 2016 |  | 2017 | 405124 |
| 4 | 2017-3-21 | 张望 | 5803 | 2017 |  |  |  |
| 5 | 2017-1-20 | 吕俊峰 | 727 | 2017 |  |  |  |
| 6 | 2016-5-3 | 李源博 | 1457 | 2016 |  |  |  |
| 7 | 2017-1-1 | 张歌 | 7664 | 2017 |  |  |  |
| 8 | 2017-10-29 | 黄川 | 3338 | 2017 |  |  |  |
| 9 | 2017-2-1 | 张歌 | 8095 | 2017 |  |  |  |
| 10 | 2017-5-19 | 袁晓 | 6281 | 2017 |  |  |  |

图 6-21 汇总全年销售额

## 扩展知识

还记得我们学习过的“百变之王”——TEXT 函数吗？使用 TEXT 函数可以从日期中提取年、月、日，如图 6-22 所示。

在单元格格式中，“e”日代表年，“m”代表月，“d”代表日，区分大小写哦，只能输入小写字母。

| | A | B | C |
|---|---|---|---|
| 1 | 日期 | 返回值 | 公式 |
| 2 | 2018-1-12 | 2018 | =TEXT(A2,"e") |
| 3 | 2018-1-12 | 1 | =TEXT(A3,"m") |
| 4 | 2018-1-12 | 12 | =TEXT(A4,"d") |

图 6-22 使用 TEXT 函数从日期中提取年、月、日

如图 6-23 所示，这是一份 2017 年的销售明细表，要求根据月份汇总每个月的销售额。

| | A | B | C | D | E | F |
|---|---|---|---|---|---|---|
| 1 | 日期 | 姓名 | 销售额 | | 月份 | 销售额 |
| 2 | 2017-11-6 | 闫小妮 | 4356 | | 1月 | 71729 |
| 3 | 2017-10-3 | 吕俊峰 | 1964 | | 2月 | 65196 |
| 4 | 2017-3-21 | 张望 | 5803 | | 3月 | 61734 |
| 5 | 2017-1-20 | 吕俊峰 | 727 | | 4月 | 34843 |
| 6 | 2017-6-1 | 李源博 | 1457 | | 5月 | 73993 |
| 7 | 2017-1-1 | 张歌 | 7664 | | 6月 | 50259 |
| 8 | 2017-10-29 | 黄川 | 3338 | | 7月 | 19113 |
| 9 | 2017-2-1 | 张歌 | 8095 | | 8月 | 50370 |
| 10 | 2017-5-19 | 袁晓 | 6281 | | 9月 | 35845 |
| 11 | 2017-8-21 | 李源博 | 6978 | | 10月 | 43300 |
| 12 | 2017-5-3 | 王小辉 | 110 | | 11月 | 55589 |
| 13 | 2017-9-26 | 柳瑶 | 1792 | | 12月 | 38170 |

图 6-23 根据月份汇总每月销售额

## 6.4　根据序号返回指定日期

小鱼：如图 6-24 所示，日期是按年、月、日都是分开填写的，有什么办法可以将分开的日期合并为标准日期。

| | A | B | C | D |
|---|---|---|---|---|
| 1 | 年 | 月 | 日 | 日期 |
| 2 | 2017 | 12 | 2 | |
| 3 | 2017 | 3 | 24 | |
| 4 | 2017 | 10 | 15 | |
| 5 | 2017 | 7 | 16 | |
| 6 | 2017 | 7 | 5 | |
| 7 | 2017 | 4 | 7 | |
| 8 | 2017 | 9 | 9 | |

图 6-24　日期合并

飞鱼：使用 DATE 函数就可以了，其语法如图 6-25 所示，函数共有三个参数，分别是指定年、指定月、指定日。设置好参数后函数就会返回指定日期。

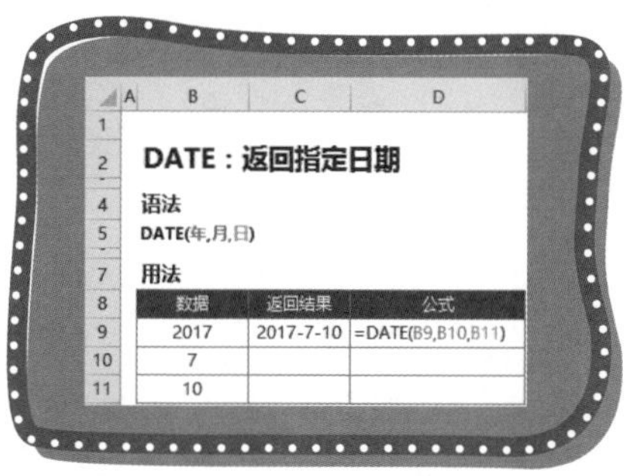

**DATE：返回指定日期**

**语法**

DATE(年,月,日)

**用法**

| 数据 | 返回结果 | 公式 |
|---|---|---|
| 2017 | 2017-7-10 | =DATE(B9,B10,B11) |
| 7 | | |
| 10 | | |

图 6-25　DATE 函数语法

小鱼：原来这么简单啊，我学会了，输入如下公式，如图 6-26 所示。

```
=DATE(A2,B2,C2)
```

| | A | B | C | D |
|---|---|---|---|---|
| 1 | 年 | 月 | 日 | 日期 |
| 2 | 2017 | 12 | 2 | 2017-12-2 |
| 3 | 2017 | 3 | 24 | 2017-3-24 |
| 4 | 2017 | 10 | 15 | 2017-10-15 |
| 5 | 2017 | 7 | 16 | 2017-7-16 |
| 6 | 2017 | 7 | 5 | 2017-7-5 |
| 7 | 2017 | 4 | 7 | 2017-4-7 |
| 8 | 2017 | 9 | 9 | 2017-9-9 |

图 6-26　合并日期

飞鱼：下面我教你一个难一点的，根据出生日期设置生日提醒。

Step 01 首先使用 TODAY 函数返回当前日期，然后使用 YEAR 函数提取当前日期的年份作为 DATE 函数的第一个参数，使用 MONTH、DAY 函数从出生日期中提取月、日，作为 DATE 函数的第二、三个参数，返回一个新日期。在 B2 单元格输入如下公式并向下填充，效果如图 6-27 所示。

```
=DATE(YEAR(TODAY()),MONTH(A2),DAY(A2))
```

| | A | B |
|---|---|---|
| 1 | 出生日期 | DATE函数 |
| 2 | 1989-10-12 | 2018-10-12 |
| 3 | 1969-1-18 | 2018-1-18 |
| 4 | 1990-10-21 | 2018-10-21 |
| 5 | 1961-1-1 | 2018-1-1 |
| 6 | 1987-11-26 | 2018-11-26 |
| 7 | 1966-1-3 | 2018-1-3 |
| 8 | 1975-05-02 | 2018-5-2 |
| 9 | 1990-1-13 | 2018-1-13 |
| 10 | 1980-07-09 | 2018-7-9 |
| 11 | 1968-01-14 | 2018-1-14 |

图 6-27　使用 DATE 函数返回指定日期

Step 02 使用 B 列生成的日期减 TODAY 函数返回的当前日期，正数为距离生日的天数，负数为生日已过，零为今天生日。使用 IF 函数判断，如果距离生日天数大于 7 天则不提醒，返回空；否则返回距离生日的天数。在 C2 单元格输入如下公式并向下填充，如图 6-28 所示。

```
=IF(B2-TODAY()>7,"",B2-TODAY())
```

| | A | B | C |
|---|---|---|---|
| 1 | 出生日期 | DATE函数 | 计算日期差 |
| 2 | 1989-10-12 | 2018-10-12 | |
| 3 | 1969-1-18 | 2018-1-18 | 5 |
| 4 | 1990-10-21 | 2018-10-21 | |
| 5 | 1961-1-1 | 2018-1-1 | -12 |
| 6 | 1987-11-26 | 2018-11-26 | |
| 7 | 1966-1-3 | 2018-1-3 | -10 |
| 8 | 1975-05-02 | 2018-5-2 | |
| 9 | 1990-1-13 | 2018-1-13 | 0 |
| 10 | 1980-07-09 | 2018-7-9 | |
| 11 | 1968-01-14 | 2018-1-14 | 1 |

图 6-28　计算日期差

Step 03 使用 TEXT 函数判断 C 列，如果是正数则返回“距离生日还有 0 天”（0 代表正数自身），如果是负数则返回空（不指定代码就会返回空白），如果是零则返回“今天生日”。在 D2 单元格输入如下公式后向下填充，设置条件，将“今天生日”高亮显示，如图 6-29 所示。

```
=TEXT(C3," 距离生日还有 0 天 ;; 今天生日 ")
```

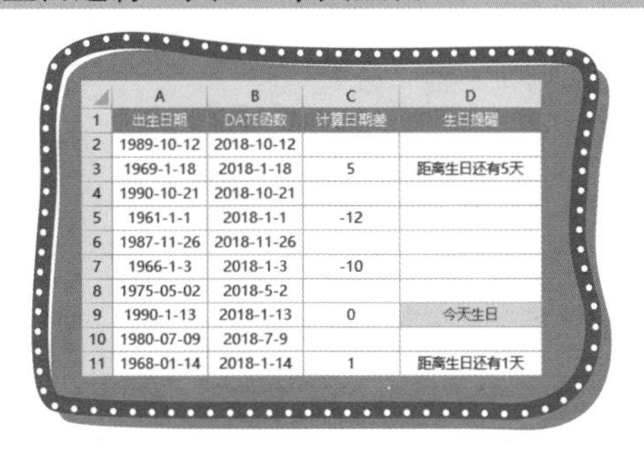

| | A | B | C | D |
|---|---|---|---|---|
| 1 | 出生日期 | DATE函数 | 计算日期差 | 生日提醒 |
| 2 | 1989-10-12 | 2018-10-12 | | |
| 3 | 1969-1-18 | 2018-1-18 | 5 | 距离生日还有5天 |
| 4 | 1990-10-21 | 2018-10-21 | | |
| 5 | 1961-1-1 | 2018-1-1 | -12 | |
| 6 | 1987-11-26 | 2018-11-26 | | |
| 7 | 1966-1-3 | 2018-1-3 | -10 | |
| 8 | 1975-05-02 | 2018-5-2 | | |
| 9 | 1990-1-13 | 2018-1-13 | 0 | 今天生日 |
| 10 | 1980-07-09 | 2018-7-9 | | |
| 11 | 1968-01-14 | 2018-1-14 | 1 | 距离生日还有1天 |

图 6-29　生日提醒

大神都喜欢用一条公式完成，在B2单元格输入如下公式并向下填充，如图 6-30所示。

```
=TEXT(TEXT(DATE(YEAR(TODAY()),MONTH(A2),DAY(A2))-TODAY(),"[>8]-1")," 距离生日还有 0 天 ;; 今天生日 ")
```

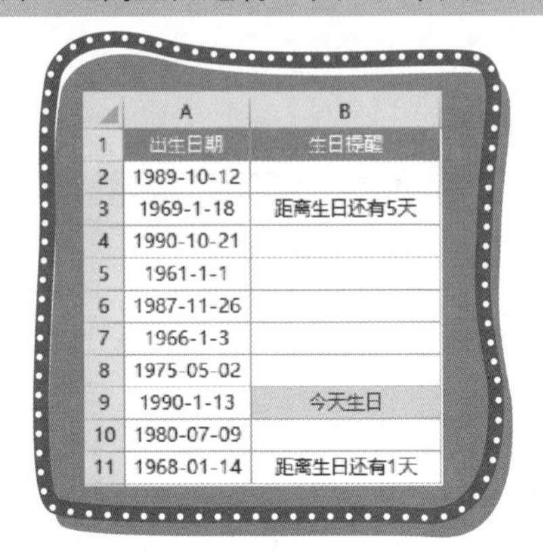

| | A | B |
|---|---|---|
| 1 | 出生日期 | 生日提醒 |
| 2 | 1989-10-12 | |
| 3 | 1969-1-18 | 距离生日还有5天 |
| 4 | 1990-10-21 | |
| 5 | 1961-1-1 | |
| 6 | 1987-11-26 | |
| 7 | 1966-1-3 | |
| 8 | 1975-05-02 | |
| 9 | 1990-1-13 | 今天生日 |
| 10 | 1980-07-09 | |
| 11 | 1968-01-14 | 距离生日还有1天 |

图 6-30　使用嵌套公式

如果你不会使用嵌套公式，利用辅助列，完成后把辅助列隐藏，效果也是一样的。

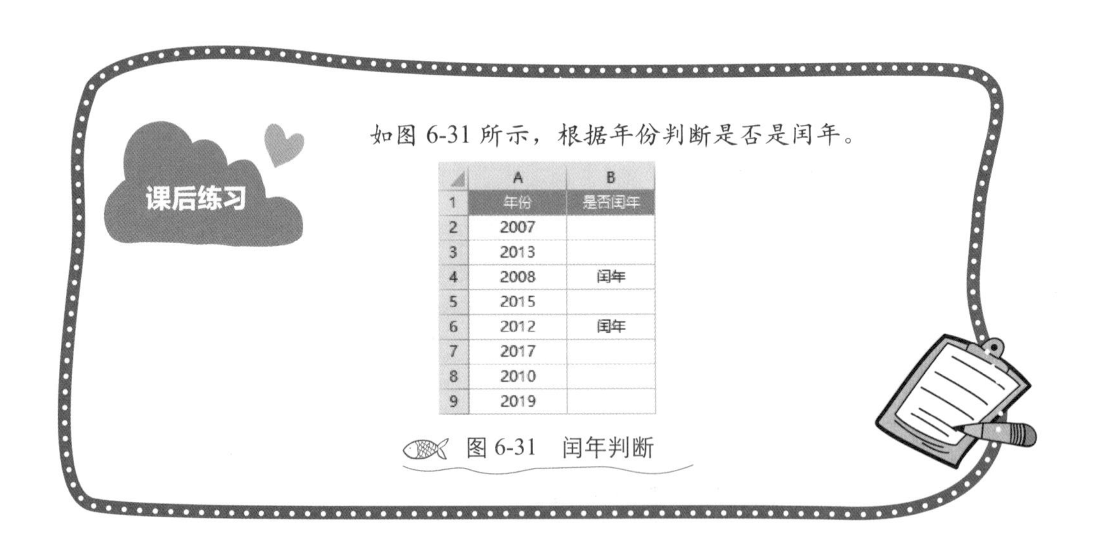



如图 6-31 所示，根据年份判断是否是闰年。

| | A | B |
|---|---|---|
| 1 | 年份 | 是否闰年 |
| 2 | 2007 | |
| 3 | 2013 | |
| 4 | 2008 | 闰年 |
| 5 | 2015 | |
| 6 | 2012 | 闰年 |
| 7 | 2017 | |
| 8 | 2010 | |
| 9 | 2019 | |

图 6-31　闰年判断

## 6.5 隐藏最深的日期函数

飞鱼：今天我们来学习一个隐藏最深的日期函数——DATEDIF 函数。这个函数可以返回两个日期之间的年、月、日间隔数，用于计算两日期之差。虽然在 Excel 里可以使用这个函数，但是在插入公式里面是找不到这个函数的，也没有帮助文件提示该函数。如果想使用这个函数，可能通过直接输入函数名称来使用。其语法如图 6-32 所示。

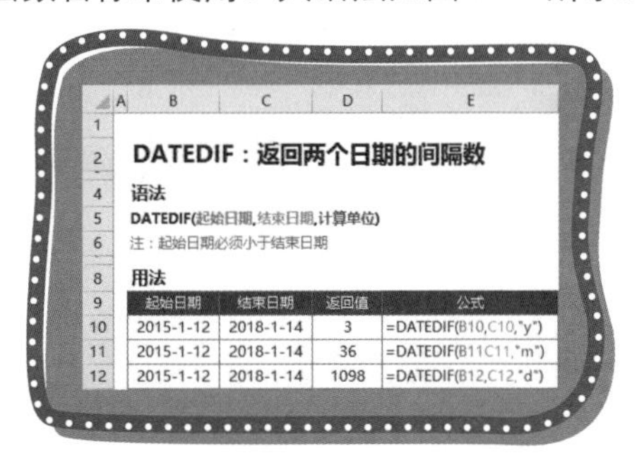

DATEDIF：返回两个日期的间隔数

语法

DATEDIF(起始日期,结束日期,计算单位)

注：起始日期必须小于结束日期

用法

| 起始日期 | 结束日期 | 返回值 | 公式 |
| --- | --- | --- | --- |
| 2015-1-12 | 2018-1-14 | 3 | =DATEDIF(B10,C10,"y") |
| 2015-1-12 | 2018-1-14 | 36 | =DATEDIF(B11C11,"m") |
| 2015-1-12 | 2018-1-14 | 1098 | =DATEDIF(B12,C12,"d") |

图 6-32　DATEDIF 函数语法

DATEDIF 函数共有三个参数。

第一个参数为起始日期。

第二个参数为结束日期。

需要注意的是，起始日期必须小于结束日期，否则函数会返回错误值。

第三个参数为计算单位，可以指定计算单位（年、月、日），单位对照表如图 6-33 所示

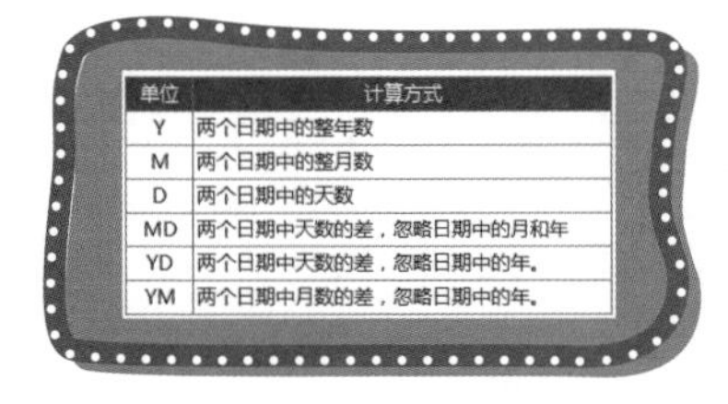

| 单位 | 计算方式 |
| --- | --- |
| Y | 两个日期中的整年数 |
| M | 两个日期中的整月数 |
| D | 两个日期中的天数 |
| MD | 两个日期中天数的差，忽略日期中的月和年 |
| YD | 两个日期中天数的差，忽略日期中的年。 |
| YM | 两个日期中月数的差，忽略日期中的年。 |

图 6-33　第三个参数的单位对照表

当我们从身份证号中提取出生日期后，可以使用 DATEDIF 函数来计算年龄，如图 6-34 所示。

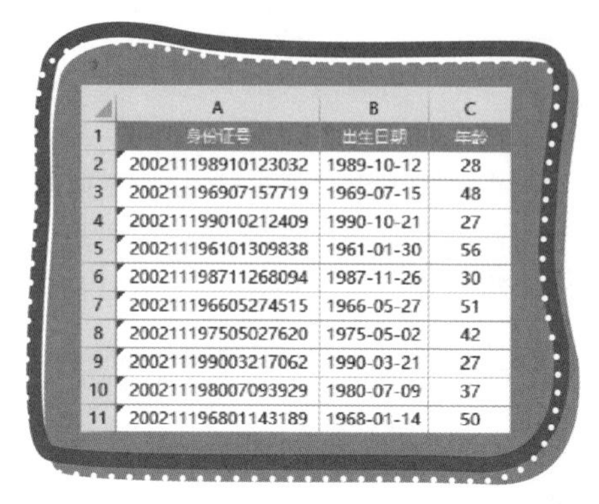

| | A | B | C |
|---|---|---|---|
| 1 | 身份证号 | 出生日期 | 年龄 |
| 2 | 200211198910123032 | 1989-10-12 | 28 |
| 3 | 200211196907157719 | 1969-07-15 | 48 |
| 4 | 200211199010212409 | 1990-10-21 | 27 |
| 5 | 200211196101309838 | 1961-01-30 | 56 |
| 6 | 200211198711268094 | 1987-11-26 | 30 |
| 7 | 200211196605274515 | 1966-05-27 | 51 |
| 8 | 200211197505027620 | 1975-05-02 | 42 |
| 9 | 200211199003217062 | 1990-03-21 | 27 |
| 10 | 200211198007093929 | 1980-07-09 | 37 |
| 11 | 200211196801143189 | 1968-01-14 | 50 |

图 6-34　计算年龄

公式如下：

```
=DATEDIF(B2,TODAY(),"Y")
```

可以计算生产日期与当前日期的间隔月份，如图 6-35 所示。

在 C2 单元格输入如下公式后向并下填充。

```
=DATEDIF(A2,TODAY(),"m")
```

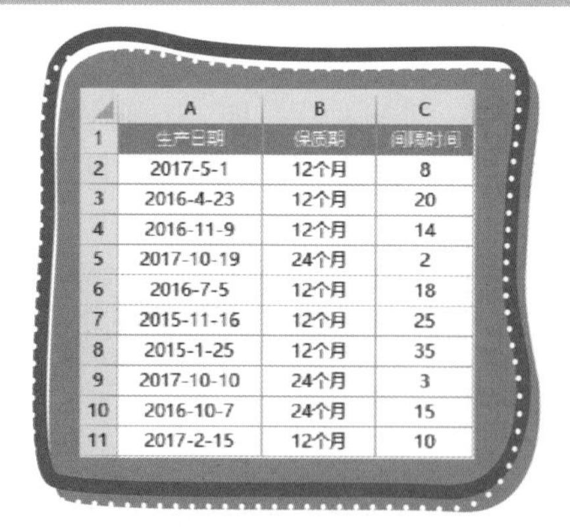

| | A | B | C |
|---|---|---|---|
| 1 | 生产日期 | 保质期 | 间隔时间 |
| 2 | 2017-5-1 | 12个月 | 8 |
| 3 | 2016-4-23 | 12个月 | 20 |
| 4 | 2016-11-9 | 12个月 | 14 |
| 5 | 2017-10-19 | 24个月 | 2 |
| 6 | 2016-7-5 | 12个月 | 18 |
| 7 | 2015-11-16 | 12个月 | 25 |
| 8 | 2015-1-25 | 12个月 | 35 |
| 9 | 2017-10-10 | 24个月 | 3 |
| 10 | 2016-10-7 | 24个月 | 15 |
| 11 | 2017-2-15 | 12个月 | 10 |

图 6-35　计算间隔月份

计算出间隔月份后使用 IF 函数判断是否过期，如图 6-36 所示。

B 列的单位为“个月”，是使用自定义单元格格式显示的，所以 D 列可以直接使用 IF 函数判断。

在 D2 单元格输入如下公式后并向下填充。

```
=IF(C2>B2," 已过期 ","")
```

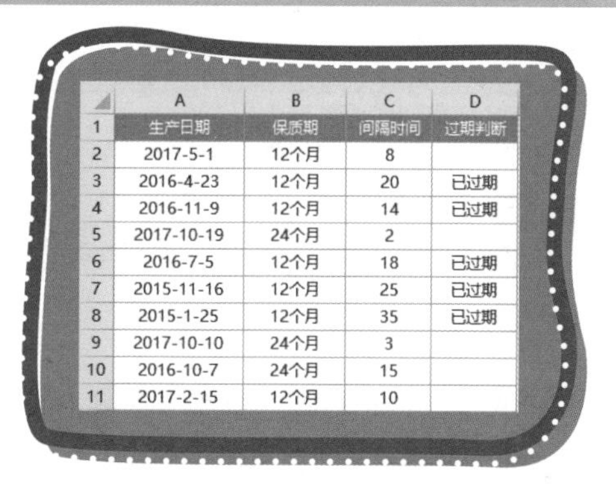

|  | A | B | C | D |
|---|---|---|---|---|
| 1 | 生产日期 | 保质期 | 间隔时间 | 过期判断 |
| 2 | 2017-5-1 | 12个月 | 8 |  |
| 3 | 2016-4-23 | 12个月 | 20 | 已过期 |
| 4 | 2016-11-9 | 12个月 | 14 | 已过期 |
| 5 | 2017-10-19 | 24个月 | 2 |  |
| 6 | 2016-7-5 | 12个月 | 18 | 已过期 |
| 7 | 2015-11-16 | 12个月 | 25 | 已过期 |
| 8 | 2015-1-25 | 12个月 | 35 | 已过期 |
| 9 | 2017-10-10 | 24个月 | 3 |  |
| 10 | 2016-10-7 | 24个月 | 15 |  |
| 11 | 2017-2-15 | 12个月 | 10 |  |

图 6-36 过期判断

**课后练习**

如图 6-37 所示，实习期为半年，根据入职日期判断实习状态。

|  | A | B |
|---|---|---|
| 1 | 入职日期 | 实习状态 |
| 2 | 2017-8-21 | 实习期 |
| 3 | 2017-3-11 |  |
| 4 | 2017-10-6 | 实习期 |
| 5 | 2017-10-31 | 实习期 |
| 6 | 2017-3-7 |  |
| 7 | 2017-1-24 |  |
| 8 | 2017-5-16 |  |
| 9 | 2017-7-8 | 实习期 |

图 6-37 实习状态判断

## 6.6 月份加减函数 EDATE

小鱼：如图 6-38 所示，合同签订后，可以根据签订日期和交货期限来计算最晚交付日期吗？

| | A | B | C | D |
|---|---|---|---|---|
| 1 | 合同编号 | 签订日期 | 交货期限 | 最晚交付日期 |
| 2 | LDM-170907-973 | 2017-9-7 | 3个月 | |
| 3 | LDM-170916-638 | 2017-9-16 | 1个月 | |
| 4 | LDM-171027-404 | 2017-10-27 | 2个月 | |
| 5 | LDM-171102-133 | 2017-11-2 | 4个月 | |

图 6-38 求最晚交付日期

飞鱼：这个简单，使用 EDATE 函数就可以了，其语法如图 6-39 所示。

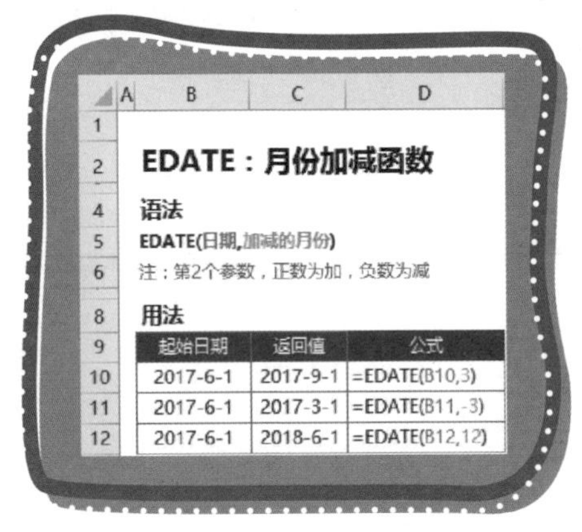

**EDATE：月份加减函数**

**语法**

EDATE(日期,加减的月份)

注：第2个参数，正数为加，负数为减

**用法**

| 起始日期 | 返回值 | 公式 |
|---|---|---|
| 2017-6-1 | 2017-9-1 | =EDATE(B10,3) |
| 2017-6-1 | 2017-3-1 | =EDATE(B11,-3) |
| 2017-6-1 | 2018-6-1 | =EDATE(B12,12) |

图 6-39 EDATE 函数语法

在 D2 单元格输入如下公式向下填充就可以了，如图 6-40 所示。

第一个参数，引用 B 列“签订日期”。

第二个参数，如果 C 列“交货期限”的单位是通过自定义单元格格式显示的，直接引用 C 列就要可以了；如果不是，需要使用 SUBSTITUTE 函数把单位替换为空。

```
=EDATE(B2,C2)
=EDATE(B2,SUBSTITUTE(C2,"个月",""))
```

| | A | B | C | D |
|---|---|---|---|---|
| 1 | 合同编号 | 签订日期 | 交货期限 | 最晚交付日期 |
| 2 | LDM-170907-973 | 2017-9-7 | 3个月 | 2017-12-7 |
| 3 | LDM-170916-638 | 2017-9-16 | 1个月 | 2017-10-16 |
| 4 | LDM-171027-404 | 2017-10-27 | 2个月 | 2017-12-27 |
| 5 | LDM-171102-133 | 2017-11-2 | 4个月 | 2018-3-2 |

图 6-40 使用 EDATE 函数

小鱼：这个函数也好简单啊，还这么实用。

飞鱼：如图 6-41 所示，根据生产日期和保质期计算过期日期，我已经把保质期的时间和单位提取出来了，这个案例你会写公式吗？

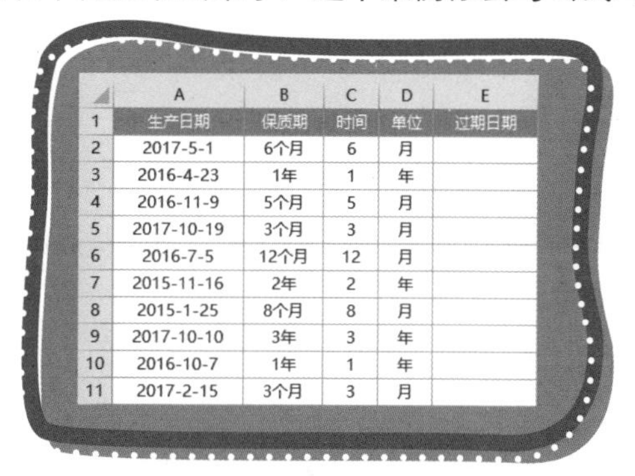

| | A | B | C | D | E |
|---|---|---|---|---|---|
| 1 | 生产日期 | 保质期 | 时间 | 单位 | 过期日期 |
| 2 | 2017-5-1 | 6个月 | 6 | 月 | |
| 3 | 2016-4-23 | 1年 | 1 | 年 | |
| 4 | 2016-11-9 | 5个月 | 5 | 月 | |
| 5 | 2017-10-19 | 3个月 | 3 | 月 | |
| 6 | 2016-7-5 | 12个月 | 12 | 月 | |
| 7 | 2015-11-16 | 2年 | 2 | 年 | |
| 8 | 2015-1-25 | 8个月 | 8 | 月 | |
| 9 | 2017-10-10 | 3年 | 3 | 年 | |
| 10 | 2016-10-7 | 1年 | 1 | 年 | |
| 11 | 2017-2-15 | 3个月 | 3 | 月 | |

图 6-41 求过期日期

小鱼：让我想想哈。单位有两个，需要使用 IF 函数判断，如果单位是月，直接引用时间就可以了；否则就是年了，把年转换为月就可以了，一年 12 个月，用时间乘以 12 不就可以了。输入如下公式，效果如图 6-42 所示。

```
=IF(D2="月",EDATE(A2,C2),EDATE(A2,C2*12))
```

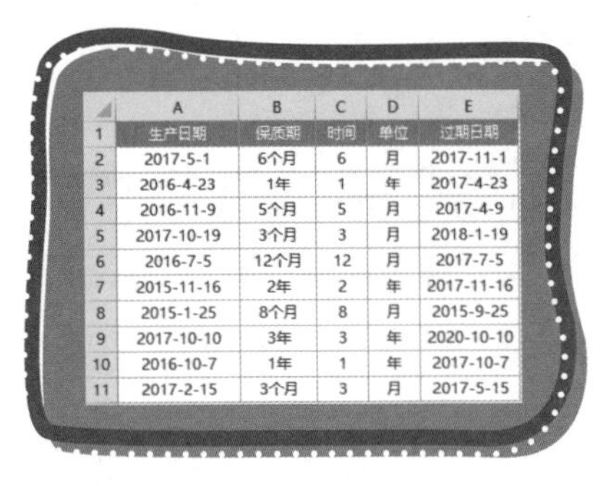

| | A | B | C | D | E |
|---|---|---|---|---|---|
| 1 | 生产日期 | 保质期 | 时间 | 单位 | 过期日期 |
| 2 | 2017-5-1 | 6个月 | 6 | 月 | 2017-11-1 |
| 3 | 2016-4-23 | 1年 | 1 | 年 | 2017-4-23 |
| 4 | 2016-11-9 | 5个月 | 5 | 月 | 2017-4-9 |
| 5 | 2017-10-19 | 3个月 | 3 | 月 | 2018-1-19 |
| 6 | 2016-7-5 | 12个月 | 12 | 月 | 2017-7-5 |
| 7 | 2015-11-16 | 2年 | 2 | 年 | 2017-11-16 |
| 8 | 2015-1-25 | 8个月 | 8 | 月 | 2015-9-25 |
| 9 | 2017-10-10 | 3年 | 3 | 年 | 2020-10-10 |
| 10 | 2016-10-7 | 1年 | 1 | 年 | 2017-10-7 |
| 11 | 2017-2-15 | 3个月 | 3 | 月 | 2017-5-15 |

图 6-42　计算过期日期

飞鱼：完全正确，变聪明了哦。公式还可以写成下面的形式：

```
=EDATE(A2,IF(D2="月",C2,C2*12))
```

小鱼：还可以这样写啊，我怎么就没想到呢。

飞鱼：能够写出可以解决问题的公式就够了，我只是给你提供一种更简洁的写法，其实你写的公式也是没有任何问题的，只是多写几个字母而已。

如图 6-43 所示，同样是判断过期日期，如果单位里还有“天”，你还会写公式吗？

| | A | B | C | D | E |
|---|---|---|---|---|---|
| 1 | 生产日期 | 保质期 | 时间 | 单位 | 过期日期 |
| 2 | 2017-5-1 | 45天 | 45 | 天 | 2017-6-15 |
| 3 | 2016-4-23 | 1年 | 1 | 年 | 2017-4-23 |
| 4 | 2016-11-9 | 7天 | 7 | 天 | 2016-11-16 |
| 5 | 2017-10-19 | 3个月 | 3 | 月 | 2018-1-19 |
| 6 | 2016-7-5 | 12个月 | 12 | 月 | 2017-7-5 |
| 7 | 2015-11-16 | 2年 | 2 | 年 | 2017-11-16 |
| 8 | 2015-1-25 | 15天 | 15 | 天 | 2015-2-9 |
| 9 | 2017-10-10 | 3年 | 3 | 年 | 2020-10-10 |
| 10 | 2016-10-7 | 1年 | 1 | 年 | 2017-10-7 |
| 11 | 2017-2-15 | 3个月 | 3 | 月 | 2017-5-15 |

图 6-43　判断过期日期

## 6.7 日期、时间分离

小鱼：如图 6-44 所示，左边是从打卡机导出的数据，现在我想转换成右边的格式，有什么办法吗？

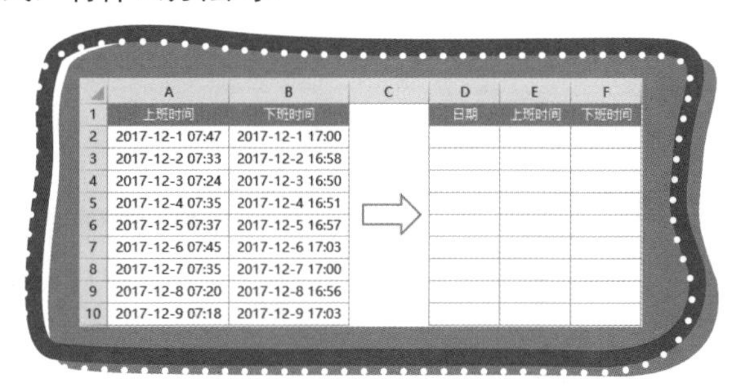

| | A | B | C | D | E | F |
|---|---|---|---|---|---|---|
| 1 | 上班时间 | 下班时间 | | 日期 | 上班时间 | 下班时间 |
| 2 | 2017-12-1 07:47 | 2017-12-1 17:00 | | | | |
| 3 | 2017-12-2 07:33 | 2017-12-2 16:58 | | | | |
| 4 | 2017-12-3 07:24 | 2017-12-3 16:50 | | | | |
| 5 | 2017-12-4 07:35 | 2017-12-4 16:51 | | | | |
| 6 | 2017-12-5 07:37 | 2017-12-5 16:57 | | | | |
| 7 | 2017-12-6 07:45 | 2017-12-6 17:03 | | | | |
| 8 | 2017-12-7 07:35 | 2017-12-7 17:00 | | | | |
| 9 | 2017-12-8 07:20 | 2017-12-8 16:56 | | | | |
| 10 | 2017-12-9 07:18 | 2017-12-9 17:03 | | | | |

图 6-44 日期、时间分离

飞鱼：提取日期可以使用 TEXT 函数，如图 6-45 所示。

在 D2 单元可格输入如下公式后并向下填充。

```
=TEXT(A2,"e-m-d")
```

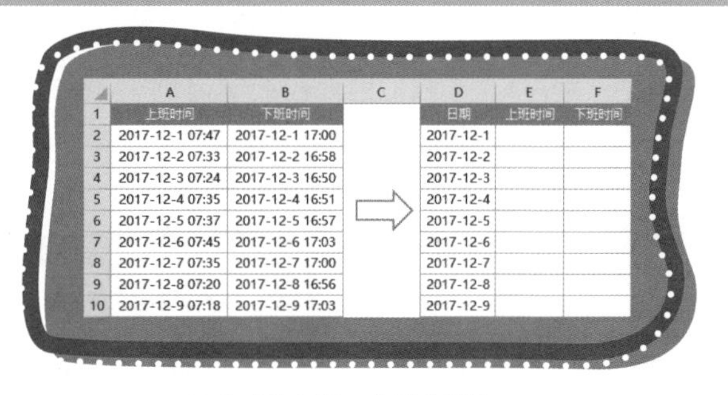

| | A | B | C | D | E | F |
|---|---|---|---|---|---|---|
| 1 | 上班时间 | 下班时间 | | 日期 | 上班时间 | 下班时间 |
| 2 | 2017-12-1 07:47 | 2017-12-1 17:00 | | 2017-12-1 | | |
| 3 | 2017-12-2 07:33 | 2017-12-2 16:58 | | 2017-12-2 | | |
| 4 | 2017-12-3 07:24 | 2017-12-3 16:50 | | 2017-12-3 | | |
| 5 | 2017-12-4 07:35 | 2017-12-4 16:51 | | 2017-12-4 | | |
| 6 | 2017-12-5 07:37 | 2017-12-5 16:57 | | 2017-12-5 | | |
| 7 | 2017-12-6 07:45 | 2017-12-6 17:03 | | 2017-12-6 | | |
| 8 | 2017-12-7 07:35 | 2017-12-7 17:00 | | 2017-12-7 | | |
| 9 | 2017-12-8 07:20 | 2017-12-8 16:56 | | 2017-12-8 | | |
| 10 | 2017-12-9 07:18 | 2017-12-9 17:03 | | 2017-12-9 | | |

图 6-45 提取日期

提取时间同样也可以使用 TEXT函数，可以选择 A 列，然后看下“时间”格式的自定义代码，如图 6-46 所示。

图 6-46　查看自定义单元格格式

其中“yyyy-m-d”代表“年月日”，我们前面已经学习过了，那么后面部分的“hh:mm”就是代表“小时和分钟”，知道了时间的自定义代码后，使用 TEXT 函数也是可以提取小时和分钟的，如图 6-47 所示。

在 E2 单元格输入如下公式后向下填充。

```
=TEXT(A2,"hh:mm")
```

在 F2 单元格输入如下公式后向下填充。

```
=TEXT(B2,"hh:mm")
```

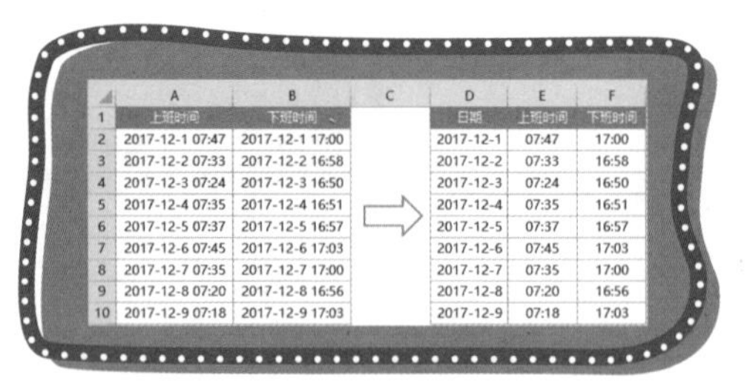

| | A | B | C | D | E | F |
|---|---|---|---|---|---|---|
| 1 | 上班时间 | 下班时间 | | 日期 | 上班时间 | 下班时间 |
| 2 | 2017-12-1 07:47 | 2017-12-1 17:00 | | 2017-12-1 | 07:47 | 17:00 |
| 3 | 2017-12-2 07:33 | 2017-12-2 16:58 | | 2017-12-2 | 07:33 | 16:58 |
| 4 | 2017-12-3 07:24 | 2017-12-3 16:50 | | 2017-12-3 | 07:24 | 16:50 |
| 5 | 2017-12-4 07:35 | 2017-12-4 16:51 | | 2017-12-4 | 07:35 | 16:51 |
| 6 | 2017-12-5 07:37 | 2017-12-5 16:57 | | 2017-12-5 | 07:37 | 16:57 |
| 7 | 2017-12-6 07:45 | 2017-12-6 17:03 | | 2017-12-6 | 07:45 | 17:03 |
| 8 | 2017-12-7 07:35 | 2017-12-7 17:00 | | 2017-12-7 | 07:35 | 17:00 |
| 9 | 2017-12-8 07:20 | 2017-12-8 16:56 | | 2017-12-8 | 07:20 | 16:56 |
| 10 | 2017-12-9 07:18 | 2017-12-9 17:03 | | 2017-12-9 | 07:18 | 17:03 |

图 6-47　提取时间

飞鱼：我们已经知道日期的本质是数字。准确来说，日期是整数，数字 1 代表 1900 年 1 月 1 月，数字加 1，日期加一天，如图 6-48 所示。

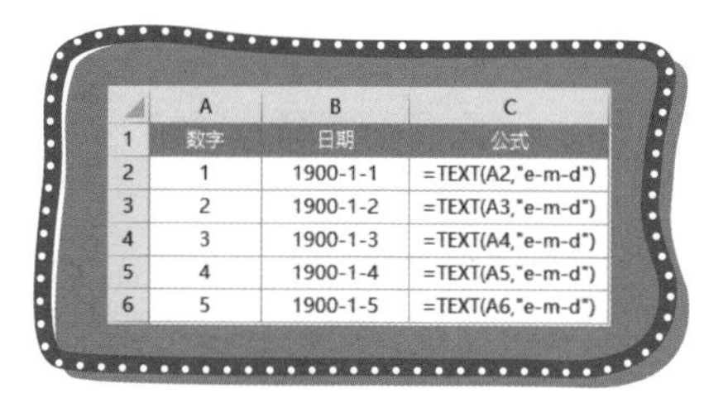

| | A | B | C |
|---|---|---|---|
| 1 | 数字 | 日期 | 公式 |
| 2 | 1 | 1900-1-1 | =TEXT(A2,"e-m-d") |
| 3 | 2 | 1900-1-2 | =TEXT(A3,"e-m-d") |
| 4 | 3 | 1900-1-3 | =TEXT(A4,"e-m-d") |
| 5 | 4 | 1900-1-4 | =TEXT(A5,"e-m-d") |
| 6 | 5 | 1900-1-5 | =TEXT(A6,"e-m-d") |

图 6-48 整数显示日期

时间其实是小数，数字 0.5 为 12:00，因为 1 代表 1 天，0.5 为半天，转为时间就是 12:00，如图 6-49 所示。

| | A | B | C |
|---|---|---|---|
| 1 | 数字 | 时间 | 公式 |
| 2 | 0.25 | 06:00 | =TEXT(A2,"hh:mm") |
| 3 | 0.5 | 12:00 | =TEXT(A3,"hh:mm") |
| 4 | 0.75 | 18:00 | =TEXT(A4,"hh:mm") |
| 5 | 1 | 00:00 | =TEXT(A5,"hh:mm") |

图 6-49 小数显示时间

教你一个快速输入日期的方法，1 天有 24 小时，首先将单元格格式设置为“时间”，然后如果我们想输入 7:00，输入公式“=7/24”就可以了。如果想输入 7:30，输入公式“=7.5/24”就会显示对应的时间了，如图 6-50 所示。

| | A | B |
|---|---|---|
| 1 | 时间 | 公式 |
| 2 | 07:00 | =7/24 |
| 3 | 07:30 | =7.5/24 |
| 4 | 07:20 | =7.34/24 |
| 5 | 07:40 | =7.67/24 |

图 6-50 快速输入时间

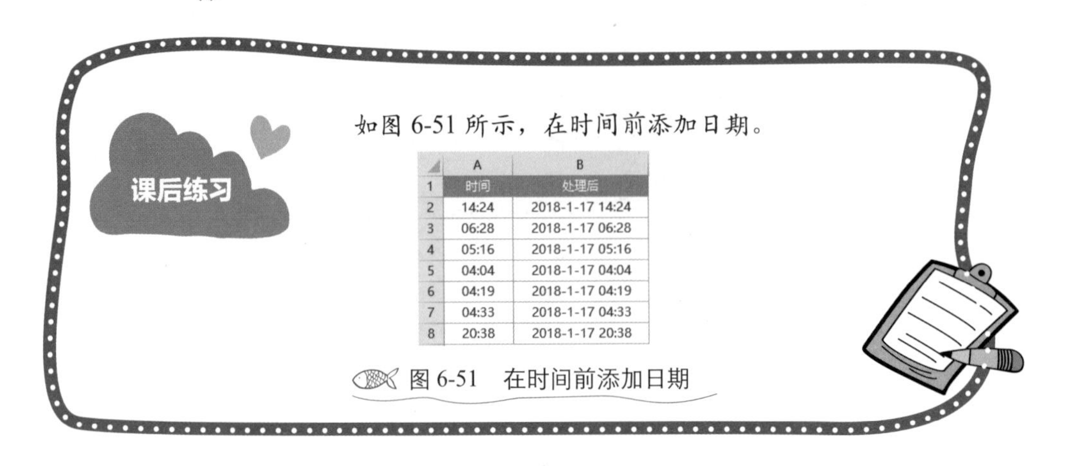

课后练习

如图 6-51 所示，在时间前添加日期。

| | A | B |
|---|---|---|
| 1 | 时间 | 处理后 |
| 2 | 14:24 | 2018-1-17 14:24 |
| 3 | 06:28 | 2018-1-17 06:28 |
| 4 | 05:16 | 2018-1-17 05:16 |
| 5 | 04:04 | 2018-1-17 04:04 |
| 6 | 04:19 | 2018-1-17 04:19 |
| 7 | 04:33 | 2018-1-17 04:33 |
| 8 | 20:38 | 2018-1-17 20:38 |

图 6-51　在时间前添加日期

## 6.8　判断迟到、早退

小鱼：如图 6-52 所示，公司上班时间为 7:30，下班时间为 17:00，我想要判断迟到和早退情况，写公式的时候时间该如何表示呢？

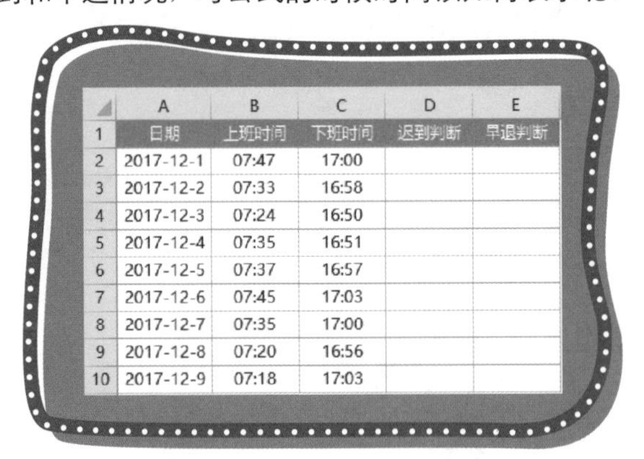

| | A | B | C | D | E |
|---|---|---|---|---|---|
| 1 | 日期 | 上班时间 | 下班时间 | 迟到判断 | 早退判断 |
| 2 | 2017-12-1 | 07:47 | 17:00 | | |
| 3 | 2017-12-2 | 07:33 | 16:58 | | |
| 4 | 2017-12-3 | 07:24 | 16:50 | | |
| 5 | 2017-12-4 | 07:35 | 16:51 | | |
| 6 | 2017-12-5 | 07:37 | 16:57 | | |
| 7 | 2017-12-6 | 07:45 | 17:03 | | |
| 8 | 2017-12-7 | 07:35 | 17:00 | | |
| 9 | 2017-12-8 | 07:20 | 16:56 | | |
| 10 | 2017-12-9 | 07:18 | 17:03 | | |

图 6-52　判断迟到、早退

飞鱼：时间可以使用 TIME 函数返回。其语法如图 6-53 所示。

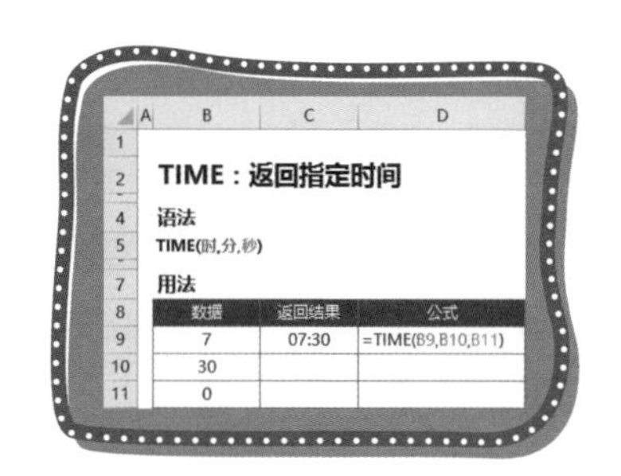

TIME：返回指定时间

语法

TIME(时,分,秒)

用法

| 数据 | 返回结果 | 公式 |
|---|---|---|
| 7 | 07:30 | =TIME(B9,B10,B11) |
| 30 | | |
| 0 | | |

图 6-53 TIME 函数语法

小鱼：我知道怎么判断了，如图 6-54 所示。

判断迟到公式如下：

```
=IF(B2>TIME(7,30,0)," 迟到 ","")
```

判断早退公式如下：

```
=IF(C2<TIME(17,0,0)," 早退 ","")
```

| 日期 | 上班时间 | 下班时间 | 迟到判断 | 早退判断 |
|---|---|---|---|---|
| 2017-12-1 | 07:47 | 17:00 | 迟到 | |
| 2017-12-2 | 07:33 | 16:58 | 迟到 | 早退 |
| 2017-12-3 | 07:24 | 16:50 | | 早退 |
| 2017-12-4 | 07:35 | 16:51 | 迟到 | 早退 |
| 2017-12-5 | 07:37 | 16:57 | 迟到 | 早退 |
| 2017-12-6 | 07:45 | 17:03 | 迟到 | |
| 2017-12-7 | 07:35 | 17:00 | 迟到 | |
| 2017-12-8 | 07:20 | 16:56 | | 早退 |
| 2017-12-9 | 07:18 | 17:03 | | |

图 6-54 完成判断

飞鱼：其实还有更简单的方法，在单元格输入上班时间和下班时间，然后直接判断就可以了，如图 6-55 所示。

判断迟到公式如下：

```
=IF(B2>$H$1," 迟到 ","")
```

判断早退公式如下：

```
=IF(C2<$H$2,"早退","")
```

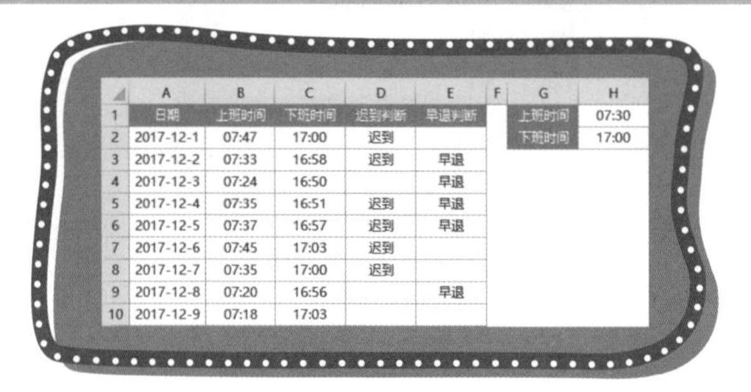

| | A | B | C | D | E | F | G | H |
|---|---|---|---|---|---|---|---|---|
| 1 | 日期 | 上班时间 | 下班时间 | 迟到判断 | 早退判断 | | 上班时间 | 07:30 |
| 2 | 2017-12-1 | 07:47 | 17:00 | 迟到 | | | 下班时间 | 17:00 |
| 3 | 2017-12-2 | 07:33 | 16:58 | 迟到 | 早退 | | | |
| 4 | 2017-12-3 | 07:24 | 16:50 | | 早退 | | | |
| 5 | 2017-12-4 | 07:35 | 16:51 | 迟到 | 早退 | | | |
| 6 | 2017-12-5 | 07:37 | 16:57 | 迟到 | 早退 | | | |
| 7 | 2017-12-6 | 07:45 | 17:03 | 迟到 | | | | |
| 8 | 2017-12-7 | 07:35 | 17:00 | 迟到 | | | | |
| 9 | 2017-12-8 | 07:20 | 16:56 | | 早退 | | | |
| 10 | 2017-12-9 | 07:18 | 17:03 | | | | | |

图 6-55　使用辅助列后直接判断

**课后练习**

如图 6-56 所示，根据上班、下班时间判断迟到或早退时间。

| | A | B | C | D | E | F | G | H |
|---|---|---|---|---|---|---|---|---|
| 1 | 日期 | 上班时间 | 下班时间 | 迟到判断 | 早退判断 | | 上班时间 | 07:30 |
| 2 | 2017-12-1 | 07:47 | 17:00 | 0:17 | | | 下班时间 | 17:00 |
| 3 | 2017-12-2 | 07:33 | 16:58 | 0:03 | 0:02 | | | |
| 4 | 2017-12-3 | 07:24 | 16:50 | | 0:10 | | | |
| 5 | 2017-12-4 | 07:35 | 16:51 | 0:05 | 0:09 | | | |
| 6 | 2017-12-5 | 07:37 | 16:57 | 0:07 | 0:03 | | | |
| 7 | 2017-12-6 | 07:45 | 17:03 | 0:15 | | | | |
| 8 | 2017-12-7 | 07:35 | 17:00 | 0:05 | | | | |
| 9 | 2017-12-8 | 07:20 | 16:56 | | 0:04 | | | |
| 10 | 2017-12-9 | 07:18 | 17:03 | | | | | |

图 6-56　判断迟到、早退时间

## 6.9　计算工作时间

小鱼：如图 6-57 所示，现在我想根据上班时间和下班时间计算工作时间该怎么做呢？

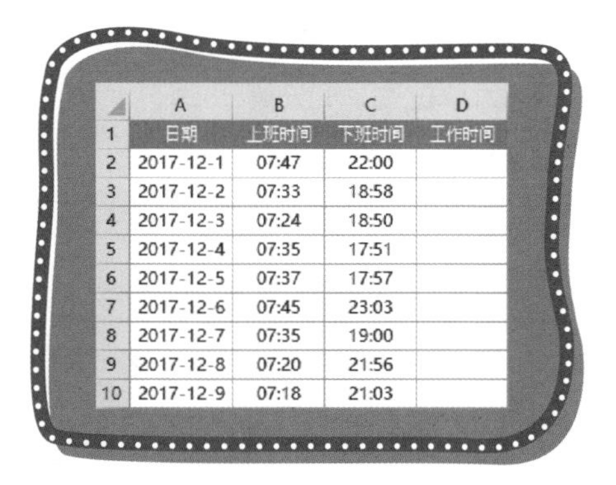

| | A | B | C | D |
|---|---|---|---|---|
| 1 | 日期 | 上班时间 | 下班时间 | 工作时间 |
| 2 | 2017-12-1 | 07:47 | 22:00 | |
| 3 | 2017-12-2 | 07:33 | 18:58 | |
| 4 | 2017-12-3 | 07:24 | 18:50 | |
| 5 | 2017-12-4 | 07:35 | 17:51 | |
| 6 | 2017-12-5 | 07:37 | 17:57 | |
| 7 | 2017-12-6 | 07:45 | 23:03 | |
| 8 | 2017-12-7 | 07:35 | 19:00 | |
| 9 | 2017-12-8 | 07:20 | 21:56 | |
| 10 | 2017-12-9 | 07:18 | 21:03 | |

图 6-57 计算工作时间

飞鱼：我们已经知道时间就是小数，那么，直接使用下班时间减上班时间，就是工作时间了，如图 6-58 所示。

在 D2 单元格输入如下公式后向下填充。

```
=C2-B2
```

公式在计算时间后，其所在单元格的单元格格式也会变为时间格式，我们需要将单元格格式设置为“常规”，如图 6-59 所示。

| | A | B | C | D |
|---|---|---|---|---|
| 1 | 日期 | 上班时间 | 下班时间 | 工作时间 |
| 2 | 2017-12-1 | 07:47 | 22:00 | 14:13 |
| 3 | 2017-12-2 | 07:33 | 18:58 | 11:25 |
| 4 | 2017-12-3 | 07:24 | 18:50 | 11:26 |
| 5 | 2017-12-4 | 07:35 | 17:51 | 10:16 |
| 6 | 2017-12-5 | 07:37 | 17:57 | 10:20 |
| 7 | 2017-12-6 | 07:45 | 23:03 | 15:18 |
| 8 | 2017-12-7 | 07:35 | 19:00 | 11:25 |
| 9 | 2017-12-8 | 07:20 | 21:56 | 14:36 |
| 10 | 2017-12-9 | 07:18 | 21:03 | 13:45 |

图 6-58 下班时间减上班时间

| | A | B | C | D |
|---|---|---|---|---|
| 1 | 日期 | 上班时间 | 下班时间 | 工作时间 |
| 2 | 2017-12-1 | 07:47 | 22:00 | 0.592361 |
| 3 | 2017-12-2 | 07:33 | 18:58 | 0.475694 |
| 4 | 2017-12-3 | 07:24 | 18:50 | 0.476389 |
| 5 | 2017-12-4 | 07:35 | 17:51 | 0.427778 |
| 6 | 2017-12-5 | 07:37 | 17:57 | 0.430556 |
| 7 | 2017-12-6 | 07:45 | 23:03 | 0.6375 |
| 8 | 2017-12-7 | 07:35 | 19:00 | 0.475694 |
| 9 | 2017-12-8 | 07:20 | 21:56 | 0.608333 |
| 10 | 2017-12-9 | 07:18 | 21:03 | 0.572917 |

图 6-59 设置单元格格式为“常规”

设置单元格格式后，所显示的时间单位为“天”，如 D2 单元格的工作时间为 0.59 天，正常计算工作时间都是以小时为单位的，1 天等于 24 小时，所以我们乘以 24 就可以把天转换为小时了，如图 6-60所示。公式如下：

```
=(C2-B2)*24
```

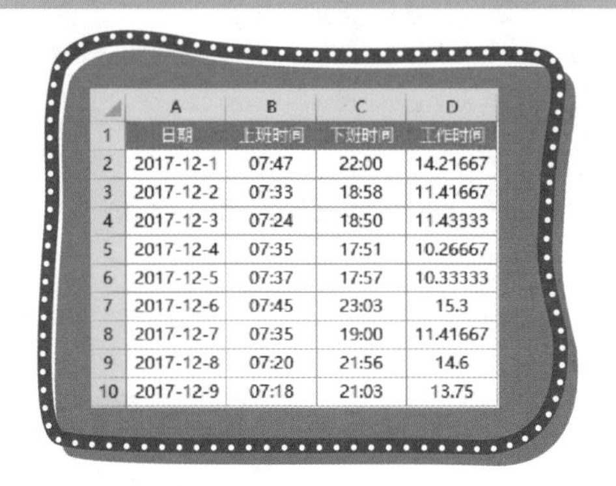

| | A | B | C | D |
|---|---|---|---|---|
| 1 | 日期 | 上班时间 | 下班时间 | 工作时间 |
| 2 | 2017-12-1 | 07:47 | 22:00 | 14.21667 |
| 3 | 2017-12-2 | 07:33 | 18:58 | 11.41667 |
| 4 | 2017-12-3 | 07:24 | 18:50 | 11.43333 |
| 5 | 2017-12-4 | 07:35 | 17:51 | 10.26667 |
| 6 | 2017-12-5 | 07:37 | 17:57 | 10.33333 |
| 7 | 2017-12-6 | 07:45 | 23:03 | 15.3 |
| 8 | 2017-12-7 | 07:35 | 19:00 | 11.41667 |
| 9 | 2017-12-8 | 07:20 | 21:56 | 14.6 |
| 10 | 2017-12-9 | 07:18 | 21:03 | 13.75 |

图 6-60　单位转换为小时

小鱼：原来这么简单啊，只是算出来的小时我还得处理下，我们公司加班时间精确到半小时，不足半小时按半小时计算的，我再嵌套个 CEILING 函数就可以了，如图 6-61 所示。公式如下：

```
=CEILING((C2-B2)*24,0.5)
```

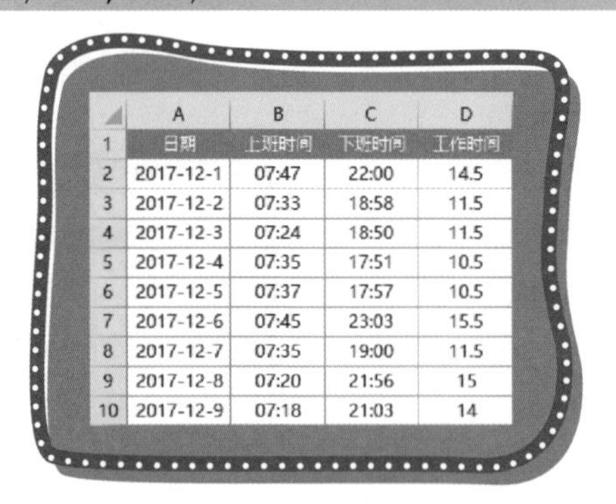

| | A | B | C | D |
|---|---|---|---|---|
| 1 | 日期 | 上班时间 | 下班时间 | 工作时间 |
| 2 | 2017-12-1 | 07:47 | 22:00 | 14.5 |
| 3 | 2017-12-2 | 07:33 | 18:58 | 11.5 |
| 4 | 2017-12-3 | 07:24 | 18:50 | 11.5 |
| 5 | 2017-12-4 | 07:35 | 17:51 | 10.5 |
| 6 | 2017-12-5 | 07:37 | 17:57 | 10.5 |
| 7 | 2017-12-6 | 07:45 | 23:03 | 15.5 |
| 8 | 2017-12-7 | 07:35 | 19:00 | 11.5 |
| 9 | 2017-12-8 | 07:20 | 21:56 | 15 |
| 10 | 2017-12-9 | 07:18 | 21:03 | 14 |

图 6-61　时间精确到半小时

# 第7章 综合案例

还记得第1章飞鱼说过的话吗？思路远比方法更重要。本章的综合案例要告诉大家的不是案例本身，是我们怎么把学过的函数换一种思路综合运用起来。路漫漫其修远兮，飞鱼与大家共同学习。

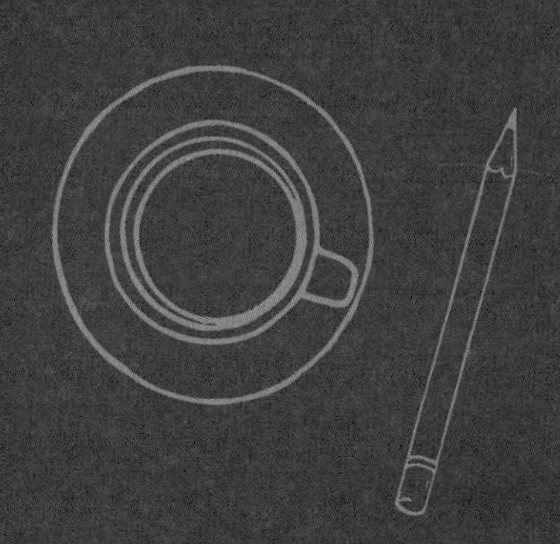

## 7.1 考生成绩判断

飞鱼：如图 7-1 所示，这是某学校九年级中考成绩，满 60 分为及格，所考科目全部及格为“综合优秀”，这个你会做吗？

| | A | B | C | D | E | F | G | H | I | J | K | L |
|---|---|---|---|---|---|---|---|---|---|---|---|---|
| 1 | 姓名 | 语文 | 数学 | 外语 | 政治 | 历史 | 地理 | 物理 | 化学 | 生物 | 体育 | 综合优秀 |
| 2 | 李莹 | 82.5 | 28 | 84.5 | 62 | 55 | 55 | 45 | 33 | 48 | 82.2 | |
| 3 | 黄悦悦 | 76 | 73 | 62 | 75 | 72 | 83 | 88 | 80 | 91 | 92.8 | |
| 4 | 汤林 | 78.5 | 66 | 33 | 68 | 74 | 71 | 77 | 77 | 70 | 92.8 | |
| 5 | 冯磊 | 82 | 26 | 30.5 | 70 | 89 | 68 | 59 | 61 | 83 | 84.9 | |
| 6 | 吕佳妮 | 78.5 | 36 | 78 | 58 | 60 | 61 | 35 | 35 | 32 | 84.3 | |
| 7 | 冯煌铭 | 59 | 11 | 29 | 48 | 36 | 49 | 36 | 26 | 76 | 84 | |
| 8 | 吕伟 | 35.5 | 3 | 17 | 28 | 8 | 21 | 12 | 6 | 75 | 92.2 | |
| 9 | 汤小洁 | 91 | 75 | 102 | 77 | 72 | 80 | 77 | 76 | 87 | 77.1 | |
| 10 | 卢祥 | 49 | 18 | 22 | 43 | 6 | 15 | 23 | 15 | 77 | 85.5 | |
| 11 | 朱远 | 62.5 | 13 | 29.5 | 45 | 16 | 10 | 29 | 18 | 67 | 88.2 | |
| 12 | 李瑶 | 86.5 | 98 | 75.5 | 83 | 86 | 82 | 98 | 90 | 86 | 92 | |

图 7-1　判断综合优秀

小鱼：这个还不简单，使用 AND 函数判断所有科目都满 60 分就可以了啊。

飞鱼：有进步，使用 AND 函数确实可以，只是你要写的条件有点多哦。

小鱼：那还有别的办法，对吧？

飞鱼：聪明，今天教你两种更快捷的判断方法。

### 方法 1：使用 MIN 函数

先了解下 MIN 函数语法，如图 7-2 所示。

MIN：返回一组数字中的最小值

第1个参数：一组数字（单元格区域或数组）

**用法**
**MIN（一组数字）**

图 7-2　MIN 函数语法


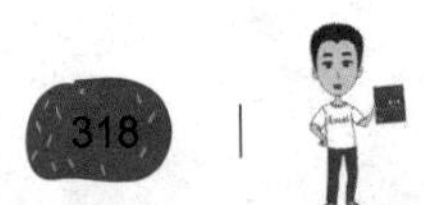

Step 01 MIN 函数可以返回一组数字的最小值，利用它可以计算出考生的最低分。在 L2 单元格输入如下公式后向下填充，如图 7-3 所示。

```
=MIN(B2:K2)
```

| | H | I | J | K | L |
|---|---|---|---|---|---|
| 1 | 物理 | 化学 | 生物 | 体育 | 综合优秀 |
| 2 | 45 | 33 | 48 | 82.2 | 28 |
| 3 | 88 | 80 | 91 | 92.8 | 62 |
| 4 | 77 | 77 | 70 | 92.8 | 33 |
| 5 | 59 | 61 | 83 | 84.9 | 26 |
| 6 | 35 | 35 | 32 | 84.3 | 35 |
| 7 | 36 | 26 | 76 | 84 | 11 |
| 8 | 12 | 6 | 75 | 92.2 | 3 |
| 9 | 77 | 76 | 87 | 77.1 | 72 |
| 10 | 23 | 15 | 77 | 85.5 | 6 |
| 11 | 29 | 18 | 67 | 88.2 | 10 |
| 12 | 98 | 90 | 86 | 92 | 75.5 |

图 7-3 输入公式并向下填充

Step 02 然后嵌套使用 IF 函数判断 MIN 函数返回的最低分是否及格就可以了。如果最低分都及格了，也就意味着所有科目成绩都及格了，如图 7-4 所示。

| | H | I | J | K | L |
|---|---|---|---|---|---|
| 1 | 物理 | 化学 | 生物 | 体育 | 综合优秀 |
| 2 | 45 | 33 | 48 | 82.2 | |
| 3 | 88 | 80 | 91 | 92.8 | 综合优秀 |
| 4 | 77 | 77 | 70 | 92.8 | |
| 5 | 59 | 61 | 83 | 84.9 | |
| 6 | 35 | 35 | 32 | 84.3 | |
| 7 | 36 | 26 | 76 | 84 | |
| 8 | 12 | 6 | 75 | 92.2 | |
| 9 | 77 | 76 | 87 | 77.1 | 综合优秀 |
| 10 | 23 | 15 | 77 | 85.5 | |
| 11 | 29 | 18 | 67 | 88.2 | |
| 12 | 98 | 90 | 86 | 92 | 综合优秀 |

图 7-4 嵌套 IF 函数判断

方法 2：使用 COUNTIF 函数

在 2.4 节我们已经学过 COUNTIF 函数了，该函数的作用是条件计数。

Step 01 使用 COUNTIF 函数来判断低于 60 分的科目数，如图 7-5 所示。公式如下：

```
=COUNTIF(B2:K2,"<60")
```

| | H | I | J | K | L |
|---|---|---|---|---|---|
| 1 | 物理 | 化学 | 生物 | 体育 | 综合优秀 |
| 2 | 45 | 33 | 48 | 82.2 | 5 |
| 3 | 88 | 80 | 91 | 92.8 | 0 |
| 4 | 77 | 77 | 70 | 92.8 | 1 |
| 5 | 59 | 61 | 83 | 84.9 | 3 |
| 6 | 35 | 35 | 32 | 84.3 | 4 |
| 7 | 36 | 26 | 76 | 84 | 8 |
| 8 | 12 | 6 | 75 | 92.2 | 8 |
| 9 | 77 | 76 | 87 | 77.1 | 0 |
| 10 | 23 | 15 | 77 | 85.5 | 8 |
| 11 | 29 | 18 | 67 | 88.2 | 7 |
| 12 | 98 | 90 | 86 | 92 | 0 |

图 7-5 使用 COUNTIF 函数判断不及格科目数

Step 02 嵌套 IF 函数进行判断，COUNTIF 返回的不及格科目数作为 IF 函数的第一个参数。我们知道数字是可以作为逻辑值使用的，不及格科目数不等于 0，说明有科目不及格，返回空文本，否则返回“综合优秀”。输入如下公式，效果如图 7-6 所示。

```
=IF(COUNTIF(B2:K2,"<60"),
"","综合优秀")
```

| | H | I | J | K | L |
|---|---|---|---|---|---|
| 1 | 物理 | 化学 | 生物 | 体育 | 综合优秀 |
| 2 | 45 | 33 | 48 | 82.2 | |
| 3 | 88 | 80 | 91 | 92.8 | 综合优秀 |
| 4 | 77 | 77 | 70 | 92.8 | |
| 5 | 59 | 61 | 83 | 84.9 | |
| 6 | 35 | 35 | 32 | 84.3 | |
| 7 | 36 | 26 | 76 | 84 | |
| 8 | 12 | 6 | 75 | 92.2 | |
| 9 | 77 | 76 | 87 | 77.1 | 综合优秀 |
| 10 | 23 | 15 | 77 | 85.5 | |
| 11 | 29 | 18 | 67 | 88.2 | |
| 12 | 98 | 90 | 86 | 92 | 综合优秀 |

图 7-6 嵌套 IF 函数判断

如果感觉上面的公式不好理解，在写 COUNTIF 函数中的计数条件的时候，可以改为判断大于等于 60 分的个数。如总计考了 10 个科目，使用 IF 函数判断 COUNTIF 函数返回的数字，等于 10 就是全部科目都大于等于 60 分，即返回“综合优秀”。

```
=IF(COUNTIF(B2:K2,">=60")=10,"综合优秀","")
```

## 课后练习

根据及格科目数判断等级，如图 7-7 所示。

| | A | B | C | D | E | F | G | H | I | J | K | L |
|---|---|---|---|---|---|---|---|---|---|---|---|---|
| 1 | 姓名 | 语文 | 数学 | 外语 | 政治 | 历史 | 地理 | 物理 | 化学 | 生物 | 体育 | 等级 |
| 2 | 李莹 | 82.5 | 28 | 84.5 | 62 | 55 | 55 | 45 | 33 | 48 | 82.2 | D |
| 3 | 黄悦悦 | 76 | 73 | 62 | 75 | 72 | 83 | 88 | 80 | 91 | 92.8 | A |
| 4 | 汤林 | 78.5 | 66 | 33 | 68 | 74 | 71 | 77 | 77 | 70 | 92.8 | A |
| 5 | 冯磊 | 82 | 26 | 30.5 | 70 | 89 | 68 | 59 | 61 | 83 | 84.9 | B |
| 6 | 吕佳妮 | 78.5 | 36 | 78 | 58 | 60 | 61 | 35 | 35 | 32 | 84.3 | C |
| 7 | 冯煌铭 | 59 | 11 | 29 | 48 | 36 | 49 | 36 | 26 | 76 | 84 | E |
| 8 | 吕伟 | 35.5 | 3 | 17 | 28 | 8 | 21 | 12 | 6 | 75 | 92.2 | E |
| 9 | 汤小洁 | 91 | 75 | 102 | 77 | 72 | 80 | 77 | 76 | 87 | 77.1 | A |
| 10 | 卢祥 | 49 | 18 | 22 | 43 | 6 | 15 | 23 | 15 | 77 | 85.5 | E |
| 11 | 朱远 | 62.5 | 13 | 29.5 | 45 | 16 | 10 | 29 | 18 | 67 | 88.2 | D |
| 12 | 李瑶 | 86.5 | 98 | 75.5 | 83 | 86 | 82 | 98 | 90 | 86 | 92 | A |

图 7-7　判断等级

等级判断规则如图 7-8 所示。

| 及格科目数 | 等级 |
|---|---|
| 0-2 | E |
| 3-4 | D |
| 5-6 | C |
| 6-8 | B |
| 9-10 | A |

图 7-8　等级判断规则

## 7.2　判断是否断码

小鱼：如图 7-9 所示，这是一家服装公司的库存表。尺码字段下标识“有”代表有货，标识“无”代表无货，连续 3 个以上尺码（含 3 个）有货视为正常，否则视为断码。我用笨办法写了下面这个公式，应该还有更好的办法吧？

```
=IF(OR(COUNTIF(B2:D2,"有")>=3,COUNTIF(C2:E2,"有")>=3,COUNTIF(D2:F2,"有")>=3,COUNTIF(E2:G2,"有")>=3,COUNTIF(F2:H2,"有")>=3),"","断码")
```

| | A | B | C | D | E | F | G | H | I |
|---|---|---|---|---|---|---|---|---|---|
| 1 | 货号 | XS | S | M | L | XL | XXL | XXXL | 是否断码 |
| 2 | JXA-SD064 | 无 | 有 | 有 | 有 | 无 | 有 | 有 | |
| 3 | JXA-SD017 | 无 | 无 | 有 | 有 | 有 | 无 | 有 | |
| 4 | JXA-SD058 | 无 | 无 | 有 | 无 | 无 | 有 | 无 | 断码 |
| 5 | JXA-SD078 | 无 | 无 | 有 | 有 | 有 | 无 | 无 | |
| 6 | JXA-SD087 | 有 | 有 | 有 | 无 | 有 | 有 | 有 | |
| 7 | JXA-SD108 | 无 | 无 | 有 | 有 | 无 | 有 | 无 | 断码 |
| 8 | JXA-SD111 | 有 | 无 | 有 | 有 | 有 | 无 | 有 | |
| 9 | JXA-SD003 | 无 | 有 | 无 | 无 | 有 | 有 | 无 | 断码 |
| 10 | JXA-SD004 | 有 | 无 | 无 | 有 | 有 | 有 | 有 | |
| 11 | JXA-SD005 | 有 | 无 | 有 | 有 | 无 | 有 | 有 | 断码 |
| 12 | JXA-SD007 | 有 | 有 | 有 | 无 | 无 | 无 | 有 | |

图 7-9　断码判断

飞鱼：这题难点在于判断连续 3 个以上都包含“有”的标识。其实我们可以换个思路，把每个尺码的标识连接起来，然后使用 FNID 函数查找“有有有”如果可以查找到，说明不是断码。下面我们开始编写公式。

**Step 01** 使用 PHONETIC 函数把标识连接，函数语法如图 7-10 所示。

PHONETIC：文本连接函数

第1个参数：文本区域

**用法**

**PHONETIC（文本区域）**

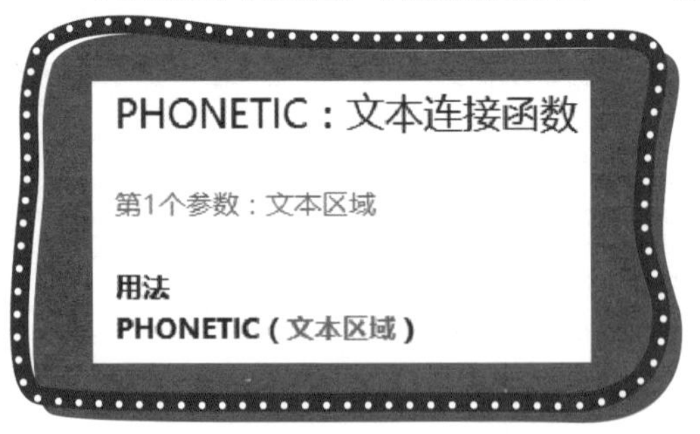

图 7-10　PHONETIC 函数语法

在 I2 单元格输入如下公式连接标识，如图 7-11 所示。需要注意的是，PHONETIC 函数不支持连接数字，如果标识是数字，则使用连接符（&）连接就可以了。

```
=PHONETIC(B2:H2)
```

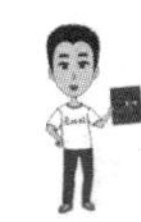

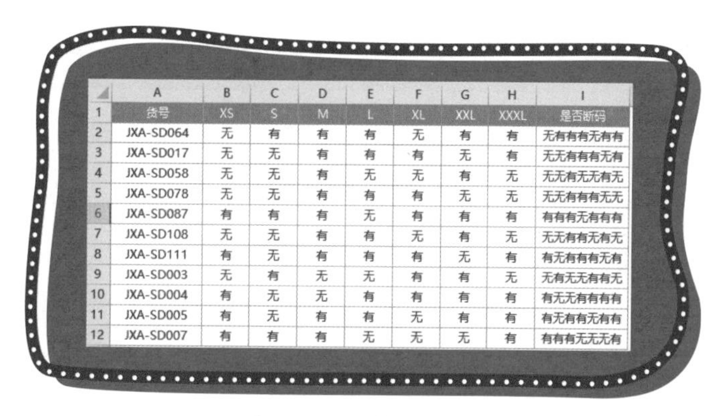

| | A | B | C | D | E | F | G | H | I |
|---|---|---|---|---|---|---|---|---|---|
| 1 | 货号 | XS | S | M | L | XL | XXL | XXXL | 是否断码 |
| 2 | JXA-SD064 | 无 | 有 | 有 | 有 | 无 | 有 | 有 | 无有有有无有有 |
| 3 | JXA-SD017 | 无 | 无 | 有 | 有 | 有 | 无 | 有 | 无无有有有无有 |
| 4 | JXA-SD058 | 无 | 无 | 有 | 无 | 无 | 有 | 无 | 无无有无无有无 |
| 5 | JXA-SD078 | 无 | 无 | 有 | 有 | 有 | 无 | 无 | 无无有有有无无 |
| 6 | JXA-SD087 | 有 | 有 | 有 | 无 | 有 | 有 | 有 | 有有有无有有有 |
| 7 | JXA-SD108 | 无 | 无 | 有 | 有 | 无 | 有 | 无 | 无无有有无有无 |
| 8 | JXA-SD111 | 有 | 无 | 有 | 有 | 有 | 无 | 有 | 有无有有有无有 |
| 9 | JXA-SD003 | 无 | 有 | 无 | 无 | 有 | 有 | 无 | 无有无无有有无 |
| 10 | JXA-SD004 | 有 | 无 | 无 | 有 | 有 | 有 | 有 | 有无无有有有有 |
| 11 | JXA-SD005 | 有 | 无 | 有 | 有 | 无 | 有 | 有 | 有无有有无有有 |
| 12 | JXA-SD007 | 有 | 有 | 有 | 无 | 无 | 无 | 有 | 有有有无无无有 |

图 7-11　标识连接

**Step 02** 使用 FIND 函数判断连接后的标识是否包含“有有有”，输入如下公式，效果如图 7-12 所示。

```
=FIND("有有有",PHONETIC(B2:H2))
```

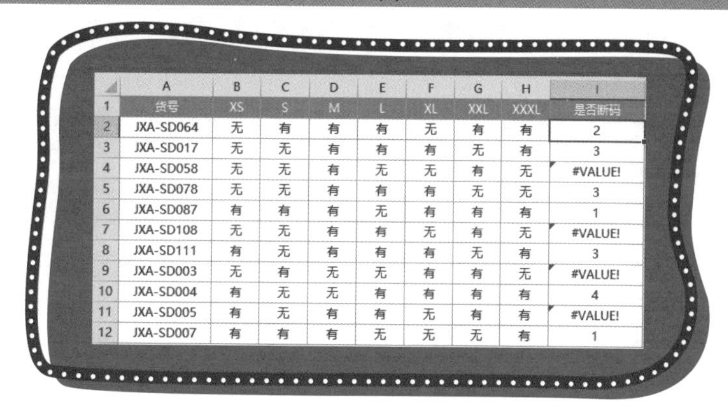

| | A | B | C | D | E | F | G | H | I |
|---|---|---|---|---|---|---|---|---|---|
| 1 | 货号 | XS | S | M | L | XL | XXL | XXXL | 是否断码 |
| 2 | JXA-SD064 | 无 | 有 | 有 | 有 | 无 | 有 | 有 | 2 |
| 3 | JXA-SD017 | 无 | 无 | 有 | 有 | 有 | 无 | 有 | 3 |
| 4 | JXA-SD058 | 无 | 无 | 有 | 无 | 无 | 有 | 无 | #VALUE! |
| 5 | JXA-SD078 | 无 | 无 | 有 | 有 | 有 | 无 | 无 | 3 |
| 6 | JXA-SD087 | 有 | 有 | 有 | 无 | 有 | 有 | 有 | 1 |
| 7 | JXA-SD108 | 无 | 无 | 有 | 有 | 无 | 有 | 无 | #VALUE! |
| 8 | JXA-SD111 | 有 | 无 | 有 | 有 | 有 | 无 | 有 | 3 |
| 9 | JXA-SD003 | 无 | 有 | 无 | 无 | 有 | 有 | 无 | #VALUE! |
| 10 | JXA-SD004 | 有 | 无 | 无 | 有 | 有 | 有 | 有 | 4 |
| 11 | JXA-SD005 | 有 | 无 | 有 | 有 | 无 | 有 | 有 | #VALUE! |
| 12 | JXA-SD007 | 有 | 有 | 有 | 无 | 无 | 无 | 有 | 1 |

图 7-12　使用 FIND 函数判断

**Step 03** 我们看到符合断码条件的行由于没有包含“有有有”，返回了错误值。这里使用 IFERROR 函数将错误值显示为“断码”就可以了，输入如下公式，效果如图 7-13 所示。

```
=IFERROR(FIND("有有有",PHONETIC(B2:H2)),"断码")
```

| | A | B | C | D | E | F | G | H | I |
|---|---|---|---|---|---|---|---|---|---|
| 1 | 货号 | XS | S | M | L | XL | XXL | XXXL | 是否断码 |
| 2 | JXA-SD064 | 无 | 有 | 有 | 有 | 无 | 有 | 有 | 2 |
| 3 | JXA-SD017 | 无 | 无 | 有 | 有 | 有 | 无 | 有 | 3 |
| 4 | JXA-SD058 | 无 | 无 | 有 | 无 | 无 | 有 | 无 | 断码 |
| 5 | JXA-SD078 | 无 | 无 | 有 | 有 | 有 | 无 | 无 | 3 |
| 6 | JXA-SD087 | 有 | 有 | 有 | 无 | 有 | 有 | 有 | 1 |
| 7 | JXA-SD108 | 无 | 无 | 有 | 有 | 无 | 有 | 无 | 断码 |
| 8 | JXA-SD111 | 有 | 无 | 有 | 有 | 有 | 无 | 有 | 3 |
| 9 | JXA-SD003 | 无 | 有 | 无 | 无 | 有 | 有 | 无 | 断码 |
| 10 | JXA-SD004 | 有 | 无 | 无 | 有 | 有 | 有 | 有 | 4 |
| 11 | JXA-SD005 | 有 | 无 | 有 | 有 | 无 | 有 | 有 | 断码 |
| 12 | JXA-SD007 | 有 | 有 | 有 | 无 | 无 | 无 | 有 | 1 |

图 7-13　使用 IFERROR 显示断码

Step 04 断码是处理了，可是非断码的我们想显示为空，现在显示的是数字，我们还需要使用函数进行处理，还记得我们学过的 T 函数吗？ T 函数可以将数字转换为空。输入如下公式，如图 7-14 所示。

```
=T(IFERROR(FIND("有有有",PHONETIC(B2:H2)),"断码"))
```

| | A | B | C | D | E | F | G | H | I |
|---|---|---|---|---|---|---|---|---|---|
| 1 | 货号 | XS | S | M | L | XL | XXL | XXXL | 是否断码 |
| 2 | JXA-SD064 | 无 | 有 | 有 | 有 | 无 | 有 | 有 | |
| 3 | JXA-SD017 | 无 | 无 | 有 | 有 | 有 | 无 | 有 | |
| 4 | JXA-SD058 | 无 | 无 | 有 | 无 | 无 | 有 | 无 | 断码 |
| 5 | JXA-SD078 | 无 | 无 | 有 | 有 | 有 | 无 | 无 | |
| 6 | JXA-SD087 | 有 | 有 | 有 | 无 | 有 | 有 | 有 | |
| 7 | JXA-SD108 | 无 | 无 | 有 | 有 | 无 | 有 | 无 | 断码 |
| 8 | JXA-SD111 | 有 | 无 | 有 | 有 | 有 | 无 | 有 | |
| 9 | JXA-SD003 | 无 | 有 | 无 | 无 | 有 | 有 | 无 | 断码 |
| 10 | JXA-SD004 | 有 | 无 | 无 | 有 | 有 | 有 | 有 | |
| 11 | JXA-SD005 | 有 | 无 | 有 | 有 | 无 | 有 | 有 | 断码 |
| 12 | JXA-SD007 | 有 | 有 | 有 | 无 | 无 | 无 | 有 | |

图 7-14　使用 T 函数将数字转换为空

**扩展知识**

其实上面案例的解决方法不止这一种，下面还有两种方法，有空的时候可以研究一下。

方法1：将FIND函数查找到的位置作为IF函数第一个参数，如果是数字就说明查找到了连续3个“有”，不是断码，返回空，如果查找不到的，返回错误值后使用IFERROR函数返回断码。公式如下：

```
=IFERROR(IF(FIND("有有有",PHONETIC(B2:H2)),""),"断码")
```

方法2：在连接标识后连接“有有有”，这样可以避免FIND函数查找不到后出现错误值，通过观察案例表中第6行可以发现，将标识连接后，符合连续3个“有有有”的最后位置是5，然后判断“有有有”出现位置就可以知道是否是断码。公式如下：

```
=IF(FIND("有有有",PHONETIC(B2:H2)&"有有有")>5,"断码","")
```

虽然案例是根据实际工作中真实案例改编而来，但是飞鱼看到的是真实案例中的标识号是非常不规范的，甚至根本没有标识号，如图7-15所示。

| | A | B | C | D | E | F | G | H |
|---|---|---|---|---|---|---|---|---|
| 1 | 货号 | XS | S | M | L | XL | XXL | XXXL |
| 2 | JXA-SD064 | | 291 | 110 | 134 | | 448 | 42 |
| 3 | JXA-SD017 | | | 117 | 150 | 96 | | 543 |
| 4 | JXA-SD058 | | | 404 | | | 253 | |
| 5 | JXA-SD078 | | | 585 | 523 | 519 | | |
| 6 | JXA-SD087 | 123 | 588 | 233 | | 53 | 68 | 350 |
| 7 | JXA-SD108 | | | 233 | 107 | | 413 | |
| 8 | JXA-SD111 | 171 | | 239 | 34 | 319 | | 491 |
| 9 | JXA-SD003 | | 127 | | | 532 | 378 | |
| 10 | JXA-SD004 | 308 | | | 300 | 295 | 325 | 140 |
| 11 | JXA-SD005 | 310 | | 192 | 114 | | 582 | 149 |
| 12 | JXA-SD007 | 466 | 105 | 366 | | | | 345 |

图7-15 真实案例

图7-15中的数字是库存数量，对于这种格式，飞鱼的建议是使用辅助列，使用IF函数将有数字的单元格和无数字的单元格转换为标识号，这样后期处理起来会简单得多。在K2单元格输入如下公式，向下、向右填充即可，如图7-16所示。

```
=IF(B2="","无","有")
```

K2 =IF(B2="","无","有")

| | J | K | L | M | N | O | P | Q |
|---|---|---|---|---|---|---|---|---|
| 1 | | XS | S | M | L | XL | XXL | XXXL |
| 2 | | 无 | 有 | 有 | 有 | 无 | 有 | 有 |
| 3 | | 无 | 无 | 有 | 有 | 有 | 无 | 有 |
| 4 | | 无 | 无 | 有 | 无 | 无 | 有 | 无 |
| 5 | | 无 | 无 | 有 | 有 | 有 | 无 | 无 |
| 6 | | 有 | 有 | 有 | 无 | 有 | 有 | 有 |
| 7 | | 无 | 无 | 有 | 有 | 无 | 有 | 无 |
| 8 | | 有 | 无 | 有 | 有 | 有 | 无 | 有 |
| 9 | | 无 | 有 | 无 | 无 | 有 | 有 | 无 |
| 10 | | 有 | 无 | 无 | 有 | 有 | 有 | 有 |
| 11 | | 有 | 无 | 有 | 有 | 无 | 有 | 有 |
| 12 | | 有 | 有 | 有 | 无 | 无 | 无 | 有 |

图 7-16 使用辅助列

**注** 使用公式后，就无法使用 P H O NE T I C 函数进行连接了，可以使用文本连接符（&）连接。

小鱼：那对于真实案例，如果不使用辅助列，还有其他办法直接判断出来吗？

飞鱼：不使用辅助列也是可以的，需要使用数组公式，甚至需要使用 Office 365 中的 CONCAT 函数，不但限制大，学习成本也高，非常不建议初学者学习或者使用这种方法。我们学习 Excel 不就是为了高效工作吗？所以说当我们遇到问题的时候，哪种方法简单快捷就使用哪种方法。现在满足你的好奇心，贴出如下两条公式，第一条公式 Office 365 用户才可以使用。两条公式都是数组公式哦。

公式 1：

```
=IFERROR(T(FIND(111,CONCAT(IF(B2:H2<>"",1,0)))),"断码")
```

公式 2：

```
=IFERROR(T(FIND(111,SUM(IF(TRANSPOSE(B2:H2)<>"",1,0)*(10^(7-ROW($1:$7)))))),"断码")
```

小鱼：哦，我还是先乖乖学好基础吧。

**课后练习**

如图 7-17 所示，条件改为连续 4 个以上尺码（含 4 个）有货视为正常，否则视为断码。你还会编写公式吗？

| | A | B | C | D | E | F | G | H | I |
|---|---|---|---|---|---|---|---|---|---|
| 1 | 货号 | XS | S | M | L | XL | XXL | XXXL | 是否断码 |
| 2 | JXA-SD064 | 无 | 有 | 有 | 有 | 无 | 有 | 有 | 断码 |
| 3 | JXA-SD017 | 无 | 无 | 有 | 有 | 有 | 无 | 有 | 断码 |
| 4 | JXA-SD058 | 无 | 无 | 有 | 无 | 无 | 有 | 无 | 断码 |
| 5 | JXA-SD078 | 无 | 无 | 有 | 有 | 有 | 无 | 无 | 断码 |
| 6 | JXA-SD087 | 有 | 有 | 有 | 无 | 有 | 有 | 有 | 断码 |
| 7 | JXA-SD108 | 无 | 无 | 有 | 有 | 无 | 有 | 无 | 断码 |
| 8 | JXA-SD111 | 有 | 无 | 有 | 有 | 有 | 无 | 有 | 断码 |
| 9 | JXA-SD003 | 无 | 有 | 无 | 无 | 有 | 有 | 无 | 断码 |
| 10 | JXA-SD004 | 有 | 无 | 无 | 有 | 有 | 有 | 有 | |
| 11 | JXA-SD005 | 有 | 无 | 有 | 有 | 无 | 有 | 有 | 断码 |
| 12 | JXA-SD007 | 有 | 有 | 有 | 无 | 无 | 无 | 有 | 断码 |

图 7-17 断码判断练习

## 7.3 减免活动

小鱼：如图 7-18 所示，我们公司做促销活动，相同的消费金额，普通客户和 VIP 客户的减免金额是不同的，这个我该如何写公式呢？

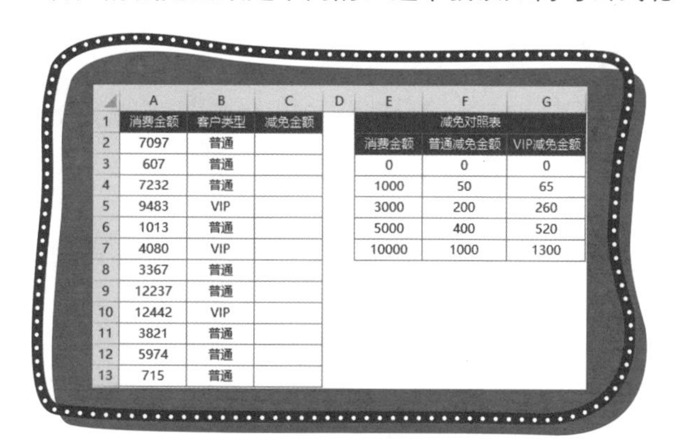

| | A | B | C | D | E | F | G |
|---|---|---|---|---|---|---|---|
| 1 | 消费金额 | 客户类型 | 减免金额 | | 减免对照表 | | |
| 2 | 7097 | 普通 | | | 消费金额 | 普通减免金额 | VIP减免金额 |
| 3 | 607 | 普通 | | | 0 | 0 | 0 |
| 4 | 7232 | 普通 | | | 1000 | 50 | 65 |
| 5 | 9483 | VIP | | | 3000 | 200 | 260 |
| 6 | 1013 | 普通 | | | 5000 | 400 | 520 |
| 7 | 4080 | VIP | | | 10000 | 1000 | 1300 |
| 8 | 3367 | 普通 | | | | | |
| 9 | 12237 | 普通 | | | | | |
| 10 | 12442 | VIP | | | | | |
| 11 | 3821 | 普通 | | | | | |
| 12 | 5974 | 普通 | | | | | |
| 13 | 715 | 普通 | | | | | |

图 7-18 减免活动

飞鱼：我们还是先使用辅助列的办法，添加两列辅助列，使用 VLOOKUP 函数进行区间查找，分别返回普通客户、VIP 客户所对应的减免金额。然后使用 IF 函数判断客户类型来返回对应的减免金额，如图 7-19 所示。

D2 单元格输入如下公式后并向下填充。

```
=VLOOKUP(A2,F:H,2,1)
```

E2 单元格输入如下公式后并向下填充。

```
=VLOOKUP(A2,F:H,3,1)
```

C2 单元格输入如下公式后并向下填充。

```
=IF(B2=" 普通 ",D2,E2)
```

| | A | B | C | D | E | F | G | H |
|---|---|---|---|---|---|---|---|---|
| 1 | 消费金额 | 客户类型 | 减免金额 | 普通 | VIP | 减免对照表 | | |
| 2 | 7097 | 普通 | 400 | 400 | 520 | 消费金额 | 普通减免金额 | VIP减免金额 |
| 3 | 607 | 普通 | 0 | 0 | 0 | 0 | 0 | 0 |
| 4 | 7232 | 普通 | 400 | 400 | 520 | 1000 | 50 | 65 |
| 5 | 9483 | VIP | 520 | 400 | 520 | 3000 | 200 | 260 |
| 6 | 1013 | 普通 | 50 | 50 | 65 | 5000 | 400 | 520 |
| 7 | 4080 | VIP | 260 | 200 | 260 | 10000 | 1000 | 1300 |
| 8 | 3367 | 普通 | 200 | 200 | 260 | | | |
| 9 | 12237 | 普通 | 1000 | 1000 | 1300 | | | |
| 10 | 12442 | VIP | 1300 | 1000 | 1300 | | | |
| 11 | 3821 | 普通 | 200 | 200 | 260 | | | |
| 12 | 5974 | 普通 | 400 | 400 | 520 | | | |
| 13 | 715 | 普通 | 0 | 0 | 0 | | | |

图 7-19 辅助列方法

通过辅助列写好公式后我们发现，D 列和 E 列的公式几乎是一样的，只有 VLOOKUP 函数中第三个参数不同，普通客户返回的是第 2 列，VIP 客户返回的是第 3 列。发现规律后，我们可以换个思路解决问题，通过判断客户类型来决定返回哪列的减免金额。先使用辅助列，判断客户类型，如果是“普通”客户，返回数字 2；否则就是 VIP 客户，返回数字 3，如图 7-20 所示。

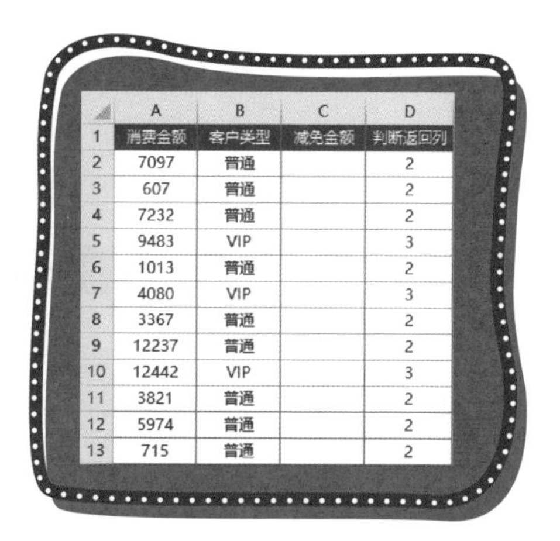

| | A | B | C | D |
|---|---|---|---|---|
| 1 | 消费金额 | 客户类型 | 减免金额 | 判断返回列 |
| 2 | 7097 | 普通 | | 2 |
| 3 | 607 | 普通 | | 2 |
| 4 | 7232 | 普通 | | 2 |
| 5 | 9483 | VIP | | 3 |
| 6 | 1013 | 普通 | | 2 |
| 7 | 4080 | VIP | | 3 |
| 8 | 3367 | 普通 | | 2 |
| 9 | 12237 | 普通 | | 2 |
| 10 | 12442 | VIP | | 3 |
| 11 | 3821 | 普通 | | 2 |
| 12 | 5974 | 普通 | | 2 |
| 13 | 715 | 普通 | | 2 |

图 7-20 判断客户类型

然后使用 VLOOKUP 函数进行区间查找就可以了，如图 7-21 所示。VLOOKUP 函数的第三个参数有两种设置方法。第 1 种方法是引用 D 列辅助列的返回结果。公式如下：

```
=VLOOKUP(A2,E:G,D2)
```

第 2 种方法是直接把辅助列的公式作为 VLOOKUP 函数的第三个参数。公式如下：

```
=VLOOKUP(A2,E:G,IF(B2="普通",2,3))
```

| | A | B | C | D | E | F | G |
|---|---|---|---|---|---|---|---|
| 1 | 消费金额 | 客户类型 | 减免金额 | | 减免对照表 | | |
| 2 | 7097 | 普通 | 400 | | 消费金额 | 普通减免金额 | VIP减免金额 |
| 3 | 607 | 普通 | 0 | | 0 | 0 | 0 |
| 4 | 7232 | 普通 | 400 | | 1000 | 50 | 65 |
| 5 | 9483 | VIP | 520 | | 3000 | 200 | 260 |
| 6 | 1013 | 普通 | 50 | | 5000 | 400 | 520 |
| 7 | 4080 | VIP | 260 | | 10000 | 1000 | 1300 |
| 8 | 3367 | 普通 | 200 | | | | |
| 9 | 12237 | 普通 | 1000 | | | | |
| 10 | 12442 | VIP | 1300 | | | | |
| 11 | 3821 | 普通 | 200 | | | | |
| 12 | 5974 | 普通 | 400 | | | | |
| 13 | 715 | 普通 | 0 | | | | |

图 7-21 使用嵌套公式完成

课后练习

如图 7-22 所示，减免规则做了改变，你还会写公式吗？

| | A | B | C | D | E | F | G | H |
|---|---|---|---|---|---|---|---|---|
| 1 | 消费金额 | 客户类型 | 减免金额 | | 普通减免对照表 | | VIP减免对照表 | |
| 2 | 7097 | 普通 | 400 | | 消费金额 | 减免金额 | 消费金额 | 减免金额 |
| 3 | 607 | 普通 | 0 | | 0 | 0 | 0 | 0 |
| 4 | 7232 | 普通 | 400 | | 1000 | 50 | 800 | 50 |
| 5 | 9483 | VIP | 1000 | | 3000 | 200 | 2500 | 200 |
| 6 | 1013 | 普通 | 50 | | 5000 | 400 | 4000 | 400 |
| 7 | 4080 | VIP | 400 | | 10000 | 1000 | 8000 | 1000 |
| 8 | 3367 | 普通 | 200 | | | | | |
| 9 | 9520 | 普通 | 400 | | | | | |
| 10 | 12442 | VIP | 1000 | | | | | |
| 11 | 3821 | 普通 | 200 | | | | | |
| 12 | 5974 | 普通 | 400 | | | | | |
| 13 | 715 | 普通 | 0 | | | | | |

图 7-22 计算减免金额

## 7.4 等级补贴

小鱼：如图 7-23 所示，查找补贴金额。公司的补贴是根据部门、等级发放的，每个部门和等级的补贴是不同的。有什么办法可以根据部门、等级来查找补贴金额？

| | A | B | C | D | E | F | G | H |
|---|---|---|---|---|---|---|---|---|
| 1 | 姓名 | 部门 | 等级 | 补贴金额 | | 部门 | 等级 | 补贴金额 |
| 2 | 闫小妮 | 销售部 | 三级 | | | 销售部 | 一级 | 1000 |
| 3 | 吕俊峰 | 销售部 | 三级 | | | | 二级 | 800 |
| 4 | 张望 | 综合部 | 一级 | | | | 三级 | 500 |
| 5 | 李源博 | 生产部 | 二级 | | | 生产部 | 一级 | 850 |
| 6 | 张歌 | 生产部 | 二级 | | | | 二级 | 600 |
| 7 | 黄川 | 综合部 | 三级 | | | | 三级 | 400 |
| 8 | 袁晓 | 综合部 | 二级 | | | 综合部 | 一级 | 700 |
| 9 | 王小辉 | 生产部 | 二级 | | | | 二级 | 500 |
| 10 | 柳瑶 | 生产部 | 二级 | | | | 三级 | 350 |
| 11 | 冯俊 | 销售部 | 一级 | | | | | |

图 7-23 查找补贴金额

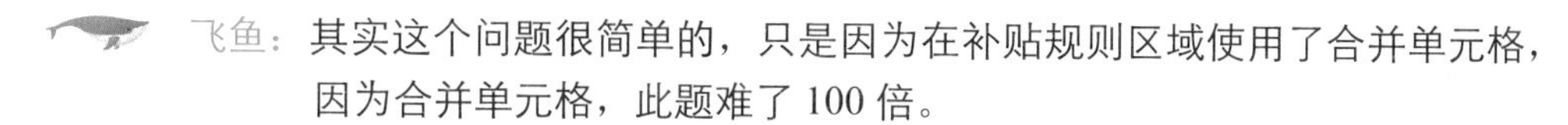

飞鱼：其实这个问题很简单的，只是因为在补贴规则区域使用了合并单元格，因为合并单元格，此题难了 100 倍。

小鱼：那怎么办呢？

飞鱼：首先在 G 列前插入一列，在 G2 单元格引用 F2 单元格，输入公式后向下填充，我们可以看到，合并单元格后，单元格所显示的值实际是单元格区域左上角的值，其他区域都是空的（公式引用空单元格会显示0），如图 7-24 所示。

| | F | G | H | I |
|---|---|---|---|---|
| 1 | 部门 | | 等级 | 补贴金额 |
| 2 | 销售部 | 销售部 | 一级 | 1000 |
| 3 | | 0 | 二级 | 800 |
| 4 | | 0 | 三级 | 500 |
| 5 | 生产部 | 生产部 | 一级 | 850 |
| 6 | | 0 | 二级 | 600 |
| 7 | | 0 | 三级 | 400 |
| 8 | 综合部 | 综合部 | 一级 | 700 |
| 9 | | 0 | 二级 | 500 |
| 10 | | 0 | 三级 | 350 |

图 7-24　合并单元格的真实面貌

了解合并单元格的真实面貌后，我们可以使用 IF 函数判断，实现将合并单元格拆分后，把每行都填入对应的值。通过使用辅助列，用公式拆分的好处是，既保留了合并单元格的样子，又为我们后期统计做好了基础，也算是规范数据格式的一种吧。效果如图 7-25 所示。

在 G2 单元格输入如下公式后向下填充。

```
=IF(F2<>"",F2,G1)
```

或者使用 LOOKUP 函数也是可以的。公式如下：

```
=LOOKUP("座",$F$2:F2)
```

| | F | G | H | I |
|---|---|---|---|---|
| 1 | 部门 | 辅助列 | 等级 | 补贴金额 |
| 2 | 销售部 | 销售部 | 一级 | 1000 |
| 3 | | 销售部 | 二级 | 800 |
| 4 | | 销售部 | 三级 | 500 |
| 5 | 生产部 | 生产部 | 一级 | 850 |
| 6 | | 生产部 | 二级 | 600 |
| 7 | | 生产部 | 三级 | 400 |
| 8 | 综合部 | 综合部 | 一级 | 700 |
| 9 | | 综合部 | 二级 | 500 |
| 10 | | 综合部 | 三级 | 350 |

图 7-25　使用辅助列拆分合并单元格

在拆分公式后使用连接符（&）连接 H 列等级，这样就把多条件转换为单条件了。输入如下公式，如图 7-26 所示，这里必须使用 LOOKUP 函数了。

```
=LOOKUP("座",$F$2:F2)&H2
```

| | F | G | H | I |
|---|---|---|---|---|
| 1 | 部门 | 辅助列 | 等级 | 补贴金额 |
| 2 | | 销售部一级 | 一级 | 1000 |
| 3 | 销售部 | 销售部二级 | 二级 | 800 |
| 4 | | 销售部三级 | 三级 | 500 |
| 5 | | 生产部一级 | 一级 | 850 |
| 6 | 生产部 | 生产部二级 | 二级 | 600 |
| 7 | | 生产部三级 | 三级 | 400 |
| 8 | | 综合部一级 | 一级 | 700 |
| 9 | 综合部 | 综合部二级 | 二级 | 500 |
| 10 | | 综合部三级 | 三级 | 350 |

图 7-26　多条件转换为单条件

如果使用 IF 函数，需要再插入一列把两个条件连接，如图 7-27 所示。

| | F | G | H | I | J |
|---|---|---|---|---|---|
| 1 | 部门 | 辅助列 | 连接 | 等级 | 补贴金额 |
| 2 | | 销售部 | 销售部一级 | 一级 | 1000 |
| 3 | 销售部 | 销售部 | 销售部二级 | 二级 | 800 |
| 4 | | 销售部 | 销售部三级 | 三级 | 500 |
| 5 | | 生产部 | 生产部一级 | 一级 | 850 |
| 6 | 生产部 | 生产部 | 生产部二级 | 二级 | 600 |
| 7 | | 生产部 | 生产部三级 | 三级 | 400 |
| 8 | | 综合部 | 综合部一级 | 一级 | 700 |
| 9 | 综合部 | 综合部 | 综合部二级 | 二级 | 500 |
| 10 | | 综合部 | 综合部三级 | 三级 | 350 |

图 7-27　插入一列后连接

然后使用 VLOOKUP 函数查找补贴金额就可以了。完成后可以隐藏 G 列、H 列，如图 7-28 所示。公式如下：

```
=VLOOKUP(B2&C2,H:J,3,0)
```

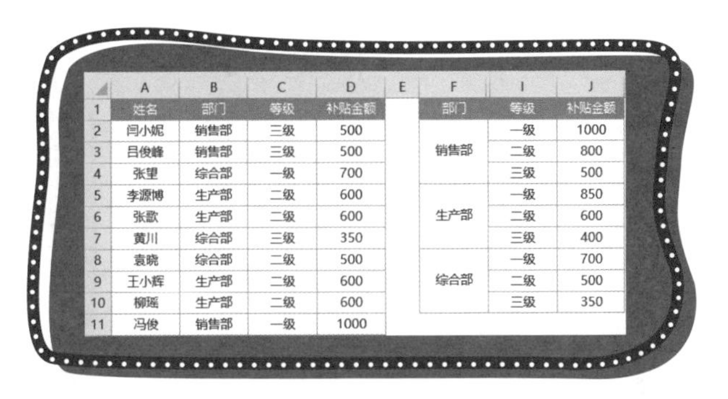

| | A | B | C | D | E | F | I | J |
|---|---|---|---|---|---|---|---|---|
| 1 | 姓名 | 部门 | 等级 | 补贴金额 | | 部门 | 等级 | 补贴金额 |
| 2 | 闫小妮 | 销售部 | 三级 | 500 | | 销售部 | 一级 | 1000 |
| 3 | 吕俊峰 | 销售部 | 三级 | 500 | | | 二级 | 800 |
| 4 | 张望 | 综合部 | 一级 | 700 | | | 三级 | 500 |
| 5 | 李源博 | 生产部 | 二级 | 600 | | 生产部 | 一级 | 850 |
| 6 | 张歌 | 生产部 | 二级 | 600 | | | 二级 | 600 |
| 7 | 黄川 | 综合部 | 三级 | 350 | | | 三级 | 400 |
| 8 | 袁晓 | 综合部 | 二级 | 500 | | 综合部 | 一级 | 700 |
| 9 | 王小辉 | 生产部 | 二级 | 600 | | | 二级 | 500 |
| 10 | 柳瑶 | 生产部 | 二级 | 600 | | | 三级 | 350 |
| 11 | 冯俊 | 销售部 | 一级 | 1000 | | | | |

图 7-28　使用 VLOOKUP 函数查找补贴金额

**课后练习**

如图 7-29 所示，通过操作，把合并单元格拆分并填充内容，然后规范数据格式。

| | A | B | C | D | E | F |
|---|---|---|---|---|---|---|
| 1 | 部门 | 等级 | 补贴金额 | | 部门&等级 | 补贴金额 |
| 2 | 销售部 | 一级 | 1000 | | 销售部一级 | 1000 |
| 3 | | 二级 | 800 | | 销售部二级 | 800 |
| 4 | | 三级 | 500 | | 销售部三级 | 500 |
| 5 | 生产部 | 一级 | 850 | | 生产部一级 | 850 |
| 6 | | 二级 | 600 | | 生产部二级 | 600 |
| 7 | | 三级 | 400 | | 生产部三级 | 400 |
| 8 | 综合部 | 一级 | 700 | | 综合部一级 | 700 |
| 9 | | 二级 | 500 | | 综合部二级 | 500 |
| 10 | | 三级 | 350 | | 综合部三级 | 350 |

图 7-29　规范数据格式

## 7.5　一对多查找

小鱼：如图 7-30 所示，根据销售指标完成明细表，查找所有完成指标的销售代表，这个可以使用公式查找吗？

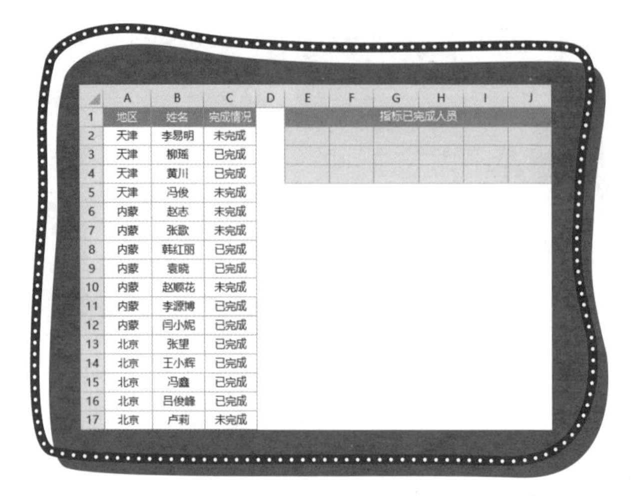

| | A | B | C | D | E | F | G | H | I | J |
|---|---|---|---|---|---|---|---|---|---|---|
| 1 | 地区 | 姓名 | 完成情况 | | 指标已完成人员 | | | | | |
| 2 | 天津 | 李易明 | 未完成 | | | | | | | |
| 3 | 天津 | 柳瑶 | 已完成 | | | | | | | |
| 4 | 天津 | 黄川 | 已完成 | | | | | | | |
| 5 | 天津 | 冯俊 | 未完成 | | | | | | | |
| 6 | 内蒙 | 赵志 | 未完成 | | | | | | | |
| 7 | 内蒙 | 张歌 | 未完成 | | | | | | | |
| 8 | 内蒙 | 韩红丽 | 已完成 | | | | | | | |
| 9 | 内蒙 | 袁晓 | 已完成 | | | | | | | |
| 10 | 内蒙 | 赵顺花 | 未完成 | | | | | | | |
| 11 | 内蒙 | 李源博 | 已完成 | | | | | | | |
| 12 | 内蒙 | 闫小妮 | 已完成 | | | | | | | |
| 13 | 北京 | 张望 | 已完成 | | | | | | | |
| 14 | 北京 | 王小辉 | 已完成 | | | | | | | |
| 15 | 北京 | 冯鑫 | 已完成 | | | | | | | |
| 16 | 北京 | 吕俊峰 | 已完成 | | | | | | | |
| 17 | 北京 | 卢莉 | 未完成 | | | | | | | |

图 7-30　查找指标已完成人员

飞鱼：可以使用公式查找的，只是需要使用数组公式，有些不好理解，我还是先用辅助列分步来教你吧。

Step 01 使用 IF 函数判断 C 列是否等于“已完成”，如是“已完成”，则返回对应行号，如是“未完成”，则返回 4^8，如图 7-31 所示。

在 D2 单元格列输入如下公式并向下填充。

```
=IF(C2="已完成",ROW(),4^8)
```

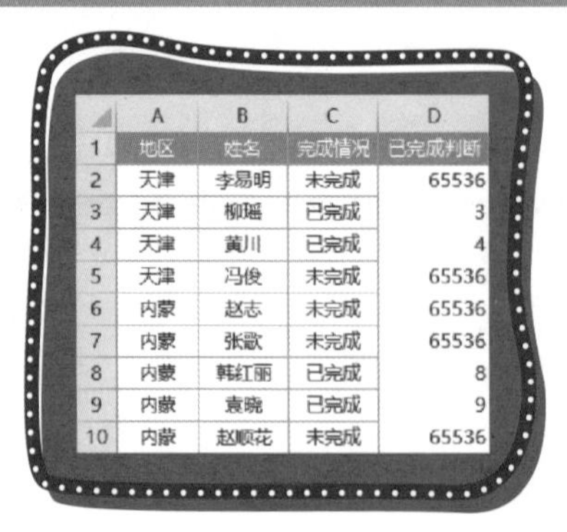

| | A | B | C | D |
|---|---|---|---|---|
| 1 | 地区 | 姓名 | 完成情况 | 已完成判断 |
| 2 | 天津 | 李易明 | 未完成 | 65536 |
| 3 | 天津 | 柳瑶 | 已完成 | 3 |
| 4 | 天津 | 黄川 | 已完成 | 4 |
| 5 | 天津 | 冯俊 | 未完成 | 65536 |
| 6 | 内蒙 | 赵志 | 未完成 | 65536 |
| 7 | 内蒙 | 张歌 | 未完成 | 65536 |
| 8 | 内蒙 | 韩红丽 | 已完成 | 8 |
| 9 | 内蒙 | 袁晓 | 已完成 | 9 |
| 10 | 内蒙 | 赵顺花 | 未完成 | 65536 |

图 7-31　已完成判断

**Step 02** 使用 SMALL 函数对返回的行号进行升序排序，如图 7-32 所示。

在 E2 单元格输入如下公式并向下填充。

```
=SMALL($D$2:$D$17,
ROW(A1))
```

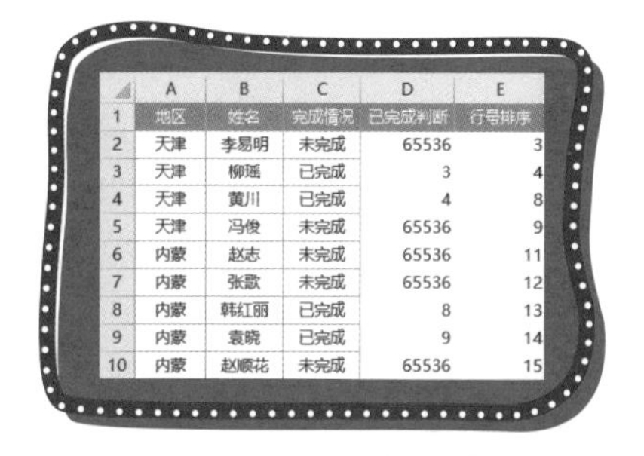

| | A | B | C | D | E |
|---|---|---|---|---|---|
| 1 | 地区 | 姓名 | 完成情况 | 已完成判断 | 行号排序 |
| 2 | 天津 | 李易明 | 未完成 | 65536 | 3 |
| 3 | 天津 | 柳瑶 | 已完成 | 3 | 4 |
| 4 | 天津 | 黄川 | 已完成 | 4 | 8 |
| 5 | 天津 | 冯俊 | 未完成 | 65536 | 9 |
| 6 | 内蒙 | 赵志 | 未完成 | 65536 | 11 |
| 7 | 内蒙 | 张歆 | 未完成 | 65536 | 12 |
| 8 | 内蒙 | 韩红丽 | 已完成 | 8 | 13 |
| 9 | 内蒙 | 袁晓 | 已完成 | 9 | 14 |
| 10 | 内蒙 | 赵顺花 | 未完成 | 65536 | 15 |

图 7-32 对行号进行排序

**Step 03** 使用 INDEX 函数返回对应行号的姓名就可以，公式末尾连接一个空文本是为了避免返回 0，如图 7-33 所示。

在 E2 单元格输入如下公式并向下填充。

```
=INDEX(B:B,E2)&""
```

知道了公式原理后可以使用数组公式完成查找，公式如下：

```
=INDEX(B:B,SMALL(IF($C$1:$C$17="已完成",ROW(C$1:C$17),4^8),R
OW(A1)))&""
```

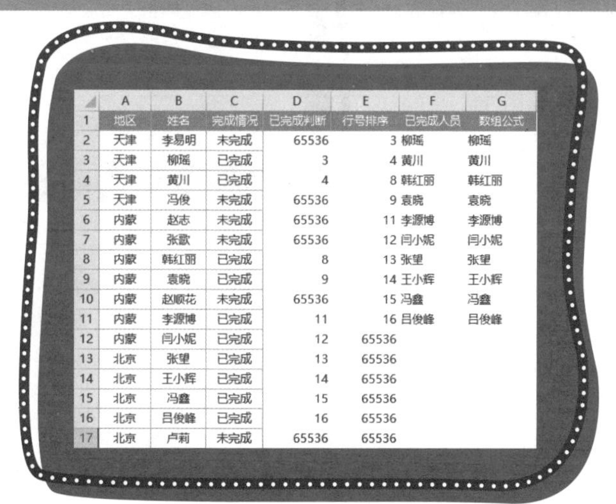

| | A | B | C | D | E | F | G |
|---|---|---|---|---|---|---|---|
| 1 | 地区 | 姓名 | 完成情况 | 已完成判断 | 行号排序 | 已完成人员 | 数组公式 |
| 2 | 天津 | 李易明 | 未完成 | 65536 | 3 | 柳瑶 | 柳瑶 |
| 3 | 天津 | 柳瑶 | 已完成 | 3 | 4 | 黄川 | 黄川 |
| 4 | 天津 | 黄川 | 已完成 | 4 | 8 | 韩红丽 | 韩红丽 |
| 5 | 天津 | 冯俊 | 未完成 | 65536 | 9 | 袁晓 | 袁晓 |
| 6 | 内蒙 | 赵志 | 未完成 | 65536 | 11 | 李源博 | 李源博 |
| 7 | 内蒙 | 张歆 | 未完成 | 65536 | 12 | 闫小妮 | 闫小妮 |
| 8 | 内蒙 | 韩红丽 | 已完成 | 8 | 13 | 张望 | 张望 |
| 9 | 内蒙 | 袁晓 | 已完成 | 9 | 14 | 王小辉 | 王小辉 |
| 10 | 内蒙 | 赵顺花 | 未完成 | 65536 | 15 | 冯鑫 | 冯鑫 |
| 11 | 内蒙 | 李源博 | 已完成 | 11 | 16 | 吕俊峰 | 吕俊峰 |
| 12 | 内蒙 | 闫小妮 | 已完成 | 12 | 65536 | | |
| 13 | 北京 | 张望 | 已完成 | 13 | 65536 | | |
| 14 | 北京 | 王小辉 | 已完成 | 14 | 65536 | | |
| 15 | 北京 | 冯鑫 | 已完成 | 15 | 65536 | | |
| 16 | 北京 | 吕俊峰 | 已完成 | 16 | 65536 | | |
| 17 | 北京 | 卢莉 | 未完成 | 65536 | 65536 | | |

图 7-33 返回指标已完成人员

小鱼：可是这样的格式和要求的不一样啊，要求的格式有办法用公式实现吗？

飞鱼：可以是可以的，只是公式有些难啊，首先使用ROW、COLUMN函数生成序号，如图7-34所示。这是一种固定的格式，如果是5列，把公式里的数字6改为数字5就可以了。

E2单元格输入如下公式后向右、向下填充。

```
=COLUMN(A1)+(ROW(A1)*6-6)
```

|  | E | F | G | H | I | J |
|---|---|---|---|---|---|---|
| 1 | 指标已完成人员 | | | | | |
| 2 | 1 | 2 | 3 | 4 | 5 | 6 |
| 3 | 7 | 8 | 9 | 10 | 11 | 12 |
| 4 | 13 | 14 | 15 | 16 | 17 | 18 |

图7-34　生成序号

然后使用嵌套函数把生成序号的公式作为SMALL函数的第二个参数即可，输入如下公式，如图7-35所示。

```
=INDEX($B:$B,SMALL(IF($C$1:$C$99="已完成",ROW(C$1:C$99),4^8),COLUMN(A1)+(ROW(A1)*6-6)))&""
```

|  | A | B | C | D | E | F | G | H | I | J |
|---|---|---|---|---|---|---|---|---|---|---|
| 1 | 地区 | 姓名 | 完成情况 | | 指标已完成人员 | | | | | |
| 2 | 天津 | 李易明 | 未完成 | | 柳瑶 | 黄川 | 韩红丽 | 袁晓 | 李源博 | 闫小妮 |
| 3 | 天津 | 柳瑶 | 已完成 | | 张望 | 王小辉 | 冯鑫 | 吕俊峰 | | |
| 4 | 天津 | 黄川 | 已完成 | | | | | | | |
| 5 | 天津 | 冯俊 | 未完成 | | | | | | | |
| 6 | 内蒙 | 赵志 | 未完成 | | | | | | | |
| 7 | 内蒙 | 张歆 | 未完成 | | | | | | | |
| 8 | 内蒙 | 韩红丽 | 已完成 | | | | | | | |
| 9 | 内蒙 | 袁晓 | 已完成 | | | | | | | |
| 10 | 内蒙 | 赵顺花 | 未完成 | | | | | | | |
| 11 | 内蒙 | 李源博 | 已完成 | | | | | | | |
| 12 | 内蒙 | 闫小妮 | 已完成 | | | | | | | |
| 13 | 北京 | 张望 | 已完成 | | | | | | | |
| 14 | 北京 | 王小辉 | 已完成 | | | | | | | |
| 15 | 北京 | 冯鑫 | 已完成 | | | | | | | |
| 16 | 北京 | 吕俊峰 | 已完成 | | | | | | | |
| 17 | 北京 | 卢莉 | 未完成 | | | | | | | |

图7-35　使用嵌套公式

小鱼：4^8是什么意思呢？为什么要用4^8呢？

飞鱼：我们通过单元格返回的值可以看到4^8的计算结果是65536，Excel 2003版本里最多支持65536行，对于普通用户来说是足够用了。还有很多人好奇Excel 2003版本以上最多支持多少行？是4^10行，4^10的计算结果是1048576行。为什么如果不符合条件要用4^8呢？正常来说，这个数值没有什么要求，只要大于我们要查找的最大行就可以，比如我们查找的本次最大行是17行，也就是说只要大于17的任何数都可以。为什么大家都使用4^8呢？因为4^8这个数足够大了，正常情况下可以通用的。

**课后练习1**

如图 7-36 所示，动态显示“已完成”或“未完成”员工的姓名。

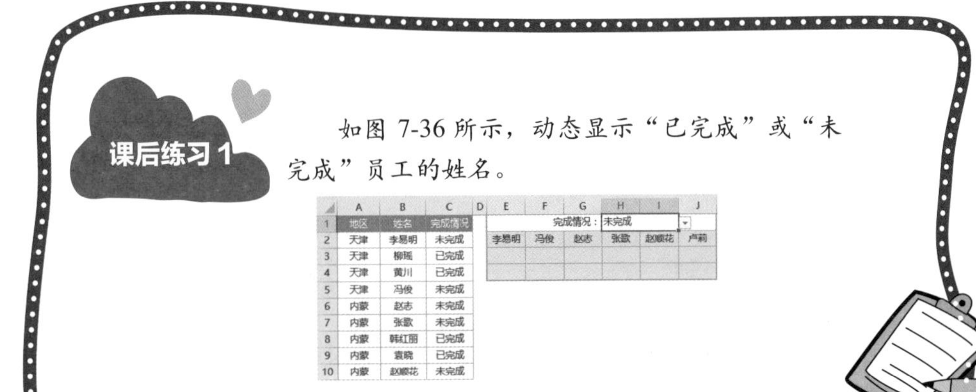

| | A | B | C | D | E | F | G | H | I | J |
|---|---|---|---|---|---|---|---|---|---|---|
| 1 | 地区 | 姓名 | 完成情况 | | | | 完成情况： | 未完成 | | |
| 2 | 天津 | 李易明 | 未完成 | | 李易明 | 冯俊 | 赵志 | 张歆 | 赵顺花 | 卢莉 |
| 3 | 天津 | 柳瑶 | 已完成 | | | | | | | |
| 4 | 天津 | 黄川 | 已完成 | | | | | | | |
| 5 | 天津 | 冯俊 | 未完成 | | | | | | | |
| 6 | 内蒙 | 赵志 | 未完成 | | | | | | | |
| 7 | 内蒙 | 张歆 | 未完成 | | | | | | | |
| 8 | 内蒙 | 韩红丽 | 已完成 | | | | | | | |
| 9 | 内蒙 | 袁晓 | 已完成 | | | | | | | |
| 10 | 内蒙 | 赵顺花 | 未完成 | | | | | | | |

图 7-36　动态显示

**课后练习2**

如图 7-37 所示，根据省份动态显示“已完成”或“未完成”人员的姓名。

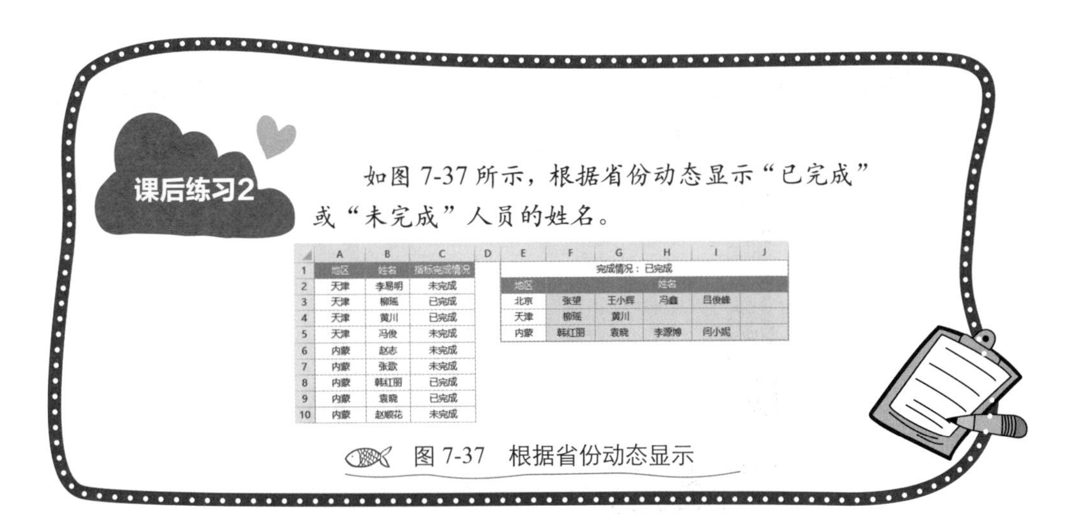

| | A | B | C | D | E | F | G | H | I | J |
|---|---|---|---|---|---|---|---|---|---|---|
| 1 | 地区 | 姓名 | 指标完成情况 | | 完成情况：已完成 | | | | | |
| 2 | 天津 | 李易明 | 未完成 | | 地区 | 姓名 | | | | |
| 3 | 天津 | 柳瑶 | 已完成 | | 北京 | 张望 | 王小辉 | 冯鑫 | 吕俊峰 | |
| 4 | 天津 | 黄川 | 已完成 | | 天津 | 柳瑶 | 黄川 | | | |
| 5 | 天津 | 冯俊 | 未完成 | | 内蒙 | 韩红丽 | 袁晓 | 李源博 | 闫小妮 | |
| 6 | 内蒙 | 赵志 | 未完成 | | | | | | | |
| 7 | 内蒙 | 张歆 | 未完成 | | | | | | | |
| 8 | 内蒙 | 韩红丽 | 已完成 | | | | | | | |
| 9 | 内蒙 | 袁晓 | 已完成 | | | | | | | |
| 10 | 内蒙 | 赵顺花 | 未完成 | | | | | | | |

图 7-37　根据省份动态显示

## 7.6　自定义排序

小鱼：如图 7-38 所示，我想根据部门排序，有什么办法可以实现吗？

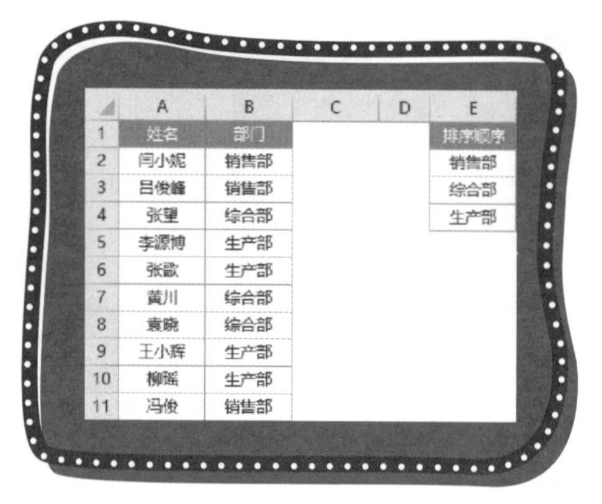

| | A | B | C | D | E |
|---|---|---|---|---|---|
| 1 | 姓名 | 部门 | | | 排序顺序 |
| 2 | 闫小妮 | 销售部 | | | 销售部 |
| 3 | 吕俊峰 | 销售部 | | | 综合部 |
| 4 | 张望 | 综合部 | | | 生产部 |
| 5 | 李源博 | 生产部 | | | |
| 6 | 张歌 | 生产部 | | | |
| 7 | 黄川 | 综合部 | | | |
| 8 | 袁晓 | 综合部 | | | |
| 9 | 王小辉 | 生产部 | | | |
| 10 | 柳瑶 | 生产部 | | | |
| 11 | 冯俊 | 销售部 | | | |

图 7-38　根据部门排序

飞鱼：使用辅助列，有两个函数可以实现。第一个是使用 MATCH 函数，在 C2 单元格输入如下公式后向下填充，如图 7-39 所示。

```
=MATCH(B2,$E$2:$E$4,0)
```

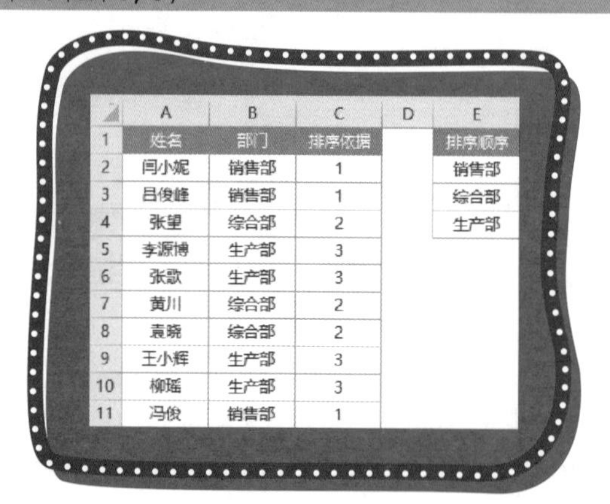

| | A | B | C | D | E |
|---|---|---|---|---|---|
| 1 | 姓名 | 部门 | 排序依据 | | 排序顺序 |
| 2 | 闫小妮 | 销售部 | 1 | | 销售部 |
| 3 | 吕俊峰 | 销售部 | 1 | | 综合部 |
| 4 | 张望 | 综合部 | 2 | | 生产部 |
| 5 | 李源博 | 生产部 | 3 | | |
| 6 | 张歌 | 生产部 | 3 | | |
| 7 | 黄川 | 综合部 | 2 | | |
| 8 | 袁晓 | 综合部 | 2 | | |
| 9 | 王小辉 | 生产部 | 3 | | |
| 10 | 柳瑶 | 生产部 | 3 | | |
| 11 | 冯俊 | 销售部 | 1 | | |

图 7-39　使用 MATCH 函数

第二个是使用 VLOOKUP 函数，输入如下公式，如图 7-40 所示。

```
=VLOOKUP(B2,E:F,2,0)
```

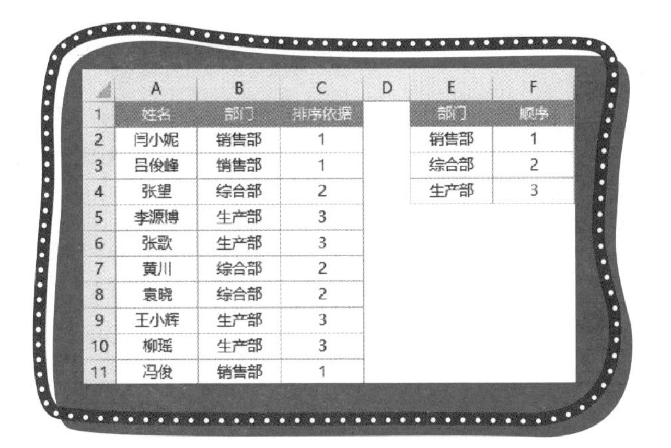

| | A | B | C | D | E | F |
|---|---|---|---|---|---|---|
| 1 | 姓名 | 部门 | 排序依据 | | 部门 | 顺序 |
| 2 | 闫小妮 | 销售部 | 1 | | 销售部 | 1 |
| 3 | 吕俊峰 | 销售部 | 1 | | 综合部 | 2 |
| 4 | 张望 | 综合部 | 2 | | 生产部 | 3 |
| 5 | 李源博 | 生产部 | 3 | | | |
| 6 | 张歌 | 生产部 | 3 | | | |
| 7 | 黄川 | 综合部 | 2 | | | |
| 8 | 袁晓 | 综合部 | 2 | | | |
| 9 | 王小辉 | 生产部 | 3 | | | |
| 10 | 柳瑶 | 生产部 | 3 | | | |
| 11 | 冯俊 | 销售部 | 1 | | | |

图 7-40　使用 VLOOKUP 函数

然后选中 C 列，单击“数据”选项卡，单击“升序”图标，按升序排序就可以了，如图 7-41 所示。

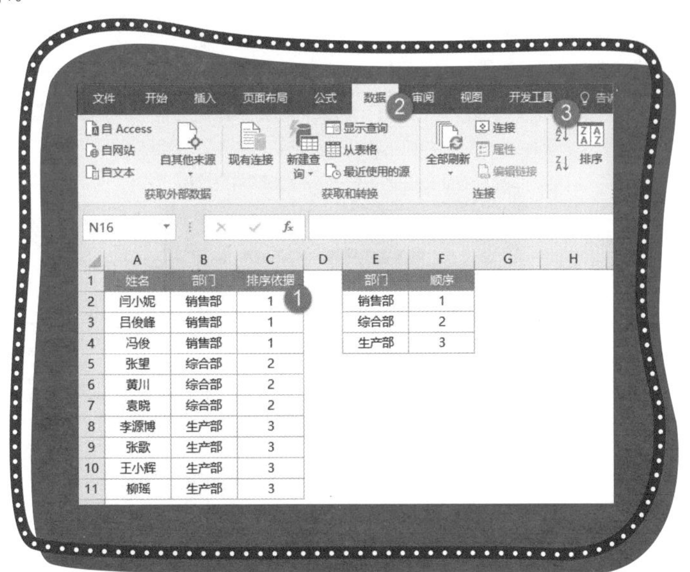


| | A | B | C | D | E | F | G | H |
|---|---|---|---|---|---|---|---|---|
| 1 | 姓名 | 部门 | 排序依据 | | 部门 | 顺序 | | |
| 2 | 闫小妮 | 销售部 | 1 | | 销售部 | 1 | | |
| 3 | 吕俊峰 | 销售部 | 1 | | 综合部 | 2 | | |
| 4 | 冯俊 | 销售部 | 1 | | 生产部 | 3 | | |
| 5 | 张望 | 综合部 | 2 | | | | | |
| 6 | 黄川 | 综合部 | 2 | | | | | |
| 7 | 袁晓 | 综合部 | 2 | | | | | |
| 8 | 李源博 | 生产部 | 3 | | | | | |
| 9 | 张歌 | 生产部 | 3 | | | | | |
| 10 | 王小辉 | 生产部 | 3 | | | | | |
| 11 | 柳瑶 | 生产部 | 3 | | | | | |

图 7-41　升序排序

**课后练习**

如图 7-42 所示，根据部门排序，实际工作中会有很多个部门，要把学到的知识应用到工作中。

| | A | B | C | D | E |
|---|---|---|---|---|---|
| 1 | 姓名 | 部门 | 排序依据 | | 排序顺序 |
| 2 | 姓名1 | 财务部 | | | 销售部 |
| 3 | 姓名2 | 财务部 | | | 综合部 |
| 4 | 姓名3 | 生产部 | | | 生产部 |
| 5 | 姓名4 | 财务部 | | | 财务部 |
| 6 | 姓名5 | 销售部 | | | 人事部 |
| 7 | 姓名6 | 财务部 | | | 安保部 |
| 8 | 姓名7 | 人事部 | | | 后勤部 |
| 9 | 姓名8 | 综合部 | | | |
| 10 | 姓名9 | 安保部 | | | |
| 11 | 姓名10 | 销售部 | | | |
| 12 | 姓名11 | 综合部 | | | |

图 7-42　排序练习